实用养猪大全

(第 2 版)

梁永红　主编

河南科学技术出版社

·郑州·

图书在版编目（CIP）数据

实用养猪大全/梁永红主编. —2版. —郑州：河南科学技术出版社，2008. 1（2017.3重印）

ISBN 978-7-5349-3742-2

Ⅰ. 实… Ⅱ. 梁… Ⅲ. 养猪学 Ⅳ. S828

中国版本图书馆CIP数据核字（2007）第171452号

出版发行：河南科学技术出版社

地址：郑州市经五路66号　　邮编：450002

电话：（0371）65737028　65788613

网址：www. hnstp. cn

责任编辑：陈淑芹

责任校对：周立新　崔春娟

封面设计：张　伟

版式设计：栾亚平

印　　刷：郑州龙洋印务有限公司

经　　销：全国新华书店

幅面尺寸：140mm×202mm　　印张：14.5　　字数：347千字

版　　次：2008年1月第2版　　2017年3月第31次印刷

定　　价：19.80元

本版编写人员名单

主　　编　梁永红

副 主 编　白红杰　王克领　陈俊峰

付云飞

编写人员　（按姓氏笔画为序）

马　强　王克领　付云飞

白红杰　任巧玲　邢宝松

陈俊峰　周红杰　郎利敏

郭红霞　梁永红

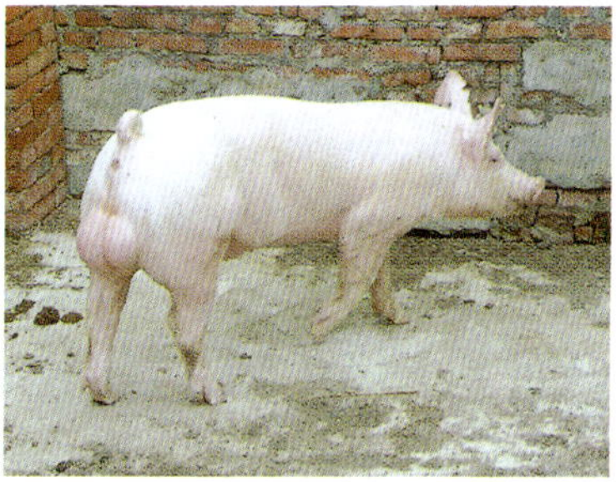

大约克猪种公猪

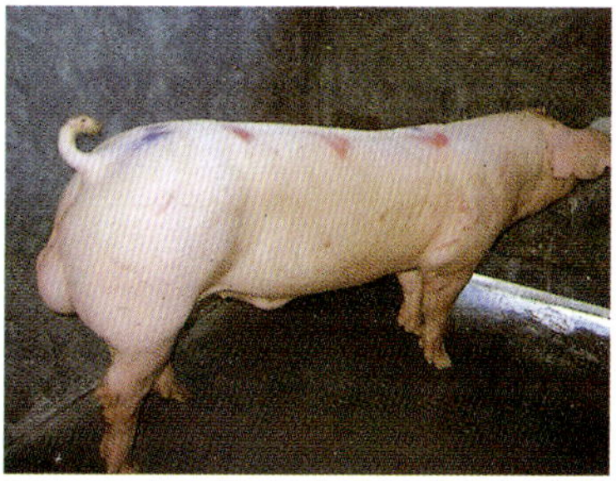

长白猪种公猪

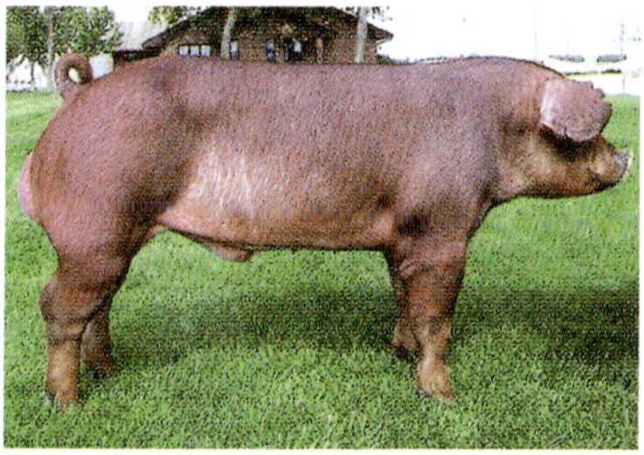

杜洛克猪种公猪

汉普夏猪种公猪

二元猪种母猪

三元猪

仔猪食槽

妊娠舍限位栏

种猪自动喂料称重设备

大肠杆菌引起的仔猪黄痢

大肠杆菌引起的仔猪白痢

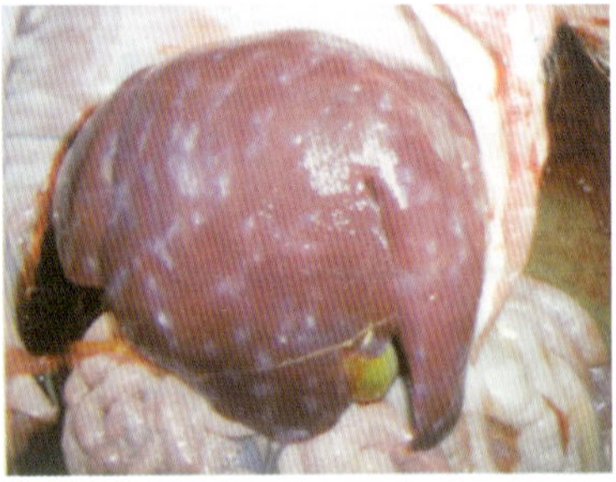

蛔虫引起的肝脏表面呈滴奶状斑

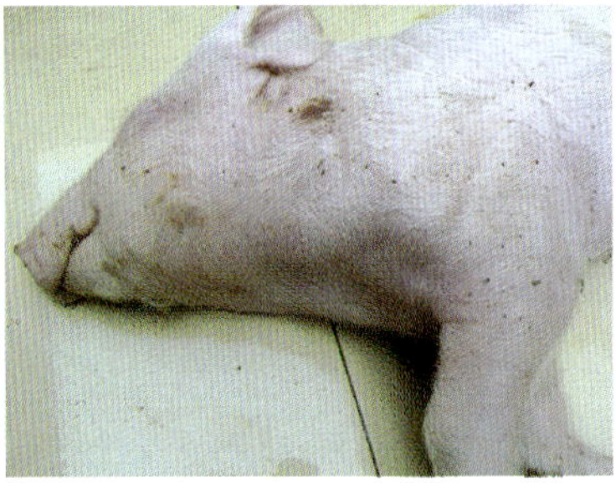

仔猪水肿引起的眼睑水肿、颌下水肿

仔猪水肿引起的肠系肠水肿

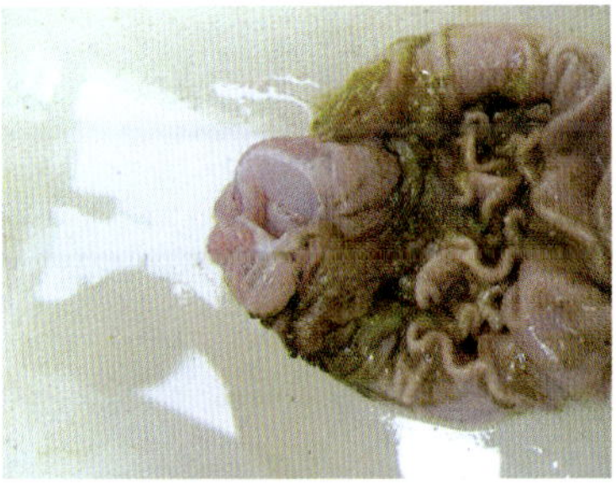

仔猪水肿引起的胃底水肿

萎缩性鼻炎引起的歪鼻（鼻盘右歪）

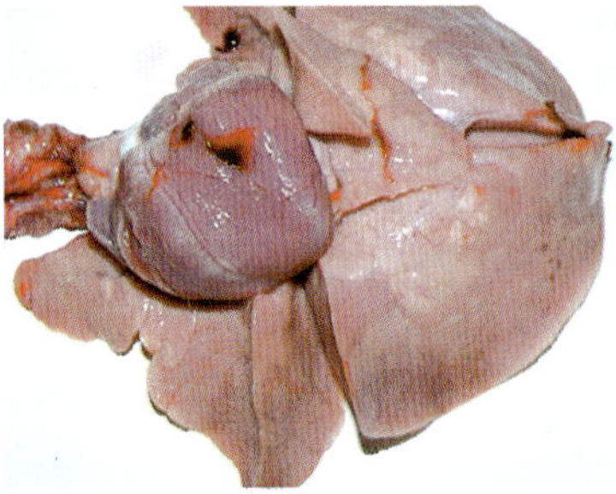

猪蓝耳病引起的肺部膨隆，增生突变

猪呼吸道病引起的呼吸困难，张口呼吸。

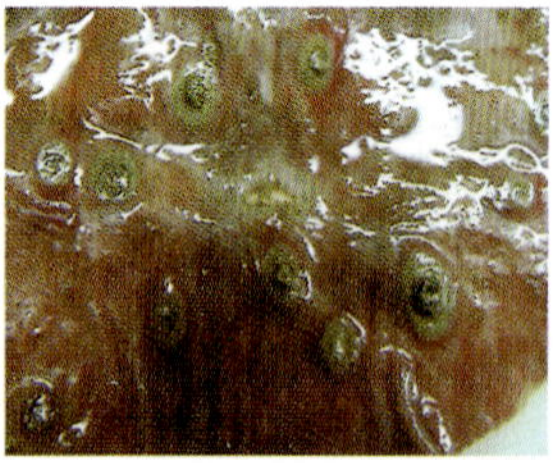
猪瘟引起的肠粘膜纽扣状溃疡

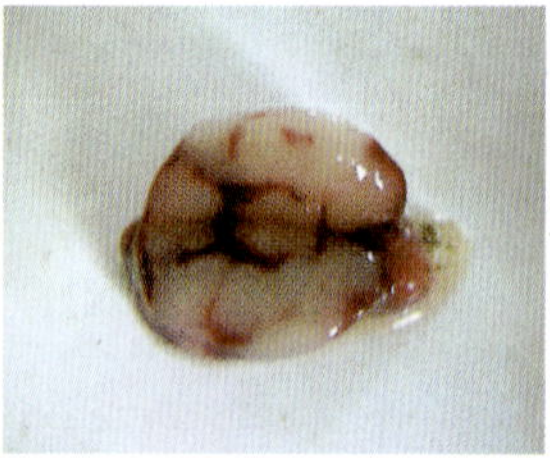
猪瘟引起的淋巴结肿大、出血，切面呈大理石样

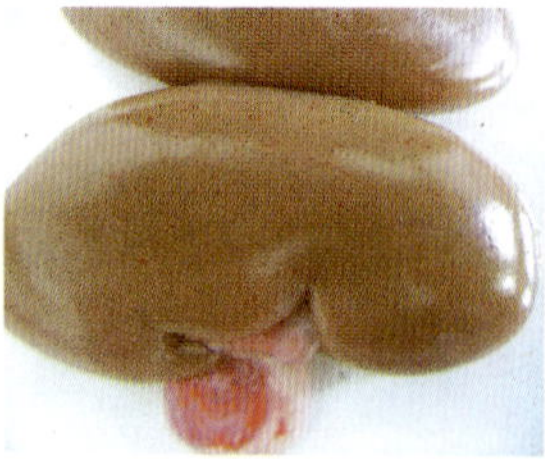
猪瘟引起的肾脏呈现土黄色，且布满出血点

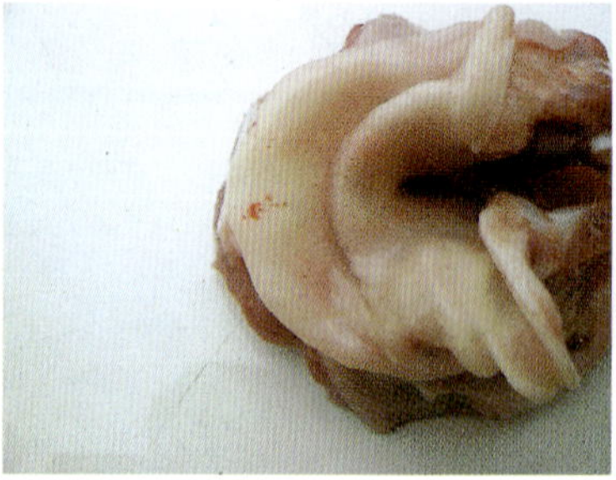
猪瘟喉头出血点

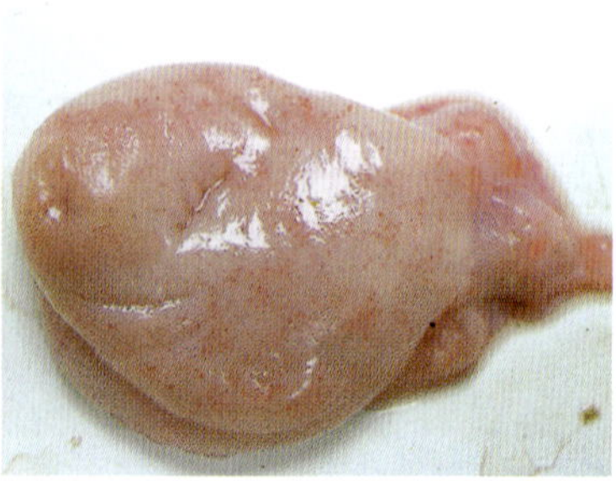
猪瘟引起的膀胱黏膜出血

魏氏梭菌引起的种猪血便、结肠出血

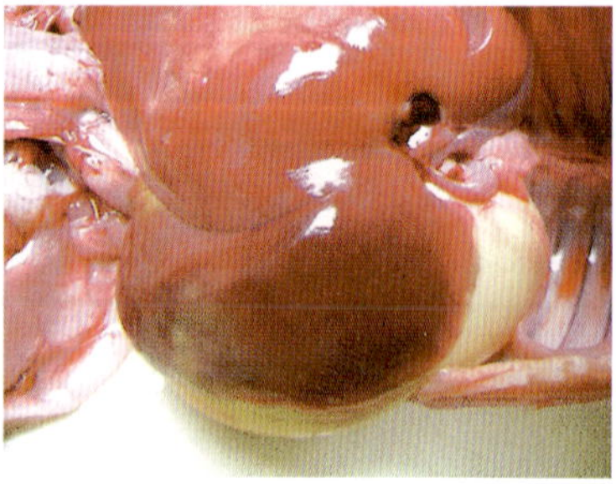
伪狂犬病引起的新生仔猪肝脏坏死点

第 2 版前言

我国是世界养猪大国,每年出栏生猪 5 亿多头,随着改革开放,养猪业逐渐成为农村支柱产业,养猪向着规模化、现代化、精细化、生态化方向发展。近 20 年来,养猪业在实践中逐渐成熟、发展和完善,积累了现代化养猪成功经验,不同规模养猪如雨后春笋般发展壮大。农村作为养猪主要基地,发展适度规模、集约化、现代化养猪是必然趋势。近几年涌现出许多养猪企业家、养猪专业能手,创造许多养猪典型,可以说养猪从没有像现在这样快速发展,能够作为一种产业让人心动,能够作为一种快速致富手段让农民富裕。

《实用养猪大全》第 1 版自 2002 年出版以来,共重印 15 次,一直受到广大养猪户喜爱,市场反映良好,连续几年畅销不衰。但是,随着我国养猪业的发展,养猪产业竞争的加剧,饲养方式的改变,我国养猪业也出现了许多新问题。如:完全采用引进种猪杂交生产商品猪,猪肉口感、风味、质量变差;工厂化猪舍保温通风设计欠缺或不成熟,猪只抵抗力下降;限位栏的广泛使用,节省空间的同时也限制猪只运动,导致猪只肢蹄病增加,心理应激加大;饲养密度过大,舍内空气质量变差;频繁注射疫苗、药物带来猪只长时间应激,猪只机体抵抗力下降,身体一直处于亚健康状况,易感各种疫病等。除了上述问题外，中小猪场由于资金、条件、技术、人才等多种原因造成疫情复杂，多种病原混合感染问题十分普遍，一些疫病症状不典型，给诊断和治疗提出了新挑战。多数猪场缺少实验室诊断手段，对疫病的防控仅凭经验和一般常识，不能依靠先进仪器进行诊断，科学分析疫情，进行科学预防和治疗，更缺乏先进的预防控制疫病理论知识和技术措施；不能做到把主要疫病隐患消除于萌芽状态，实现绿色高效的健康养殖。

围绕养猪业存在的主要问题，借鉴目前国内外养猪取得的科学技术成果，结合规模猪场生产管理经验编写此书。内容包括品种介绍及杂交利用，营养及饲料研制，猪场生产管理，疫病诊断与防治。本书涉及养猪各个方面知识，内容通俗易懂，具有较强的可操作性。本书适合广大中小养殖场（户）和基层养猪户，同时对饲料、兽药经销人员也有较强的参考价值。

本书内容实用、全面、简洁，不仅总结了国内外不同规模养猪场生产经验，而且许多知识来自于实践积累，因参加编写人员大多具有多年猪场生产管理经验，了解猪场生产过程和存在问题。在重视实用的基础上，也适当介绍了一些新的学科进展，如分子生物学技术及新的养猪理念，特别对猪场生产关键技术进行了强调，相信对广大读者会有借鉴。

由于编者水平有限，书中疏漏和不妥之处，敬请广大读者斧正，以臻完善，以便再版时补正。

编　者

2007 年 9 月

第1版前言

我国养猪历史悠久,品种资源丰富,是世界养猪大国。自改革开放以来,广大群众养猪积极性空前高涨,城乡规模化养猪得到突飞猛进的发展。但是,我国养猪生产水平与世界先进水平相比还有很大差距。据1990年联合国粮农组织报道,发达国家猪的出栏率为166.38%,我国为89.05%,相差77.33个百分点;发达国家平均每头猪产肉量为136.86千克,我国只有65.79千克,我国猪每头少产肉71.07千克。我国养猪生产存在着出栏率低,产肉量低,生产效率低,生产成本高,即三低一高的落后局面,为了进一步提高养猪生产水平和经济效益,我国养猪生产必须科学化。

河南省农业科学院畜牧兽医研究所在养猪科研与生产中进行了长期研究和实践,取得了一定的经验。为了适应我国养猪生产向现代科技型转化的需要,本着提高与普及相结合,以实用技术为主和通俗易懂的原则,我们组织有关技术人员编写了《实用养猪大全》一书。内容有品种(品系)选育,配种繁殖技术,饲料与营养,猪场合理布局与猪病防治等方面基础知识。重点介绍了一般农户的养猪技术要点,小规模猪场养殖及管理和工厂化养猪的先进工艺及经营管理。可供广大养猪生产者学习参考。

同时提醒读者注意,为了人们的健康,在药物和添加剂的使用方面，应根据国家最新公布的标准正确应用。

由于作者水平有限，书中如有错误和不足，恳请读者批评指正。

编　者

2002 年 5 月

目 录

第一篇 养猪的基本知识

第二篇 农户、规模化及工厂化养猪

第三篇 猪病综合防治技术

第一篇 养猪的基本知识

第一章 猪的品种及其杂交利用

品种是人类劳动创造和保持的一个具有经济价值和育种价值的家畜类群。它具备以下特点：第一，具有相对稳定的各种特性，在一定的条件下能固定地遗传下去；第二，具有相对的同质性，同一品种的家畜具有共同或相似的来源、外形、性能和生物学特性；第三，具有完整的品种结构，保持一定程度的异质性；第四，具有一定的数量，保证能自群繁育而不至于被迫进行亲缘交配。

第一节 猪的品种（系）

一、猪的品种和类型

我国地理条件和生态环境多样而复杂，加之养猪历史悠久，在劳动人民的精心培育下，形成了许多优良地方品种，其数量达 100 多个，20 世纪 80 年代进行了适当的归并，确定我国地方品种为 48

个。猪种的划分方法，主要按自然地理区域和生长特点以及经济用途划分。

（一）按自然农业区域分类 我国地方猪种按其外貌体形、生产性能、自然条件等因素，大致可以划分为六个类型：

1. 华北型：华北型猪种分布广，主要在淮海、秦岭以北。华北型猪，毛色多为黑色，少数末端出现白斑。体躯较大，四肢粗壮；头较平直，嘴筒较长；耳大下垂，皮厚多皱褶。乳头一般8对左右，产仔数一般在12头左右，母性较好，泌乳力强，仔猪育成率较高，饲料利用率较高。代表猪种有民猪、八眉猪、黄淮海黑猪等。

2. 华南型：华南型猪种分布在云南省西南部和南部边缘、广西和广东偏南的部分地区，以及福建的东南和台湾。华南型猪毛色多为黑白花，头、臀部多为黑色，腹部多为白色，体躯偏小，背腰宽阔下陷，腹大下垂，皮薄毛稀，耳小直立或向两侧平伸，性成熟早。主要有两广小花猪。

3. 华中型：华中型猪种主要分布在长江南岸到北回归线之间的大别山和武岭山以东的地区。华中型猪体躯较大，体型与华南型猪相似。毛色以黑白花为主，头尾多为黑色，体躯中部有大小不等的黑斑，体质较疏松，骨骼细致，背腰较宽而下凹；乳头6～7对，窝产仔10～13头。主要有华中两头乌猪。

4. 江海型：江海型猪主要分布于汉水和长江中下游沿岸以及东南沿海地区。江海型猪种的毛色由全黑逐步向黑白花过渡，个别猪种全为白色；骨骼粗壮，皮厚而松，多褶皱，耳大下垂。江海型猪种繁殖力高，乳头多为8对以上，窝产仔13头以上。主要有太湖猪。

5. 西南型：西南型猪种主要分布在云贵高原和四川盆地的大部分地区。西南型猪种毛色多为全黑和相当数量的黑白花，也有少量红毛猪。头大，腿较粗短。产仔数一般为8～10头，屠宰率低，脂肪多。主要有内江猪。

6. 高原型：高原型猪种主要分布在青藏高原。被毛多为全黑色，少数为黑白花和红色。头狭长，嘴筒直尖，犬齿发达，耳小竖立，体型紧凑，四肢坚实，形似野猪；窝产仔5~6头。生长慢，胴体瘦肉率高。主要有藏猪。

(二)按经济用途分类 按经济用途分类，猪可分为三个经济类型，即脂用型、瘦肉型和肉脂兼用型三个类型。

1. 脂用型猪：猪体躯短而宽深，体长等于胸围，差别在2~5厘米；以巴克夏为代表。胴体脂肪较多，瘦肉率在45%以下。该类型猪能有效地利用饲料中的碳水化合物转化为体脂肪。而利用饲料蛋白质转化为瘦肉的能力较差，单位增重消耗的饲料较多，现在脂用型猪市场不大。

2. 瘦肉型猪：猪体躯长浅，头小，肩轻，臀腿丰满，整个身体呈流线型，一般猪体长超过胸围15~20厘米。该类型猪以长白猪为典型代表。猪胴体瘦肉率在60%以上。瘦肉型猪饲料转化率较高。

3. 肉脂兼用型猪：体型、肥瘦程度和饲料转化效率介于脂用型猪和瘦肉型猪之间，一般瘦肉率在50%~55%，以苏白猪为典型代表。我国的地方优良品种与国外培育品种和国内杂交育成的新品种不同，不适于用这三种经济类型划分。

(三)按猪种的培育方式和品种来源分类 猪种一般可以分为我国地方猪种、国外引入猪种、新培育猪种、配套系猪等。

二、我国地方优良猪种

(一)新太湖猪

1. 产地与分布：原产于太湖流域。

2. 体质外貌：新太湖猪较老太湖猪个体稍大，头大额宽，额部和后躯有明显的皱褶，耳特大，软而下垂，近似三角形，背腰微凹，胸较深，腹大下垂，臀宽倾斜，四肢稍高，卧系散蹄，毛色全黑。也有四蹄尾尖为白色的，乳头一般为 8～9 对。

3. 生产性能：新太湖猪产仔多，经产母猪平均产仔 14 头以上，生长速度快，日增重 650 克以上，瘦肉率 56% 以上，饲料报酬高，可以达到 3.0：1。

4. 杂交利用：新太湖猪具有中国猪种优良高产性能，和外来猪种配合能表现出优良生产性能，是生产商品瘦肉型猪理想的杂交母本。

（二）两头乌猪

1. 产地与分布：产于长江中游和江南平原湖区、丘陵地带。

2. 体质外貌：华中两头乌猪躯干和四肢为白色，头、颈、臀、尾为黑色。头短宽，额部皱纹多呈菱形，额部皱纹粗深者称狮子头，乳头一般 6～7 对。

3. 生产性能：赣西两头乌猪和通城猪较小，东山和监利猪较大。两头乌猪肥育猪 8 月龄体重可达 80 千克，屠宰率 71%，胴体瘦肉率 41%～44%。

4. 杂交利用：两头乌猪性成熟早，遗传性稳定，繁殖力强，是经济杂交的优良母本。

（三）民猪

1. 产地与分布：原产于东北地区和华北地区。

2. 体质外貌：民猪头中等大小，面直长，头纹纵行，耳大下垂，体躯扁，背腰窄狭，臀部倾斜，四肢粗壮，全身被毛黑色，乳头 7～8 对。

3. 生产性能：民猪具有繁殖性能高、产仔数多的特性。平均头胎产仔 11 头，经产母猪产仔 12～14 头。瘦肉率 47.6% 以上。

4. 杂交利用：以民猪作母本与长白、大白、杜洛克等品种进行二元、三元杂交，可以获得较好的杂交效果。

（四）内江猪

1. 产地与分布：产于四川省的内江市和内江县。

2. 体质外貌：体型大，头大，嘴筒短，额面横纹深陷成沟，额皮中部隆起成块，俗称“盖碗”。耳中等大、下垂，体躯宽深，背腰微凹，腹大不拖地，四肢较粗壮，被毛全黑，乳头6～7对。

3. 生产性能：内江猪日增重410克左右，屠宰率67.5%左右。5～6月龄开始配种。母猪产仔数为9～10头。

4. 杂交利用：以内江猪为父本，与长白、大约克猪种杂交，一代杂种猪的日增重率优势明显，表现出良好的生产性能。

（五）新淮南猪

1. 产地与分布：产于固始、商城、罗山、新县、光山及信阳、淮滨的淮河以南地区。

2. 体质外貌：按其头形大致可分为“齐嘴大耳型”和“尖嘴小耳型”两种。齐嘴大耳型俗称“三张嘴”或“三嘴落槽”。体型中等，皮毛黑色。耳大下垂，额较宽，嘴稍短粗，其额部多有两条横纹平直，腹大下垂但不接地，臀部倾斜，后躯欠丰满。

3. 生产性能：选育后的淮南猪，公猪性欲旺盛，配种能力强。母猪乳头8～10对，5～6月龄初配，年产仔2.2～2.5窝，窝产仔12～14头。

4. 杂交利用：新淮南猪作为母本与引进的国外瘦肉型品种猪杂交，效果较好。

三、我国培育的品种

我国培育的品种有20多个，包括三江白猪、湖北白猪、豫农白猪Ⅰ、Ⅱ系、哈尔滨白猪、上海白猪、伊犁白猪、赣州白猪、汉中白猪、北京黑猪、山西黑猪、东北花猪、泛农花猪、北京花猪等。

（一）三江白猪

1. 产地与分布：原产于黑龙江省东江地区，分布于黑龙江、乌苏里江、松花江等地。

2. 体质外貌：头轻嘴直，两耳下垂或稍前倾，全身背毛白色，背腰平直,中躯较长,腹围较小,后躯丰满,四肢健壮。蹄质坚实,乳头7对左右。

3. 生产性能:产仔较多,产仔数初产母猪9~10头,经产母猪11~12头。属瘦肉型品种,具有生长快、产仔较多、瘦肉率高、肉质良好和耐寒冷气候等特性。

4. 杂交利用:该猪种与杜洛克、汉普夏、长白猪杂交都有较好的配合力,特别是与杜洛克猪杂交效果显著。

(二)湖北白猪

1. 产地与分布:产于华中地区,湖北省武昌、汉口一带。

2. 体质外貌:湖北白猪全身被毛全白,头稍轻、直长,两耳前倾或稍下垂,背腰平直,中躯较长,腹小,腿臀丰满,肢蹄结实,有效乳头6对以上。

3. 生产性能:该品种具有瘦肉率高、肉质好、生长发育快、繁殖性能优良等特点。6月龄公猪体重达90千克,达90千克体重为180日龄。产仔数,初产母猪为9.5~10.5头,经产母猪12头以上。

4. 杂交利用:以湖北白猪为母本与杜洛克和汉普夏猪杂交均有较好的配合力,特别与杜洛克猪杂交效果明显。杜洛克—湖北白猪杂交种一代肥育猪20~90千克体重阶段日增重0.65~0.75千克。

(三)豫农白猪Ⅰ、Ⅱ系 豫农白猪Ⅱ系选育是在Ⅰ系基础上,与引进的大约克杂交、横交,采用群体继代选育方法,历时6年完成。

1. 产地与分布:产于河南省和中部地区,以郑州为中心产区,广泛分布于河南、河北,山东和山西等铁路沿线。

2. 体质外貌:豫农白猪Ⅱ系体型较大,全身被毛白色,头中等大小,两耳直立,面部微凹。背腰平直,腹稍大但不下垂,腿臀丰满,四肢健壮,体质结实。乳头6对以上。

3. 生产性能：头胎母猪产仔数10.5头，产活仔数9.7头；经产母猪产仔数11.5头，产活仔数10.4头；60天平均断奶个体重19.4千克。四世代25～90千克肥育期日增重763.90克，料肉比2.72∶1，活体背膘厚8.47毫米，胴体瘦肉率达66.1%，腿臀比率33.45%，眼肌面积44.03平方厘米。

4. 杂交利用：豫农白猪Ⅱ系作母本与大约克、杜洛克公猪杂交，商品猪育肥期日增重815.48克，料肉比2.68∶1，瘦肉率67.71%。

（四）哈白猪

1. 产地与分布：产于黑龙江省南部和中部地区，以哈尔滨及其周围各县为中心产区。

2. 体质外貌：体型较大，全身被毛白色，头中等大小，两耳直立，面部微凹。背腰平直，腹稍大但不下垂，腿臀丰满，四肢健壮，体质结实。乳头7对以上。

3. 生产性能：平均日增重587克，每千克增重耗配合饲料3.7千克和青饲料0.6千克。屠宰率74%，膘厚5厘米，眼肌面积30.8平方厘米，腿臀比例26.5%，90千克屠宰胴体瘦肉率45%以上。

4. 杂交利用：长白公猪与哈白母猪杂交，产仔数比哈白猪增加1.2头，断乳窝重增加23.3千克，肥育期日增重38克。哈白猪经过杂交育种，具有肥育速度较快，仔猪初生体重大，断乳体重大等优良特性。

四、从国外引进的优良种猪

当今世界上有五大著名猪种，即大约克猪、长白猪、杜洛克猪、汉普夏猪和皮特兰猪，以生长速度快、饲料转化率高、胴体瘦肉率高、分布广及饲养量大而著称。

（一）大约克猪

1. 产地与分布：又称约克夏猪，原产于英国北部的约克郡及其邻近地区。

2. 体质外貌：全身背毛白色，体型大而圆，呈长方形，头长，颜面宽且呈中等凹陷，耳直立，嘴部平直而稍成弓形，四肢较高，后躯宽长。母猪乳头6对以上。

3. 生产性能：大约克猪的繁殖性能较高，经产母猪平均产仔12.5头，产活仔数11头。母猪泌乳性较强，哺乳率较高。性成熟期相对于中国地方猪种较晚，母猪初情期在5月龄左右。大约克猪具有增重快、饲料转化率高、胴体瘦肉率较高、产仔数较多、母猪泌乳性良好等优点。

4. 杂交利用：大约克猪通常利用的杂交方式是：杜×长×大或杜×大×长，即用长白公（母）猪与大约克母（公）猪交配生产，杂一代母猪再用杜洛克公猪（终端父本）杂交生产商品猪。这是目前比较好的配合。我国用大约克猪作父本与本地猪进行二元杂交或三元杂交，效果也很好。

（二）长白猪

1. 产地与分布：原名兰特瑞斯猪，原产于丹麦。

2. 体质外貌：全身白毛，体躯呈流线型，头小，鼻嘴直，狭长，两耳向前下平行直伸，背腰特长，后躯发达，臀腿丰满。乳头7～8对，有效乳头6对以上。

3. 生产性能：长白猪具有生长速度快、饲料利用率高、瘦肉率高、产仔多的优良特点，但抗逆性差、后肢较弱、对饲料营养要求较高、性成熟较晚。

4. 杂交利用：在生产中长白猪多用作母本。具有增重快、饲料转化率高、膘薄、瘦肉多的特点，瘦肉率可达62%。如果以长白猪为父本，以我国本地良种猪为母本杂交后代均能显著提高产仔数、日增重、瘦肉率和饲料转化率。

(三)杜洛克猪

1. 产地与分布:原产于美国东部的新泽西州和纽约州等地。

2. 体质外貌:杜洛克原种猪毛色棕红、结构匀称紧凑、四肢粗壮、体躯深广、肌肉发达,头大小适中、较清秀,颜面稍凹、嘴筒短直,耳形适中或向前下垂。

3. 生产性能:具有增重快、饲料报酬高、胴体品质好、眼肌面积大、瘦肉率高等优点,但是杜洛克母猪平均产仔数 9 头左右、母性较差、育成率较低。

4. 杂交利用:杜洛克猪具有良好的生产性能,但因在繁殖性能方面较差,故在与其他猪种杂交时,经常作为父本,以达到增产瘦肉和提高产仔数的目的。

(四)皮特兰猪

1. 产地与分布:原产于比利时的布拉帮特省,是由法国的贝叶杂交猪与英国的巴克夏猪进行回交,然后再与英国的大白猪杂交育成的。

2. 体质外貌:毛色呈灰白色并带有不规则的深黑色斑点,偶尔出现少量棕色毛。头部清秀,颜面平直,嘴大且直,双耳略微向前;体躯呈圆柱形,腹部平行于背部,肩部肌肉丰满,背直而宽大。

3. 生产性能:生长迅速,6 月龄体重可达 90 ~ 100 千克。日增重 750 克左右,每千克增重消耗配合饲料 2.5 ~ 2.6 千克,屠宰率达 76%,瘦肉率可高达 70%。

4. 杂交利用:由于皮特兰猪产肉性能高,多用作父本进行二元或三元杂交。国内一些育种场常将其与杜洛克猪杂交生产皮 × 杜二元杂交公猪,瘦肉率达 72%,是良好的终端父本。

(五)汉普夏猪

1. 产地与分布:原产于美国肯塔基州布奥尼地区。

2. 体质外貌:猪身黑色,前肢白色,后肢黑色。肩部和颈部接合处有一条白带围绕,包括肩胛部、前胸部和前肢,呈一白带环,在白色与黑色边缘，由黑皮白毛形成一灰色带，故又称银带猪。头中等大小，耳中等大小而直立，嘴较长而直，体躯较长，背腰呈弓形，后躯臀部肌肉发达。

3. 生产性能：汉普夏猪性成熟较晚，母猪初情一般5月龄，产仔数一般每窝10头左右。汉普夏猪生长速度较慢，日增重700克左右，饲料利用率3.0左右，瘦肉率达61%，屠宰率72%以上。

4. 杂交利用：国外利用汉普夏猪与杜洛克猪杂交生产杂种公猪作父本，大约克猪与长白猪杂交生产杂种母猪为母本进行双杂交能显著提高商品猪的生产性能。

五、配套系猪

配套系是指一些专门化品系经科学测定之后所组成的固定杂交繁殖、生产的体系，既是一种育种模式，也是一种生产模式，配套系不是简单的品种杂交，它有完整的配套杂交体系，它有固定的生产模式；配套系猪的后代生产性能比较稳定，经济效益比较高。

（一）迪卡配套系

1. 产地与分布：是美国迪卡公司在20世纪70年代开始培育的品种。迪卡配套系种猪包括曾祖代、祖代、父母代和商品代。

2. 体质外貌：迪卡猪均具有典型方砖型体型，背腰平直、肌肉发达、腿臀丰满、结构匀称、四肢粗壮、体质结实。

3. 生产性能：迪卡猪具有产仔数多、生长速度快、饲料转化率高、胴体瘦肉率高的特性，还具有体质结实、群体整齐、采食能力强、肉质好、抗应激能力强等优点。产仔数为：初产母猪11头左右，经产母猪12头左右。达90千克体重日龄为小于或等于150天，料肉比2.8∶1，胴体瘦肉率达61%，屠宰率达73%。

4. 杂交利用：A、B、C、E、F5个专门化品系，其繁育体系模式如图1所示。

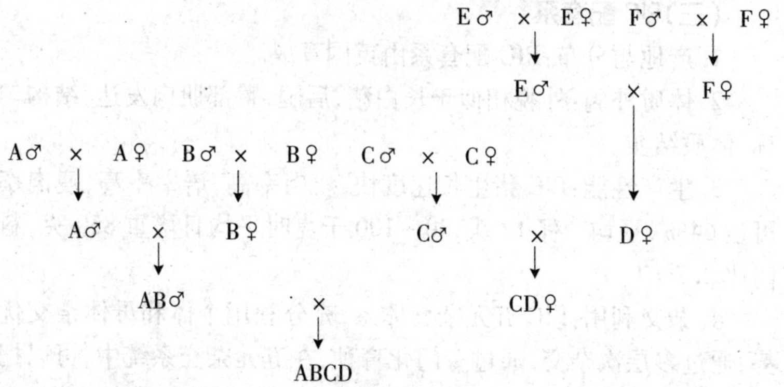

图1　迪卡猪繁育体系模式

(二)斯格配套系

1. 产地与分布:产于比利时,是专门化品系杂交育成的瘦肉型猪。在我国已有成熟的、广泛的市场。

2. 体质外貌:斯格猪外貌相似于长白猪,其后腿和臀部十分发达,四肢比长白猪粗短,嘴筒比长白猪短,乳头在6对以上。

3. 生产性能:斯格猪的主要特点是生长快、产仔率高、瘦肉率高、适应性强、肉质好、无应激。斯格猪平均产仔数11～12头,平均日增重750克以上,料肉比(2.3～2.7):1,胴体瘦肉率63%～68%。

4. 杂交利用:斯格配套系其繁育体系模式如图2所示。

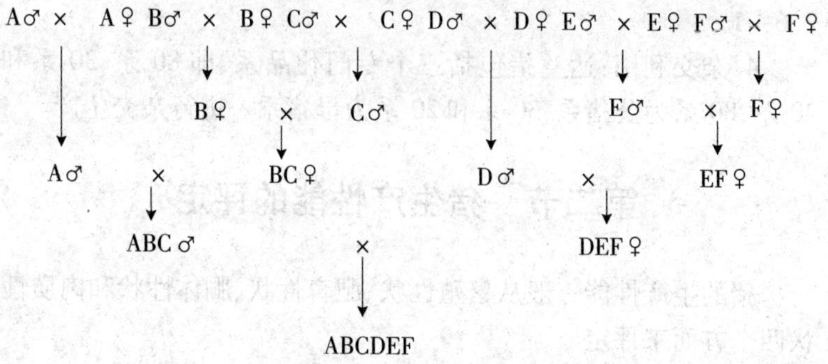

图2　斯格猪繁育体系模式

(三)PIC 配套系

1. 产地与分布:PIC 配套系由英国育成。

2. 体质外貌:外貌相似于长白猪,后腿、臀部肌肉发达,结构匀称、体质结实。

3. 生产性能:PIC 猪生长速度快,瘦肉率高,屠宰率高,瘦肉率可达 64%,平均产仔 12 头,30 ~ 100 千克时平均日增重 850 克,料肉比 2.7 : 1。

4. 杂交利用:PIC 五元杂交体系,充分利用个体和母体杂交优势,通过多层次杂交,通过专门化育种,在五元杂交系统中,可以把不同品系的优点更佳地组合在一起,从而生产更好的商品猪(五元杂交商品猪)。

(四)达兰配套系

1. 产地与分布:达兰配套系由荷兰 TOPIGS 国际种猪公司培育。

2. 体质外貌:全身被毛白色或夹杂黑色,头颈轻,面部平或稍凹,耳中等大小。颈肩结合良好,后躯丰满。四肢结实,母猪乳头 6 对以上。

3. 生产性能:生长速度快,瘦肉率高,屠宰率高,瘦肉率可达 64%,平均产仔 12 头,30 ~ 100 千克时平均日增重 900 克,料肉比 2.6 : 1。

4. 杂交利用:达兰猪包括三个专门化品系,即 80 系、30 系和 20 系,80 系为公猪系,30 系和 20 系为母猪系。进行杂交生产。

第二节　猪生产性能的评定

猪的生产性能一般从繁殖性状、肥育性状、胴体性状和肉质性状四个方面来评定。

一、繁殖性能的评定

猪的繁殖性能指标主要有以下七种：

（一）产仔数　产仔数有两个指标：即总产仔数和产活仔数。总产仔数指出生24小时内同窝仔猪的总头数，包括死胎、木乃伊胎及畸形猪。活产仔数指出生24小时内同窝活仔猪数，包括弱仔猪。产仔数属低遗传力性状，也是一个复合性状，由排卵数、受精率、胚胎存活率三个部分组成。

（二）初生个体重和初生窝重　初生个体重指仔猪出生后12小时以内称取的个体重量；初生窝重指同窝仔猪（活仔）初生个体重总和。仔猪的初生个体重在生产中是非常重要的指标。初生个体重的大小与其品种有关，一般我国地方猪种的初生个体重普遍小于国外引进猪种的仔猪。

（三）泌乳力　泌乳力一般以21日龄时仔猪的窝重（包括寄养仔猪）来表示。因为21日龄前仔猪的增重主要依靠母乳。所以泌乳力是非常重要的生产性能指标。

（四）哺育率　哺育率是指母猪哺育仔猪的能力，又称为育成率。其计算公式如下：

$$\text{哺育率}=\frac{\text{断奶时育成仔猪数}}{\text{产活仔数}+\text{寄入仔数}-\text{寄出仔数}}\times 100\%$$

（五）断奶重　包括断奶个体重和断奶窝重。前者是指仔猪断奶时个体的体重，后者指断奶时全窝仔猪（含寄养仔猪）的总体重。断奶一般以28日龄为标准。其公式如下：

28日龄体重＝某日龄实际体重×该日龄校正系数（r）

（六）产仔间隔　母猪前、后两胎产仔日期间隔的天数。

（七）初产日龄　母猪头胎产仔时的日龄数。

二、生长性状的评定

猪生长性状的指标一般有四个：生长速度、活体背膘厚和饲料转化率、猪的采食量。

（一）生长速度 一般肥育猪日增重指断奶后到上市屠宰为止的平均每日增重。计算公式如下：

$$平均日增重 = \frac{末重 - 初重}{测定天数}$$

生长速度还可用到达一定体重时的日龄或到一定日龄时的体重作为指标。

（二）活体背膘厚 测定活体背膘厚，采用B超扫描测定倒数第3～4肋间处离背中线5厘米处的背膘厚。采用A超测定胸腰结合部、腰荐结合部沿背中线左侧5厘米处的二点或三点膘厚平均值。

（三）饲料利用率 常用表示方法是每单位增重所需的饲料（饲料消耗/增重）。计算这一指标时，饲料消耗量应包括各类饲料在内。该指标反映了肥育猪对饲料的利用程度，同时也反映了饲料转化为产品的多少。当比值过大，说明生产一定体重的肥育猪需要较多的饲料，从而增加了养殖成本，养猪的效益较低；比值小，说明生产一定体重的肥育猪需要的饲料少，养猪生产的效益高。

料肉比＝某一时期所消耗的饲料量/同一时期体重的增加量

（四）采食量 是度量食欲的指标。在不限食条件下，猪的平均日采食量称为采食能力或随意采食量。

三、胴体性状的评定

胴体性状的指标很多，常用的有：胴体重、胴体长、膘厚、皮厚、眼肌面积、腿臀比例、花、板油比例、胴体瘦肉率。

(一)胴体重　猪的胴体是屠宰后去掉头、蹄、尾、血、毛和内脏后带板油和肾脏的部分,其重量为胴体重。胴体重占屠前活重的百分数,就是屠宰率。其计算公式如下:

$$屠宰率=\frac{胴体重}{屠宰前活重}\times100\%$$

(二)胴体长　屠宰后左侧胴体的长度。胴体直长为耻骨联合前缘至第1颈椎凹陷处的长度。胴体斜长为从耻骨联合前缘至第1肋骨与胸骨接合处的长度。

(三)膘厚　测一点膘厚,是在第6、7胸椎接合处垂直于背部处测量皮下脂肪厚度(除掉皮厚)。多点测膘以测定肩部最厚处、胸腰椎结合处和腰荐结合处三点皮下脂肪厚度,以其均值代表膘厚。

(四)皮厚　在第6、7胸椎接合处测定背部皮厚。

(五)眼肌面积　测量最后胸椎处背最长肌的横断面积,测量时先用硫酸纸描下断面形状,再用求积仪求得面积或测量断面高度、宽度,公式计算(单位:厘米)如下:

$$眼肌面积(单位:平方厘米)=眼肌高度\times眼肌宽度\times0.7$$

(六)腿臀比例　后腿重量占胴体重量的比例。将后腿沿最后第1和第2腰椎间垂直切下,称重,计算公式如下:

$$腿臀比例=\frac{后腿重量}{胴体重}\times100\%$$

(七)花、板油比例　其计算公式如下:

$$花、板油比例=\frac{花、板油重量}{胴体重}\times100\%$$

(八)胴体瘦肉率　将要剥离板油和肾脏的胴体为瘦肉、脂肪、皮和骨四种成分。剥离时肌肉内、肌间脂肪随肌肉一起,不另剔出,作业损耗≤2%。胴体瘦肉率计算公式如下:

$$胴体瘦肉率=\frac{瘦肉重}{骨重+皮重+脂肪重+瘦肉重}\times100\%$$

四、肉质性状的评定

肉质的优劣是通过许多肉质指标来判定的，常见的有 pH 值、肉色、系水力或滴水损失、大理石纹、肌内脂肪含量、嫩度、风味等指标。

(一)瘦肉 可通过肉的外观色泽、酸碱度、系水力、肌肉纤维和品味等来评价肉质。

1. 肉色：理想的肉色应是鲜红色而有光泽。

2. 特点：优良胴体的肌肉应紧密、富有弹性，用手按压时，凹陷处立即复原。

3. pH 值：正常的肌肉 pH 值应为 6.1 ~6.4。

4. 系水力：要求系水力强，无异味，有肉的自然香味。

5. 脂肪：胴体脂肪应洁白（或玫瑰色）而坚实，猪正常的脂肪碘价为 46 ~70，皂化价为 193 ~200。

(二)肉质评定

1. 胴体等级：猪肉品质的评定指标通常为：肉色（肉色为 5 分制，肉色越深，分值越高）、总色素、系水力、滴水损失和烹煮损失、pH 值、电导率、脂肪酸、肌苷酸、破碎指数、肌浆钙离子浓度（Ca^{2+}）。

2. 肉的品质评定：经第二次全国猪肉质研究经验交流会议修正，猪肉质评定方法如下：

(1) 肉色：

评定部位：胸腰椎接合处背最长肌横断面。

评定时间：新鲜肉样（宰后 1 ~2 小时）；冷却肉样（宰后 24 小时），在冰箱中(4℃左右)存放。

光照条件：室内白天正常光度。不允许阳光直射肉样评定面，也不允许在室内阴暗处。

评定标准：按 5 级分制标准评分：1 分为灰白肉色（异常肉

色),2 分为轻度灰白肉色(倾向异常肉色),3 分为正常鲜红色,4 分为正常深红肉色,5 分为暗黑色(异常肉色),3 和 4 分均为正常肉色,评定结果应注明评定的肉是新鲜或是冷却肉样以及评定时间(屠宰后时间)。

在出现两级之间肉色时,可在两级之间增设 0.5 分一级。各单位可以试用客观评定方法。

(2)肌肉 pH 值:pH 值是反映宰杀后猪体肌糖原酵解速率的重要指标,宰后 45 ~60 分钟度量的 pH 值是公认的区分生理正常和异常肉质(PSE 肉)的重要指标。

测定部位:直接在胴体倒数第 3 与第 4 胸椎处背最长肌上刺孔测定,或采取指定部位的肉样一块,试样的宽度和厚度均应大于 3.0 厘米。

测定时间:猪被宰杀后 45 ~60 分钟内,测定值记录为 pH_1;宰杀后 24 小时测定值,记录为 pH_{24},或称最终 pH 值。最终 pH 值适用于测定 DFD 肉(DFD 肉指猪屠宰后呈现暗褐色,质地坚硬和表面干燥的肌肉),测定部位以头半棘肌为宜。

测定方法:按照 pH 计使用说明进行操作。电极直接插入胴体指定部位背最长肌的中部刺孔中。若插入剥离的肉样中,深度应不小于 1 厘米,将电极头部完全包埋在肉样中。读取 pH_1 值(精确度到 0.01)。将肉样置于 0 ~4℃冰箱中保存 24 小时,可测得 pH_{24}。

评分标准:pH_1 正常值变动在 6.0 ~6.6,若 pH_1 <5.9,同时伴有灰白肉色和大量渗出汁液,可判为 PSE 肉。对于个别应激敏感品种猪,pH_1 正常值的下限可定为 5.9。pH_{24}的正常值为 5.5;因品种不同,变化范围 5.3 ~5.7。当 pH_{24} >6.0 时,又伴有暗紫肉色和肌肉表面干燥,可判定为 DFD 肉。

(3)系水力:指肌肉蛋白质保持其内含水分的能力。用加压重量法度量肌肉失水率来表示,即失水率愈高,系水力愈低。反之,失水率愈低,系水力愈高。

肉样部位:第1~2腰椎处背最长肌,切取厚度为1.0厘米的薄片,再用直径为2.532厘米的圆形取样器(圆面积为5.0平方厘米)切取肉样。

测定时间:宰后2小时内。

方法:切取肉样应在不吸水的硬橡胶板上进行。用感应量为0.01克的扭力天平称量肉样重量。然后将肉样置于两层医用纱布间,上下各垫18层滤纸(中速滤纸),滤纸外层各放一块硬质塑料垫板,然后放置于钢环允许膨胀压缩仪平台上,用匀速摇动摇把加压至35千克,并保持5分钟(用自动定时器控制时间),撤除压力后立即称量压后肉样重。计算公式:

$$失水率(\%)=\frac{压前肉样重-压后肉样重}{压前肉样重}\times100\%$$

(4)贮存损失:

取样部位:第2~3腰椎处背最长肌。

测定时间:宰后2小时内。

测定方法:将背最长肌横切2厘米的薄片,修整成长5厘米、宽3厘米、厚2厘米的长方体后称重(W_1)。用铁丝钩住肉样一端,使肌纤维垂直向上,装入塑料食品袋中,肉样不与袋壁接触,扎好袋口,在4℃冰箱吊挂24小时后称重(W_2)。计算公式:

$$贮存损失(\%)=\frac{W_1-W_2}{W_1}\times100\%$$

(5)肌肉大理石纹:是指一块肌肉内可见的脂肪分布情况。

取样部位:最末胸椎与第1腰椎结合处肌肉内可见的脂肪分布情况。

评定时间:在0~4℃冰箱中存放24小时,与肉色评分同时评定。

评分标准:对照大理石纹标准评分图,1分为脂肪呈痕(迹)量分布，2 分为脂肪呈微量分布；3 分为脂肪呈少量分布（理想分布）；4 分为脂肪呈适量分布（理想分布）；5 分为脂肪呈过量分布。两级之间只允许评 0.5 分。

（6）肌内脂肪：是指肌肉组织内所含的脂肪，是用化学分析方法提取的脂肪量，在主观品味评定中，富含适量肌内脂肪对口感惬意度、多汁性、嫩度、滋味等都有良好作用。

测定部位：宰杀后立即采取胴体新鲜肉样，部位为第 10～12 胸椎部背最长肌。

评分标准：一般肉用型猪粗脂肪含量在 3.0%～4.0% 为理想值；2.0%～2.9% 为较理想值；1.5%～2.0% 为尚可接受值；小于 1.5% 为较低值。对于个别中国地方猪种，肌内脂肪含量超过 4.0% 的也属正常范围。测定结果以鲜肉样粗脂肪含量表示。如果用风干肉样和绝干肉样表示应说明肉样水分含量。

（7）嫩度：指消费者对食肉的口感惬意程度的重要指标。嫩度受多种因素的影响，如品种、年龄、肌肉部位、肌纤维直径、肌肉化学成分（肌内脂肪含量，羟脯氨酸含量）、屠宰全过程，尤其是测定前处理工艺等。

仪器设备：肌肉嫩度测定仪、圆形钻孔肌肉取样器（直径1.27 厘米）、冰箱、恒温水浴锅、温度计、塑料薄膜等。

测定部位：取第 13～16 胸椎部背最长肌一段，或用完整的半腱肌。

测定方法：将试样肉表面附着的脂肪除去，装入塑料薄膜袋中包扎好，放在 15～16℃ 条件下 24 小时进行尸僵前处理。然后将肉样置于冰箱冷藏层，在 4℃ 条件下熟化 24 小时。取出熟化完成的肉样，在室温下放置 1 小时。然后，打开塑料薄膜包装袋，用温度计插入肌肉中心部，再包扎好肉样，保持袋口向上，放入 80℃ 恒温水浴锅中，加盖后持续加热，直至肌肉中心温度达到 70℃ 为止。取出肉样，放置于室温下使肌肉冷却至 20℃ 备用。测剪切力值：

将冷却至20℃肉样，按与肌纤维呈垂直方向切取宽度为1.5厘米的肉片，再用直径为1.27厘米的圆形取样器顺肌纤维方向钻切肉样块，做10个重复。按嫩度测定仪使用说明操作，记录10个肉块的剪切力值，计算算术平均数。单位用牛顿(N)或千克(kg)表示。

评分标准：正常肉平均剪切力值愈高表示肉愈老化，剪切力值愈低则肉愈嫩。按品种、肌肉部位、多次测定值计算出正常肉的平均剪切力值作为判定标准。

(8)熟肉率：

肉样部位：取腰大肌中段约100克肉样。

评定时间：屠宰后2小时内。

方法：剥离腰大肌外膜和附着脂肪后称重（感量为0.1克天平），置于铝锅蒸屉上用沸水蒸30分钟。蒸后取出吊挂于阴凉处15分钟后称重。

计算公式如下：

$$熟肉率(\%)=\frac{煮后肉重}{煮前肉重}\times 100\%$$

(9)化学成分：

肉样部位：第3～5腰椎处背最长肌中心部位取样100克。

取样时间：宰后2～3小时内，取样后应立即准确称重，以免水分损失。如不能立即分析，应保存于冰箱中。

方法：按常规肉脂化学成分分析方法测定水分、粗脂肪、粗蛋白质和灰分量。

计算方法：按各种营养成分占鲜肉样重量的百分数表示。

(10)组织学指标：按肌肉组织学和组织化学的常规方法进行测定。

(11)品尝评定：

肉样部位：股二头肌和半腱肌。

评定时间：可分新鲜肉样（宰后7小时内）和熟化（在0～4℃

冰箱)2～3天的肉样2种。

评定指标:肌肉的颜色(煮熟后)、嫩度和滋味,按良好、中等和不良三级评定。处理为无盐水白煮,切成厚度均匀的薄片。品尝2个不同样品时,评定人员应用浓茶漱口。

评定人员:应经过一定培训,或请有经验的厨师和家庭主妇参加。

第三节　种猪的选择与淘汰

种猪的质量直接影响着整个猪群的生产效益。所以,必须重视种猪的选择与淘汰,以充分发挥优良猪种的种用性能,最大限度地提高养殖效益。种猪包括种公猪和种母猪两种。养好种猪是养猪生产的关键环节。要实现养猪高效益,必须要有高质量的种猪,这样才能持续、均衡地生产出质量优、数量多的仔猪。因此,种猪的选择与淘汰在养猪生产中非常重要。

一、根据外形和生理特点选择

这种选择方法是根据体型外貌、外形结构加以选择,要求种猪体质强健,性征表现明显,符合种用要求。具体要求如下:

(一)品种特征　选留纯种种猪,要求毛色、头型、耳型、体型外貌等具备该品种所应有的品种特征。

(二)体躯结构　种猪的整体结构要均匀,头颈、前躯、中躯和后躯各部位之间结合要自然、良好。各部位结构应良好。头应适中,大则屠宰率低、生长慢。耳根软者一般体质较弱,眼睛亮而有神者性情温顺。背腰长,臀部和大腿要宽平、深厚、丰满,四肢强壮有力。

(三)性征　公猪要求睾丸发育良好,轮廓鲜明,左右大小一致,不允许有单睾、隐睾,赫尔尼亚,包皮积尿不明显。头颈要比母猪粗重，前躯较后躯发达，前胸开阔，奶头亦应符合种猪要求，排列整齐。母猪外形则要求较轻而头部清秀，奶头符合品种应具备的奶头数，排列整齐且无瞎奶头。母猪外生殖器官应发育良好。大小适中，方便以后留种用时的配种。

二、根据记录成绩选择

(一)根据系谱进行选择 主要是根据亲代的表现型推断后代的表现型。这种方法选择种猪的准确度较低。进行系谱选择，必须具备完整的记录档案，根据记录分析各性状逐代传递的趋向。同时利用测交淘汰携有隐性有害基因的个体，避免将其后代留作种用。

兹介绍日本种猪登录协会对长白猪、大约克猪及杜洛克猪的外形鉴定标准(表1～表3)，以供参考。

表1 长白猪种猪鉴定标准

类别	说明	标准评分
一般外貌	体形较大，发育良好，舒展，全身大致呈梯形 头、颈轻，身体伸长，后躯很发达，体要高，背线稍呈弓状，腹线大致平直，各部位匀称，身体紧凑 性情温顺有精神，性征表现明显，体质强健，合乎标准 被毛白色，毛质好有光泽，皮肤平滑无皱折，应无斑点	25
头、颈	头轻，脸要长些，鼻平直。鼻端不狭，下巴正，面颊紧凑，目光温和有神，耳不太大，向前方倾斜盖住脸部，两耳间距不过狭 颈稍长，宽度略薄又很紧凑，向头和肩平顺地移转	5
前躯	要轻，紧凑，肩的附着好，向前肢和中躯移转良好。胸要深、充实，前胸要宽	15

续表

类别	说明	标准评分
中躯	背腰长，向后躯移转良好，背大体平直强壮，背的宽度不狭，肋部开张，腹部深、丰满又紧凑，下肋部深而充实	20
后躯	臀部宽、长。尾根附着高，腿厚、宽，飞节充实、紧凑，整个后躯丰满 尾的长度、粗细适中	20
乳房、生殖器	乳房形质良好，正常的乳头有12个以上，排列整齐，乳房无过多的脂肪 生殖器发育正常，形质良好	5
肢、蹄	四肢稍长，站立端正，肢间要宽，飞节健壮 管部不太粗，很紧凑，系部要短有弹性，蹄质好，左右一致，步态轻盈准确	10
合计		100

表2　大约克种猪鉴定标准

类别	说明	标准评分
一般外貌	大型，发育良好，有足够的体积，全身大致呈长方形，头、颈清秀 身体富有长度、深度和高度，背线和腹线外观大体平直，各部位结合良好，身体紧凑 性情温顺有精神，性征表现良好，体质强健，合乎标准 毛色白，毛质好有光泽，皮肤平滑无皱折，应无斑点	25
头、颈	头要轻，脸稍长，面部稍凹下，鼻端宽，下巴正，面颊紧凑 目光温和有神，两眼间距宽，耳朵大小中等，稍向前方直立，两耳间隔宽 颈不太长，宽度中等紧凑，向前和肩移转良好	5
前躯	不重，紧凑，肩附着良好，向前肢和中躯移转良好。胸部深、充实、前胸宽	15

续表

类别	说明	标准评分
中躯	背要长,向后躯移转良好,背平直,健壮,宽背,肋开张好,腹部深、丰满很紧凑,下肷部深、充实	20
后躯	臀部宽、长,尾根附着高,腿应厚、宽、飞节充实、紧凑,尾的长度、粗细适中	20
乳房、生殖器	乳房形质良好,正常的乳头有12个以上,排列良好,乳房无过多脂肪 生殖器发育正常,形质良好	5
肢蹄	四肢较长,站立端正,肢间距离宽,飞节强健。管部不太粗,很低紧凑,系部要短、有弹性,蹄质好,左右一致,步态轻盈准确	10
合计		100

表3　杜洛克种猪鉴定标准

类别	说明	标准评分
一般外貌	近于大型,发育良好,全身大体呈半月状 头、颈要轻,体要高,后躯很发达,背线从头到臀部呈弓状,腹线平直各部位结合良好,身体紧凑 性情温顺有精神,性征表现明显,体质强健,合乎标准 毛褐色,毛质好有光泽,皮肤平滑无皱折,无斑点	25
头颈	头部小,颈短等,面部微凹,鼻端不狭,下巴正,面颊要紧凑,目光温和有神,两眼间距宽,耳略小,向前折弯,两耳间隔宽,颈稍短,宽度中等,很紧凑。向头和肩移转良好	5
前躯	不重,很紧凑,肩附着良好,向前肢和中躯移转良好 胸部深、充实,前胸宽	15
中躯	背腰长度中等,向后躯移转良好,背部微带弯曲,强壮,背要宽,肋开张好,腹部深,下肷部深、充实	20

续表

类别	说明	标准评分
后躯	臀部宽、长,应不倾斜,腿厚、宽,小腿很发达、紧凑。尾的长度、粗细适中	20
乳房、生殖器	乳房形质良好、正常的乳头有12个以上,排列良好,乳房无过多脂肪 生殖器发育正常,形质良好	5
肢蹄	四肢较长,站立端正,肢间距宽,飞节强健。管部不太粗,很紧凑,系部要短有弹性,蹄质好,左右一致,步态轻盈、准确	10
合计		100

(二)根据生长发育记录选择　根据种猪本身的体重、体尺进行选择。体重可反映种猪的生长发育及增重情况,是对幼龄仔猪进行选择的重要依据之一。

体尺包括体长、体高、胸围、腿围等。有固定的测量部位,见图3。

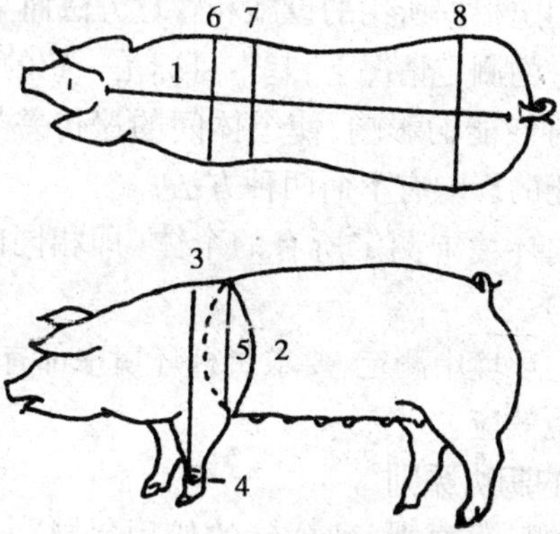

图3　测定部位

1. 体长　2. 胸围　3. 体高　4. 管围　5. 胸深　6. 前宽　7. 胸宽　8. 后宽

依据体尺测量选择种猪,须在6月龄方可进行。

体重、体尺的成绩越高，种猪的等级越高。生长发育亦可用指数进行选择，以太湖猪为例：$I = (0.46P_1 + 0.86P_2)W_j$

I 为选择指数，P_1 为 6 月龄体重（千克），P_2 为 6 月龄体长（厘米），0.46、0.86 为加权值，W_j 为校正系数。

三、根据生产性能选择

根据自身或同胞（半同胞）或后裔的生产性能进行选择，对提高种质效果明显。

1. 后裔测定：准确度较高，但需时较长。

2. 同胞性能测定：可与后裔测定结合进行，性能测定一般从活重 20～25 千克开始，到 90 千克结束。这种方法可早期选择种猪，有利于发挥优秀种猪的作用，缩短世代间隔。

（一）性能测定选择　种猪的性能测定最初在丹麦开始，并通过系统的后裔测定成功地培育出了长白猪，猪性能测定的目的是为了筛选出被选性状遗传上优异的个体。

猪的性能测定根据所用的设施和管理方法而有许多不同的方式，不过，在所有的测定情况下，基本目标是一致的，那就是必须消除或考虑环境对性能的影响，使个体间的遗传差异能显示出来。处理环境对性能的影响有下面两种方法：

1. 在相同的环境下测定所有的个体（即相同的猪舍、气候条件、营养和管理）。

2. 在不同的环境中测定，要求每种环境中都有亲属，用亲属的性能来估计环境效应。

（二）种猪的淘汰原则

1. 种公猪的淘汰原则：种公猪的使用年限一般控制在 2～3 年，种公猪年淘汰率在 30%～50%。有下列情况的种公猪应被淘汰：性欲低下，经调教及药物处理仍无改善的后备公猪；睾丸器质性病变（肿大、萎缩）的公猪；精液品质差，配种受胎率低，与配母猪产仔少的公猪；患过细小病毒、乙脑、伪狂犬病等传染疾病的公猪；肢蹄疾病严重，影响配种使用的公猪；因病长期不能配种的公猪；3 周岁以上的老年公猪。

2. 种母猪淘汰原则：

(1)正常淘汰：对年龄较大、生产性能下降的种母猪予以淘汰。传统栏舍饲养，母猪一般利用 7～8 胎，年更新比例为 25%。工厂化限位饲养，母猪一般利用 6～7 胎，年更新比例为 30%～35%。

(2)异常淘汰：生产性能低下、不发情、患过繁殖障碍疾病等的后备母猪应淘汰。

第四节　猪的杂种优势及其利用

杂交是指不同品种、不同品系之间进行交配。杂交的基本效应是使基因型杂合，使后裔群体中杂合子比例增加，表型变异减少，从而使群体更加一致。杂交生产的后代既不同于父本，也不同于母本，而是获得生活力强和生产性能高的非种用商品肉猪的一种杂交繁育方法。经济杂交所产生的杂种后代生长速度和饲料利用率都超过亲本纯繁群体的平均值，生活力和抗逆性也有一定提高，这种遗传效应叫杂种优势。杂种优势一般只限于杂交一代，如果杂种一代之间继续杂交，即导致优势分散，群体发生退化。

一、建立杂种繁育体系

选择纯种，建立纯种猪的品系，没有纯种，也就没有杂种可言，保存较优的纯种猪是建立杂种繁育体系的前提。因而必须建立相应的纯繁与杂交相结合的繁育体系，这个繁育体系通常由原种猪群和种猪群、商品猪繁殖群和肥猪群组成，并分别由原种场、繁殖场、商品场组成。见图 4。

原种场：主要任务是选育好原种猪群，建立纯种猪的品系结构。提高和繁殖引入品种。它们在杂交猪生产体系中处于金字塔的最高级，为繁殖场生产种猪。

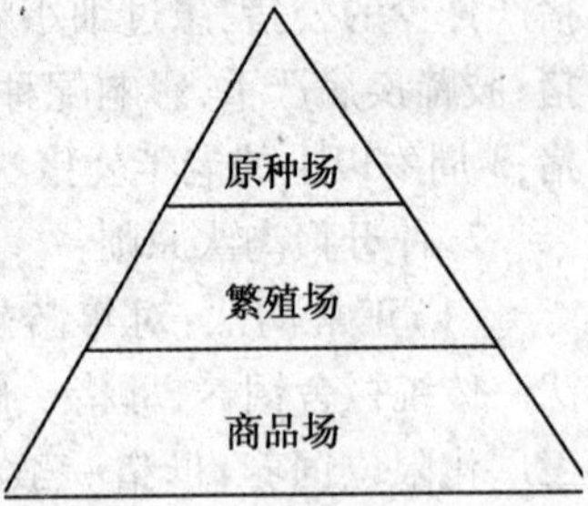

图4　繁育体系

繁殖场：主要任务在于大量繁殖种猪，以满足商品场和广大农村对种畜的需要。繁殖场应分两级，一级繁殖场或称种猪场，进行纯繁，以提供纯种种猪；二级繁殖场多采用同品种的品系间杂交，向商品场提供系间杂种猪。

商品场：主要任务是生产大量的优质杂交猪。商品场一般充分利用杂种优势。商品场一般有三种生产形式：一种是自己不养种猪，通过购买小猪，专门饲养杂交育肥猪，这种是农村小规模养猪形式；另一种是专门生产商品仔猪，自己不饲养，通过卖小猪来生产经营；第三种则兼养上述两种，即自繁自养杂交猪。上述三种性质的猪场是相互有机联系的，因而形成整体的繁育体系。

（二）杂交亲本的选择　杂交亲本，其品种不同，即使在同样的饲养管理条件下，其杂交效果也是不同的，这是由于不同杂交组合的配合力不同所致。因此选择什么样的杂交亲本来组成杂交组合，是杂交优势优劣的关键。

1. 父本的选择：父本必须具有胴体瘦肉率高、肉质好、生长速度快、饲料利用率较高、适应性强的品种。由于父本的数量较少，饲养管理条件适当高些比较容易做到。因此适应性可放在稍次地位。目前从国外引进的瘦肉型猪（如长白猪、大约克猪、汉普夏猪和杜洛克猪）一般都符合上述条件。大量的杂交实践表明，这些瘦肉型猪种作为杂交父本，其杂交效果都较好。

2. 母本的选择：母本要求在本地区分布广、数量多、繁殖力高。在不影响杂种生长速度的前提下，母本的体型不要求太大，而瘦肉率和繁殖指标不能太低。按照以下选择母本的条件，我国大多数地方猪种和培育猪种都符合。但由于我国地方猪种的个体差异较大，即使是同一猪种，其主要生产性能往往出现很大差异。所以，杂交母本的选择必须进行配合力测定。只有根据测定结果，才能选择出配合力好的猪种。

（三）杂交的方式　杂交方式可分终端杂交、轮回杂交和终端轮回杂交三种类型。终端杂交包括两元杂交、回交、三元杂交和四元杂交。轮回杂交包括两品种轮回杂交（交叉杂交）、三品种轮回杂交等。终端轮回杂交主要包括纯种公猪与交叉杂交母猪的终端轮回杂交和两品种杂交公猪与交叉杂交母猪的终端轮回杂交。目前，在国内瘦肉猪生产上，主要采用两品种杂交和三品种杂交。也用到四品种杂交和配套系杂交。

1. 两品种简单杂交（二元杂交）：二元杂交是两个品种（或品种系）的公、母猪进行杂交，杂种一代全部作为商品育肥猪。这种最简单的杂交方法一般以地方品种或当地培育品种为母本，以引入的优良品种为父本。二元杂交的杂交组合，大体上有如下几种类型：

本地种×地方良种

地方良种×引入品种

地方良种×国内新培育的品种

引入品种×引入品种

2. 三品种杂交（三元杂交）：是由两个品种猪杂交所生的一代杂种母猪，再用第二个父本交配，生产的后代为含有三个种猪血液的杂种猪。一般来讲，三品种杂交比两品种杂交的杂种优势率更高。三元杂交比二元杂交好的原因在于利用杂种母猪做第二母本，产生繁殖性能方面的杂种优势，表现为仔猪的初生窝重和断奶窝重都大，仔猪本身又获得第二次杂交带来的生长发育的杂种优势，两方面综合在一起，其总的杂交优势当然比仅以仔猪为杂种的单杂交更为显著。

3. 两品种轮回杂交：从两品种简单杂交所得到杂种一代母猪中，选择优良个体逐代分别与两个亲本品种的公猪进行杂交，从而不断保持子代的杂种优势。杂种公猪一律不留种。轮回杂交三代以后，后代所含两品种的血缘基本趋于平衡。可以充分利用杂种母猪的杂种优势，饲养场只需饲养两个品种的少量公猪。缺点是每代都需要更换公猪，即使发现杂交效果好的公猪也不能继续使用。

4. 三品种轮回杂交：从三品种杂交所得到的杂种母猪中，选留优秀个体，分别与其亲本品种的公猪（B、A、C）进行杂交。从理论上讲三品种轮回杂交可以把三个品种的优良基因汇集于杂种母猪。在实践中，因其复杂，故不多用。杂交模式如下：

(公) A　C　　B　　A　　C　　B

× × × × × ×

(母) B→AB→CAB→BCAB→ABCAB→CABCAB→……

5. 近交系杂交：近交系是通过高度近亲繁殖建立起来的，并在以后的世代中保持一定程度近交系数的猪群。近交系之间的杂种优势与品种之间的杂交一样，在繁殖性能方面表现明显的杂种优势，但在胴体品质的表现方面优势则不太明显。

6. 专门化品系杂交：专门化品系是为了培育某个突出的经济性状仍保持在一般水平上的品系。父本品系一般集中表现生长快、饲料利用率高和胴体品质好等特点；而母本专门化品系则主要选择产仔数、泌乳力等繁殖性状。所以，父系和母系杂交后能获得杂种优势。试验证明，用专门化品系来生产商品肉猪，在生长速度、繁殖率和饲料诸方面比品种间杂交有更大的杂种优势，从而大大提高了养猪生产水平。

(四)杂交效果的综合分析

1. 如果父本品种和母本品种的优势性状相吻合,其杂种的性状优势就明显,但其杂种优势率都接近亲本平均数。

2. 亲本品种之间的生产性能差异越大,杂交效果越好。

3. 亲本品种之间的血缘关系越远,其杂交效果越好。

4. 国外良种与国内脂肪型母猪的二元杂交不一定获得瘦肉型猪但比母本瘦肉率要高。

5. 国外瘦肉型猪种与我国培育的瘦肉型猪杂交,杂种猪的瘦肉率可接近国外良种,且杂种的繁殖性能好,适应性强,易饲养。

6. 在二元和三元杂交中,繁殖力高的品种宜作母本。生长速度快、饲料报酬高、胴体品质好的品种宜作父本。

(五)合理的猪群结构　合理的猪群结构是实现杂交繁育体系的基本条件。猪群的结构主要是指繁育体系各层次中种猪的数量,特别是种母猪的规模,以便确定相应的种公猪的规模以及最终能生产出的商品肥育猪的规模。由于母猪的规模和比例是各繁育体系结构的关键,因此各层次母猪占总母猪的比例大致是:核心群占2.5%,繁育群占11%,商品群占86.5%,呈典型的金字塔结构。

二、杂种优势的估测

(一)杂交的生物学效果　无论是品种或品系间的杂交,都可使后代的基因杂合程度增加,因而表现出以下特点:

1. 性状趋向一致。

2. 遗传上不稳定。

3. 产生杂种优势。

(二)杂种优势的度量　杂种优势一般用杂交一代的平均值($\overline{F}_1$)与亲本平均值之间差额来表示。公式如下:

$$H=\frac{\overline{F}_1-1/2(S+D)}{1/2(S+D)}\times 100\%$$

其中:H 表示杂种优势率;S 代表父本生产性能;D 代表母本生产性能。

为了准确度量杂种优势率的大小,还必须估量主要经济性状的杂种优势率。在估计杂种优势率方面,曾出现两种意见,一种意见认为最好的度量方法是看杂交一代的某一数量性状表型值能否超过那一个亲本数值。另一种意见认为,杂种优势最好是通过杂种一代某一数量性状平均表型值和双亲的表型值平均数相比较加以度量,杂种优势率 H 的计算公式应为:

$$杂种优势率\ H=\frac{F_1\ 代的平均表型值-双亲平均表型值}{双亲平均表型值}\times 100\%$$

三、杂种优势的利用

近代育种学在杂种优势利用方面更有巨大的发展。杂种优势的利用已成为工厂化养猪的重要生产环节,在技术和方法上也日趋成熟,已由一般的种间或品种间杂交,发展成一套"配方化"系间杂交的现代化体系。利用杂种优势,进行经济杂交,提高养猪生产的经济效益。我国多年来,曾广泛地进行了各类猪种之间的杂交组合试验,取得了明显的成果,不少优良的杂交组合,已在生产实践中发挥了重要作用。目前较优的杂交组合:

(一)国外优秀猪种的杂交组合

杜长大体系:是以杜洛克公猪做终端父本,以长白与大白杂交母猪长大母猪为母本进行生产的杂交方式。首先用长白公猪(L)与大白母猪(Y)配种或用大白公猪(Y)与长白母猪(L)配种,在它们所生的后代中精选优秀的 LY 或 YL 母猪作为父母代母猪。最后用杜洛克公猪(D)与 LY 或 YL 母猪配种生产优质三元杂交肉猪。其模式图 5 如下:

长白公猪♂ ×大白♀
↓
杜洛克公猪♂ ×长大杂交母猪♀
↓
杜长大三元杂交肉猪──→商品肉猪出售

图5　杜长大体系模式图

（二）国外猪种和本地猪种的杂交组合

杜长大土体系：是以杜洛克公猪做终端父本，以地方猪与大白杂交母猪为母本进行生产的杂交方式。先用大约克公猪（Y）与川白Ⅰ系母猪（Ⅰ）配种，在它们所生的后代中精选优秀的YⅠ母猪作为父母代母猪。最后用杜洛克公猪（D）与YⅠ母猪配种生产优质三元杂交肉猪。其模式图如图6：

大白公猪♂ ×当地猪♀
↓
杜洛克公猪♂ ×大土杂交母猪♀
↓
杜大土三元杂交肉猪──→商品肉猪出售

图6　杜长大土体系

（三）利用杂种优势建立专门化品系　该品系间的杂交在繁殖力和生长速度上都表现突出。专门化品系的杂交繁育体系，能保持几个系的遗传差异可以有力地应付在时间上或区域上所出现的产品波动性。

培育专门化综合品系，一般应注意三点：一是母本品系，要突出繁殖性状；二是父本品系要突出早熟性、饲料报酬、产肉力、胴体品质和雄性机能等性状；三是每个专门化品系都要突出一两个重要性状的特点，而且各系间一定无任何血缘关系。

第二章　猪的营养与饲料配合

猪需要哪些营养物质？哪些饲料具备猪所需要的营养物质？如何根据猪的营养需要经济合理地配制饲料？这些是养猪的技术关键。只有掌握此关键技术，才能使猪长得快、瘦肉多、饲料报酬高，才能使种猪进行正常的配种和繁殖。

第一节　猪的消化特点与营养物质的吸收

一、猪的消化特点

猪是单胃杂食动物，在野生情况下，它总是在不断地搜寻和摄食各种食物。在现代养殖生产体系中，猪可以被驯化成分餐采食；或在持续供料供其自由采食的情况下，猪也会在白天频频采食。虽然猪一般都是白天进食，但在某些情况下如天气炎热时，也可转变为夜间采食。目前尚无证据表明猪的营养利用效率会受到每日供料时间的影响。

猪口腔内牙齿对饲料咀嚼比较细致，咀嚼时间长短与饲料的柔软程度和动物年龄有关。一般粗硬的饲料咀嚼时间长，随年龄的增加咀嚼时间相应缩短。生产上猪饲料宜适当粉碎以减少咀嚼的能量消耗，同时又有助于胃、肠中酶的消化。猪饲粮中的粗纤维主要靠大肠和盲肠中微生物发酵消化，消化能力较弱。

二、猪营养物质的吸收

(一)猪可消化营养物质的吸收机制有三种方式

1. 胞饮吸收:胞饮吸收是细胞通过伸出伪足或与物质接触处的膜内陷,从而将这些物质包入细胞内;以这种方式吸收的物质,可以是分子形式,也可以是团块或聚集物形式;初生哺乳动物对初乳中免疫球蛋白的吸收是胞饮吸收,这对初生动物获取抗体具有十分重要的意义。

2. 被动吸收:被动吸收是通过滤过、渗透、简单扩散和易化扩散(需要载体)等几种形式,将消化了的营养物质吸收进入血液和淋巴系统;这种吸收形式不需要消耗机体能量;一些分子量低的物质,如简单多肽、各种离子、电解质和水等的吸收即为被动吸收。

3. 主动吸收:主动吸收与被动吸收相反,必须通过机体消耗能量,是依靠细胞壁"泵蛋白"来完成的一种逆电化学梯度的物质转运形式;这种吸收形式是高等动物吸收营养物质的主要方式。

(二)饲料原料中氨基酸的利用率　在多数天然原料中,氨基酸不能被完全消化、吸收和利用。因此,恰当配制日粮重要的一点是了解猪对常用原料中氨基酸的吸收和利用程度。这里要解释两个术语:消化率和利用率。消化率是指饲料中氨基酸在肠道里的吸收数量;利用率是指饲料中的氨基酸实际用于生长的比例。虽然概念简单,但实际测定这两个值却很复杂。

多数营养学家趋于采纳消化率数值作为利用率的合理指标。

第二节　猪对各种营养物质的需要

一、能量

猪的生长发育、繁殖、维持体温和一切活动都需要能量，能量占营养物质的比重最大。猪所需能量来源于饲料中的三种有机物：碳水化合物、脂肪、蛋白质，碳水化合物是最重要的。

猪所需能量除直接由消化道吸收的葡萄糖和挥发性脂肪酸供给以外，还可由肝脏中的糖元和体脂肪供给，必要时体蛋白经分解后也可提供能量。

能量的单位以焦耳表示。在生产实际中常用千焦耳或兆焦耳。过去采用卡表示能量单位，卡与焦耳的换算如下：

1 卡 =4.184 焦耳

1 千卡 =4.184 千焦耳

1 兆卡 =4.184 兆焦耳

饲料中有机物在猪体内经完全氧化后，生成二氧化碳和水，同时产生能量。能量在体内转化过程如图 7 所示。

猪有维持体温恒定的能力。当外界温度降低时，机体代谢加强，增加产热量，以维持体温，此时维持能量就消耗的多。因此，冬季日粮中能量水平应适当提高。

猪有调节采食量的能力，日粮能量水平低时就会多采食，造成蛋白质的过剩而浪费；日粮能量过高，则使猪过肥，也会造成饲料的浪费，而且猪肉质量低，卖价低，带来不应有的经济损失。由于采食量的变化，影响蛋白质和其他营养物质的摄取量，造成营养的不平衡。因此，在配合日粮时，必须首先确定能量标准，然后在此基础上确定其他营养物质的需要量。我国猪的饲养标准，用蛋白质与能量的比例来规定蛋白质与能量的比例关系。

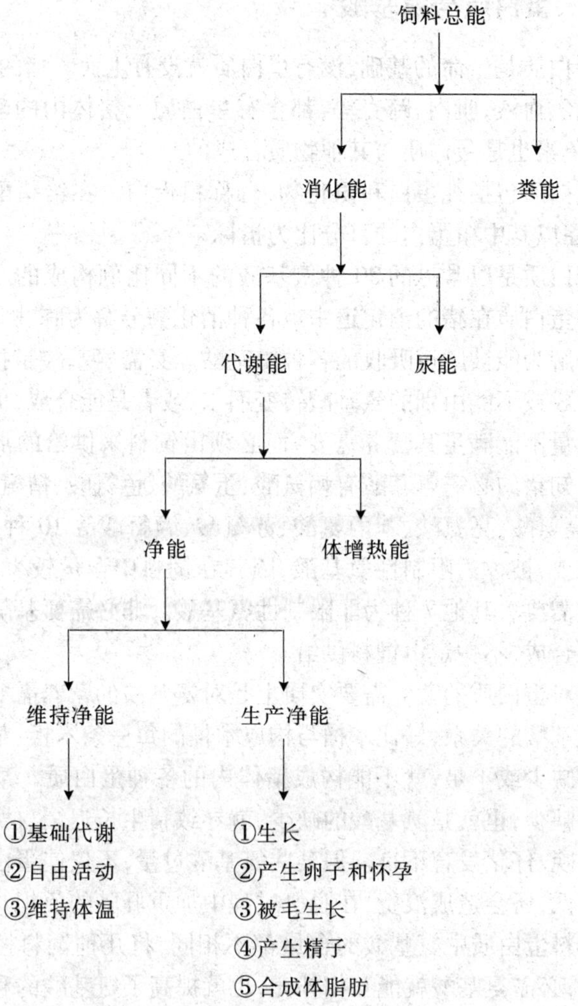

图7　能量在体内转化过程

二、蛋白质与氨基酸

蛋白质是生命的基础,没有蛋白质就没有生命。猪的被毛、皮肤、神经、血液、肌肉、蹄壳等,都含有蛋白质。猪体内的酶、激素、抗体、色素也是蛋白质与其他物质合成的。

蛋白质包括纯蛋白和氨化物,合称粗蛋白。在给猪配合日粮时,往往以其中粗蛋白的百分比为指标。

蛋白质是以常见的20种氨基酸的不同比例构成的。各种饲料中的蛋白质在猪的消化道中被各种消化酶分解为胨、脲和肽类,最后分解为能被肠道吸收的各种氨基酸。必需氨基酸是指猪体内不能合成或不能由别的氨基酸转变而来,或者是能合成,但合成速度和数量不能满足其营养需要,而必须由饲料来供给的那些氨基酸。已知猪的必需氨基酸有赖氨酸、蛋氨酸、色氨酸、精氨酸、组氨酸、异亮氨酸、亮氨酸、苯丙氨酸、苏氨酸、缬氨酸等10种,而前三者最需要,被称为限制性氨基酸,因其在饲料中含量较少,不易满足猪的需要。其他7种为非限制性氨基酸。非必需氨基酸在猪体内能够合成,不一定由饲料供给。

猪对蛋白质的营养需要实质上是对氨基酸的营养需要。蛋白质与氨基酸的关系,好比木桶与构成木桶的每一条木板,某一种氨基酸的缺少或不足,就不能构成猪体内的各种蛋白质。某一种蛋白质的缺少,也就是氨基酸的缺少,就导致猪生长迟缓、被毛粗糙、性成熟晚、仔猪发育不良。但某些氨基酸过量,不仅使蛋白质的利用率降低,还会造成浪费,在脱氨过程中加重肝脏的负担。

饲料蛋白质中氨基酸的含量都不相同,将几种饲料按比例混合起来,必需氨基酸就能互相补充,也就提高了氨基酸的利用率。

三、脂肪

脂肪是猪体组织需要的重要成分。如神经、血液、骨骼、肌肉等都含有脂肪。脂肪是供给猪体能量和贮备能量的最好形式，它在体内氧化时释放的能量为同一重量碳水化合物和蛋白质的2.25倍。它还是脂溶性维生素的溶剂。

饲料中脂肪含量必须适宜，过多则引起猪消化不良、腹泻；过少则妨碍脂溶性维生素的溶解和吸收，使猪生长受阻、皮肤发炎、生殖机能衰退等。饲料中都含有一定量的脂肪，能够满足猪的需要，仔猪日粮中需要加些脂肪，以满足其能量需要。

四、碳水化合物（糖类）

碳水化合物也就是醣类，其来源丰富，植物性饲料中含量多，是供给猪数量最大的营养物质。碳水化合物分为无氮浸出物和粗纤维两大类。无氮浸出物主要由淀粉和糖类组成，它们适口性好，易于消化。粗纤维是植物性饲料细胞壁的主要成分，其中含有纤维素、半纤维素和木质素，它们适口性差，是猪难以消化或不消化的物质。但是粗纤维能起到饱感作用，而且能促进肠胃蠕动，有助于消化吸收、粪便的排泄，从而促进代谢作用。在猪的日粮配制时，粗纤维的含量要控制，瘦肉型猪日粮一般含粗纤维3%～5%，本地猪及其杂种可适当高一些，最高不超过10%。

碳水化合物的作用主要是供猪生命活动中的能量，多余能量在体内转化为糖元和脂肪。如碳水化合物不足，猪就动用体内贮备的糖元和脂肪，如还不够就动用蛋白质，经分解为氨基酸后，再脱氨转化为碳水化合物，以满足所需能量。在此情况下猪就消瘦，体重减轻，生长停滞。这就说明必须供给充足的碳水化合物，才能保证猪正常生长需要。

五、矿物质

矿物质元素在猪体内一般只占3%～4%，是构成骨骼的主要成分，有的分布于被毛、肌肉、血液和其他软组织中，有的是维生素、激素、酶的组成部分。这些元素虽不是能量的来源,但有参与新陈代谢、调节渗透压、维持酸碱平衡的作用,是保持猪正常生理功能和生产所必需的,而且是支持形体状态的支架。矿物质元素种类很多,根据体内含量多寡,分为常量和微量两大类元素。常量元素是占体重0.01%以上的元素,如钙、磷、钠、氯、硫、镁、钾等元素;微量元素是占体重0.01%以下的,如铁、铜、锰、锌、碘、硒等元素。

(一)常量元素

1. 钙和磷:是猪体需要量最多的元素,构成骨骼的主要成分。

钙在维持神经、肌肉、心脏的生理功能,以及调节酸碱平衡、促进血液凝固、形成骨骼等方面都有重要作用。缺钙时出现佝偻病、软骨病、骨骼生长缓慢、食欲不振,常发生异食癖、哺乳仔猪昏迷、抽筋和跳跃等症状。哺乳母猪由于排出大量钙,缺钙时会导致瘫痪。公猪则表现精子发育不全。

一般猪日粮中钙的含量占0.8%~0.9%,仔猪和哺乳母猪应占0.9%,其他猪占0.8%。钙与能量的关系是能量增加则钙也应增加。但钙量过高,就会影响猪对镁、锰、锌的吸收,对其生长发育和生产也不利。一般谷类饲料和糠麸中含钙很少,因此猪的日粮中应加石粉、骨粉、磷酸氢钙等钙质饲料。

磷作为骨骼的组成元素,其含量仅次于钙。磷在碳水化合物与脂肪代谢、钙的吸收利用,以及维持酸碱平衡中有重要作用。缺磷与缺钙的症状一样。猪对磷的需要量是0.6%~0.7%。谷物和糠麸类含磷较多,但主要以植酸磷形式存在,而猪对植酸磷的利用率很低,因此配合日粮时要以有效磷作为磷的需要量指标。

钙与磷两者有密切的关系,饲料中某种元素含量过高会影响另一种元素的吸收利用。因此两者必须保持一定的比例,钙和磷的比例一般要求(1.5~1.2):1。

另外,维生素D也影响钙、磷的吸收和利用,日粮中缺少维生素 D，钙、磷也不能被很好利用，同样会引起猪的钙磷缺乏症。

2. 钠和氯：是血液、体液的重要成分。它们在维持猪体内渗透压、水、酸碱平衡方面起着调节作用，同时与调节心脏肌肉活动、蛋白质代谢、血液循环、体温、增加食欲、形成消化液的盐酸也有密切关系。饲料中缺少二者，猪食欲减退、生长迟缓、异癖。可见饲料中加不加盐至关重要。但食盐不能过量，否则会引起中毒或拉稀，最适宜的量是 0.5% ~1.0%。

（二）微量元素　猪所需要的微量元素有铁、铜、锌、锰、钴、碘、硒，其对猪的功能如下：

1. 铁和铜：铁是猪体内血红素、血黄素、肌红蛋白、细胞色素酶等的重要组成成分。缺铁时引起贫血，特别是仔猪易患贫血症，所以初生仔猪要注射血多素或生血素。铜与铁有密切的协调作用，铜参与铁的消化代谢，加快形成血红素，所以缺铜同样引起贫血症。近年研究发现，铜还有促进生长、增强免疫功能和抗菌作用。每天铁的需要量，按生长阶段体重计是 22 ~250 毫克；铜的需要量是 1.3 ~9.33 毫克，高铜饲料中铜还可以更高。

2. 锌：是多种代谢酶的成分，特别对猪皮质层碳酸酐酶的构成是不可缺少的元素。该酶对皮肤代谢、毛的光泽有重要作用，缺锌猪的皮肤易角质化、干裂和脱毛，生长缓慢，易患皮炎等。每天需要量是 22 ~155 毫克。一般饲料中都缺锌，配合饲料时应注意添加锌。

3. 锰：存在于猪的肝脏、骨骼、脾脏、胰脏及脑垂体中。对骨胳的形成、生长发育有作用，是碳水化合物、脂肪类和蛋白质代谢中一些酶的组成成分。缺锰引起胫骨、趾骨等关节肿胀，严重则造成猪的繁殖机能障碍，或者形成木乃伊胎和死胎。每天需要量 1 ~6.22 毫克。

4. 钴：是维生素 B_{12} 的组成成分。维生素 B_{12} 是预防贫血、促进血液生成的维生素，所以缺钴同样引起贫血症。

5. 硒：是谷胱甘肽过氧化酶的成分，缺硒引起心肌变性、肝脏坏死、心室积水、繁殖机能下降、白肌病。仔猪对硒更敏感，缺硒很快就死亡。河南省一般饲料中都缺硒，在配合猪日粮时一定要加硒。猪每天需要0.03～0.08毫克。

6. 碘：是甲状腺素的主要成分，缺碘引起猪的甲状腺肿大、代谢失调、繁殖力下降。每天需要量0.03～0.4毫克。

六、维生素

维生素是维持猪正常生命和生长所必需的一类特殊的营养物质。大多数维生素都必须从饲料中摄取，其需要量很少，但在生理上却起着调节和控制新陈代谢的重要作用。它们还有抗病和免疫作用。主要用于猪生长、健康、饲料转换、繁殖和提高成活率等。如果体内缺少它们，就引起一系列维生素缺乏症。维生素有20多种，其化学结构各不相同。一般分为两类：一类是脂溶性维生素，如维生素A、维生素D、维生素E及维生素K等；一类是水溶性维生素，如维生素B族和维生素C等。

（一）脂溶性维生素

1. 维生素A（抗干眼素）：与眼睛视网膜中的视紫质素的再生有关，故有保护视力、视神经的正常生理功能，促进骨骼生长，增强抵抗力和免疫力及上皮组织的完整和消化道、呼吸道黏膜健康等作用。缺乏维生素A猪患夜盲症、上皮组织角质化、分泌物减少。严重缺乏时猪的各种器官黏膜损害，降低抗病力，引起呼吸道、消化道和泌尿生殖道等炎症，甚至引起死胎和流产。

猪能从动物性饲料中直接摄取维生素A，只能从植物性饲料中摄取胡萝卜素，而胡萝卜素在猪肝脏中转化为维生素A，才能被猪体利用。

2. 维生素D（抗佝偻病素）：能促进钙磷在肠道中的吸收，调节钙磷代谢及钙、磷在血液中含量，促进钙磷在骨骼中的沉积。有

维生素 D_2 和 D_3 之分。植物中的麦角醇经阳光中紫外线的照射能转化为维生素 D_2，猪的皮下脱氢胆固醇经阳光中紫外线照射可转化为维生素 D_3。这两种维生素 D 对猪作用完全相同。若在饲料中配些阳光晒制过的青干草粉，就能使猪获得一些维生素 D_2。大规模的猪场一般采用多种复合维生素，其中含有的维生素 D 就能满足猪的需要量。

3. 维生素 E(抗不育素)：属于酚类化合物中活性最强的生育酚，具有很强的氧化作用，应封闭保存。它可维持猪的正常生殖机能、肌肉和外周血管的正常生理状态，有保持心肌健康、促进细胞核新陈代谢的功能，其他维生素不能代替。缺乏维生素 E 导致猪患白肌病、肌肉萎缩、心肌变性、心包积水、母猪繁殖机能障碍、公猪睾丸发育不良等。猪每天饲粮中需要 2～34 国际单位。谷物和青绿饲料中含有较多的维生素 E。

(二)水溶性维生素

1. 维生素 B_1(硫胺素)：是许多细胞酶的辅酶活素，参与碳水化合物代谢过程中酮类物质的氧化脱羧反应。缺乏此维生素，丙酮不能进入三羧循环中的氧化过程，引起血液、脑和肌肉中丙酮积聚过多，造成神经失调、行动不便、肌肉变性。糠麸和青干草中含维生素 B_1 较多。猪每天日粮中应供应 0.3～3 国际单位。

2. 维生素 B_2(核黄素)：是细胞黄素酶的成分，也是卵细胞黄素的成分，常常以黄酶辅基形式出现，参与蛋白质、脂肪和核酸以及生物氧化过程的代谢。缺乏该维生素，引起代谢紊乱，细胞和卵子缺乏活力，猪生长缓慢，骨骼损害和繁殖力下降。饲料酵母、鱼粉、糠麸、优质干草及青绿饲料含量较多。猪每天需要 0.6～6 国际单位。

3. 维生素 B_{12}：是猪血液代谢的调节物质，对血液生成和代谢有促进作用。能增强烟酸和氨基酸合成酶的活性，有利于蛋白质的代谢。缺乏维生素 B_{12}，主要引起贫血、后肢活动失调、繁殖力下降。猪每天日粮中需要4～29微克。

4. 维生素C(抗坏血酸):是一种酸性物质,能保持血液正常循环,防止黏膜破损,缺乏它引起器官黏膜特别是口腔黏膜出血。这种维生素能在猪体内合成,不易缺乏。

5. 泛酸(B_3)、烟酸(PP)、吡哆酸(B_6)和胆碱等:这些维生素都与各种营养的代谢酶有关,特别是与神经机能有关。缺乏这类维生素,猪体内消化代谢和神经活动失调、生长发育受阻、肢体跛行,有时还引起皮炎。它们在饲料中广泛存在,所以猪不容易缺乏。

在配制饲料时,维生素A、维生素D、维生素E常用国际单位,符号为U,其他维生素都以毫克为单位,而维生素B_{12}则以微克为单位。

维生素A一个国际单位等于0.334微克维生素A醋酸盐,也等于0.3微克维生素A醇,也等于0.6微克胡萝卜素。

维生素D一个国际单位等于0.25毫克维生素D;维生素E一个国际单位等于1毫克DL－2－生育酚醋酸酯,也等于1.48毫克2－生育酚。

七、水

水是构成猪体各组织器官的重要组成成分。在生理活动中,水对养分的消化、吸收、代谢、废物排出、血液循环及体温调节都起着重要作用。缺水引起食欲减退、饲料利用率低,干扰体内所有过程,影响生产力的正常发挥;严重缺水时甚至引起猪,特别是仔猪的死亡。

猪的饮水量随季节温度而变化,夏季量大,冬季量小。要保证猪的饮水。

第三节　猪的饲料及其营养特点

不论饲养什么家畜和家禽，要想提高生产水平，就必须有优良的畜禽品种（品系）作为基础，有好的品种（品系）还不行，还必须有良好的营养条件，才能发挥优良品种、品系的遗传潜力。如果饲养瘦肉猪就更需要优质饲料，特别是蛋白质饲料来支持。瘦肉猪的日粮比脂用或兼用型猪要求更高，不仅要求配制营养平衡的日粮，而且要考虑经济核算。如果配制的日粮不是全价的，就不能满足各类猪的需求，养猪效益就差。在选择能量和蛋白质饲料时，还要考虑不同用途、不同生长阶段的猪的营养需要，以及饲料中维生素与矿物质的余缺。还要考虑养猪规模的大小，以及集约化饲养，还是传统式饲养，还有饲料对胴体品质的影响。因此，为了养好瘦肉猪，必须对各类饲料的特性和营养价值以及优缺点等了如指掌。猪的饲料有上百种，俗话说，“猪吃百样草，看你找不找”。猪的饲料各有特点，按其营养成分可分为能量饲料、蛋白质饲料、青绿饲料、矿物质饲料和添加剂饲料。

一、能量饲料

凡饲料干物质中粗蛋白含量低于20%，粗纤维含量在18%以下的饲料，如玉米、麦类、谷子、稻谷、碎米、高粱、麸皮、米糠等都属于能量饲料。

（一）玉米　玉米能量高、纤维少、适口性好、消化率高，是养猪生产中用得最多的饲料，号称“饲料之王”。并且产区广，资源丰富。全世界的养猪业，在配制猪饲粮时，都以玉米作为日粮的主体，围绕它进行配制营养的平衡，并补足蛋白质的含量。由于玉米缺少赖氨酸和色氨酸，营养不全价，所以在配制饲料时，要注意这些氨基酸的平衡。黄玉米中胡萝卜素和叶黄素含量较多，蛋白质含量也较高,适口性也好。不论什么玉米,其淀粉质量较差,对猪的脂肪有不良影响,易产生软脂。另外,玉米的蛋白质、钙、磷含量也较低。玉米必须妥善保管,防止霉变,霉玉米产生黄曲霉素,其毒性较大,易产生霉玉米中毒,发生下痢。猪日粮中一般玉米可占50%以上,使日粮提高能量含量。

(二)麦类 小麦能量高,粗纤维少,蛋白质含量相对较高,氨基酸含量比其他谷类饲料较完善,但价格较高。一般在猪日粮中不用或少用,以降低饲料成本。大麦含蛋白较高,含能量中等,蛋白质和脂肪酸的质量优良,对猪的瘦肉生长和克服软脂有良好的作用,所以是猪的最佳饲料。大麦也缺少赖氨酸和胡萝卜素,而且皮厚且硬,含粗纤维较多,故在日粮中最好不超过30%,幼龄仔猪不宜超过10%。大麦易被赤霉菌感染,大麦感染后不宜喂猪,否则引起流涎。

(三)稻谷、碎米 稻谷外壳坚硬,粗纤维多,喂量不宜过多,占日粮10%~20%为宜。碎米营养比稻谷要好,粗纤维少,但粗蛋白含量低。利用稻谷和碎米喂猪,要注意其他营养的平衡。

(四)高粱 也是高能饲料,其营养成分近似玉米,如有这种资源,可在日粮中代替1/2的玉米。杂交高粱质量差、皮厚,含有较多的单宁酸,味苦涩,适口性差。单宁酸对猪繁殖有影响,喂多引起母猪不发情,公猪死精。高粱氨基酸不全,缺少胡萝卜素,含有不饱和脂肪酸,易生成软脂,故不宜喂得太多,但可防止仔猪拉稀。仔猪和公母猪日粮中一般占15%~20%为宜。

(五)麸皮 粗蛋白含量较高,达12.5%~17%,B族维生素较多,质地松软,适口性好,有轻泻作用,适合喂怀孕后期和产后母猪,防止便秘。缺点是粗纤维含量高,能量相对较低,磷多钙少,且有不易消化的植酸磷。一般猪日粮中占15%~20%。

(六)米糠 米糠的粗脂肪、粗蛋白、B族维生素含量都高,但粗纤维、不饱和脂肪酸也高,不耐贮藏,另外磷多钙少。猪日粮中一般占10%左右。

（七）脂肪性饲料　油脂热能值高，其热量是碳水化合物和蛋白质的2.25倍。油脂分为植物油和动物油，植物油吸收率高于动物油。为了提高仔猪日粮的能量水平，促进生长，改善饲料利用率，仔猪日料中可加4%左右。

据研究，若把以上谷类饲料磨成直径1毫米的粉状，或制成颗粒饲料，则饲养效果提高15%。

二、青绿饲料

青绿多汁饲料指天然水分含量为60%以上的青菜、青草、树叶类，非淀粉质的块根、块茎、瓜果类等。这类饲料除含有其他营养物质以外，主要是供给各种维生素营养，农户和规模小的猪场饲粮可以不加多种维生素。

（一）叶菜类　能够作为猪饲料的叶菜种类很多。分布较广和栽培较多的叶菜主要有甘蓝、苦荬菜、根达菜、蕹菜等。其干物质中粗蛋白含量高达15.8%～20.3%，淀粉和糖的含量为41.8%～51.8%。这类菜要生喂，忌熟喂，熟喂易引起亚硝酸盐中毒。

（二）青草类　分为栽培和野生两大类。

1. 栽培青草：主要有豆科植物，如苜蓿、草木樨、紫云英和苕子等，其干物质中蛋白质含量为14.9%～28.4%，无氮浸出物为37.3%～45.1%。其他营养成分也很丰富。

2. 野生草类：可供猪食用的有百余种，如野苋菜、苍耳、蒲公英、苦荬菜、马齿苋、马兰、野豌豆、荠菜、车前草等。野菜含水量比栽培植物少，干物质中粗蛋白也较少，而粗纤维、无氮浸出物较多，有些草类干物质中营养成分与苜蓿相近。

（三）水生植物　河、湖、池塘中的植物属于水生植物，如水浮莲、水葫芦、浮萍等。其水分含量极高，达90%；干物质仅10%；但粗蛋白含量可达15%～20%。

(四)块根、块茎及瓜类 含水量高达70%~90%,干物质中淀粉和糖含量为60%~85%,粗纤维含量低,粗蛋白占干物质的10%~12%。这类饲料有葫萝卜、甜菜、甘薯、马铃薯、菊芋、蔓菁、萝卜、南瓜等。

三、蛋白质饲料

蛋白质饲料一般指饲料干物质中含粗蛋白在20%以上,粗纤维含量在18%以下的饲料。它包括植物性和动物性蛋白饲料。植物性蛋白饲料以各种油籽及其榨油后的饼粕为主,动物性蛋白饲料主要包括鱼粉、肉骨粉、蚕蛹粉、血粉、羽毛粉等。

(一)植物性蛋白饲料

1. 豆类:豆类饲料含蛋白质高,可称为蛋白质饲料,这类饲料包括大豆、黑豆、蚕豆和豌豆,与饼粕类相比,含蛋白质较少。大豆价格比较昂贵,又是豆制品的原料,故不宜用大豆喂猪。哺乳仔猪可适当喂些煮熟大豆或炒熟的大豆粉,但不宜过量。切忌用生大豆和生饼喂猪,因其含有抗胰蛋白酶,活性强,可引起拉稀,阻碍生长。

黑豆常作猪的饲料,但喂猪不经济。蚕豆和豌豆因作为饲料来源受限制,也不常用。如果有些地区产量多,可在猪日粮中占5%~7%,饲养效果较好。

2. 大豆饼(粕):大豆作为猪饲料,不如先榨油,用其饼类喂猪。大豆饼是大豆榨油的副产品。用压榨法加工大豆的副产品叫大豆饼,用浸提法加工大豆的副产品叫大豆粕。豆饼(粕)是养猪的最好蛋白质饲料,其中蛋白质含量在40.9%,大豆粕是43%,含赖氨酸也丰富,用以饲养瘦肉猪,对瘦肉的生长有极大的作用。豆饼(粕)在猪饲料中可占12%~20%,最高不超过25%,喂多引起拉稀。

3. 花生仁饼:适口性好,营养丰富,而且容易消化。其饲用价值仅次于大豆饼(粕),粗蛋白含量44.7%,花生仁粕是47.8%,但缺乏赖氨酸、色氨酸、蛋氨酸、苏氨酸。花生饼不耐贮存,易感染黄曲霉菌,危害猪的健康,贮存时特别要注意通风、干燥、切忌发霉。

4. 菜子饼:含粗蛋白36% ~38%,富含蛋氨酸,赖氨酸含量较低。其中含有芥子苷,在芥子素酶的作用下,水解成异硫氰酸酯和噁唑烷硫酮等有毒物质,是猪甲状腺的致病物质,阻碍猪生长和增重,严重者中毒死亡。所以要严格控制喂量,一般占日粮的3% ~5%。近年来浙江农业大学研制出菜子饼脱毒剂—6107添加剂,使其用量可达到20%。

5. 棉子饼(粕):棉子饼含粗蛋白40.5%,棉子粕是42.5%。但其中含有游离棉酚,过量引起中毒,甚至死亡。特别对公母猪的繁殖力有不良影响,在其日粮中不用。棉子饼粕在肥育猪日粮中的比例要控制在10% ~15%。常用的棉子饼脱毒方法有三种:

(1)煮沸1~2小时,冷却后再喂。

(2)在5%的石灰水中浸泡10小时,或用1% ~2%的硫酸亚铁溶液浸泡24小时。

(3)将棉子饼发酵后再喂,或加入10%的石灰对水煮沸。

近年来棉花专家研究出无毒棉,其茎、秆、叶、子实榨油后的饼类都是养猪的好饲料,其中不含或含少量棉酚,可试用喂猪。

6. 葵花子饼:可以分为脱壳和带壳两种。脱壳葵花子饼的蛋白质高于带壳的,约36.5%,而带壳的在25%左右,其中蛋氨酸含量较高。缺点是赖氨酸含量较低,而且带壳的粗纤维在20%以上,所以其饲用价值较低,仅能少量使用。

7. 玉米蛋白粉:去胚芽和淀粉后的面筋,其蛋白质高达63.5%,中等的也在44% ~51%。但其重要组成是胶蛋白,而且赖氨酸和色氨酸含量较低,所以必须与饼粕搭配,才能满足生长、繁殖和肥育猪对蛋白质的需要。

8. 糟渣类:是工业加工副产品,主要包括啤酒糟、酒糟、酱渣、豆腐渣。上述糟渣干燥后,蛋白质含量在20%以上,故亦可列入蛋白质饲料,但应严格控制喂量。豆腐渣蛋白含量较高,是富于营养、易消化的饲料，最宜于喂幼猪，但必须煮熟或蒸熟才能饲喂，因其含有抗胰蛋白酶，故不易消化。

（二）动物性蛋白饲料

1. 鱼粉：是最佳的蛋白质饲料，其蛋白质含量高达 62% ~65%，必需氨基酸全面，维生素含量丰富，矿物质含量也较全面，钙磷比例适当。在猪日粮中使用鱼粉，可以明显提高其生产性能，猪的日增重可以提高 15% ~25%，但是鱼粉价格昂贵，而且假的秘鲁鱼粉多，所以目前许多猪场均用豆饼粕代替日粮中的秘鲁鱼粉。

2. 肉粉和肉骨粉：这是经卫生检验不适合人们食用的肉品或肉品加工副产品，经高温高压或煮沸处理，并经脱脂、脱水干燥制成的粉状物。通常含骨量小于 10% 的叫肉粉，而高于 10% 的叫肉骨粉。

肉粉粗蛋白含量 50% ~60%，肉骨粉则因其肉骨比例不同而蛋白含量亦有差别，一般在 40% ~50%，最好与植物性蛋白饲料搭配使用，喂量占日粮的 3% ~10%。

3. 血粉：是屠宰家畜时所得的血液，经喷雾干燥制成的粉末，含粗蛋白 82.8%，是高蛋白饲料，含有多种必需氨基酸。血粉适口性差，且蛋白质消化率低，猪日粮中一般不超过 5% 为宜。

4. 蚕蛹和蚕蛹粉：是缫丝工业副产品，富含脂肪，不易贮存，且影响肉脂品质。因此宜提取脂肪后制成蚕蛹粉再作饲料，耐贮存，又能提高利用效果，其蛋白质含量近 80%，富含各种氨基酸，与饼粕配合使用可提高日增重。

5. 酵母：是介于动物性与植物性蛋白质之间的另一种蛋白质饲料。它的蛋白质含量也介于二者之间，约 52.4%。酵母有苦味，适口性较差。控制喂量，以免猪厌食，影响增重和生长。用量在 2% ~3%，不超过 5% 为宜。

6. 羽毛粉：水解后粗蛋白质是 77.9%，比鱼粉还要高，是良好的蛋白质饲料。羽毛粉含角蛋白质多，必须经过水解，才能喂猪，但是水解的成本高，少量使用还可以。

四、矿物质饲料

矿物质饲料是含营养物质比较专一的饲料，如骨粉、磷酸氢钙、磷酸钙等补充日粮中钙磷的不足，石粉、碳酸钙等补充钙的不足，食盐补充钠和氯的需要。

（一）骨粉　这是动物骨骼经高温、高压、脱脂、脱胶粉碎而成。含钙量约36%、含磷量约16%，不仅钙磷丰富，而且比例适当，是日粮中优质的钙磷补充饲料，一般用量占1.5%～2%即可。

（二）贝壳粉和石粉　贝壳粉是河、湖、海产的螺蚌等外壳加工粉碎而成，含钙量在30%以上。石粉是天然碳酸钙，含钙35%以上。它们都是廉价钙的来源，用量一般是1.5%～2%即可。

（三）磷酸氢钙　含钙20%以上，磷15%以上。因价格昂贵用量很少，占0.5%，应注意用脱氟磷酸氢钙。

（四）食盐　植物性饲料中一般缺钠和氯，猪日粮中加0.5%～1.0%。

五、饲料添加剂

饲料添加剂是在配制日粮时添加的各种微量成分。天然饲料中虽然含有各类猪所需要的营养物质，如蛋白质、碳水化合物、脂肪、矿物质和各种维生素，但不一定满足猪的需要。在农户少量饲养时，猪在土壤中可以找到所需的营养，饲料简单混合即可；但在集约化猪场中，配制日粮时必须加入饲料添加剂，以达到日粮的全价性，从而提高其利用率，促进猪体健康。

根据作用分为两大类：营养性和非营养性添加剂。

（一）营养性添加剂　主要用于平衡或强化日粮营养，包括氨基酸、微量元素和维生素等添加剂。

1. 氨基酸添加剂：目前使用较多的是人工合成的赖氨酸和蛋氨酸，其次是色氨酸、苏氨酸等。其主要生理作用是发挥猪的生产性能的潜力和节约蛋白质饲料，特别是在封闭式猪舍条件下，还具有减少猪体脂肪沉积、改善胴体品质和提高瘦肉率的效果。另外，还证明使用氨基酸可以减少因外界环境变化或其他刺激因素而使猪产生生理不适应，即应激现象。例如日粮补加蛋氨酸在群饲条件下减少猪的相互格斗，色氨酸防止仔猪断奶或密度过大出现的相互咬尾现象。

必须指出，在配制日粮时，首先必须确定日粮组合中何种氨基酸为限制性氨基酸，然后选用相应的氨基酸添加剂。谷物、糠麸和饼粕等饲料中最缺乏赖氨酸，因此应加入赖氨酸。若以大豆饼粕为蛋白质主要来源的应加蛋氨酸，至于加多少，则应视天然饲料中含量和猪的需要量而定。

2. 微量元素添加剂：目前市售的主要是复合微量元素，其中主要含有铁、铜、锰、锌、碘、硒等元素。通常是用这些元素的硫酸盐、碳酸盐、氯化物和氧化物。其剂量如下（每吨风干物添加量）：铁 50～400 克，铜 5～250 克，锰 20～60 克，锌 40～140 克，碘 1～4 克，硒 1～1.5 克。

由于微量元素用量微少，直接加入饲料中很难混匀，甚至会因局部含量过多引起中毒，因此，应将其与载体、稀释剂制成混合物，故亦称微量元素预混料。

3. 维生素添加剂：此类有单一的、复合的制剂。在猪的集约化饲养条件下，若采用配合饲料而缺乏用量过大的青绿多汁饲料，则会引起维生素缺乏症，从而必须使用维生素复合剂。进口的有泰德维他，国产的有复合维生素制剂。每吨饲料中加 100～120 克。

要说明一下，如果农户或规模小的猪场，尽量多使用青绿多汁饲料，而减少维生素添加剂，这样可降低养猪成本。

（二）非营养性添加剂 主要包括保健促生长剂、防霉和抗氧化剂。抗生素制剂作为饲料添加剂在养猪业中应用较广，效果明显。保健剂主要是磺胺类药物，在集约化饲养条件下，可预防疾病的发生。抗氧化剂和防霉剂主要用于防止饲料氧化和发霉变质。

各种饲料的营养成分见表4～表7。

表4　饲料描述及常规成分

序号	中国饲料号	饲料名称	饲料描述	干物质 DM (%)	粗蛋白 GP (%)	粗脂肪 EE (%)	粗纤维 GF (%)	无氮浸出物 NFE (%)	粗灰分 Ash (%)	中性洗涤纤维 NDF (%)	酸性洗涤纤维 ADF (%)	钙 Ca (%)	总磷 P (%)	非植酸磷 N－Phy－p(%)
1	4－07－0278	玉米	成熟,高蛋白质,优质	86	9.4	3.1	1.2	71.1	1.2	9.4	3.5	0.02	0.27	0.12
2	4－07－0288	玉米	成熟,高赖氨酸,优质	86	8.5	5.3	2.6	67.3	1.3	9.4	3.5	0.16	0.25	0.09
3	4－07－0279	玉米	成熟,GB/T 17890—1999—,1级	86	8.7	3.6	1.6	70.7	1.4	9.3	2.7	0.02	0.27	0.12
4	4－07－0280	玉米	成熟,GB/T 17890—1999—,2级	86	7.8	3.5	1.6	71.8	1.3	7.9	2.6	0.02	0.27	0.12
5	4－07－0272	高粱	成熟,NY/T,1级	86	9	3.4	1.4	70.4	1.8	17.4	8	0.13	0.36	0.17
6	4－07－0270	小麦	混合小麦,成熟,NY/T,2级	87	13.9	1.7	1.9	67.6	1.9	13.3	3.9	0.17	0.41	0.13
7	4－07－0274	小麦(裸)	裸大麦,成熟,NY/T,2级	87	13	2.1	2	67.7	2.2	10	2.2	0.04	0.39	0.21

续表

序号	中国饲料号	饲料名称	饲料描述	干物质 DM（%）	粗蛋白 GP（%）	粗脂肪 EE（%）	粗纤维 GF（%）	无氮浸出物 NFE（%）	粗灰分 Ash（%）	中性洗涤纤维 NDF（%）	酸性洗涤纤维 ADF（%）	钙 Ca（%）	总磷 P（%）	非植酸磷 N－Phy－p（%）
8	4－07－0277	小麦（皮）	皮大麦，成熟，NY/T，1 级	87	11	1.7	4.8	67.1	2.4	18.4	6.8	0.09	0.33	0.17
9	4－07－0281	黑麦	子粒，进口	88	11	1.5	2.2	71.5	1.8	12.3	4.6	0.05	0.3	0.11
10	4－07－0273	稻谷	成熟，晒干，NT/T，2 级	86	7.8	1.6	8.2	63.8	4.6	27.4	28.7	0.03	0.36	0.2
11	4－07－0276	糙米	良，成熟，未去米糠	87	8.8	2	0.7	74.2	1.3	13.9	—	0.03	0.35	0.15
12	4－07－0275	碎米	良，加工精米后的副产品	88	10.4	2.2	1.1	72.7	1.6	1.6	—	0.06	0.35	0.15
13	4－07－0479	粟（谷子）	合格，带壳，成熟	86.5	9.7	2.3	6.8	65	2.7	15.2	13.3	0.12	0.3	0.11
14	4－04－0067	木薯干	木薯干片，晒干，NY/T，合格	87	2.5	0.7	2.5	79.4	1.9	8.4	6.4	0.27	0.09	0.07

续表

序号	中国饲料号	饲料名称	饲料描述	干物质 DM (%)	粗蛋白 GP (%)	粗脂肪 EE (%)	粗纤维 GF (%)	无氮浸出物 NFE (%)	粗灰分 Ash (%)	中性洗涤纤维 NDF (%)	酸性洗涤纤维 ADF (%)	钙 Ca (%)	总磷 P (%)	非植酸磷 N－Phy－p(%)
15	4－04－0068	甘薯干	甘薯干片，晒干，NY/T，合格	87	4	0.8	2.8	76.4	3	8.1	4.1	0.19	0.02	0.02
16	4－08－0104	次粉	黑面，黄粉，NY/T，1 级	88	15.4	2.2	1.5	67.1	1.5	18.7	4.3	0.08	0.48	0.14
17	4－08－0105	次粉	黑面，黄粉，NY/T，2 级	87	13.6	2.1	2.8	66.7	1.8	31.9	10.5	0.08	0.48	0.14
18	4－08－0069	小麦麸	传统制粉工艺，NY/T，1 级	87	15.7	3.9	6.5	56	4.9	37	13	0.11	0.92	0.24
19	4－08－0070	小麦麸	传统制粉工艺，NY/T，2 级	87	14.3	4	6.8	57.1	4.8	—	—	0.1	0.93	0.24
20	4－08－0041	米糠	新鲜不脱脂，NY/T，2 级	87	12.8	16.5	5.7	44.5	7.5	22.9	13.4	0.07	1.43	0.1
21	4－10－0025	米糠饼	未脱脂，机榨，NY/T，1 级	88	14.7	9	7.4	48.2	8.7	27.7	11.6	0.14	1.69	0.22

续表

序号	中国饲料号	饲料名称	饲料描述	干物质DM(%)	粗蛋白GP(%)	粗脂肪EE(%)	粗纤维GF(%)	无氮浸出物NFE(%)	粗灰分Ash(%)	中性洗涤纤维NDF(%)	酸性洗涤纤维ADF(%)	钙Ca(%)	总磷P(%)	非植酸磷N-Phy-p(%)
22	4-10-0018	米糠粕	浸提或预压浸提,NY/T,1级	87	15.1	2	7.5	53.6	8.8	23.3	10.9	0.15	1.82	0.24
23	5-09-0127	大豆	黄大豆,成熟,NY/T,2级	87	35.5	17.3	4.3	25.7	4.2	7.9	7.3	0.27	0.48	0.3
24	5-09-0128	全脂大豆	湿法膨化,生大豆为NY/T,2级	88	35.5	18.7	4.6	25.2	4	11	6.4	0.32	0.4	0.25
25	5-10-0241	大豆饼	机榨,NY/T,2级	89	41.8	5.8	4.8	30.7	5.9	18.1	15.5	0.31	0.5	0.25
26	5-10-0103	大豆粕	去皮,浸提或预压浸提,NY/T,1级	89	47.9	1.5	3.3	29.7	4.9	8.8	5.3	0.34	0.65	0.19
27	5-10-0102	大豆粕	浸提或预压浸提,NY/T,2级	89	44.2	1.9	5.9	28.3	6.1	13.6	9.6	0.33	0.62	0.18
28	5-10-0118	棉子饼	机榨,NY/T,2级	88	36.3	7.4	12.5	26.1	5.7	32.1	22.9	0.21	0.83	0.28

续表

序号	中国饲料号	饲料名称	饲料描述	干物质 DM（%）	粗蛋白 GP（%）	粗脂肪 EE（%）	粗纤维 GF（%）	无氮浸出物 NFE（%）	粗灰分 Ash（%）	中性洗涤纤维 NDF（%）	酸性洗涤纤维 ADF（%）	钙 Ca（%）	总磷 P（%）	非植酸磷 N－Phy－p（%）
29	5－10－0119	棉子粕	浸提或预压浸提，NY/T，1级	90	47	0.5	10.2	26.3	6	22.5	15.3	0.25	1.1	0.38
30	5－10－0117	棉子粕	浸提或预压浸提，NY/T，2级	90	43.5	0.5	10.5	28.9	6.6	28.4	19.4	0.28	1.04	0.36
31	5－10－0183	菜子饼	机榨，NY/T，2级	88	35.7	7.4	11.4	26.3	7.2	33.3	26	0.59	0.96	0.33
32	5－10－0121	菜子粕	浸提或预压浸提，NY/T，2级	88	38.6	1.4	11.8	28.9	7.3	20.7	16.8	0.65	1.02	0.35
33	5－10－0116	花生仁饼	机榨，NY/T，2级	88	44.7	7.2	5.9	25.1	5.1	14	8.7	0.25	0.53	0.31
34	5－10－0115	花生仁粕	浸提或预压浸提，NY/T，2级	88	47.8	1.4	6.2	27.2	5.4	15.5	11.7	0.27	0.56	0.33
35	1－10－0031	向日葵仁饼	壳仁比35：65，NY/T，3级	88	29	2.9	20.4	31	4.7	41.4	29.6	0.24	0.87	0.13

续表

序号	中国饲料号	饲料名称	饲料描述	干物质 DM(%)	粗蛋白 GP(%)	粗脂肪 EE(%)	粗纤维 GF(%)	无氮浸出物 NFE(%)	粗灰分 Ash(%)	中性洗涤纤维 NDF(%)	酸性洗涤纤维 ADF(%)	钙 Ca(%)	总磷 P(%)	非植酸磷 N－Phy－p(%)
36	5－10－0242	向日葵仁粕	壳仁比16：84，NY/T，2级	88	36.5	1	10.5	34.4	5.6	14.9	13.6	0.27	1.13	0.17
37	5－10－0243	向日葵仁粕	壳仁比24：76，NY/T，2级	88	33.6	1	14.8	38.8	5.3	32.8	23.5	0.26	1.03	0.16
38	5－10－0119	亚麻仁饼	机榨,NY/T，2级	88	32.2	7.8	7.8	34	6.2	29.7	27.1	0.39	0.88	0.38
39	5－10－0120	亚麻仁粕	浸提或预压浸提，NY/T，2级	88	34.8	1.8	8.2	36.6	6.6	21.6	14.4	0.42	0.95	0.42
40	5－10－0246	芝麻饼	机榨，GP40%	92	39.2	10.3	7.2	24.9	10.4	18	13.2	2.24	1.19	0.22
41	5－11－0001	玉米蛋白粉	玉米去胚芽，去淀粉后的面筋部分，GP60%	90.1	63.5	5.4	1	19.2	1	8.7	4.6	0.07	0.44	0.17
42	5－11－0002	玉米蛋白粉	玉米去胚芽，去淀粉后的中等蛋白质产品，GP50%	91.2	51.3	7.8	2.1	28	2	10.1	7.5	0.06	0.42	0.16

续表

序号	中国饲料号	饲料名称	饲料描述	干物质 DM (%)	粗蛋白 GP (%)	粗脂肪 EE (%)	粗纤维 GF (%)	无氮浸出物 NFE (%)	粗灰分 Ash (%)	中性洗涤纤维 NDF (%)	酸性洗涤纤维 ADF (%)	钙 Ca (%)	总磷 P (%)	非植酸磷 N-Phy-p(%)
43	5-11-0008	玉米蛋白粉	玉米去胚芽，去淀粉后的中等蛋白质产品，GP40%	89.9	44.3	6	1.6	37.1	0.9	29.1	8.2	0.12	0.5	0.18
44	5-11-0003	玉米蛋白饲料	玉米去胚芽，去淀粉后的含皮残渣	88	19.3	7.5	7.8	48	5.4	33.6	10.5	0.15	0.7	0.25
45	4-10-0026	玉米胚芽饼	玉米湿磨后的胚芽，机榨	90	16.7	9.6	6.3	50.8	6.6	28.5	7.4	0.04	1.45	0.36
46	4-10-0244	玉米胚芽饼	玉米湿磨后的胚芽，浸提	90	20.8	2	6.5	54.8	5.9	38.2	10.7	0.06	1.23	0.31
47	5-11-0007	DDGS	玉米酒精糟及可溶物，脱水	90	28.3	13.7	7.1	36.8	4.1	38.7	15.3	0.2	0.74	0.42
48	5-110009	蚕豆粉浆蛋白粉	蚕豆去皮制粉丝后的浆液，脱水	88	66.3	4.7	4.1	10.3	2.6	—	—	—	0.59	—
49	5-11-0004	麦芽根	大麦芽副产品，干燥	89.7	28.3	1.4	12.5	41.4	6.1	40	15.1	0.22	0.73	0.17

续表

序号	中国饲料号	饲料名称	饲料描述	干物质 DM (%)	粗蛋白 GP (%)	粗脂肪 EE (%)	粗纤维 GF (%)	无氮浸出物 NFE (%)	粗灰分 Ash (%)	中性洗涤纤维 NDF (%)	酸性洗涤纤维 ADF (%)	钙 Ca (%)	总磷 P (%)	非植酸磷 N-Phy-p (%)
50	5-13-0044	鱼粉	7 样品平均值	90	64.5	5.6	0.5	8	11.4	—	—	3.81	2.83	2.83
51	5-13-0045	鱼粉	8 样品平均值	90	62.5	4	0.5	10	12.3	—	—	3.96	3.05	3.05
52	5-13-0046	鱼粉	沿海产的海鱼粉,脱脂,12 样品平均值	90	60.2	4.9	0.5	11.6	12.8	10.8	1.8	4.04	2.9	2.9
53	5-13-0077	鱼粉	沿海产的海鱼粉,脱脂,11 样品平均值	90	53.5	10	0.8	4.9	20.8	—	—	5.88	3.2	3.2
54	5-13-0036	血粉	鲜猪血,喷雾干燥	88	82.8	0.4	0	1.6	3.2	9.8	1.8	0.29	0.31	0.31
55	5-13-0037	羽毛粉	纯净羽毛,水解	88	77.9	2.2	0.7	1.4	5.8	40.5	14.7	0.2	0.68	0.68
56	5-13-0038	皮革粉	废牛皮,水解	88	74.7	0.8	1.6	0	10.9	—	—	4.4	0.15	0.15

续表

序号	中国饲料号	饲料名称	饲料描述	干物质DM(%)	粗蛋白GP(%)	粗脂肪EE(%)	粗纤维GF(%)	无氮浸出物NFE(%)	粗灰分Ash(%)	中性洗涤纤维NDF(%)	酸性洗涤纤维ADF(%)	钙Ca(%)	总磷P(%)	非植酸磷N-Phy-p(%)
57	5-13-0047	肉骨粉	屠宰下脚料,带骨干燥粉碎	93	50	8.5	2.8	0	31.7	32.5	5.6	9.2	4.7	4.7
58	5-13-0048	肉粉	脱脂	94	54	12	1.4	4.3	22.3	31.6	8.3	7.69	3.88	—
59	1-05-0074	苜蓿草粉	一茬盛开期烘干,NY/T,1级	87	19.1	2.3	22.7	35.3	7.6	36.7	25	1.4	0.51	0.51
60	1-05-0075	苜蓿草粉	一茬盛开期烘干,NY/T,2级	87	17.2	2.6	25.6	33.3	8.3	39	28.6	1.52	0.22	0.22
61	1-05-0076	苜蓿草粉	NY/T,3级	87	14.3	2.1	29.8	33.8	10.1	36.8	2.9	1.34	0.19	0.19
62	5-11-0005	啤酒糟	大麦酿造副产品	88	52.4	5.3	13.4	40.8	4.2	39.4	24.6	0.32	0.42	0.14
63	7-15-0001	啤酒酵母	啤酒酵母菌粉,QB/T 1940-94	91.7	12	0.4	0.6	33.6	4.7	6.1	1.8	0.16	1.02	—

续表

序号	中国饲料号	饲料名称	饲料描述	干物质 DM (%)	粗蛋白 GP (%)	粗脂肪 EE (%)	粗纤维 GF (%)	无氮浸出物 NFE (%)	粗灰分 Ash (%)	中性洗涤纤维 NDF (%)	酸性洗涤纤维 ADF (%)	钙 Ca (%)	总磷 P (%)	非植酸磷 N－Phy－p(%)
64	4－13－0075	乳清粉	乳清,脱水,低乳糖含量	94	88.7	0.7	0	71.6	9.7	0	0	0.87	0.79	0.79
65	5－01－0162	酪蛋白	脱水	91	88.6	0.8	—	—	—	0	0	0.63	1.01	0.82
66	5－14－0503	明胶	—	90	4	0.5	—	—	—	0	0	0.49	—	—
67	4－06－0076	牛奶乳糖	进口,含乳糖80%以上	96	0.3	0.5	0	83.5	8	0	0	0.52	0.62	0.62
68	4－06－0077	乳糖	—	96	0.3	—	—	95.7	—	0	0	—	—	—
69	4－06－0078	葡萄糖	—	90	0	—	—	89.7	—	0	0	—	—	—
70	4－06－0079	蔗糖	—	99	0.3	0	—	—	—	0	0	0.04	0.01	0.01

续表

序号	中国饲料号	饲料名称	饲料描述	干物质 DM (%)	粗蛋白 GP (%)	粗脂肪 EE (%)	粗纤维 GF (%)	无氮浸出物 NFE (%)	粗灰分 Ash (%)	中性洗涤纤维 NDF (%)	酸性洗涤纤维 ADF (%)	钙 Ca (%)	总磷 P (%)	非植酸磷 N－Phy－p(%)
71	4－02－0889	玉米淀粉	—	99	0	0.2	—	—	—	0	0	0	0.03	0.01
72	4－17－0001	牛脂	—	99	0	≥98	0	—	—	0	0	0	0	0
73	4－17－0002	猪油	—	99	0	≥98	0	—	—	0	0	0	0	0
74	4－17－0003	家禽脂肪	—	99	0	≥98	0	—	—	0	0	0	0	0
75	4－17－0004	鱼油	—	99	0	≥98	0	—	—	0	0	0	0	0
76	4－17－0005	菜子油	—	99	0	≥98	0	—	—	0	0	0	0	0
77	4－17－0006	椰子油	—	99	0	≥98	0	—	—	0	0	0	0	0

续表

序号	中国饲料号	饲料名称	饲料描述	干物质 DM (%)	粗蛋白 GP (%)	粗脂肪 EE (%)	粗纤维 GF (%)	无氮浸出物 NFE (%)	粗灰分 Ash (%)	中性洗涤纤维 NDF (%)	酸性洗涤纤维 ADF (%)	钙 Ca (%)	总磷 P (%)	非植酸磷 N－Phy－p(%)
78	4－07－0007	玉米油	—	99	0	≥98	0	—	—	0	0	0	0	0
79	4－17－0008	棉子油	—	99	0	≥98	0	—	—	0	0	0	0	0
80	4－17－0009	棕榈油	—	99	0	≥98	0	—	—	0	0	0	0	0
81	4－17－0010	花生油	—	99	0	≥98	0	—	—	0	0	0	0	0
82	4－17－0011	芝麻油	—	99	0	≥98	0	—	—	0	0	0	0	0
83	4－17－0012	大豆油	—	99	0	≥98	0	—	—	0	0	0	0	0
84	4－17－0013	葵花油	—	99	0	≥98	0	—	—	0	0	0	0	0

表 5 有效能

序号	中国饲料号 CFN	饲料名称	干物质 DM(%)	粗蛋白 CP(%)	猪消化能 DE		猪代谢能 ME	
					Mcal/kg	MJ/kg	Mcal/kg	MJ/kg
1	4-07-0278	玉米	86.0	9.4	3.44	14.39	3.24	13.57
2	4-07-0288	玉米	86.0	8.5	3.45	14.43	3.25	13.60
3	4-07-0279	玉米	86.0	8.7	3.41	14.27	3.21	13.43
4	4-07-0280	玉米	86.0	7.8	3.39	14.18	3.20	13.39
5	4-07-0272	高粱	86.0	9.0	3.15	13.18	2.97	12.43
6	4-07-0270	小麦	87.0	13.9	3.39	14.18	3.16	13.22
7	4-07-0274	大麦(裸)	87.0	13.0	3.24	13.56	3.03	12.68
8	4-07-0277	大麦(皮)	87.0	11.0	3.02	12.64	2.83	11.84
9	4-07-0281	黑麦	88.0	11.0	3.31	13.85	3.10	12.97
10	4-07-0273	稻谷	86.0	7.8	2.69	11.25	2.54	10.63
11	4-07-0276	糙米	87.0	8.8	3.44	14.39	3.24	13.57
12	4-07-0275	碎米	88.0	10.4	3.60	15.06	3.38	14.14
13	4-07-0479	粟(谷子)	86.5	9.7	3.09	12.93	2.91	12.18
14	4-04-0067	木薯干	87.0	2.5	3.13	13.10	2.97	12.43
15	4-04-0068	甘薯干	87.0	4.0	2.82	11.80	2.68	11.21
16	4-08-0104	次粉	88.0	15.4	3.27	13.68	3.04	12.72
17	4-08-0105	次粉	87.0	13.6	3.21	13.43	2.99	12.51
18	4-08-0069	小麦麸	87.0	15.7	2.24	9.37	2.08	8.7
19	4-08-0070	小麦麸	87.0	14.3	2.23	9.33	2.07	8.66
20	4-08-0041	米糠	87.0	12.8	3.02	12.64	2.82	11.80
21	4-10-0025	米糠饼	88.0	14.7	2.99	12.51	2.78	11.63
22	4-10-0018	米糠粕	87.0	15.1	2.76	11.55	2.57	10.75
23	5-09-0127	大豆	87.0	35.5	3.97	16.61	3.53	14.77

续表

序号	中国饲料号 CFN	饲料名称	干物质 DM(%)	粗蛋白 CP(%)	猪消化能 DE		猪代谢能 ME	
					Mcal/kg	MJ/kg	Mcal/kg	MJ/kg
24	5-09-0128	全脂大豆	88.0	35.5	4.24	17.74	3.77	15.77
25	5-10-0241	大豆饼	89.0	41.8	3.44	14.39	3.01	12.59
26	5-10-0103	大豆粕	89.0	47.9	3.60	15.06	3.11	13.01
27	5-10-0102	大豆粕	89.0	44.2	3.37	14.26	2.97	12.43
28	5-10-0118	棉子饼	88.0	36.3	2.37	9.92	2.10	8.79
29	5-10-0119	棉子粕	90.0	47.0	2.25	9.41	1.95	8.28
30	5-10-0117	棉子粕	90.0	43.5	2.31	9.68	2.01	8.43
31	5-10-0183	菜子饼	88.0	35.7	2.88	12.05	2.56	10.71
32	5-10-0121	菜子粕	88.0	38.6	2.53	10.59	2.23	9.33
33	5-10-0116	花生仁饼	88.0	44.7	3.08	12.89	2.68	11.21
34	5-10-0115	花生仁粕	88.0	47.8	2.97	12.43	2.56	10.71
35	1-10-0031	向日葵仁饼	88.0	29.0	1.89	7.91	1.70	7.11
36	5-10-0242	向日葵仁粕	88.0	36.5	2.78	11.63	2.46	10.29
37	5-10-0243	向日葵仁粕	88.0	33.6	2.49	10.42	2.22	9.29
38	5-10-0119	亚麻仁饼	88.0	32.2	2.90	12.13	2.60	10.88
39	5-10-0120	亚麻仁粕	88.0	34.8	2.37	9.92	2.11	8.83
40	5-10-0246	芝麻饼	92.0	39.2	3.20	13.39	2.82	11.80
41	5-11-0001	玉米蛋白粉	90.1	63.5	3.60	15.06	3.00	12.55
42	5-11-0002	玉米蛋白粉	91.2	51.3	3.73	15.61	3.19	13.35
43	5-11-0008	玉米蛋白粉	89.9	44.3	3.59	15.02	3.13	13.10
44	5-11-0003	玉米蛋白饲料	88.0	19.3	2.48	10.38	2.28	9.54
45	4-10-0026	玉米胚芽饼	90.0	16.7	3.51	14.69	3.25	13.60
46	4-10-0244	玉米胚芽粕	90.0	20.8	3.28	13.72	3.01	12.59

续表

序号	中国饲料号 CFN	饲料名称	干物质 DM(%)	粗蛋白 CP(%)	猪消化能 DE		猪代谢能 ME	
					Mcal/kg	MJ/kg	Mcal/kg	MJ/kg
47	5-11-0007	DDGS	90.0	28.3	3.43	14.35	3.10	12.97
48	5-11-0009	蚕豆粉浆蛋白粉	88.0	66.3	3.23	13.51	2.69	11.25
49	5-11-0004	麦芽根	89.7	28.3	2.31	9.67	2.09	8.74
50	5-13-0044	鱼粉(CP 64.5%)	90.0	64.5	3.15	13.18	2.61	10.92
51	5-13-0045	鱼粉(CP 62.5%)	90.0	62.5	3.10	12.97	2.58	10.79
52	5-13-0046	鱼粉(CP 60.5%)	90.0	60.2	3.00	12.55	2.52	10.54
53	5-13-0077	鱼粉(CP 53.5%)	90.0	53.5	3.09	12.93	2.63	11.00
54	5-13-0036	血粉	88.0	82.8	2.73	11.42	2.16	9.04
55	5-13-0037	羽毛粉	88.0	77.9	2.77	11.59	2.22	9.29
56	5-13-0038	皮革粉	88.0	74.7	2.75	11.51	2.23	9.33
57	5-13-0047	肉骨粉	93.0	50.0	2.83	11.84	2.43	10.17
58	5-13-0048	肉粉	94.0	54.0	2.70	11.30	2.30	9.62
59	1-05-0074	苜蓿草粉(CP 19%)	87.0	19.1	1.66	6.95	1.53	6.40
60	1-05-0075	苜蓿草粉(CP 17%)	87.0	17.2	1.46	6.11	1.35	5.65
61	1-05-0076	苜蓿草粉(CP 14%~15%)	87.0	14.3	1.49	6.23	1.39	5.82

续表

序号	中国饲料号 CFN	饲料名称	干物质 DM(%)	粗蛋白 CP(%)	猪消化能 DE		猪代谢能 ME	
					Mcal/kg	MJ/kg	Mcal/kg	MJ/kg
62	5-11-0005	啤酒糟	88.0	24.3	2.25	9.41	2.05	8.58
63	7-15-0001	啤酒酵母	91.7	52.4	3.54	14.81	3.02	12.64
64	4-13-0075	乳清粉	94.0	12.0	3.44	14.39	3.22	13.47
65	5-01-0162	酪蛋白	91.0	88.7	4.13	17.27	3.22	13.47
66	5-14-0503	明胶	90.0	88.6	2.80	11.72	2.19	9.16
67	4-06-0076	牛奶乳糖	96.0	4.0	3.37	14.10	3.21	13.43
68	4-06-0077	乳糖	96.0	0.3	3.53	14.77	3.39	14.18
69	4-06-0078	葡萄糖	90.0	0.3	3.36	14.06	3.22	13.47
70	4-06-0079	蔗糖	99.0	0.0	3.80	15.90	3.65	15.27
71	4-02-0889	玉米淀粉	99.0	0.3	4.00	16.74	3.84	16.07
72	4-17-0001	牛脂	100.0	0.0	8.00	33.47	7.68	32.13
73	4-17-0002	猪油	100.0	0.0	8.29	34.69	7.96	33.30
74	4-17-0003	家禽脂肪	100.0	0.0	8.52	35.65	8.18	34.23
75	4-17-0004	鱼油	100.0	0.0	8.44	35.31	8.10	33.89
76	4-17-0005	菜子油	100.0	0.0	8.76	36.65	8.41	35.19
77	4-17-0006	椰子油	100.0	0.0	8.75	36.61	8.40	35.15
78	4-17-0007	玉米油	100.0	0.0	8.40	35.11	8.06	33.69
79	4-17-0008	棉子油	100.0	0.0	8.60	35.98	8.26	34.43
80	4-17-0009	棕榈油	100.0	0.0	8.01	33.51	7.69	32.17
81	4-17-0010	花生油	100.0	0.0	8.73	36.53	8.38	35.06
82	4-17-0011	芝麻油	100.0	0.0	8.75	36.61	8.40	35.15
83	4-17-0012	大豆油	100.0	0.0	8.75	36.61	8.40	35.15
84	4-17-0013	葵花油	100.0	0.0	8.76	36.65	8.41	35.19

表6　饲料中氨基酸含量

序号	中国饲料号 CFN	饲料名称	干物质 DM (%)	粗蛋白 CP (%)	精氨酸 Arg (%)	组氨酸 His (%)	异亮氨酸 Ile (%)	亮氨酸 Leu (%)	赖氨酸 Lys (%)	蛋氨酸 Met (%)	胱氨酸 Cys (%)	苯丙氨酸 Phe (%)	酪氨酸 Tyr (%)	苏氨酸 Thr (%)	色氨酸 Trp (%)	缬氨酸 Val (%)
1	4－07－0278	玉米	86.0	9.4	0.38	0.23	0.26	1.03	0.26	0.19	0.22	0.43	0.34	0.31	0.08	0.40
2	4－07－0288	玉米	86.0	8.5	0.50	0.29	0.27	0.74	0.36	0.15	0.18	0.37	0.28	0.30	0.08	0.46
3	4－07－0279	玉米	86.0	8.7	0.39	0.21	0.25	0.93	0.24	0.18	0.20	0.41	0.33	0.30	0.07	0.38
4	4－07－0280	玉米	86.0	7.8	0.37	0.20	0.24	0.93	0.23	0.15	0.15	0.38	0.31	0.29	0.06	0.35
5	4－07－0272	高粱	86.0	9.0	0.33	0.18	0.35	1.08	0.18	0.17	0.12	0.45	0.32	0.26	0.08	0.44
6	4－07－0270	小麦	87.0	13.9	0.58	0.27	0.44	0.80	0.30	0.25	0.24	0.58	0.37	0.33	0.15	0.56
7	4－07－0274	大麦（裸）	87.0	13.0	0.64	0.16	0.43	0.87	0.44	0.14	0.25	0.68	0.40	0.43	0.16	0.63
8	4－07－0277	大麦（皮）	87.0	11.0	0.65	0.24	0.52	0.91	0.42	0.18	0.18	0.59	0.35	0.41	0.12	0.64
9	4－07－0281	黑麦	88.0	11.0	0.50	0.25	0.40	0.64	0.37	0.16	0.25	0.49	0.26	0.34	0.12	0.52
10	4－07－0273	稻谷	86.0	7.8	0.57	0.15	0.32	0.58	0.29	0.19	0.16	0.40	0.37	0.25	0.10	0.47
11	4－07－0276	糙米	87.0	8.8	0.65	0.17	0.30	0.61	0.32	0.20	0.14	0.35	0.31	0.28	0.12	0.49
12	4－07－0275	碎米	88.0	10.4	0.78	0.27	0.39	0.74	0.42	0.22	0.17	0.49	0.39	0.38	0.12	0.57
13	4－07－0479	粟（谷子）	86.5	9.7	0.30	0.20	0.36	1.15	0.15	0.25	0.20	0.49	0.26	0.35	0.17	0.42
14	4－04－0067	木薯干	87.0	2.5	0.40	0.05	0.11	0.15	0.13	0.05	0.04	0.10	0.04	0.10	0.03	0.13
15	4－04－0068	甘薯干	87.0	4.0	0.16	0.08	0.17	0.26	0.16	0.06	0.08	0.19	0.13	0.18	0.05	0.27
16	4－08－0104	次粉	88.0	15.4	0.86	0.41	0.55	1.06	0.59	0.23	0.37	0.66	0.46	0.50	0.21	0.72
17	4－08－0105	次粉	87.0	13.6	0.85	0.33	0.48	0.98	0.52	0.16	0.33	0.63	0.45	0.50	0.18	0.68
18	4－08－0069	小麦麸	87.0	15.7	0.97	0.39	0.46	0.81	0.58	0.13	0.26	0.58	0.28	0.43	0.20	0.63
19	4－08－0070	小麦麸	87.0	14.3	0.88	0.35	0.42	0.74	0.53	0.12	0.24	0.53	0.25	0.39	0.18	0.57
20	4－08－0041	米糠	87.0	12.8	1.06	0.39	0.63	1.00	0.74	0.25	0.19	0.63	0.50	0.48	0.14	0.81
21	4－10－0025	米糠饼	88.0	14.7	1.19	0.43	0.72	1.06	0.66	0.26	0.30	0.76	0.51	0.53	0.15	0.99
22	4－10－0018	米糠粕	87.0	15.1	1.28	0.46	0.78	1.30	0.72	0.28	0.32	0.82	0.55	0.57	0.17	1.07

续表

序号	中国饲料号 CFN	饲料名称	干物质 DM (%)	粗蛋白 CP (%)	精氨酸 Arg (%)	组氨酸 His (%)	异亮氨酸 Ile (%)	亮氨酸 Leu (%)	赖氨酸 Lys (%)	蛋氨酸 Met (%)	胱氨酸 Cys (%)	苯丙氨酸 Phe (%)	酪氨酸 Tyr (%)	苏氨酸 Thr (%)	色氨酸 Trp (%)	缬氨酸 Val (%)
23	5-09-0127	大豆	87.0	35.5	2.57	0.59	1.28	2.72	2.20	0.56	0.70	1.42	0.64	1.41	0.45	1.50
24	5-09-0128	全脂大豆	88.0	35.5	2.63	0.63	1.32	2.68	2.37	0.55	0.76	1.39	0.67	1.42	0.49	1.53
25	5-10-0241	大豆饼	89.0	41.8	2.53	1.10	1.57	2.75	2.43	0.60	0.62	1.79	1.53	1.44	0.64	1.70
26	5-10-0103	大豆粕	89.0	47.9	3.43	1.22	2.10	3.57	2.99	0.68	0.73	2.33	1.57	1.85	0.65	2.26
27	5-10-0102	大豆粕	89.0	44.2	3.38	1.17	1.99	3.35	2.68	0.59	0.65	2.21	1.47	1.71	0.57	2.09
28	5-10-0118	棉子饼	88.0	36.3	3.94	0.90	1.16	2.07	1.40	0.41	0.70	1.88	0.95	1.14	0.39	1.51
29	5-10-0119	棉子粕	88.0	47.0	4.98	1.26	1.40	2.67	2.13	0.56	0.66	2.43	1.11	1.35	0.54	2.05
30	5-10-0117	棉子粕	90.0	43.5	4.65	1.19	1.29	2.47	1.97	0.58	0.68	2.28	1.05	1.25	0.51	1.91
31	5-10-0183	菜子饼	88.0	35.7	1.82	0.83	1.24	2.26	1.33	0.60	0.82	1.35	0.92	1.40	0.42	1.62
32	5-10-0121	菜子粕	88.0	38.6	1.83	0.86	1.29	2.34	1.30	0.63	0.87	1.45	0.97	1.49	0.43	1.74
33	5-10-0116	花生仁饼	88.0	44.7	4.60	0.83	1.18	2.36	1.32	0.39	0.38	1.81	1.31	1.05	0.42	1.28
34	5-10-0115	花生仁粕	88.0	47.8	4.88	0.88	1.25	2.50	1.40	0.41	0.40	1.92	1.39	1.11	0.45	1.36
35	1-10-0031	向日葵仁饼	88.0	29.0	2.44	0.62	1.19	1.76	0.96	0.59	0.43	1.21	0.77	0.98	0.28	1.35
36	5-10-0242	向日葵仁粕	88.0	36.5	3.17	0.81	1.51	2.25	1.22	0.72	0.62	1.56	0.99	1.25	0.47	1.72
37	5-10-0243	向日葵仁粕	88.0	33.6	2.89	0.74	1.39	2.07	1.13	0.69	0.50	1.43	0.91	1.14	0.37	1.58
38	5-10-0119	亚麻仁饼	88.0	32.2	2.35	0.51	1.15	1.62	0.73	0.46	0.48	1.32	0.50	1.00	0.48	1.44
39	5-10-0120	亚麻仁粕	88.0	34.8	3.59	0.64	1.33	1.85	1.16	0.55	0.55	1.51	0.93	1.10	0.70	1.51

续表

序号	中国饲料号 CFN	饲料名称	干物质 DM (%)	粗蛋白 CP (%)	精氨酸 Arg (%)	组氨酸 His (%)	异亮氨酸 Ile (%)	亮氨酸 Leu (%)	赖氨酸 Lys (%)	蛋氨酸 Met (%)	胱氨酸 Cys (%)	苯丙氨酸 Phe (%)	酪氨酸 Tyr (%)	苏氨酸 Thr (%)	色氨酸 Trp (%)	缬氨酸 Val (%)
40	5-10-0246	芝麻饼	92.0	39.2	2.38	0.81	1.42	2.52	0.82	0.82	0.75	1.68	1.02	1.29	0.49	1.84
41	5-11-0001	玉米蛋白粉	90.1	63.5	1.90	1.18	2.85	11.59	0.97	1.42	0.96	4.10	3.19	2.08	0.36	2.98
42	5-11-0002	玉米蛋白粉	91.2	51.3	1.48	0.89	1.75	7.87	0.92	1.14	0.76	2.83	2.25	1.59	0.31	2.05
43	5-11-0008	玉米蛋白粉	89.9	44.3	1.31	0.78	1.63	7.08	0.71	1.04	0.65	2.61	2.03	1.38	—	1.84
44	5-11-0003	玉米蛋白饲料	88.0	19.3	0.77	0.56	0.62	1.82	0.63	0.29	0.33	0.70	0.50	0.68	0.14	0.93
45	4-10-0026	玉米胚芽饼	90.0	16.7	1.16	0.45	0.53	1.25	0.70	0.31	0.47	0.64	0.54	0.64	0.16	0.91
46	4-10-0244	玉米胚芽粕	90.0	20.8	1.51	0.62	0.77	1.54	0.75	0.21	0.28	0.93	0.66	0.68	0.18	1.66
47	5-11-0007	DDGS	90.0	28.3	0.98	0.59	0.98	2.63	0.59	0.59	0.39	1.93	1.37	0.92	0.19	1.30
48	5-11-0009	蚕豆粉浆蛋白粉	88.0	66.3	5.96	1.66	2.90	5.88	4.44	0.60	0.57	3.34	2.21	2.31	-	3.20
49	5-11-0004	麦芽根	89.7	28.3	1.22	0.54	1.08	1.58	1.30	0.37	0.26	0.85	0.67	0.96	0.42	1.44
50	5-13-0044	鱼粉（CP 64.5%）	90.0	64.5	3.91	1.75	2.68	4.99	5.22	1.71	0.58	2.71	2.13	2.87	0.78	3.25
51	5-13-0045	鱼粉（CP 62.5%）	90.0	62.5	3.86	1.83	2.79	5.06	5.12	1.66	0.55	2.67	2.01	2.78	0.75	3.14

续表

序号	中国饲料号 CFN	饲料名称	干物质 DM (%)	粗蛋白 CP (%)	精氨酸 Arg (%)	组氨酸 His (%)	异亮氨酸 Ile (%)	亮氨酸 Leu (%)	赖氨酸 Lys (%)	蛋氨酸 Met (%)	胱氨酸 Cys (%)	苯丙氨酸 Phe (%)	酪氨酸 Tyr (%)	苏氨酸 Thr (%)	色氨酸 Trp (%)	缬氨酸 Val (%)
52	5-13-0046	鱼粉（CP 60.5%）	90.0	60.2	3.57	1.71	2.68	4.80	4.72	1.64	0.52	2.35	1.96	2.57	0.70	3.17
53	5-13-0077	鱼粉（CP 53.5%）	90.0	53.5	3.24	1.29	2.30	4.30	3.87	1.39	0.49	2.22	1.70	2.51	0.60	2.77
54	5-13-0036	血粉	88.0	82.8	2.99	4.40	0.75	8.38	6.67	0.74	0.98	5.23	2.55	2.86	1.11	6.08
55	5-13-0037	羽毛粉	88.0	77.9	5.30	0.58	4.21	6.78	1.65	0.59	2.93	3.57	1.79	3.51	0.40	6.05
56	5-13-0038	皮革粉	88.0	74.7	4.45	0.40	1.06	2.53	2.18	0.80	0.16	1.56	0.63	0.71	0.50	1.91
57	5-13-0047	肉骨粉	93.0	50.0	3.35	0.96	1.70	3.20	2.60	0.67	0.33	1.70	1.26	1.63	0.26	2.25
58	5-13-0048	肉粉	94.0	54.0	3.60	1.14	1.60	3.84	3.07	0.80	0.60	2.17	1.40	1.97	0.35	2.66
59	1-05-0074	苜蓿草粉（CP 19%）	87.0	19.1	0.78	0.39	0.68	1.20	0.82	0.21	0.22	0.82	0.58	0.74	0.43	0.91
60	1-05-0075	苜蓿草粉（CP 17%）	87.0	17.2	0.74	0.32	0.66	1.10	0.81	0.20	0.16	0.81	0.54	0.69	0.37	0.85
61	1-05-0076	苜蓿草粉（CP 14%~15%）	87.0	14.3	0.61	0.19	0.58	1.00	0.60	0.18	0.15	0.59	0.38	0.45	0.24	0.58
62	5-11-0005	啤酒糟	88.0	24.3	0.98	0.51	1.18	1.08	0.72	0.52	0.35	2.35	1.17	0.81	0.28	1.66
63	7-15-0001	啤酒酵母	91.7	52.4	2.67	1.11	2.85	4.76	3.38	0.83	0.50	4.07	0.12	2.33	2.08	3.40
64	4-13-0075	乳清粉	94.0	12.0	0.40	0.20	0.90	1.20	1.10	0.20	0.30	0.40	0.21	0.80	0.20	0.70
65	5-01-0162	酪蛋白	91.0	88.7	3.26	2.82	4.66	8.79	7.35	2.70	0.41	4.79	4.77	3.98	1.14	6.10
66	5-14-0503	明胶	90.0	88.6	6.60	0.66	1.42	2.91	3.62	0.76	0.12	1.74	0.43	1.82	0.05	2.26
67	4-06-0076	牛奶乳糖	96.0	4.0	0.29	0.10	0.10	0.18	0.16	0.03	0.04	0.10	0.02	0.10	0.10	0.10

表 7　矿物质及维生素含量

序号	中国饲料号 CFN	饲料名称	钠 Na (%)	氯 Cl (%)	镁 Mg (%)	钾 K (%)	铁 Fe (mg/kg)	铜 Cu (mg/kg)	锰 Mn (mg/kg)	锌 Zn (mg/kg)	硒 Se (mg/kg)	胡萝卜素 (mg/kg)	维生素 E (mg/kg)	维生素 B_1 (mg/kg)	维生素 B_2 (mg/kg)	泛酸 (mg/kg)	烟酸 (mg/kg)	生物素 (mg/kg)	叶酸 (mg/kg)	胆碱 (mg/kg)	维生素 B_6 (mg/kg)	维生素 B_{12} (mg/kg)	亚油酸 (%)
1	4-07-0278	玉米	0.01	0.04	0.11	0.29	36	3.4	5.8	21.1	0.04	—	22	3.5	1.1	5	24	0.06	0.15	620	10	—	2.2
2	4-07-0288	玉米	0.01	0.04	0.11	0.29	36	3.4	5.8	21.1	0.04	—	22	3.5	1.1	5	24	0.06	0.15	620	10	—	2.2
3	4-07-0279	玉米	0.02	0.04	0.12	0.3	37	3.3	6.1	19.2	0.03	0.8	22	2.6	1.1	3.9	21	0.08	0.12	620	10	0	2.2
4	4-07-0280	玉米	0.02	0.04	0.12	0.3	37	3.3	6.1	19.2	0.03	—	22	2.6	1.1	3.9	21	0.08	0.12	620	10	—	2.2
5	4-07-0272	高粱	0.03	0.09	0.15	0.34	87	7.6	17.1	20.1	0.05	—	7	3	1.3	12.4	41	0.26	0.2	668	5.2	0	1.13
6	4-07-0270	小麦	0.06	0.07	0.11	0.5	88	7.9	45.9	29.7	0.05	0.4	13	4.6	1.3	11.9	51	0.11	0.36	1 040	3.7	0	0.59
7	4-07-0274	小麦（裸）	0.04	—	0.11	0.6	100	7	18	30	0.16	—	48	4.1	1.4	—	87	—	—	—	19.3	0	—
8	4-07-0277	大麦（皮）	0.02	0.15	0.14	0.56	87	5.6	17.5	23.6	0.06	4.1	20	4.5	1.8	8	55	0.15	0.07	990	4	0	0.83
9	4-07-0281	黑麦	0.02	0.04	0.12	0.42	117	7	53	35	0.4	—	15	3.6	1.5	8	16	0.06	0.6	440	2.6	0	0.76
10	4-07-0273	稻谷	0.04	0.07	0.07	0.34	40	3.5	20	8	0.04	—	16	3.1	1.2	3.7	34	0.08	0.45	900	28	0	0.28

续表

序号	中国饲料号 CFN	饲料名称	钠 Na (%)	氯 Cl (%)	镁 Mg (%)	钾 K (%)	铁 Fe (mg/kg)	铜 Cu (mg/kg)	锰 Mn (mg/kg)	锌 Zn (mg/kg)	硒 Se (mg/kg)	胡萝卜素 (mg/kg)	维生素 E (mg/kg)	维生素 B_1 (mg/kg)	维生素 B_2 (mg/kg)	泛酸 (mg/kg)	烟酸 (mg/kg)	生物素 (mg/kg)	叶酸 (mg/kg)	胆碱 (mg/kg)	维生素 B_6 (mg/kg)	维生素 B_{12} (mg/kg)	亚油酸 (%)
11	4-07-0276	糙米	0.04	0.06	0.14	0.34	78	3.3	21	10	0.07	—	13.5	2.8	1.1	11	30	0.08	0.4	1 014	—	—	—
12	4-07-0275	碎米	0.07	0.08	0.11	0.13	62	8.8	47.5	36.4	0.06	—	14	1.4	0.7	8	30	0.08	0.2	800	28	—	—
13	4-07-0479	粟（谷子）	0.04	0.14	0.16	0.43	270	24.5	22.5	15.9	0.08	1.2	36.3	6.6	1.6	7.4	53	—	15	790	—	—	0.84
14	4-04-0467	木薯干	—	—	—	—	150	4.2	6	14	0.04	—	—	—	—	—	—	—	—	—	—	—	—
15	4-04-0068	甘薯干	—	—	0.08	—	107	6.1	10	9	0.07	—	—	—	—	—	—	—	—	—	—	—	—
16	4-08-0104	次粉	0.6	0.04	0.41	0.6	140	11.6	94.2	73	0.07	3	20	16.5	1.8	15.6	72	0.33	0.76	1 187	9	—	1.74
17	4-08-0105	次粉	0.6	0.04	0.41	0.6	140	11.6	94.2	73	0.07	3	20	16.5	1.8	15.6	72	0.33	0.76	1 187	9	—	1.74
18	4-08-0069	小麦麸	0.07	0.07	0.52	1.19	170	13.8	104.3	96.5	0.07	1	14	8	4.6	31	—	0.36	0.63	980	7	0	1.7
19	4-08-0070	小麦麸	0.07	0.07	0.47	1.19	157	16.5	80.6	104.7	0.05	1	14	8	4.6	31	186	0.36	0.63	980	7	0	1.7
20	4-08-0041	米糠	0.07	0.07	0.9	1.73	304	7.1	175.9	50.3	0.09	—	60	22.5	2.5	23	293	0.42	2.2	1 135	14	0	3.57
21	4-10-0025	米糠饼	0.08	—	1.26	1.8	400	8.7	211.6	56.4	0.09	—	11	24	2.9	94.9	689	0.7	0.88	1 700	54	40	—

续表

序号	中国饲料号 CFN	饲料名称	钠 Na (%)	氯 Cl (%)	镁 Mg (%)	钾 K (%)	铁 Fe (mg/kg)	铜 Cu (mg/kg)	锰 Mn (mg/kg)	锌 Zn (mg/kg)	硒 Se (mg/kg)	胡萝卜素 (mg/kg)	维生素 E (mg/kg)	维生素 B_1 (mg/kg)	维生素 B_2 (mg/kg)	泛酸 (mg/kg)	烟酸 (mg/kg)	生物素 (mg/kg)	叶酸 (mg/kg)	胆碱 (mg/kg)	维生素 B_6 (mg/kg)	维生素 B_{12} (mg/kg)	亚油酸 (%)
22	4-10-0018	米糠粕	0.09	—	—	1.8	432	9.4	228.4	60.9	0.1	—	—	—	—	—	—	—	—	—	—	—	—
23	5-09-0127	大豆	0.02	0.03	0.28	1.7	111	18.1	21.5	40.7	0.06	—	40	12.3	2.9	17.4	24	0.42	—	3 200	12	—	8
24	5-09-0128	全脂大豆	0.02	0.03	0.28	1.7	111	18.1	21.5	40.7	0.06	—	40	12.3	2.9	17.4	24	0.42	—	3 200	12	—	8
25	5-10-0241	大豆饼	0.02	0.02	0.25	1.77	187	19.8	32	43.4	0.04	—	6.6	1.7	4.4	13.8	37	0.32	0.45	2 673	—	—	—
26	5-10-0103	大豆粕	0.03	0.05	0.28	2.05	185	24	38.2	46.4	0.1	0.2	3.1	4.6	3	16.4	30.7	0.33	0.81	2 858	6.1	0	0.51
27	5-10-0102	大豆粕	0.03	0.05	0.28	1.72	185	24	28	46.4	0.06	0.2	3.1	4.6	3	16.4	30.7	0.33	0.81	2 858	6.1	0	0.51
28	5-10-0118	棉子饼	0.04	0.14	0.52	1.2	266	11.6	17.8	44.9	0.11	0.2	16	6.4	5.1	10	38	0.53	1.65	2 753	5.3	0	2.47
29	5-10-0019	棉子粕	0.04	0.04	0.4	1.16	263	14	18.7	55.5	0.15	0.2	15	7	5.5	12	40	0.3	2.51	2 933	5.1	0	1.51
30	5-10-0117	棉子粕	0.04	0.04	0.4	1.16	263	14	18.7	55.5	0.15	0.2	15	7	5.5	12	40	0.3	2.51	2 933	5.1	0	1.51
31	5-10-0183	棉子饼	0.02	—	—	1.34	687	7.2	78.1	59.2	0.29	—	—	—	—	—	—	—	—	—	—	—	—
32	5-10-0121	棉子粕	0.09	0.11	0.51	1.4	653	7.1	82.2	67.5	0.16	—	54	5.2	3.7	9.5	160	0.98	0.95	6 700	7.2	0	0.42

续表

序号	中国饲料号 CFN	饲料名称	钠 Na (%)	氯 Cl (%)	镁 Mg (%)	钾 K (%)	铁 Fe (mg/kg)	铜 Cu (mg/kg)	锰 Mn (mg/kg)	锌 Zn (mg/kg)	硒 Se (mg/kg)	胡萝卜素 (mg/kg)	维生素 E (mg/kg)	维生素 B_1 (mg/kg)	维生素 B_2 (mg/kg)	泛酸 (mg/kg)	烟酸 (mg/kg)	生物素 (mg/kg)	叶酸 (mg/kg)	胆碱 (mg/kg)	维生素 B_6 (mg/kg)	维生素 B_{12} (mg/kg)	亚油酸 (%)
33	5-10-0116	花生仁饼	0.04	0.03	0.33	1.14	347	23.7	36.7	52.5	0.06	—	3	7.1	5.2	47	166	0.33	0.4	1 655	10	0	1.43
34	5-10-0115	花生仁粕	0.07	0.03	0.31	1.23	368	25.1	38.9	55.7	0.06	—	3	5.7	11	53	173	0.39	0.39	1 854	10	0	0.24
35	1-10-0031	向日葵仁饼	0.02	0.01	0.75	1.17	424	45.6	41.5	62.1	0.09	—	0.9	—	18	4	86	1.4	0.4	800	—	—	—
36	5-10-0242	向日葵仁粕	0.2	0.01	0.75	1	226	32.8	34.5	82.7	0.06	—	0.7	4.6	2.3	39	22	1.7	1.6	3 260	17.2	—	—
37	5-10-0243	向日葵仁粕	0.2	0.1	0.68	1.23	310	35	35	80	0.08	—	—	3	3	29	14	1.4	1.14	3 100	11.1	0	0.98
38	5-10-0119	亚麻仁饼	0.09	0.04	0.58	1.25	204	27	40.3	36	0.18	—	7.7	2.6	4.1	16.5	37.4	0.36	2.9	1 672	6.1	—	—

续表

序号	中国饲料号 CFN	饲料名称	钠 Na (%)	氯 Cl (%)	镁 Mg (%)	钾 K (%)	铁 Fe (mg/kg)	铜 Cu (mg/kg)	锰 Mn (mg/kg)	锌 Zn (mg/kg)	硒 Se (mg/kg)	胡萝卜素 (mg/kg)	维生素 E (mg/kg)	维生素 B_1 (mg/kg)	维生素 B_2 (mg/kg)	泛酸 (mg/kg)	烟酸 (mg/kg)	生物素 (mg/kg)	叶酸 (mg/kg)	胆碱 (mg/kg)	维生素 B_6 (mg/kg)	维生素 B_{12} (mg/kg)	亚油酸 (%)
39	5 – 10 – 0120	亚麻仁粕	0.14	0.05	0.56	1.38	219	25.5	43.3	38.7	0.18	0.2	5.8	7.5	3.2	14.7	33	0.41	0.34	1 512	6	200	0.36
40	5 – 10 – 0246	芝麻饼	0.04	0.05	0.5	1.39	—	50.4	32	2.4	—	0.2	—	2.8	3.6	6	30	2.4	—	1 536	12.5	0	1.9
41	5 – 11 – 0001	玉米蛋白粉	0.01	0.05	0.08	0.3	230	1.9	5.9	19.2	0.02	44	25.5	0.3	2.2	3	55	0.15	0.2	330	6.9	50	1.17
42	5 – 11 – 0002	玉米蛋白粉	0.02	—	—	0.35	332	10	78	49	—	—	—	—	—	—	—	—	—	—	—	—	—
43	5 – 11 – 0008	玉米蛋白粉	0.02	0.08	0.05	0.4	400	28	7	49	1	16	19.9	0.2	1.5	9.6	54.5	0.15	0.22	330	—	—	—
44	5 – 11 – 0003	玉米蛋白饲料	0.12	0.22	0.42	1.3	282	10.7	77.1	59.2	0.23	8	14.8	2	2.4	17.8	75.5	0.22	0.28	1 700	13	250	1.43
45	5 – 11 – 0026	玉米胚芽饼	0.01	—	0.1	0.3	99	12.8	19	108.1	—	2	87	—	3.7	3.3	42	—	—	1 936	—	—	1.47
46	4 – 10 – 0244	玉米胚芽粕	0.01	—	0.16	0.69	214	7.7	23.3	126.6	0.33	2	80.8	1.1	4	4.4	37.7	0.22	0.2	2 000	—	—	1.47

续表

序号	中国饲料号 CFN	饲料名称	钠 Na (%)	氯 Cl (%)	镁 Mg (%)	钾 K (%)	铁 Fe (mg/kg)	铜 Cu (mg/kg)	锰 Mn (mg/kg)	锌 Zn (mg/kg)	硒 Se (mg/kg)	胡萝卜素 (mg/kg)	维生素 E (mg/kg)	维生素 B_1 (mg/kg)	维生素 B_2 (mg/kg)	泛酸 (mg/kg)	烟酸 (mg/kg)	生物素 (mg/kg)	叶酸 (mg/kg)	胆碱 (mg/kg)	维生素 B_6 (mg/kg)	维生素 B_{12} (mg/kg)	亚油酸 (%)
47	4-10-0007	DDGS	0.88	0.17	0.35	0.98	197	43.9	29.5	83.5	0.37	3.5	40	3.5	8.6	11	75	0.3	0.88	2 637	2.28	10	2.15
48	5-11-0009	蚕豆粉浆蛋白粉	0.01	—	—	0.06	—	22	16	—	—	—	—	—	—	—	—	—	—	—	—	—	—
49	5-11-0004	麦芽根	0.06	0.59	0.16	2.18	198	5.3	67.8	42.4	0.6	—	4.2	0.7	1.5	8.6	43.3	—	0.2	1 548	—	—	—
50	5-11-0044	鱼粉（CP 64.5%）	0.88	0.6	0.24	0.9	226	9.1	9.2	98.9	2.7	—	5	0.3	7.1	15	100	0.23	0.37	4 408	4	352	0.2
51	5-13-0045	鱼粉（CP 62.5%）	0.78	0.61	0.16	0.83	181	6	12	90	1.62	—	5.7	0.2	4.9	9	55	0.15	0.3	3 099	4	150	0.12

续表

序号	中国饲料号 CFN	饲料名称	钠 Na (%)	氯 Cl (%)	镁 Mg (%)	钾 K (%)	铁 Fe (mg/kg)	铜 Cu (mg/kg)	锰 Mn (mg/kg)	锌 Zn (mg/kg)	硒 Se (mg/kg)	胡萝卜素 (mg/kg)	维生素 E (mg/kg)	维生素 B_1 (mg/kg)	维生素 B_2 (mg/kg)	泛酸 (mg/kg)	烟酸 (mg/kg)	生物素 (mg/kg)	叶酸 (mg/kg)	胆碱 (mg/kg)	维生素 B_6 (mg/kg)	维生素 B_{12} (mg/kg)	亚油酸 (%)
52	5－13－0046	鱼粉（CP 60.2%）	0.97	0.61	0.16	1.1	80	8	10	80	1.5	—	7	0.5	4.9	9	55	0.2	0.3	3 056	4	104	0.12
53	5－13－0077	鱼粉（CP 53.5%）	1.15	0.61	0.16	0.94	292	8	9.7	88	1.94	—	5.6	0.4	8.8	8.8	65	—	—	3 000	—	143	—
54	5－13－0036	血粉	0.31	0.27	0.16	0.9	2 100	8	2.3	14	0.7	—	1	0.4	1.6	1.2	23	0.09	0.11	800	4.4	50	1
55	5－13－0037	羽毛粉	0.31	0.26	0.2	0.18	73	6.8	8.8	53.8	0.8	—	7.3	0.1	2	10	27	0.04	0.2	880	3	71	0.83
56	5－13－0038	皮革粉	—	—	—	—	131	11.1	25.2	89.8	—	—	—	—	—	—	—	—	—	—	—	—	—
57	5－13－0047	肉骨粉	0.73	0.75	1.13	1.4	500	1.5	12.3	90	0.25	—	0.8	0.2	5.2	4.4	59.4	0.14	0.6	2 000	4.6	100	0.72
58	5－13－0048	肉粉	0.8	0.97	0.35	0.57	440	10	10	94	0.37	—	1.2	0.6	4.7	5	57	0.08	0.5	2 077	2.4	80	0.8
59	5－13－0074	苜蓿草粉（CP 19%）	0.09	0.38	0.3	2.08	372	9.1	30.7	17.1	0.46	94.6	144	5.8	15.5	34	40	0.35	4.36	1 419	8	0	0.44

续表

序号	中国饲料号 CFN	饲料名称	钠 Na (%)	氯 Cl (%)	镁 Mg (%)	钾 K (%)	铁 Fe (mg/kg)	铜 Cu (mg/kg)	锰 Mn (mg/kg)	锌 Zn (mg/kg)	硒 Se (mg/kg)	胡萝卜素 (mg/kg)	维生素 E (mg/kg)	维生素 B_1 (mg/kg)	维生素 B_2 (mg/kg)	泛酸 (mg/kg)	烟酸 (mg/kg)	生物素 (mg/kg)	叶酸 (mg/kg)	胆碱 (mg/kg)	维生素 B_6 (mg/kg)	维生素 B_{12} (mg/kg)	亚油酸 (%)
60	1-05-0075	苜蓿草粉(CP 17%)	0.17	0.46	0.36	2.4	361	9.7	30.7	21	0.46	94.6	125	3.4	13.6	29	38	0.3	4.2	1 401	6.5	0	0.35
61	1-05-0076	苜蓿草粉(CP 14%~15%)	0.11	0.46	0.19	2.22	437	9.1	33.2	22.6	0.48	63	98	3	10.6	20.8	41.8	0.25	1.54	1 548	—	—	—
62	1-05-0005	啤酒糟	0.25	0.12	0.19	0.08	274	20.1	35.6	104	0.41	0.2	27	0.6	1.5	8.6	43	0.24	0.24	1 723	0.7	0	2.94
63	5-11-0001	啤酒酵母	0.1	0.12	0.23	1.7	248	61	22.3	86.7	1	—	2.2	91.8	37	109	448	0.693	9.9	3 984	42.8	999.9	0.04
64	7-15-0075	乳清粉	2.11	0.14	0.13	1.81	160	43.1	4.6	3	0.06	—	0.3	3.9	29.9	47	10	0.34	0.66	1 500	4	20	0.01
65	4-13-0162	酪蛋白	0.01	0.14	0.01	0.01	14	4	4	30	0.16	—	—	0.4	1.5	2.7	1	0.04	0.51	205	0.4	—	—
66	5-01-0503	明胶	—	—	0.05	—	—	—	—	—	—	—	—	—	—	—	—	—	—	—	—	—	—
67	5-14-0076	牛奶乳糖	—	—	0.15	2.4	—	—	—	—	—	—	—	—	—	—	—	—	—	—	—	—	—

如有出入以“中国饲料成分及营养价值表”为准。此表为中国饲料数据库2005年第16版。

第四节 猪的饲粮配合

猪的饲粮配合是根据其品种、生理阶段、生产性能、营养需要与饲养标准,就地取材地选择一些常用饲料按比例配制而成,包括能量、蛋白质、氨基酸、矿物质、维生素等全面平衡的营养物质。

我国长期以来猪肉供应,主要靠一家一户养3~5头、8~10头猪,使用单一饲料、有啥喂啥、熟食的饲养方式,造成猪的生长期长、出栏率低、饲料报酬低、成本高、效益低。而农民则不以盈利为目的,只是为了小钱积大钱、废物利用、积肥、作为副业而养猪。

一、饲养标准和营养需要的概念、性质、作用及应用

饲养标准简单来讲是指畜禽每日每头需要营养物质的系统、合理的规定,或每千克饲粮中各种营养物质的含量或百分比。

营养需要是指畜禽最低营养需要量,它反映的是群体的平均需要量。生产单位可根据自己的饲料情况和畜群种类及体况加以适当调整,安排满足需要量。

合理的饲养标准是实际饲养工作的技术标准,它由国家的主管部门颁布。对生产具有指导作用,是指导猪群饲养的重要依据,它能促进实际饲养工作的标准化和科学化。饲养标准的用处主要是作为核计日粮(配合日粮、检查日粮)及产品质量检验的依据。通过核计日粮这个基本环节,对饲料生产计划、饲养计划的拟制和审核起着重要作用。它是计划生产和组织生产以及发展配合饲料生产,提高配合饲料产品质量的依据。无数的生产实践和科学实践证明,饲养标准对于提高饲料利用效率和提高生产力有着极大的作用。

二、饲养标准的性质和应用

（一）饲养标准的科学性、实用性与相对合理性 动物的饲养标准是以营养科学的理论为基础，以生产实践的结果为依据，它的各项指标及数值都是从大量的科学试验中得来的，而已经过广泛的中间试验和生产实践的验证，查阅和依据了国内外大量的科学文献。它既反映了营养需要科学性的一面，又有切合实际的一面，是理论结合实际，具有高度的科学性和实用性。例如中国近几年采用自己制订的猪饲养标准，经过中间试验和小批量生产检验。采用饲养标准11 667头猪比未采用的10 101头猪，平均饲养期缩短25天（125：150），每头猪的日增重提高19.9%（560：467克），瘦肉率提高21.7%（56%：46%），饲料利用效率提高22.7%（0.27：0.22），平均每头出栏商品猪纯收益增加5.44元。由此可见，饲养标准具有很高的科学性和实用性，对生产实践有很大的指导作用。然而由于实际生产条件的复杂和多种多样，饲养标准的正确应用和动物的营养需要，又要受许多因素的影响，诸如动物种类、品种类型、年龄、性别、生理状态、生产水平、生产目的、地区、气候、饲料条件、饲养方式、环境条件以及社会经济等，所以饲养标准的科学性是相对于生产上的盲目性而言，它本身具有一定的局限性，它规定的需要量数值不可能太细、太具体，反映的是群体的平均数，因而就具有概括性。

（二）饲养标准的普遍性、地域性与特殊性 动物的营养需要与饲养标准是一定历史条件下对客观事物和规律的反映，是当时（时期）当地（国家）科学技术发展水平的反映。由于同类动物种质特性的稳衡性，以及科学技术知识的积累和生产条件的改善，在一定时期内是渐进的和连续性的，因此不同时期饲养标准之间基本原理和不少指标有许多共同之处，前后各版次之间有一定的继承性，具有相对稳定性。由于世界各国制订饲养标准都依据共同的营养、饲养科学的理论基础和实验手段，所以饲养标准的基本原理和基本内容有许多共同之处，一个国家的饲养标准往往被另一些国家所采用，或作为借鉴用以制订自己国家的饲养标准，所以饲养标准又具有普遍性。

应该注意的是，在饲养标准应用于日粮的配置中应根据实际情况进行适当调整，这里仅以维生素为例。维生素是畜禽必不可少的微量物质，但由于饲养者对维生素营养的忽略乃至片面理解，以至屡见因维生素缺乏而导致畜禽生产力下降甚至死亡的事例。目前无论国内国外的维生素饲养标准，其衡量大都是以需要量形式出现，也有的包括安全系数在内的供给量形式出现。故在试用维生素饲养标准时，要注意理解与区分需要量和供给量之间的差异。需要量一般是指在正常情况下能保持畜禽健康及生产性能发挥的最低用量，而供给量则除考虑上述因素外，尚要考虑畜禽在不同生理状态下对维生素的利用能力以及影响维生素利用的某些因素在内的总需要量。实践证明：维生素供给量约为其需要量的1倍。因而对维生素饲养标准若无正确的认识，如长期按需要量形式衡量，势必导致维生素缺乏。尤其是畜禽在较短时期内的高生产性能发挥以及某些影响维生素利用的外在因素，会使机体维生素缺乏症更加明显，因而造成的损失就越大。在需要量基础上如何掌握好畜禽的维生素的供给量，又受很多因素的制约，在实际应用中还需一定的灵活性。一般来说有如下几个方面：

1. 生产性能的影响：生产性能越高其需要量越大。

2. 日粮性质影响：饲喂高能高蛋白日粮时，对维生素需求量加大。

3. 环境条件影响：如在高温条件下或限制饲养时，因其采食量的减少而相应引起维生素需求量增大。另外集约化饲养、笼养等使畜禽与粪便土壤接触减少，都会相应引起维生素需求量的增加。

4. 疾病或应激状态的影响：因其影响正常的营养吸收功能或

使消耗增加,故维生素需要量增加。

5. 营养物之间制约的影响:如维生素和维生素之间会产生某些拮抗关系,维生素和某些微量元素也会产生制约作用这都会影响其实际供给量。

6. 维生素效能的影响:维生素添加剂一般随时间的延长其效能逐渐降低。如使用青绿饲料来补充维生素也存在着加工制作方法的影响。再如水溶性维生素易随尿排泄,在体内不贮存,而脂溶性维生素不随尿排泄,可在体内贮存。某些维生素自身氧化过大等。因此在实际应用维生素饲养标准时,要充分考虑各种影响因素,灵活运用饲养标准来确定维生素的供给量,以使畜牧业生产获得更好的效益。

三、国外猪的营养需要和饲养标准

美国 NRC、英国 ARC 猪的营养需要和饲养标准,是世界上影响最大的两个猪饲养标准,被很多国家和地区采用或借鉴。

美国 NRC 猪的营养需要:美国国家研究委员会(NRC)下设猪营养分会,由 6 名专家组成,专门负责猪营养需要的制定修订。1994 年发表第一版《猪的营养需要》,只有 11 页内容。以后又进行 7 次修订,1998 年发表了第九版 NRC 猪的营养需要。该标准的基本特点有下列几方面:

1. 该标准是以玉米—豆饼型日粮,猪自由采食为基础制订的。

2. 推荐量是在广泛评鉴全世界各国各地区有关研究文献基础上确定的。

3. 推荐量是最低需要量,不含“安全系数”,因而应用时的供给量随具体条件而异,通常高于推荐量。

4. 除有效磷和有效尼克酸需要量外,其余养分均为日粮的总需要量。

5. 尽管阉猪、公猪、母猪等不同性别猪对蛋白质、氨基酸需要量存在差异，该标准仍采用同一推荐量。

6. 第九版提出了理想蛋白质概念和必需氨基酸之间的最佳平衡比例，各阶段猪的氨基酸均按此比例推算其需要量。第八版没有正式提出理想蛋白质概念，各阶段需要量按20～35千克阶段需要量进行推算。

四、中国猪的饲养标准

饲养标准是根据猪的不同品种、性别、体重、生产目的和水平，结合生产实践中积累的经验及能量、消化试验、代谢试验、饲养试验的结果，科学地规定猪所需要的各种营养物质的数量。

按照饲养标准对猪进行科学饲养，可以避免实际饲养中的盲目性。营养不足或过多，均不利于猪的健康和生产性能的发挥，特别是种公猪和种母猪，后果更为严重。不合理的饲养会严重影响种猪的配种、产仔。因此，饲养标准是猪饲料配合的重要依据。其次，饲养标准还可作为猪场或专业户制订全年的饲料生产计划的参考依据。

饲养标准虽然具有一定的科学性和代表性，但是由于猪的品种、类型、生产水平、环境条件的差异，饲料的不同品质及加工调制方法等因素的影响，不可能制定统一的标准。因此在生产中要灵活使用饲养标准，配合饲料一般能达到标准的近似值即可，并且要根据实际饲养效果，及时调整，以达到满意的效果为止。

饲养标准包括猪的需要量和供给量及猪的常用饲料营养价值表两部分。经过几次修订和增补而成现行的标准，根据我国当前养猪生产水平，现行饲养标准分为肉脂兼用型和瘦肉型猪饲养标准两大类。前者包括生长肥育猪、后备猪、母猪和种公猪饲养标准，后者则仅列有生长肥育猪饲养标准。

现行饲养标准中所列的营养指标共27～28项，其中除能量、粗蛋白质和矿物质需要量外，还列有氨基酸、微量元素和维生素需要量。为方便实际应用，同时列出了每头每日营养需要量与每千克风干饲粮（按含干物质88%计算）营养含量。中国猪的饲养标准介绍于后，以供参考。

（一）各类猪的饲养标准 肉脂型猪的饲养标准见表8和表9，瘦肉型猪的饲养标准见表10和表11，后备母猪的饲养标准见表12和表13，妊娠母猪的饲养标准见表14和表15，哺乳母猪的饲养标准见表16和表17，种公猪的饲养标准见表18和表19。瘦肉型猪的饲养标准为国家标准。

表8 肉脂型生长肥育猪每日每头营养需要量

指标	体重（千克）		
	20～35	35～60	60～90
预期日增重（克）	500	600.0	650.0
采食风干料量（千克）	1.52	2.20	2.83
饲料/增重（千克）	3.04	3.67	4.35
增重/饲料（克）	329	273.0	230.0
消化能（兆焦）	19.71	28.54	36.69
代谢能（兆焦）	18.33	26.61	34.23
粗蛋白（克）	243	308	368
赖氨酸（克）	9.7	12.3	14.7
蛋氨酸＋胱氨酸（克）	6.4	8.1	7.9
苏氨酸（克）	6.1	7.9	9.6
异亮氨酸（克）	7.0	9.0	10.8
钙（克）	8.4	11.0	13.0
磷（克）	7.0	9.1	10.5
食盐（克）	4.6	6.6	8.5
铁（毫克）	84.0	101	105.0
锌（毫克）	84.0	101	105.0
锰（毫克）	3	4.0	6

续表

指标	体重(千克)		
	20~35	35~60	60~90
铜(毫克)	6	7.0	9
碘(毫克)	0.20	0.29	0.37
硒(毫克)	0.23	0.33	0.28
维生素A(国际单位)	1 812	2 622	3 359
维生素D(国际单位)	278	301	323
维生素E(国际单位)	15.0	22.0	28
维生素K(毫克)	2.7	4.0	5.1
维生素B_1(毫克)	1.5	2.0	2.8
维生素B_2(毫克)	3.6	4.4	5.7
烟酸(毫克)	20.0	24.0	20.0
泛酸(毫克)	15.0	22.0	23.0
生物素(毫克)	0.14	0.30	0.36
叶酸(毫克)	0.84	1.21	1.56
维生素B_{12}(微克)	15.0	22.0	28.0

表9　肉脂型生长肥育猪每千克饲粮营养含量

指标	体重(千克)		
	20~35	35~60	60~90
消化能(兆焦)	12.97	12.97	12.97
代谢能(兆焦)	12.05	12.09	12.09
粗蛋白(%)	16.0	14.0	13.0
赖氨酸(%)	0.64	0.56	0.52
蛋氨酸+胱氨酸(%)	0.42	0.37	0.28
苏氨酸(%)	0.41	0.36	0.34
异亮氨酸(%)	0.46	0.41	0.38
钙(%)	0.55	0.50	0.46
磷(%)	0.46	0.41	0.37
食盐(%)	0.30	0.30	0.30

续表

指标	体重(千克)		
	20~35	35~60	60~90
铁(毫克)	55.0	46	37.0
锌(毫克)	55.0	46	37.0
锰(毫克)	2.0	2.0	2.0
铜(毫克)	4.0	3.0	3.0
碘(毫克)	0.13	0.13	0.13
硒(毫克)	0.15	0.15	0.10
维生素A(国际单位)	1 192	1 192	1 187
维生素D(国际单位)	183	137	114
维生素E(国际单位)	10.0	10.0	10.0
维生素K(毫克)	1.8	1.8	1.8
维生素 B_1(毫克)	1.0	1.0	1.0
维生素 B_2(毫克)	2.4	2.0	2.0
烟酸(毫克)	13.0	11.0	9.0
泛酸(毫克)	10.0	10.0	10.0
生物素(毫克)	0.09	0.09	0.09
叶酸(毫克)	0.55	0.55	0.55
维生素 B_{12}(微克)	10.0	10.0	10.0

表10 瘦肉型生长肥育猪每头每日营养需要量

项目	体重(千克)					
	1~5	5~10	10~20	20~35	35~60	60~90
预期日增重(克)	160	280	420	500	600	750
采食风干料(千克)	0.20	0.46	0.91	1.60	1.81	2.87
消化能(兆焦)	3.35	7.00	12.60	20.75	23.48	36.02
代谢能(兆焦)	3.20	6.70	12.10	19.96	22.57	34.60
粗蛋白(克)	54	101	173	256.0	290	402
赖氨酸(克)	2.80	4.60	7.10	12.0	13.60	18.08
蛋氨酸+胱氨酸(克)	1.60	2.70	4.60	6.10	6.90	9.20

续表

项目	体重(千克)					
	1～5	5～10	10～20	20～35	35～60	60～90
苏氨酸(克)	1.60	2.70	4.60	7.20	8.20	10.90
异亮氨酸(克)	1.80	3.10	5.00	6.60	7.40	9.80
钙(克)	2.00	3.80	5.80	9.60	10.90	14.40
磷(克)	1.60	2.90	4.90	8.00	9.10	11.50
食盐(克)	0.50	1.20	2.10	3.70	4.20	7.20
铁(毫克)	33	67.0	71.0	96	109	144
锌(毫克)	22	48.0	71.0	176	199	258
铜(毫克)	1.3	2.90	4.5	7.0	7.9	10.8
锰(毫克)	0.9	1.90	2.7	3.5	3.9	2.2
碘(毫克)	0.03	0.07	0.13	0.22	0.25	0.40
硒(毫克)	0.03	0.08	0.13	0.42	0.47	0.80
维生素 A(国际单位)	480	1 060	1 560	1 970	2 230	3 520
维生素 D(国际单位)	50	105	179	302	342	339
维生素 E(国际单位)	2.40	5.10	10.0	16.0	18.0	29.0
维生素 K(毫克)	0.44	1.00	2.0	3.2	3.6	5.7
维生素 B_1(毫克)	0.30	0.60	1.0	1.6	1.8	2.9
维生素 B_2(毫克)	0.66	1.40	2.60	4.0	4.5	6.0
烟酸(毫克)	4.80	10.60	16.40	20.8	23.5	25.8
泛酸(毫克)	3.00	6.20	9.80	16.0	18.0	28.7
生物素(毫克)	0.03	0.05	0.09	0.14	0.16	0.26
叶酸(毫克)	0.13	0.30	0.54	0.91	1.03	1.60
维生素 B_{12}(微克)	4.80	10.60	13.70	16.0	18.0	29.0

注:磷的含量中应有 30% 无机磷或动物性饲料的磷。

表 11　瘦肉型生长肥育猪每千克饲粮养分含量

项目	体重(千克)				
	1～5	5～10	10～20	20～60	60～90
消化能(兆焦)	16.74	15.15	13.85	12.97	12.55
代谢能(兆焦)	16.07	14.56	13.31	12.47	12.05
粗蛋白(%)	27.0	22	19	16	14.0
赖氨酸(%)	1.40	1.00	0.78	0.75	0.63
蛋氨酸+胱氨酸(%)	0.80	0.59	0.51	0.38	0.32
苏氨酸(%)	0.80	0.59	0.51	0.45	0.38
异亮氨酸(%)	0.90	0.67	0.55	0.41	0.34
钙(%)	1.00	0.83	0.64	0.60	0.50
磷(%)	0.80	0.63	0.54	0.50	0.40
食盐(%)	0.25	0.26	0.23	0.23	0.25
铁(毫克)	165	146	78	60	50
锌(毫克)	110	104	78	110	90
铜(毫克)	6.50	6.30	4.90	4.36	3.75
锰(毫克)	4.50	4.10	3.00	2.18	2.50
碘(毫克)	0.15	0.15	0.14	0.14	1.14
硒(毫克)	0.15	0.17	0.14	0.26	0.28
维生素A(国际单位)	2 400	2 300	1 700	1 250	1 250
维生素D(国际单位)	240	230	200	190	120
维生素E(国际单位)	12	11	11	10	10
维生素K(毫克)	2.20	2.20	2.20	2.00	2.00
维生素B_1(毫克)	1.50	1.30	1.10	1.00	1.00
维生素B_2(毫克)	3.30	3.10	2.90	2.50	2.10
烟酸(毫克)	24	23.0	18	13.0	9.0
泛酸(毫克)	15.00	13.40	10.80	10.00	10.00
生物素(毫克)	0.15	0.11	0.10	0.09	0.09
叶酸(毫克)	0.65	0.68	0.59	0.57	0.57
维生素B_{12}(微克)	24	23	15	10	10

表 12　后备母猪每头每日营养需要量

项目	体重(千克)		
	20～35	35～60	60～90
预期日增重(克)	400	480	500
采食风干料(千克)	1.26	1.80	2.39
消化能(兆焦)	15.82	22.21	29.00
代谢能(兆焦)	15.19	21.34	27.82
粗蛋白(克)	202	252	311
赖氨酸(克)	7.8	9.5	11.5
蛋氨酸+胱氨酸(克)	5.0	6.3	8.1
苏氨酸(克)	5.0	6.1	7.4
异亮氨酸(克)	5.7	6.8	8.1
钙(克)	7.6	10.8	14.3
磷(克)	6.3	9.0	12.0
食盐(克)	5.0	7.2	9.6
铁(毫克)	67	79	91
锌(毫克)	67	79	91
铜(毫克)	5.0	5.4	7.2
锰(毫克)	2.5	3.6	4.8
碘(毫克)	0.18	0.25	0.35
硒(毫克)	0.19	0.27	0.36
维生素 A(国际单位)	1 460	2 020	2 650
维生素 D(国际单位)	220	234	275
维生素 E(国际单位)	13	18	24
维生素 K(毫克)	2.5	3.6	4.8
维生素 B_1(毫克)	1.3	1.8	2.4
维生素 B_2(毫克)	2.9	3.6	4.5
烟酸(毫克)	15.1	18.0	21.5
泛酸(毫克)	13.0	18.0	24.0
生物素(毫克)	0.11	0.16	0.22
叶酸(毫克)	0.6	0.9	1.2
维生素 B_{12}(微克)	13	18	24

注:后备公猪应在此数值基础上增加 10%～20%。

表 13　后备母猪每千克饲粮中养分含量

项目	体重(千克)		
	20 ~ 35	35 ~ 60	60 ~ 90
消化能(兆焦)	12.55	12.34	12.13
代谢能(兆焦)	12.05	11.84	11.63
粗蛋白(%)	16	14.0	13.0
赖氨酸(%)	0.62	0.53	0.48
蛋氨酸 + 胱氨酸(%)	0.40	0.35	0.34
苏氨酸(%)	0.40	0.34	0.31
异亮氨酸(%)	0.45	0.38	0.34
钙(%)	0.6	0.6	0.06
磷(%)	0.5	0.5	0.5
食盐(%)	0.4	0.4	0.4
铁(毫克)	53	44	38
锌(毫克)	53	44	38
铜(毫克)	4	3	3
锰(毫克)	2	2	2
碘(毫克)	0.14	0.14	0.14
硒(毫克)	0.15	0.15	0.15
维生素 A(国际单位)	1 160	1 120	1 110
维生素 D(国际单位)	178	130	115
维生素 E(国际单位)	10	10	10
维生素 K(毫克)	2	2	2
维生素 B_1(毫克)	1.0	1.0	2.0
维生素 B_2(毫克)	2.3	2.0	1.9
烟酸(毫克)	12	10	9
泛酸(毫克)	10	10	10
生物素(毫克)	0.09	0.09	0.09
叶酸(毫克)	0.5	0.5	0.5
维生素 B_{12}(微克)	10.0	10.0	10.0

表 14 妊娠母猪每头每日营养需要量

项目	体重(千克)					
	妊娠前期			妊娠后期		
	90～120	120～150	150 以上	90～120	120～150	150 以上
采食风干料(千克)	1.70	1.90	2.00	2.20	2.40	2.50
消化能(兆焦)	19.92	22.26	23.43	25.77	28.12	29.29
代谢能(兆焦)	19.12	21.38	22.51	24.73	26.99	28.12
粗蛋白(克)	187	209	220	264	288	300
赖氨酸(克)	6.00	6.70	7.00	7.90	8.60	9.00
蛋氨酸+胱氨酸(克)	3.20	3.60	3.80	4.20	4.60	4.70
苏氨酸(克)	4.80	5.3	5.60	6.20	6.70	7.00
异亮氨酸(克)	5.30	5.9	6.20	6.80	7.40	7.80
钙(克)	10.4	11.6	12.2	13.4	14.6	15.3
磷(克)	8.3	9.3	9.8	10.8	11.8	12.3
食盐(克)	5.4	6.1	6.4	7.0	8.0	8.0
铁(毫克)	111	124	130	143	156	163
锌(毫克)	71	80	84	92	101	105
铜(毫克)	7	8	8	9	10	10
锰(毫克)	14	15	16	18	19	20
碘(毫克)	0.19	0.21	0.22	0.24	0.26	0.28
硒(毫克)	0.22	0.25	0.26	0.29	0.31	0.33
维生素 A(国际单位)	5 440	6 100	6 400	7 260	7 920	8 250
维生素 D(国际单位)	270	300	320	350	380	400
维生素 E(国际单位)	14	15	16	18	19	20
维生素 K(毫克)	2.9	3.2	3.4	3.7	4.1	4.3
维生素 B_1(毫克)	1.4	1.5	1.6	1.8	2.0	2.4
维生素 B_2(毫克)	4.3	4.8	5.0	5.5	6.0	6.3
烟酸(毫克)	14	15	16	18	19	20
泛酸(毫克)	16.5	18.4	19.4	21.6	23.5	24.5
生物素(毫克)	0.14	0.15	0.16	0.18	0.20	0.22
叶酸(毫克)	0.85	0.95	1.00	1.10	1.20	1.30
维生素 B_{12}(微克)	20	23	24	29	31	33

表 15　妊娠母猪每千克饲粮中养分含量

项目	体重(千克)		项目	体重(千克)	
	90～150(前期)	90～150(后期)		90～150(前期)	90～150(后期)
消化能(兆焦)	11.72	11.72	锰(毫克)	8	8
代谢能(兆焦)	11.25	11.25	碘(毫克)	0.11	0.11
粗纤维(%)	10.0	9.0	硒(毫克)	0.13	0.13
粗蛋白(%)	11.0	12.0	维生素 A(国际单位)	3 200	3 300
赖氨酸(%)	0.35	0.36	维生素 D(国际单位)	160	160
蛋氨酸+胱氨酸(%)	0.19	0.19	维生素 E(国际单位)	8	8
苏氨酸(%)	0.28	0.28	维生素 K(毫克)	1.7	1.7
异亮氨酸(%)	0.31	0.31	维生素 B_1(毫克)	0.8	0.8
钙(%)	0.61	0.61	维生素 B_2(毫克)	2.5	2.5
磷(%)	0.49	0.49	烟酸(毫克)	8.0	8.0
食盐(%)	0.32	0.32	泛酸(毫克)	9.7	9.8
铁(毫克)	65	65	生物素(毫克)	0.08	0.08
锌(毫克)	42	42	叶酸(毫克)	0.56	0.50
铜(毫克)	4	4	维生素 B_{12}(微克)	12.0	13.0

表 16　哺乳母猪每头每日营养需要量

项目	体重(千克)			
	120～150	150～180	180 以上	每增减一头仔猪(±)
采食风干料(千克)	5.00	5.20	5.20	
消化能(兆焦)	60.67	63.10	64.31	4.489
代谢能(兆焦)	58.58	60.67	61.92	4.318
粗蛋白(克)	700	728	742	48
赖氨酸(克)	25	26	27	
蛋氨酸+胱氨酸(克)	15.5	16.1	16.4	
苏氨酸(克)	18.5	19.2	19.6	

续表

项目	体重(千克)			
	120～150	150～180	180 以上	每增减一头仔猪(±)
异亮氨酸(克)	16.5	17.2	17.5	
钙(克)	32.0	33.3	33.9	3.0
磷(克)	23.0	23.9	24.4	2.0
食盐(克)	22.0	22.9	23.3	2.0
铁(毫克)	350	364	371	
锌(毫克)	220	229	233	
铜(毫克)	22	23	23	
锰(毫克)	40	42	42	
碘(毫克)	0.60	0.62	0.64	
硒(毫克)	0.45	0.47	0.48	
维生素 A(国际单位)	8 500	8 840	9 000	
维生素 D(国际单位)	860	900	920	
维生素 E(国际单位)	40	42	42	
维生素 K(毫克)	8.5	8.8	9.0	
维生素 B_1(毫克)	4.5	4.7	4.8	
维生素 B_2(毫克)	13.5	13.5	13.8	
烟酸(毫克)	45.0	47.0	48.0	
泛酸(毫克)	60.0	62.0	64	
生物素(毫克)	0.45	0.47	0.48	
叶酸(毫克)	2.5	2.6	2.70	
维生素 B_{12}(微克)	65	68	69	

注:以上均以 10 头仔猪作为计算基数。

表 17　哺乳母猪每千克饲粮养分含量

项目	体重(千克)	项目	体重(千克)
	120～180		120～180
消化能(兆焦)	12.13	锰(毫克)	8
代谢能(兆焦)	11.72	碘(毫克)	0.12
粗纤维(%)	8.0	硒(毫克)	0.09
粗蛋白(%)	14.0	维生素 A(国际单位)	1 700
赖氨酸(%)	0.50	维生素 D(国际单位)	180
蛋氨酸+胱氨酸(%)	0.31	维生素 E(国际单位)	8
苏氨酸(%)	0.37	维生素 K(毫克)	1.7
异亮氨酸(%)	0.33	维生素 B_1(毫克)	0.9
钙(%)	0.64	维生素 B_2(毫克)	2.6
磷(%)	0.46	烟酸(毫克)	9.0
食盐(%)	0.44	泛酸(毫克)	12
铁(毫克)	70	生物素(毫克)	0.09
锌(毫克)	44	叶酸(毫克)	0.50
铜(毫克)	4.4	维生素 B_{12}(微克)	13.0

表 18　种公猪每头每日营养需要量

项目	体重(千克)		项目	体重(千克)	
	90～150	150 以上		90～150	150 以上
采食风干料(千克)	1.90	2.3	锰(毫克)	17	21
消化能(兆焦)	23.85	28.87	碘(毫克)	0.23	0.28
代谢能(兆焦)	22.90	27.70	硒(毫克)	0.25	0.30
粗蛋白(克)	228	276	维生素 A(国际单位)	6 700	8 100
赖氨酸(克)	7.2	8.7	维生素 D(国际单位)	340	400
蛋氨酸+胱氨酸(克)	3.8	4.6	维生素 E(国际单位)	17.0	21.0
苏氨酸(克)	5.7	6.9	维生素 K(毫克)	3.4	4.1
异亮氨酸(克)	6.3	7.6	维生素 B_1(毫克)	1.7	2.1
钙(克)	12.5	15.2	维生素 B_2(毫克)	4.9	6.0
磷(克)	10.1	12.2	烟酸(毫克)	16.9	20.5
食盐(克)	6.7	8.1	泛酸(毫克)	20.1	24.4
铁(毫克)	135	163	生物素(毫克)	0.17	0.21
锌(毫克)	84	101	叶酸(毫克)	1.00	1.20
铜(毫克)	10	12	维生素 B_{12}(微克)	25.5	30.5

注:①配种前一个月,在“标准”基础上增加 20%～25%。
②冬季严寒期在“标准”基础上增加 10%～20%。

表 19　种公猪每千克饲粮养分含量

项目	体重(千克)	项目	体重(千克)
	90～150		90～150
饲粮(千克)	1.00	锰(毫克)	9
消化能(兆焦)	12.55	碘(毫克)	0.12
代谢能(兆焦)	12.05	硒(毫克)	0.13
粗蛋白(%)	12.0	维生素 A(国际单位)	3 500
赖氨酸(%)	0.38	维生素 D(国际单位)	180
蛋氨酸+胱氨酸(%)	0.20	维生素 E(国际单位)	9
苏氨酸(%)	0.30	维生素 K(毫克)	1.8
异亮氨酸(%)	0.33	维生素 B_1(毫克)	0.9
钙(%)	0.66	维生素 B_2(毫克)	2.6
磷(%)	0.53	烟酸(毫克)	9.0
食盐(%)	0.35	泛酸(毫克)	12
铁(毫克)	71	生物素(毫克)	0.09
锌(毫克)	44	叶酸(毫克)	0.50
铜(毫克)	5	维生素 B_{12}(微克)	13.0

五、猪日粮的配合原则

制定饲养标准的目的，是对猪实行标准化饲养，即用于饲喂的饲粮应符合具体猪群的营养需要。通过饲粮配方，可以为猪提供营养完善的全价日粮，充分发挥猪的生产潜能，并提高饲料利用率。配合猪日粮要遵循以下几项基本原则：

1. 饲粮营养浓度特别是能量浓度(每千克含消化能千焦或兆焦)和能量蛋白比(日粮中消化能与粗蛋白的比率)应符合猪的营养需要。使饲粮全面满足猪对矿物质、维生素、氨基酸和微量元素的需要。

2. 配合日粮应符合猪的生理特性。猪是杂食运动，对粗纤维的利用能力差，所以不应含大量纤维饲料。

3. 饲料容积和干物质含量应符合猪消化道的容量。猪对饲粮风干物质采食量(占体重百分比)大致如下:妊娠母猪2.0~2.5,哺乳母猪3.2~4.0,种公猪1.5~2.0;生长肥育猪体重50千克以下者4.4~6.5,50千克以上者3.8~4.4。

4. 饲粮应尽可能由多种饲料组成,以便使饲粮中各种饲料在营养上互相补充,从而提高饲料的全价性和利用率。

5. 饲粮组合要适当,即所确定的各种饲料的给量,应不至于对猪的健康、生产性能和肉质生产不良影响,同时还要注意提高饲粮的适口性。要保证饲料质地新鲜和品质良好,减少杂质,饲料中杜绝有毒有害物质。保证猪只安全。

6. 饲粮应实行成本核算,尽可能选用营养价值较高而价格又低廉的饲料组成饲粮,以降低饲养成本,提高生产效益和经济效益。

六、经典饲粮配方

猪饲料配方要灵活,要根据当地情况,猪只的自身差异,因地制宜的制定配方(表20~表22)。

表20　生长肥育猪各阶段饲料配方

体重 饲料(%)	1~5千克	5~10千克	10~28千克	28~60千克	60~90千克
玉米	40	49	55	58	60
鱼粉	12	11	5	4	4
豆饼	20	18	16	15	15
麸皮			5	10	17
棉子饼			4	5	6
菜子饼			3	4	4
奶粉	20	10			
骨粉	1.5	1.5	0.7	0.7	0.7

续表

饲料(%) \ 体重	1～5 千克	5～10 千克	10～28 千克	28～60 千克	60～90 千克
食盐	0.5	0.5	0.5	0.3	0.3
消化能(MJ/kg)	15	15	13	10	10
粗蛋白	24	22	20	28	28
钙	1.5	1.5	1.0	0.7	0.7
磷	0.5	0.5	0.6	0.6	0.6
氨基酸	1.5	1.4	1.2	1.2	1.1
添加剂	另加	另加	4	4	4

表 21　妊娠母猪饲料配方

饲料(%) \ 配方号	妊娠前期		妊娠后期		哺乳期
	1	2	1	2	
玉米	50	49	55	58	60
鱼粉	2	11	5	4	4
豆饼	10	18	16	15	15
麸皮			5	10	17
棉子饼			4	5	6
菜子饼			3	4	4
骨粉		0.5		0.5	0.5
食盐	0.4	0.5	0.5	0.5	0.5
消化能(MJ/kg)	12	13	12	14	12
粗蛋白	13	14	16	14	17
钙	0.7	0.3	0.7	0.3	0.7
磷	0.5	0.4	0.4	0.4	0.4
氨基酸	0.9	0.8	1.2	0.7	1.1
添加剂	另加	另加	另加	另加	另加

表 22　种公猪饲料配方

配方号 饲料(%)	非配种期		配种期		3
	1	2	1	2	
玉米	60	55	55	55	56
鱼粉	1.0	1.1	1.1	1.2	1.1
豆饼	15	18	26	25	25
麸皮			5	8	7
棉子饼					
菜子饼					
骨粉		0.5		0.5	0.5
食盐	0.4	0.5	0.5	0.5	0.5
消化能(MJ/kg)	12	13	15	14	14
粗蛋白	13	14	19	18	18
钙	0.7	0.3	0.6	0.7	0.7
磷	0.5	0.4	0.4	0.5	0.6
氨基酸	0.9	0.8	1.2	1.3	1.0
添加剂	另加	另加	另加	另加	另加

第五节　猪的饲料加工与贮藏

采用适当方法对饲料进行加工调制,可以提高猪对饲料的采食量,并增加营养物质的消化和吸收。

一、饲料原料选择

不是有完整的饲料配方就能配成营养全面的好饲料,配方中营养再平衡,如果原料、贮藏出了问题,还是前功尽弃。养殖户配制日粮在考虑原料时往往只注意价格低廉、容易到手的原料,而忽视其他不良因素。在使用原料上要注意以下问题:

(一)注意原料质量　日粮配方的养分再平衡若使用掺假饲

料，就使配方失去它原来的价值，饲料在体内的转化率必然下降。目前可能掺假的原料有：鱼粉中掺水解羽毛粉和皮革粉、尿素、臭鱼、棉子粉等，使蛋白质品质下降或残留重金属和毒素；脱脂米糠中掺稻糠、锯末、尿素等使其适口性变差、饲料品质降低；酵母粉中掺黄豆粉，或在豆饼中掺豆皮、黄玉米粉或黄豆粉掺石粉和玉米粉等，降低蛋白质含量；在玉米粉中掺玉米芯、在杂谷粉中掺黏土粉或石粉，在矿物质添加剂中掺黏土粉，在肉骨粉中掺羽毛粉或尿素等，都使其成分含量不足或不符合规格。因此在选购原料时，一定要注意鉴别原料真伪；不符合要求的原料，即使价格便宜也不能使用。

（二）品质不稳定原料　有些原料并非掺假使品质下降，而是因加工方法不当使其含杂量加大，营养成分不稳定；或因品种和产地不同而成分含量波动大等。例如：鱼粉因鱼种和含磷、内脏、鱼骨、盐分及水分以及是否脱脂等不同，则蛋白质含量和营养价值的高低就大不相同；油饼类要由榨油方式、残留油及水分含量、含杂物多少来决定其价值；糠麸类常由于加工技术高低使其含壳量大，清糠含脂的变质程度、麸皮含面粉量多少等，品质会相差很大；肉骨粉因含内脏、骨、毛、血等下脚料多少、腐败程度、加工技术等而质量不同；各类添加剂更由于载体不同、原料品质而有差异。这些必然会造成营养素的不平衡，有些营养会超过需要而浪费，有些养分则因不足而影响动物发育，有害物质还会影响禽体健康和产品质量。所以，不能用品质不稳定的原料配制日粮，否则会造成饲养效果差、转化率低、成本高。有条件的应尽量确定其养分含量和品质后使用。

二、饲料的贮存方法

饲料原料或配制成的饲料，必须放置在干燥、通风处，防止霉变。在夏秋季梅雨季节，必须进行翻晒、倒包。在加工时，先购进的料要先加工，后购进的料后加工，旧料底子一定要清理干净。

三、饲料加工工艺

对于能量和蛋白质饲料，可以采用以下几种方法进行加工。

（一）磨碎与压扁　一般子实饲料的质地较坚硬，或带有外壳，除玉米、高粱等少数子实在自由采食时可整粒饲喂外，通常都要磨碎或压扁后再喂，颗粒直径以0.2～1.0毫米为宜。

（二）制成颗粒　将各种饲料混合后送入颗粒机中制成柱状或圆球状，用以喂仔猪。

（三）蒸煮　豆科子实如豌豆、蚕豆、大豆等煮熟后，可以提高蛋白质的营养价值。

（四）炒焙　玉米、大豆在高温（130～150℃）下炒熟、烘干，适用于仔猪开食料的调制。

（五）脱毒　棉子（仁）饼、菜子饼也可以经过脱毒处理，再喂种公猪、母猪；未经脱毒的可以喂肥育猪。

四、加工设备

饲料加工的设备成套的有如下几种：混合机设备；环模式颗粒压制机；粉碎设备；膨化、干燥、冷却设备；破碎、分级、除尘设备；输送、清理、除杂设备。

第三章　猪的饲养管理

第一节　种公猪的饲养管理

一、种公猪的饲养管理要点

(一)种公猪的营养及合理饲喂　种公猪的日粮要注意良好的适口性,体积不宜过大,以免造成大肚。每千克日粮含消化能12.9兆焦,蛋白质17%,赖氨酸7.9克,蛋氨酸2.6克,钙磷比例适中,钙15克,磷10克,食盐10克。维生素A 4 100国际单位,维生素D 230国际单位,维生素E 11毫克。

后备公猪日喂量2.0~2.5千克,成年公猪2.5~3.0千克。冬季和配种季节增加15%~20%,可以适量加喂青绿多汁饲料,每天0.5~1.0千克。公猪每天饲喂2次,干料或湿料都可以。

(二)种公猪的管理

1. 群饲与单饲:种公猪开始可采用小群饲养,成年后采用单圈饲养,防止打架。

2. 适当运动:适当运动可以促进食欲,帮助消化,增强体质。公猪每天运动不少于1小时,大约1 000米,可在早晚进行。

3. 保持猪体卫生:每天刷拭猪体1~2次,经常修饰猪蹄子,减少蹄患发生。夏天公猪可以经常冲洗,减少皮肤病发生。

4. 定期检查精液品质:公猪精液活力大于0.7,畸形不超过

18%，密度7～8级。配种季节每周检查一次，对不合格精液及时调整营养、配种次数，环境条件，有的公猪及时淘汰。

5. 后备公猪调教：后备公猪7～8月龄开始调教，选择发情明显和体型小经产母猪进行配种，调教时一定耐心，不能殴打公猪，每次调教时间20～30分钟，每天一次。

人工授精公猪调教重点：调教前饲养员要熟悉公猪，与猪只规律性接触，采精时让公猪熟悉台畜和采精栏，在公猪爬跨台畜后开始抽动时，饲养员及时挤出包皮中积尿，并用卫生纸擦净包皮。如果公猪爬下，应鼓励其再次进行，应轻轻摩擦猪只包皮直至再次爬跨，在紧紧抓住阴茎前，应让其在手中伸缩几次。当包皮积尿排空后，应及时去掉外层手套，用手抓住阴茎采精。采精后，第二天重复进行，隔3～5天第三次采精，在调教一月内，每周一次，然后进入正常采精阶段。

特别提示

需要注意的问题是，大多数公猪并非遗传、疾病、性欲方面问题，而由于公猪缺乏经验，调教人员粗鲁，造成公猪害怕，对配种失去信心。所以应该让公猪在放松条件下，经过多次学习，建立配种信心，积累经验。

6. 保温和降温：冬季气温低，降低猪只抵抗力，影响配种效果，可以适当增加采饲量，提高舍内温度。对猪只影响最大的是夏季高温应激。当温度超过33℃时，会严重降低精液活力，增加死亡精子数，明显降低配种受胎率。所以可以用湿帘、风机、喷雾、遮阴、冲水等方式降温，饲料中可以添加维生素C、维生素E、小苏打、生石膏等缓冲热应激，提高配种能力。

二、种公猪饲养常见问题及解决措施

（一）种公猪无性欲或性欲低下

1. 原因：种公猪无性欲或性欲低下的原因主要有营养、饲养管理、环境、疫病等方面。

(1)营养问题:饲料中能量、蛋白质比例不合理或含量不能满足公猪生长、配种要求,使公猪精神委靡不振,精子质量下降,公猪性欲低下;如饲料中维生素 E 或维生素 A 缺乏时,公猪性欲下降,睾丸变性萎缩,影响精子质量和公猪性欲;饲料中微量元素锌缺乏可以导致公猪睾丸发育受阻,精子形成障碍,性欲低下;饲料缺锰公猪精子生成受损,性欲下降;缺硒导致公猪贫血,精子生成受阻,睾丸机能退化;缺碘导致甲状腺机能降低,公猪无性欲。此外饲料霉玉米含量超标,也可以导致公猪性欲下降或失去种用价值。

(2)饲养和管理问题:公猪饲养过肥或过瘦,对发情母猪反应迟钝,厌配或拒配;当公猪缺乏运动时,同样性欲不旺,不愿配种;有时公猪配种使用过度,特别是后备公猪刚开始配种,每周配种次数超过 2 ~3 次,使用过度,都会导致性欲低下,配种效果差,严重时失去种用价值。

(3)环境因素:包括天气过热或过冷,通风不良,各种应激等。如夏季气温高时,公猪降温措施不当,导致睾丸受热,精子品质下降,公猪性欲下降,严重时中暑死亡。

(4)病症因素:睾丸炎、阴囊炎、乙型脑炎、伪狂犬病、蓝耳病等均能导致公猪性欲下降,失去配种能力。

2. 防治措施:种公猪性欲低下的防治措施如下。

(1)饲喂全价饲料:根据种公猪不同时期的饲养标准,配制相应的饲料。每天提供 360 克蛋白质和 18.1 克总氨基酸的日粮,可维持种公猪良好的性欲和精液品质。在日粮中添加维生素 A、维生素 E 及微量元素锌、碘、硒、锰对精液品质和性欲有明显的提高作用。每天饲喂生鸡蛋 2 枚,也可明显提高精液的品质。发生性欲低下时,在种公猪的日粮中若含有酒糟,应立即停喂酒糟。

(2)增加运动:每天坚持驱赶种公猪到圈舍外运动 1 ~2 小时,以促进食欲,帮助消化,增强体质,避免肥胖,增强性欲和提高精液品质。

(3)防暑降温:在高温季节,除采取防暑降温措施外,还可用浸透凉水的毛巾冷敷睾丸,每天2次,每次10~15分钟,可收到很好的防暑降温效果。

(4)建立科学的配种制度:2岁内的种公猪每天配种不超过1次,若连续配种2~3天,应停配1天,2岁以上的成年种公猪,每天配种不应超过2次,而且2次之间至少要间隔4~6小时。

(5)药物治疗:①皮下或肌内注射甲基睾丸酮30~50毫克/天,隔天1次,连续3~5次。②中药治疗:种公猪过于肥胖者,宜减喂精料,加强运动,每日用淫羊藿50克、阳起石(煅)20克,研成末分2次混食内服,连服7~10天即可增强性欲。种公猪体瘦肾虚者,应以补肾健脾为主,选用党参、牡蛎、白术。苁蓉、淫羊藿各12克,黄芪、云苓、远志、杜仲、枸杞、菟丝子、肉桂各9克,煎汁,分2次内服。③若种公猪发生阴囊炎及睾丸炎,首先对阴囊病变部位进行冷敷或涂擦鱼石脂软膏,再注射抗生素。若发生其他繁殖疾病者应对症及早治疗。

(6)选用猪胎盘加水煮熟,分次喂给公猪对提高性欲有较好效果。

(二)公猪自淫 公猪体重达85千克以上时,性欲开始旺盛,表现烦躁不安,爬跨其他猪和墙壁,造成自淫,损伤阴茎,失去种用价值。解决办法是当公猪体重达85千克以上时,与母猪隔开,处在母猪上风向,并且单圈饲养,加大运动量,使其保持安静。

(三)种公猪裂蹄的治疗 种猪裂蹄的产生原因主要是缺锌引起,正常日粮含锌100~200毫克,如果低于70毫克,则易发本病。种猪需要加喂锌元素来生产精液,缺锌时经常出现蹄部裂、出血、皮肤粗糙,精液质量下降,精液量减少等现象。预防治疗本病时,每千克饲料中添加100~200毫克硫酸锌,并用10%硫酸锌凡士林涂抹蹄部,给猪喂给含锌饲料如蒲公英和苦荬菜,提高治疗效果。

(四)种公猪死精症的治疗 在较长时间内,公猪出现精液活力低于0.5、精子断尾、顶体破裂等即可认为患有种猪死精症。种猪死精症发生原因很多,一般为病原、饲料营养不足、高温应激等。常见治疗措施:在炎症情况下,消除炎症,增加抵抗力,如注射青霉素80万国际单位6支,链霉素100万国际单位3支,每天一次,连用5天。如果是营养不足,在保证蛋白质满足情况下,主要添加微量元素硒和维生素E,常拌料饲喂。每个疗程5天,每天一次。

特别提示 亚硒酸钠易造成大剂量中毒和蓄积中毒,所以使用时要小剂量短期饲喂,疗程间隔要长。同时注意公猪反应。

第二节 母猪的饲养与管理

一、后备母猪的饲养与管理

(一)后备母猪的饲养

1.后备母猪的特点是生长发育快,而且主要是长骨骼和肌肉,对蛋白质、矿物质和维生素需要的多。因此,养后备母猪一定要与成年猪和肥育猪有所不同。5月龄以前,精料多些,粗料相对要少些,饲料配比要多样化,采用自由采饲方式。5月龄后,限量饲喂,因喂高能量的饲料常会造成早期过肥,影响终身繁殖能力,严重时失去种用价值。在日粮中加入的矿物质、维生素与成年母猪相同。配种前10~14天进行催情补饲以提高排卵数,配种后早期将营养水平降低到催情补饲以前水平,以降低胚胎死亡率。对于大群母猪,并不是所有母猪都是同一天发情配种,确定配种后限饲开始时间比较困难。实际生产中当10%~20%母猪配种后就对群饲母猪限饲,这样既对多数母猪进行了有效的催情补饲,又使胚胎死亡率降到最低。

2. 后备母猪发育有阶段性，如果前期发育受阻，后期发育就会受到严重影响。因此，断奶后前两个月是养好后备母猪的关键。本地猪4月龄能达35千克，培育品种能达到50～60千克，在这一段时间里如果养不好，以后很难饲养成功。所以4月龄以前一定要精心喂养，以后再逐渐增加些粗饲料喂量，锻炼它的消化器官，使它耐粗饲料，并防止过肥。

3. 后备母猪日粮中维生素E：含量11国际单位/毫克，叶酸5毫克/千克，生物素0.05毫克/千克，这些维生素对提高产仔数，减少死胎，增加母猪蹄部结实度具有重要作用。另外亮氨酸、异亮氨酸、缬氨酸足量添加可以提高母乳产量，增加乳脂含量，提高断奶窝重。

（二）后备母猪的管理

1. 引种要建立隔离检疫制度：从场外引进后备种猪，为防止引种不慎而引入病原，对后备猪引种要隔离饲养8～10周，并在这个时间内完成免疫接种、加药净化、猪群同化，最后检疫无病才能进入后备猪群。

2. 免疫接种：后备猪在配种前1～2月接种2次伪狂犬病、日本乙型脑炎、细小病毒等疫苗，2次间隔时间为20天，并加强接种猪瘟苗、口蹄疫苗，根据各场具体情况加强接种猪肺疫、猪繁殖与呼吸综合征、支原体、传染性胸膜肺炎等疫苗。

3. 净化体内细菌性病原：目前猪场的病原比较复杂，尤其是从外场引种的后备猪，难免会携带一些隐性的病原。使用抗生素对细菌性病原进行净化很有必要，但选用抗生素时要慎重，作为预防性药物要遵循高效、广谱、安全、不易产生耐药性为原则，可在每吨饲料中添加80%支原净125克、15%金霉素2 000克。从外场引进的种猪，引种回来后第一天开始加药净化；本场选留的后备母猪，在配种前二个月开始加药净化，每月连续用药一周，直至配种。

4. 净化体内寄生虫：对从外场引进的种猪，在配种前一个月驱虫一次，可在饲料中添加高效广谱驱虫药。

5. 猪群同化：疫苗接种完成后2周，将本场淘汰的健康老母猪与后备猪混群饲养1周，使后备猪尽早接触本场微生物而获得抵抗力。

6. 检疫：经以上程序净化处理后2周，采血送检，根据血清学检查或病原学检查结果，结合猪群表现鉴定无病者可转入本场生产群。从引种至检疫鉴定需要8～10周的时间。

7. 禁止饲喂发霉变质的饲料：霉菌毒素，尤其是赤霉烯酮会引起后备母猪出现假发情、外阴水肿、卵巢萎缩，引起空怀母猪不孕、发情异常，引起怀孕母猪出现胚胎死亡及流产，引起哺乳母猪泌乳不足，同时会造成免疫力降低，饲料报酬降低，所以任何时候都不应饲喂发霉变质的饲料，对被霉菌轻微污染的饲料需在饲料中加入防霉剂。

8. 加强后备母猪的运动：既可防止肢蹄疾病又可促进发情，降低后备母猪的淘汰率。

9. 适时配种：后备母猪最少达210日龄、体重120～130千克、背部2点背膘厚为16～18毫米，第二次或第三次发情时配种。但要注意的是防止早配，若对不足190天、体重不足110千克的后备母猪早配，会降低母猪的使用年限，出现第一胎产仔少、奶水不足、肢蹄软弱和断奶后不发情率增加，而导致淘汰率增加。

特别提示　目前瘦肉猪由于过分强调瘦肉率，配种前背膘厚度达不到18毫米，严重影响群体母猪繁殖性能，增加母猪淘汰率。

10. 精心管理，促进发情：达100千克的小母猪就应开始诱导初情期，但对达9月龄以上仍不出现初情的后备猪要进行催情，除加强饲养管理、增加运动及公猪诱情外可采用药物催情：①注射维生素A、维生素D、维生素E合剂；②注射PG600；③饲喂中药催情剂。经以上处理，达10月龄以上仍不发情的后备猪应及时淘汰。

特别提示 不要轻易使用激素催情,激素使用不当易引起卵巢囊肿。值得重视的是:母猪催情最好的“药物”是公猪诱情。

11. 后备母猪培育:要按体重的大小分群饲养,体重差异最好不超过2.5~4千克。刚转入后备母猪群时,按圈的大小,每圈可喂4~6头,随着年龄和体重的增加,逐渐分圈减少每圈的头数,合群运动。断奶后的种用小母猪日喂5~6次,以后逐渐过渡到日喂3~4次。圈舍经常保持清洁、干燥、温暖,不能潮湿拥挤,饮水要清洁。

12. 后备母猪调教:后备母猪一定要做好调教工作,使它从小就养成在指定地点吃食、睡觉和排泄粪尿的习惯,即三点定位。训练它性情温顺,为以后的繁殖、哺乳仔猪等饲养管理工作带来方便,提高工作效率与安全等。

二、空怀母猪的饲养与管理

饲养空怀母猪的目的在于保持母猪有良好的体况,达到繁殖力高、利用率高,获得数量多、体重较大的仔猪。母猪繁殖力的高低受排出卵子、受精卵子及受精卵能发育成仔猪的数量等几方面因素影响。一方面是品种的优质与否,另一方面也取决于饲养管理的好坏。因此,应根据空怀母猪特点进行合理的饲养管理。

(一)母猪的繁殖潜力 一般情况下,成年母猪在一个发情期内排卵20个左右(称潜在繁殖力),但实际产仔10头左右,高产母猪可达12~15头(实际繁殖力),有30%~40%的卵子中途死亡。可见实际繁殖力和潜在繁殖力相差很大。加强母猪配种准备期的饲养管理,提供数量多、质量好的卵子,为多胎高产奠定可靠的物质基础。

(二)配种准备期的饲养管理

1.采用短期优饲,尽快恢复断奶母猪的体况。对在离乳前3天开始减料的母猪,离乳当天不喂料,离乳后第二天至配种增加饲喂量尽快恢复母猪的体况,日喂量加至2.5~3千克,当配种后,立即降至1.8~2千克,按膘情喂料。离乳时过度消瘦的母猪,离乳前可不减料,离乳后及时优饲增加喂料量,使其尽快恢复体况,及时发情配种。离乳前体况相当好甚至过肥母猪,离乳前后都要少喂料,离乳后不宜采用短期优饲方法,并要加强运动。

2.经产母猪断奶后2~5天、初产母猪断奶后3~7天,开始发情并可配种。流产母猪第一次发情不配种,生殖道有炎症的母猪治愈后才配种,每个情期配种2~3次,断奶后7天内应有90%以上母猪发情配种认为正常。

3.加强管理,促进发情:断奶时过度消瘦的母猪或发生繁殖障碍后的母猪常出现断奶后不发情的现象,在采用疫苗接种、抗生素防治的同时,可采取有效的措施促进发情配种。可采用补料催情、母猪合群运动和公猪诱情等方法。当以上方法无效时可采用激素催情,可先注射前列腺素,经3~5日待母猪阴部呈现肿胀,再用孕马血清1 000国际单位肌内注射,母猪一般可在注射后3~5天出现发情,也可应用中药催情或向子宫内注入清宫促孕宝催情。

4.淘汰不合格的母猪,保持母猪群合理的结构。种猪的年淘汰更新率在1/3左右。合理的母猪产次结构应为:0~2产次占35%~45%,3~6产次占45%~55%,7产次以上占10%以下。对离乳后经催情处理后不发情、连续三个情期配种未孕、患子宫炎经药物处理二个情期不愈、连续多胎产仔数在6头以下、哺乳性能差及有肢蹄疾病行走困难的母猪应及早淘汰。

三、妊娠母猪的饲养与管理

母猪妊娠前期增重快于后期,占全期增重的大部分,其中脂肪的沉积绝大部分在此期。这说明母猪妊娠前期主要是“复膘”，此期的胎儿发育缓慢，因此应采用适宜的低饲养标准。但此时正是胎儿组织器官形成时期，因而饲料蛋白质的品质和维生素对胎儿发育的重要作用不容忽视。虽然整体来说前期胎儿长得慢，但胎儿组织器官形成的好坏是后期胎儿发育快的基础。

妊娠后期（即妊娠最后一个月），胎儿发育速度明显加快，所需营养增加，母猪采食量受到腹腔容积的限制而减少，容易造成营养供给不足，特别是体脂肪减少甚至亏缺。但在正常饲养条件下，还是以前期所吸收的营养占优势。由此可见后期必须缩小饲料体积，提高混合精料质量，以促进胎儿发育，减少体脂肪过多消耗，为产后恢复体力和初期泌乳蓄积营养。同时妊娠后期胎儿骨骼发育加速，必须满足矿物质的需要。

初产母猪因自身仍处于生长发育期，因此全期都应按较好的营养水平饲养。

（一）饲养方式的阶段 按照各种妊娠母猪的特点，分为妊娠前期、妊娠中期、妊娠后期三个阶段。

1. 妊娠前期饲养管理（配种～妊娠30天）：

（1）妊娠前期饲养管理目标：①保护受精卵着床。②最大限度地提高胚胎成活率，获得高产仔数。

（2）妊娠前期饲养管理要点：①配种后立即采用限饲喂法，降低母猪料中能量水平，提高胚胎成活率，建议每天每头母猪饲喂1.8～2.0千克。②减少应激反应。配种母猪环境要安静，温度适中，最好单栏喂养，利于胚胎成活和着床。③配种后注意有无发情表现，配种后30～40天如有返情应重配。

2. 妊娠中期饲养管理（31～85天）：

（1）妊娠中期饲养管理目标：①根据母猪体况，调节母猪膘情，确保母猪膘情适度。②采用较好饲料，促进乳腺发育，为母猪产后高乳量打下基础。

(2)妊娠中期饲养管理要点:①初产及经产母猪日喂量2.0~2.5千克。②限量饲喂。

根据体况调整喂量。理想体型是母猪背膘厚度18毫米,尾根能够触摸到尾骨,圆筒形,评分3分。

3. 妊娠后期饲养管理(86~109天):

(1)妊娠后期饲养管理目标:①获得个体大、健壮、均匀初生仔猪。②提高初生仔猪体内营养积蓄。③促进母猪泌乳器官发育。

(2)妊娠后期饲养管理要点:母猪在产前适当提高日粮能量水平,一般母猪分娩前4周开始增量饲喂,初产母猪分娩前3周增量,饲量为2.5~3.0千克/天。妊娠后期母猪尽量单栏喂养,确保胎儿正常发育。

(二)妊娠母猪的化胎、死胎、流产原因分析

1. 造成化胎、死胎和流产的原因:

(1)由于卵子质量不好或未掌握适时配种,卵子过早衰老,虽可免强受精,但胚胎不能正常发育,终致死亡而被母猪吸收。

(2)怀孕母猪饲料营养不全面,缺乏必要的蛋白质、矿物质和维生素,特别是钙和磷,以及维生素A和维生素D,以致引起胚胎死亡。

(3)怀孕母猪过肥或长期便秘,影响胎儿正常发育,以致引起化胎、死胎或流产。

(4)若喂发霉变质、带有毒性和强烈刺激性的饲料,以致引起饲料中毒而发生流产。

(5)机械性刺激,如运动场不平、结冰、驱赶过急,致使母猪滑倒。圈门狭小、出入拥挤、惊吓等都会造成母猪流产。

(6)高度近亲繁殖,常导致死胎数增加,有时还会产畸形、怪胎等。

(7)母猪分泌激素紊乱、生病发高烧以及患乙型脑炎、流行性感冒、布氏杆菌病等都能引起死胎和流产。

2. 防止化胎、死胎和流产的方法:

(1)合理饲养怀孕母猪,维持种用膘情,保证胎儿能获得生长发育所必需的一切营养。特别要注意蛋白质、矿物质和维生素的充分供应,并保证蛋白质的质量。

(2)防止饲料中毒:发霉的谷类,未脱毒的棉子饼、菜子饼、马铃薯茎叶、蓖麻叶和含有农药残毒的饲料,酸性过大的青贮、粉浆和粉渣,含酒精较多的酒糟等都应尽量避免用来喂怀孕母猪。饲料场的料精或混合料发霉变质也不能喂。

(3)注意怀孕母猪的管理:防止拥挤、咬架、滑倒、鞭打、惊吓追赶、急转弯等一切可以避免的机械撞伤。

(4)尽量避免不必要的和无计划的近亲繁殖。

(5)做好疫病防治工作,特别是对乙型脑炎和流行性感冒等疾病的预防,发现疾病及时治疗。

3. 安胎和人工流产:在母猪妊娠期中,如不到正常分娩时期,就发现减食或不吃、行动异常、精神不好、阴户红肿并流出黏液,不断努责,则可能要流产。要立即注射黄体酮15~25毫克并内服镇静剂来安胎。如已达产期,有产仔表现,乳房膨胀且分泌乳汁,但不见胎动也不见胎儿产出,腹部逐渐收缩,则可能是死亡胎儿已变成木乃伊胎存在于子宫内,对这样的母猪应及早采取人工流产的方法,促使死胎完全排出,不然就会影响以后的繁殖。最简单的方法是给它注射催产素3~6毫升。也有这样的母猪,并未进行人工流产或人工流产后未见死胎排出,但过了一段时间后,它又重新发情受胎,这可能流产物在饲养员不在时排出,已被母猪吞食的缘故。也可能是母猪内分泌紊乱所造成的假象。

四、分娩、哺乳母猪的饲养与管理

（一）网床产仔的优越性　网床产仔是集约化养猪场兴起的新技术，它具有工作方便、干燥、卫生、防踩、防压等优点。与地面产床相比，网床产仔是把母猪产房装成网床并设护仔栏，减少压死踩死仔猪；饲养员很容易做到床上无积粪，使仔猪与地面和粪便隔开，仔猪不患或少患肠道病，提高仔猪成活率；便于补料，提高仔猪的整齐度。一般网床产仔比地面产仔每窝多活1～2头。

（二）分娩母猪的饲养管理　分娩母猪的饲养可细分为三个阶段：围产期、旺乳期和断奶准备期。

1. 围产期：围产期分为分娩准备期（产前一周）和泌乳初期（产后一周）。该期的目的是保证母猪顺利分娩和预防无乳综合征（MMA）的发生。①产前4天需逐渐减料，但产前膘情差、乳房膨胀不明显的母猪不减料。②产后第一天不要急于喂料，由于这时母猪分娩疲劳，消化机能很差，若采食过多易引起消化不良、厌食，这时应让母猪安静休息，最好喂麸皮淡盐水。③产后第二天喂1～1.5千克饲料，以后根据母猪体况、泌乳量、食欲及仔猪生长发育情况，每天增加0.25～0.5千克喂料量。

2. 旺乳期（产后7天～断奶前3天）：该期的目的：一是要让母猪泌乳充足，保证仔猪吃到充足的乳汁而健康成长；二是要控制母猪哺乳期体重损失过多，使母猪断奶后及时发情配种。产后一周基本上可让母猪自由采食，母猪每天给料量以2.5千克为基础，每带一头仔猪增加0.25～0.3千克饲料，按体况、泌乳状况、仔猪生长及健康状况调整喂料量，在断奶前母猪控制在3分膘的中等体况。但炎热的夏天，母猪常因采食量下降而引起奶水不足，因此要提高夏天母猪能量供给量。提高母猪能量供给量有两种办法：一种方法是增大采食量，利用早晚天气较凉爽时饲喂、晚上加餐饲喂；给母猪降温，采用滴水降温可明显增加采食量，或采用水帘降温、增加风扇或抽风机等措施；以水拌料代替干粉料；饲料添加小苏打。另一种办法是向日粮中添加2%～4%的脂肪。

3. 断奶准备期（断奶前3天～断奶）：该期的目的是使母猪泌乳逐渐减少，这有利于锻炼仔猪采食饲料和预防母猪乳房炎。体况良好的母猪于断奶前3天适当减料至3千克，但体况差的不减料。

4. 供给母猪足够的清洁的饮水：母猪每采食1千克料，需供水3～5升；哺乳高峰期每天采食量达5～7千克，每天饮水量一般达15～25升，夏天可高达28升，这才能满足其泌乳的需要。这要求自动饮水器出水量要达1.5升/分钟，在每次喂料后2小时需将哺乳母猪驱赶起来让它饮水，同时供水管应避免暴露于太阳照射下。

（三）哺乳母猪的管理与保健技术要点

1. 加强围产期母猪清洁消毒：①临产母猪进产房前一周，先清洁消毒好产房，然后对产前一周的临产母猪洗刷，用复合醛消毒后方可进入产房。②产前2小时用复合碘溶液洗刷母猪腹部、乳房及外阴，并用手挤掉乳头孔的乳头塞，使母猪顺利排乳。③助产时助产人员的手和器具应进行严格消毒，并保持全过程卫生。④产后再消毒母猪腹部、乳房及外阴。

2. 提供安静舒适的产房环境：①产房的适宜温度是22～24℃，高温会造成难产、分娩延迟、产出更多死胎、母猪便秘、采食量下降、泌乳不足及断奶后发情延迟。②保持产房清洁干燥和通风良好。产栏一般不要用水冲洗，因为栏内潮湿肮脏，细菌易大量生长繁殖，感染仔猪引起下痢。仔猪下痢可用粉剂消毒药撒盖粪便，清扫后再用蘸有消毒液的拖把擦干净。③保持产房安静舒适。不要随意惊吓、鞭打、驱赶母猪和惊吓小猪，这样会使母猪经常处于精神紧张状态，干扰母猪泌乳。

3. 净化围产期母猪体内病原：围产期是母猪最易感染发病的时期，此时给围产期母猪添加抗生素以减少母猪体内外细菌，减少垂直传播，预防母猪子宫炎、乳房炎、无乳综合征（MMA）和仔猪细菌性疾病(下痢)的发生,可于母猪围产期每吨饲料中添加80%支原净125克、15%金霉素2 000克或强力霉素200克,有良好的预防效果。试验表明,在围产期母猪饲料中添加中药催乳散(福奶多)对增加初乳产量和全期泌乳量,对提高仔猪成活率及断奶重有明显的效果。

4. 预防产后感染:①在产前一天的早上8时肌内注射氯前列烯醇,既可预防母猪MMA的发生,又可控制母猪在白天分娩、缩短产程、增加初生仔猪成活率。②产后肌内注射长效土霉素10毫升或分娩第二个小猪时用2.5%氧氟沙星20毫升、鱼腥草针剂30毫升、复合维生素20毫升、维生素C 20毫升、葡萄糖生理盐水500毫升,混合静脉滴注,当注射到剩下最后100毫升时加入缩宫素30毫升继续滴注完毕,并在产后第二天向子宫内灌注清宫促孕宝,对预防产后感染有良效。③对产后无乳的母猪,肌内注射氯前列烯醇+催产素,间隔3小时1次,连用4次,并投喂催乳中药以促进泌乳。

5. 预防围产期母猪便秘:产前便秘会引起食欲减退,降低仔猪初生体重。产后母猪便秘会引起母猪泌乳障碍和仔猪下痢,降低仔猪断奶重。母猪便秘一般通过调整母猪日粮的粗纤维量来解决,若母猪排出干硬圆粒状粪便,给每头母猪每天饲喂人工盐50克或硫酸镁25克,有条件的猪场可加喂青绿饲料,并提供充足的清洁饮水。

(四)泌乳母猪常见问题及解决办法

1. 母猪发热处理:产前、产后的母猪健康状况,要认真观察,决不可掉以轻心,母猪产后若是发热,将危及全窝仔猪的生命。母猪产后发热,严禁大剂量使用安乃近之类的药物,因为这类药抑制性非常强,大剂量注射后,使心脏负担过重,会引起心力衰竭。此类药物能使括约肌痉挛,造成乳房膨胀,排不出乳汁,最后造成母、仔全亡。可以使用传统方法退热:取3 000~5 000毫升温水,水温低于体温，加少许洗衣粉溶解，使用胃导管从直肠导入，当大量水流出时，可以带出体内热量，配合补液等措施可以取得良好效果。

2. 母猪加料问题：产后的母猪每天需要5千克以上饲料才能满足仔猪发育要求，减少母猪掉膘。传统习惯从妊娠后期84天加料，而且饲用料为妊娠母猪料。国外研究表明，84天加料会导致分娩母猪乳腺细胞数量减少，影响乳腺发育，造成产奶量下降和仔猪断奶重小。正确加料时间最好是妊娠后期95~100天，使用"猪用高亚油酸脂肪粉"或加油脂的哺乳母猪料，满足胎儿快速发育需要，提高胎儿出生重。

3. 哺乳母猪补料次数影响母猪采食量：一般猪场日喂2~3次，而哺乳母猪日喂4次最好，特别是高温季节，每天可以提高采食量1千克。另外，哺乳母猪饮水量明显影响采食量，公式如下：饮水量=4.2+2.52×采食量(千克/天)。所以，饮水器流速达到1~2升/秒比较合适，如果饮水器流速小于1.0升/秒，母猪很可能日饮水量不够，达不到每天25~30升的饮水量，相应减少采食量。饲粮中可以添加小苏打0.6%~0.8%，增加青绿饲料。

4. 减少非生产天数：

(1)非生产天数是指任何一个生产母猪或超过适配年龄(230天)的后备猪没有怀孕、生产的天数。其中3~6天断奶至配种间隔是必需非生产天数。

(2)非生产天数产生于后备母猪生长期超过230天后的天数，断奶至配种间隔超过6天后的天数；返情母猪损失天数；流产损失的天数；空怀损失的天数；死亡淘汰损失的天数。非生产天数(NPD)=365-[头均年产窝数×(泌乳天数+妊娠天数)]。如母猪28天断奶，年产2.3窝，怀孕期114天，则非生产天数(NPD=365-[2.3×(114+28)]=39天。

(3)减少非生产天数措施：后备母猪及时配种，230日龄尽可能配上种；加强哺乳母猪饲养，减少断奶至配种间隔天数；返情母猪及时配种；尽早发现空怀母猪，采取措施，促使发情；及时淘汰老龄母猪。

附：种猪档案管理

为了有计划地进行选种选配，避免近亲繁殖，必须掌握不同种猪及其后代的生产性能和发育情况等。仔猪生后要编耳号，编耳号最好与称仔猪初生重同时进行(图8)。

编耳号的方法：用耳号钳，按左右耳的固定位置，剪上缺口和圆孔，代表一定的数字，把所有数字相加，就是这头猪的耳号。一般多采用“左大右小”、“上一下三”的打耳号方法。具体方法如下：

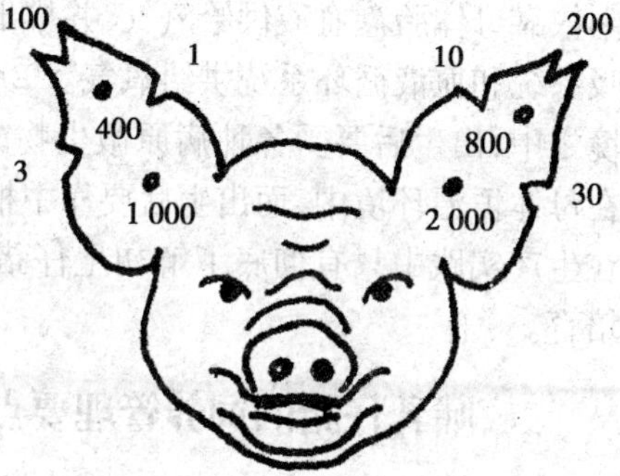

图8　猪耳号图

右耳：耳上缘剪一个缺口为1，耳下缘一个缺口为3，耳尖一个缺口为100，耳中间打个圆孔为400，靠近正中间打一个圆孔为1 000。

左耳：耳上缘一个缺口为10，耳下缘一个缺口为30，耳尖一个缺口为200，耳中间打一个圆孔为800，靠近正中间打一个圆孔为2 000。例如：编1 230号，就应在右耳靠近正中间打个圆孔(1 000)，在左耳耳尖剪个缺口(200)，在左耳下缘剪下一个缺口(30)，总加起来是1 230号。

第三节　哺乳仔猪的饲养管理

一、哺乳仔猪的生理特点

仔猪离开母体后，在三个方面发生突然变化。①仔猪在母体内依靠母体胎盘血液供给氧气，并排出二氧化碳，出生后靠自身呼吸系统和血液循环系统供给氧气。②仔猪在母体内是处于无菌环境之中，出生后要受各种病原微生物的侵袭。③仔猪出生前生活在母体恒温环境中，而出生后要靠中枢神经进行自身调节。因此，在生产实践中只有彻底了解初生仔猪的生理特点，才能搞好仔猪培育。

二、哺乳仔猪的饲养管理要点

(一)吃好初乳　初生仔猪缺乏先天性免疫力，原因是免疫抗体是一种大分子球蛋白物质，它不能通过母体血管直接输送给胎儿，因母猪血管与胎儿脐血管之间被 6～7 层组织隔开，所以，初生仔猪没有先天的免疫力。当仔猪吃到初乳后，就能从初乳中获得免疫抗体。初乳中的蛋白质含量很高，但维持时间很短，因此，只要仔猪在出生后 24～36 小时之内吃足了初乳，就可以防止或减少仔猪患病，提高仔猪成活率。初乳不但能为仔猪提供营养物质，而且是仔猪获得免疫抗体的主要来源。吃不到初乳的仔猪，一般是很难养活的，所以，仔猪出生后，必须及早吃奶、吃饱吃好。如果母猪产后缺乳或死亡，要及时为仔猪找“奶妈”寄养。目前，生产代乳料可以在母猪缺奶时使用。

(二)固定乳头使每个仔猪都能吃好乳　仔猪出生后要人工辅助固定乳头。据报道，人工辅助固定乳头，可以提高仔猪成活率 10%，尤其是对产仔多的。固定乳头一般把出生体重小仔猪固定在第一对乳头上，将体重次小的固定在前边第2对乳头上，体重大的仔猪让其固定在后面乳头，经过几次辅助固定以后，仔猪即可形成习惯，建立起吃乳的位次。

初生仔猪消化器官不发达，胃肠容积小，消化机能不完善。仔猪的消化器官相对重量与容积都较小，仅为体重的0.44%，有4～8克，而成年猪胃的重量为0.57%。初生仔猪胃的乳汁容量为25～50克，20日龄时，胃重达35克，容纳量也扩大3～4倍。同样，小肠在哺乳期也强烈生长，可保持到6～8日龄，13～15日龄才接近成年猪的水平。

仔猪消化器官不发达，还表现在消化腺分泌和消化机能的不完善。初生仔猪胃中仅有凝乳酶，唾液中与胃液中的蛋白酶只有成猪的1/3～1/4。胃底腺不发达，不能分泌胃酸，也缺乏游离盐酸。胃蛋白酶无活性，不能消化蛋白质，特别是对植物性蛋白质消化能力更差，但仔猪的肠腺与胰腺发育较完善，胰蛋白酶、肠淀粉酶、乳糖酶的活性较高，食物主要在肠内消化。所以，初生仔猪只能利用乳中营养物质，而不能利用植物性饲料中的营养物质。仔猪对乳蛋白的吸收率可达92%～95%，对乳中的脂肪也能吸收80%。

随着仔猪日龄的增长和食物对胃壁的不断刺激，盐酸的分泌量不断增加。到35～40日龄，胃蛋白酶才有消化能力。

仔猪消化机能不完善的另一种表现是食物通过消化道的速度很快。从食物进入胃内，到完全排空的时间，15日龄时约为1.5小时，30日龄时为3～5小时，60日龄为16～19小时，到70日龄为35小时左右。

综合上述，初生仔猪消化机能的不完善，构成了仔猪对饲料质量、形态、饲喂方法和饲喂次数等饲养技术的特殊要求。

（三）初生仔猪体温调节　初生仔猪体温调节机能不健全，对冷的应激能力差，动物为了维持恒定的体温，都需在神经系统的调节下，发生一系列的应激反应，才能完成其适应过程。仔猪出生时，虽然控制适应外界环境作用的下丘脑、脑下垂体前叶和肾上腺皮质部等系统的机能相当完善，但大脑皮质层发育不全，垂体和下丘脑的反应能力也差，丘脑传导结构机能较低，对调节体温不能自如。特别是在仔猪出生后的3~4天内，自身还不能使体温随环境温度的变化而变化。因此，初生仔猪常因寒冷、潮湿侵害发生死亡，故有“小猪怕冷”的说法。

因此，温度对于初生仔猪至关重要。仔猪出生后的最初几天，由于调节体温的机能不完善，在低于临界温度时（不能低于25℃）不能维持正常体温。新生仔猪的适宜温度是32~35℃，环境温度太低，对仔猪造成多方面的影响，受冷仔猪的行动不灵活，易被母猪压死、踩死，吃奶的能力弱，或不会吸吮奶头而被饿死。温度太低可导致仔猪下痢。实践证明：新生仔猪在10℃的环境下，24小时死亡1/3；在21℃环境下，有半数拉痢。一般认为1~3日龄的仔猪适宜温度为30~32℃，4~7日龄为28~30℃，一周以后温度逐渐下降，每周降2℃。仔猪的行为，是判断温度是否适宜的主要标准，以仔猪不压堆为最好。由于母猪与仔猪对环境温度要求不一样，一定要给新生仔猪一个保温区，以满足仔猪对温度的要求。仔猪保温区另一个好处是，仔猪吃完奶后离开母猪，避免母猪压死、挤死。仔猪保温区上边可设红外线灯，下边可装电热板。实践证明：最理想的仔猪保温设备是恒温自动调节保温箱，既节约电，又能满足仔猪温度要求。同时注意保温箱通风换气。

（四）清洁卫生 为了减少疾病的发生，保持产房的干燥、清洁是十分重要的。产房饲养密度大，产床下边又常堆积粪尿，极易产生硫化氢、氨气等有害气体，如不及时排除会影响仔猪的健康。一般来说，产房的空气要以不刺激人的鼻子为好。在排除有害气体的同时，更要注意穿堂风、贼风侵袭仔猪，特别是在冬季门口处的产床更不能忽视。产房母猪栏内尽量做到粪便立即清除，不留在产床上面，达到人在粪不在，粪清除后，用拖布擦干消毒。

(五)铁盐的补充　铁是仔猪生长发育必需的元素之一。新生仔猪由于生长发育快,猪奶中含铁量又较少,对新生仔猪补铁是一项容易被忽视但又非常重要的工作。新生仔猪每天平均需要7毫克左右的铁,而母乳中供给仔猪的铁不足5%,如果不补充,就会导致仔猪发生缺铁性贫血。2周龄左右,仔猪体表苍白、眼窝变深、精神委靡、行动迟缓、多数下痢。轻者生长缓慢、发育受阻,重者死亡。仔猪生后2~3天,开始注射铁钴剂,每天200毫克。补铁比不补铁的双月龄个体重高15%~30%,因此,补铁预防仔猪贫血症,是培养好哺乳仔猪的一条重要措施。

(六)提早补料　仔猪生长发育很快,新陈代谢旺盛,瘦肉型猪的仔猪初生重1.0~1.5千克,不足成年猪的1%,35日龄断奶时体重达到初生重的6~7倍,60日龄可达16~17倍。仔猪出生后的快速生长,是以旺盛的物质代谢为基础的。仔猪每千克增重需沉积蛋白质9~12克,为成年猪的30~35倍,每千克增重需要的代谢净能比成年猪也高出3倍;矿物质代谢也比成年猪高,每千克增重需钙7~9克。由此可见,仔猪对营养物质的需要,无论在数量或质量上都比成年猪高,对营养物质供给不全或不足的反应极为敏感。营养物质的质量少或比例失调,轻则影响生长,重则大量死亡。然而母猪的泌乳量在20天以后就开始逐渐下降,与仔猪的生长发育需要的营养物质增多不相适应。因此,必须给仔猪提早补料,以满足仔猪快速生长的需求。仔猪的断奶体重是仔猪培育成功与否的重要指标,只有断奶体重大,才能保证仔猪断奶后生长不受阻。而要获得大的断奶体重,最主要的措施是,对仔猪进行提早补料。母猪满足仔猪营养需要程度是:3周龄为97%,4周龄为37%,5周龄为28%,所以为了解决3周龄后奶水不足问题,就要及时补料,刺激仔猪肠道发育。补料时间从仔猪3~5日龄开始。补料要少而新鲜,一天6次以上,并且选用品质好的饲料。

(七)适时早期断奶　为了提高母猪繁殖率,提高母猪的利用强度，近年来各大规模猪场基本上都是实行21～28日龄断奶，每头母猪可年产2～2.5窝。早期断奶的仔猪，直接利用饲料中的营养，比通过母猪吃料再转化成乳更为经济。仔猪早期断奶的确定，主要取决于饲养管理条件。仔猪断奶后，转到仔猪培育舍，环境条件较好，营养又有保证。21～28日龄断奶是可行的，实践证明是成功的。断奶关必须做好。如果保育舍条件不好，就会给仔猪培育和以后生长发育带来很大困难。

（八）预防腹泻　预防仔猪腹泻的有效方法是：母猪产前4周或2周注射猪伪狂犬病、大肠杆菌病疫苗；产前产后一周饲料加药，如土霉素粉100克/吨；出生仔猪口服硫酸庆大霉素4万国际单位等。提高室内温度，经常换气，提高猪只抵抗力。目前生产舍内换气机效果非常好，既能够换气，又能进行热量交换，节约能源。

（九）产房仔猪饲养经验　产房仔猪多数疾病是由于条件差或者不具备最基本条件而造成的，特别是农村，由于节约投资，建设猪场时没有进行必要保暖设计、降温设计、通风设计，其结果是出现仔猪拉稀不断，用药效果不好，死亡率高，断奶体重小，激发许多传染性疾病。因此，改善条件，预防疾病是最明智选择。另外，条件好了，冬季每天可以节省0.5千克/头左右饲料，减少大量用药，具有可观经济效益。猪对气候敏感，目前条件下，气温变化大时，猪多数拉稀，如果粪便为白色、发黏，没有出现水样状，可以先改变条件，如升温、关闭窗户等，一般2～3天即自愈，不要盲目用药。仔猪病有时可以通过母猪加以预防，如母猪产前伪狂犬病、大肠杆菌病免疫，饲料加药可以有效保护仔猪。实践证明，全进全出、小单元式饲养产房仔猪对于预防仔猪各种疾病具有显著效果，农户由于规模小，实施起来灵活，特别是建筑设计猪场时要重点考虑。

第四节 保育仔猪的饲养与管理

一、保育仔猪的生理特点

1. 生理机能不完善:保育仔猪各种功能不完善,特别是消化功能和免疫功能,控制疾病和提供合适条件非常重要。

2. 生长速度快:保育仔猪从断奶时7千克,生长到70天时体重28千克,增加20多千克,对营养健康要求相当高。

3. 母源抗体消失,抗病能力差。

4. 饲料变化大,营养应激强烈。

5. 饲养密度大,环境条件问题严重。

6. 断奶、转群、并窝应激大。

二、保育仔猪的饲养管理要点

(一)前期限量饲喂 仔猪的采食频率、采食量以及采食行为都影响其消化道内的酸度,仔猪采食后消化道pH值升高与采食量有关,让仔猪多餐可减缓消化道内酸的需要量,使消化道内pH值不至于大幅度升高。仔猪与母猪分离后的最初1~2天拒绝采食,导致仔猪随后大量采食,扰乱小肠功能和消化吸收过程,严重时突然腹泻,急性死亡。所以,在断奶后最初几天应控制仔猪的采食量,不超过25克/千克体重,第一周每天饲喂6次以上,避免过多的饲料,在大肠内发酵,产生有害物质,导致仔猪腹泻。

特别提示 控制仔猪断奶后腹泻最经济有效的办法除合适的温度外,在保持饲料不更换情况下,尽量做到少喂勤添,控制每次饲喂量。

(二)增加饲喂量 早期断奶仔猪体重6.5千克左右(21天断奶),每天需要110克饲粮才能保持断奶时体重。如果希望断奶后日增重250克，则需要230克饲粮，加上维持需要110克，每天合计需要340克饲粮。要保持断奶后增重速度，提高仔猪一生生长速度，必须饲喂消化率高的饲粮，最好保持断奶后饲料不变，减少断奶应激。增加采饲方法有：美国研究发现，采用垫上饲喂方法可大量增加仔猪断奶后第1周的采食量。因为这种方法刺激了仔猪兴奋的集体采食行为。具体方法是在仔猪断奶后3天内将少量饲料撒布在地面的垫子上，每天3次，每次保证仔猪30分钟内吃完。经测定，垫上饲喂的仔猪断奶后头3天的日增重比对照组增加1倍以上。

1. 湿拌料饲喂：典型湿拌料含干物质20%～30%（料水比1∶3）。断奶后7天内仔猪喂湿拌料可提高采食量35%～36%。因为刚断奶仔猪还没有学会独立采食和饮水行为，湿喂时水和所需营养在一起，与母乳相似；湿喂可避免对仔猪肠壁形态学的破坏，使断奶应激导致的肠绒毛萎缩、隐窝变深降低到最低。所以液态饲粮不失为防止断奶仔猪生长障碍的好方法。

2. 仔猪饮水量：仔猪如果在断奶前的饮水量和采食量都比较高，那么它们就会对保育舍内的饮水和饲喂有着比较充分的准备。水流量越高，采食量越大，日增重也越大。生产中5～15千克仔猪其饮水器距地面高度相应为150～300毫米。水流量（升/分钟）应达到0.5以上。

3. 赶母留仔技术：断奶时一般采取赶走母猪，仔猪在原舍内饲养7～10天的方法，可减少仔猪应激反应，有利于仔猪以后的生长发育。并要注意温度、湿度和通风，减少环境应激的影响。

（三）环境温度及湿度控制　早期断奶仔猪对温度、湿度的要求很敏感，断奶应激通常导致仔猪断乳后最初几天进食量降低和体脂肪损失，适宜断奶时的舍内温度应增加3－4℃，即3～4周龄断奶仔猪的环境温度约在30℃。舍内温差大于3℃时可引起仔猪腹泻及生长缓慢。一般人眼睛高度处的温度可能比仔猪躺卧处温度高出3℃。断奶后第1周28～26℃，第2～3周24℃，第5周以上20℃。相对湿度在65%～70%。猪舍的通风除具有引入新鲜空气、排除有毒有害气体及湿气的作用外，还在一定程度上有调节猪舍温度的作用。夏季换气量为冬季的5倍。通风量对猪的失热率和生长率有重要影响。尤其要防止贼风。贼风往往会诱发呼吸道疾病，特别是门口、窗户贼风不能忽视。

（四）疫苗注射　各种疫苗注射要在转群后第2周进行，各种疫苗错开时间分别注射，最后一周进行驱虫。保育舍内设计一个水箱最好，与水管相通，可以根据需要补充维生素和药物，预防各种疾病。

（五）严格消毒　猪转入猪栏前要对猪栏、用具、地面进行清洗、浸泡。然后，用高压水枪冲洗地面，产床、饲槽等干燥后，用消毒药彻底消毒2次。如果带猪消毒时，选用广谱、刺激性小、高效消毒剂进行。注射针头严格执行一猪一针，杜绝针头不消毒使用。

（六）及时淘汰残次猪　残次猪生长慢，消耗饲料多，多数为带毒猪，持续向周围排毒，成为新传染源，所以及时淘汰残次猪可以节约饲养费用，减少药费开支，把精力集中于健康猪群，提高效益。

三、保育仔猪常见问题及解决办法

（一）保育仔猪断奶一周内减重　仔猪早期断奶后第1周内的日增重对其以后的生长速度及出栏时间有显著影响，Tokach（1992年）研究表明，断奶后第1周仔猪日增重225克以上组比断奶后第1周不增重组出栏时间提前10天。Ousley等（1990年）研究证实，仔猪21日龄、体重6.23千克时断奶，断奶后第1周的日增重0～250克，其相应的上市天数分别为178天、171天、163天，断奶后第1周内失重的猪比日增重250克的猪需要额外15天以上才能达到上市体重。断奶时一天的损失意味着肥育时两天的损失，所以补偿生长在很大程度上是很难实现的。

仔猪21日龄时，一般日增重水平为280克，即需要7.8兆焦的乳消化能。如果断奶后要维持这一生长速度，则必须日采食475克饲粮(消化能16.5兆焦/千克)才能满足其增重需要，这在实际生产中是很难做到的。一般生产场的哺乳仔猪在21日龄断奶后第1周的日增重为200～250克，按此计算日需饲粮320～400克，然而，仔猪在断奶后的最初几天(5天以前)的采食量无法维持能量需要，因此断奶仔猪由于采食的营养有限，造成体重下降。所以，尽可能使仔猪断奶后的消化适应期缩短，尽快提高仔猪采食量，那么仔猪的生长速度将会增加。所以断奶后第1周的饲养是整个断奶仔猪饲养的关键，避免早期断奶仔猪的生长抑制。早期断奶仔猪生长抑制的因素很多，主要有以下几个方面。

1. 应激因素：早期断奶应激可导致生长抑制，应激出现时，猪体内肾上腺皮质激素会大量分泌以抗衡过敏应激。但这种激素的另一作用是使免疫力和食欲降低。在相同营养水平下，断奶日龄越早，所受应激越大，日增重下降幅度也大，恢复到正常的增重时间越长。断奶应激主要来自营养、心理和环境三个方面。

(1)营养应激：仔猪从吮吸液体、易消化、口味好，并含有抗体营养全面的母乳转向难消化的植物性原料为主的固态饲粮，常会引起肠过敏反应，损伤肠绒毛而引发腹泻。

(2)心理应激：主要是由于母猪与仔猪分开所引起，仔猪失去母猪爱抚和保护，而且断奶后仔猪大多需要并窝，会引起争夺位次的争斗。

(3)环境应激：由于仔猪从产仔栏到保育栏引起，周围环境、温度、伙伴、群体等发生了变化。

以上3种断奶应激中营养应激的影响最大，心理应激和环境应激影响较小。

2. 断奶后应激反应：

(1)仔猪在0～4周龄期间，胰脂肪酶、胰蛋白酶、胰淀粉酶、胃蛋白酶活性成倍增强，但4周龄断奶后第1周内各种消化酶活性降低到断奶前水平的1/3，需经1~2周恢复后重新增强。

（2）吸收能力减弱：哺乳仔猪小肠绒毛较长、隐窝较浅，营养物质的消化和吸收率都很高。断奶后1周内肠绒毛萎缩变短，隐窝加深，吸收面积减少。

（3）泌酸能力降低，仔猪胃内酸度来自乳酸、挥发性脂肪酸和盐酸。哺乳仔猪主要依靠母乳中乳糖发酵产生的乳酸来维持胃内酸度，其次为挥发性脂肪酸，盐酸分泌很少。断奶后第1周，由于乳糖来源消失，乳酸减少，挥发性脂肪酸和盐酸仍很少，致使胃内总酸度较低。随后，乳酸和挥发性脂肪酸不断减少，盐酸分泌慢慢增加，直到断奶后3~4周，盐酸可占胃内总酸度的50%，此时胃内酸度仍较低；同时，饲料中的一些蛋白质，特别是无机阳离子与酸结合，使胃内总酸度下降，胃蛋白酶原不能被有效激活，不利于蛋白质的消化。当仔猪胃内pH值低于4时才有利于蛋白质的消化和抑制病原菌繁殖。仔猪胃内酸度低容易引起仔猪消化不良和大肠杆菌病。

（4）免疫保护减少：早期断奶仔猪免疫力和抗病力降低。初生仔猪没有主动性免疫能力，出生后通过吃初乳获得母源抗体的80%为IgG保护。随着时间推移，母乳的免疫球蛋白会迅速减少。仔猪在3日、14日、21日龄时母乳中IgG水平分别为2 629毫克/毫升、1 411毫克/毫升、972毫克/100毫升，而仔猪3周龄时自身免疫系统的主动免疫能力仍很低，所以早期断奶仔猪恰好处于免疫水平最低的时期。

（5）断奶仔猪生长抑制多数是由于采食量不足引起的，大量研究表明，仔猪对饲料的采食和胃肠道充盈程度对小肠黏膜结构和功能的维持是必需的，采食量显著减少，导致小肠细胞产生率和细胞更新率降低。影响采食量的主要因素是饲粮的消化率，必须通过饲粮设计和加工来提高其适口性和消化率。试验表明，当饲粮的可消化性为 85%、80%、70% 时，其相应的采食量为 0.87 千克/天、0.65 千克/天、0.52 千克/天。

（6）饮水不足对早期断奶仔猪生产性能的影响很大，饮水量不足会减少 3～6 周龄仔猪的采食量和生长速度。

（二）早期断奶仔猪的腹泻 仔猪断奶后腹泻的病因复杂。最近 20 年来的研究表明，饲粮因素是引起仔猪断奶后腹泻的重要原因。理由是：①健康仔猪胃肠道内一般都存在一定数量的病原微生物（病原性大肠杆菌与轮状病毒等）。②将分离病原性微生物引入未断奶仔猪和不补饲或充分补饲的断奶仔猪的胃肠道，并未都引起腹泻。③肠道病原微生物的增殖与断奶后腹泻并无必然联系。④在无病原微生物存在或增殖时，断奶仔猪仍能发生腹泻。⑤断奶未引起肠道损伤，仔猪则不发生腹泻，虽然仍能从仔猪粪便中检出病原性大肠杆菌。⑥实践证明，抗生素对于防治仔猪断奶后腹泻并非是完全有效的。

（1）饲料蛋白质抗原引起的过敏反应：Miller 等（1984 年）首次提出早期断奶仔猪的“腹泻过敏理论”，人们开始对早期断奶仔猪腹泻原因有了新的认识。断奶前较少接触饲料的仔猪，断奶后发病更为严重。

（2）饲料中的抗营养因子：抗营养因子是植物代谢产生的并以不同机制对动物产生抗营养作用的物质。其主要表现为降低饲料中营养物质的利用率，影响动物的生长速度和健康水平。

抗营养因子普遍存在于植物界，这是自然界长期选择的结果。一种植物可以含有多种抗营养因子，如大豆中含有蛋白酶抑制因子、植物血凝素、脲素酶等多种抗营养因子。同一种抗营养因子也可以存在多种植物中。如单宁存在于高粱、油菜子、蚕豆等植物中。

抗营养因子作为一种“生物农药”可以保护植株及其种子免受霉菌、细菌、病毒、昆虫和鸟类的侵害，但对动物是有害的。主要是降低蛋白质的利用率。

第五节　生长育肥猪的饲养与管理

一、育肥猪的生理特点

(一)育肥猪生理特点的阶段划分　根据育肥猪的生理特性,一般将其生长过程划分为两个阶段:25～60 千克为育肥的前期阶段;60～100 千克为育肥的后期阶段。

(二)育肥猪生理特点　25 千克以上的猪,尽管其生长发育正是旺盛的时期,但它的消化系统还是不完善,消化液中的某些有效成分不多,影响了某些饲料中的营养吸收,且胃的容积也还小,一次不能容纳较多的食物。神经系统和机体的抵抗力也正处在逐步完善的阶段。因此,需要提供优质的、易于消化吸收的饲料,并加强管理,改善饲养环境。

体重达 60 千克后,生理机能逐渐完善,消化系统得到很大发展,对各种物质的消化能力和对饲料中各种营养成分的吸收均有很大提高。神经系统和机体对外界各种刺激的抵抗力也有很大的增强和较全面的发展,对周围环境也有较大的适应性。这个时期生长速度最快,应抓住增膘快的机会,及时提供满足育肥猪生长的优质配合饲料,充分发挥猪的生长快的优势,以达到增重快、出栏率高和饲料利用率高、降低成本与增加经济效益的目的。

二、育肥猪的生长发育规律

在了解育肥猪生理特点的基础上,掌握育肥猪在生长发育过程中机体组织的生长和沉积变化情况是十分重要的。一方面,可根据不同时期育肥猪的肌肉、脂肪、皮和骨等组织的变化来确定相应的饲料营养;另一方面,可确定猪的适宜屠宰体重。

(一)机体各组织的成分 生长育肥猪的肌肉组织是由骨骼肌、心肌和平滑肌组成,其中骨骼肌占绝大多数。脂肪组织主要是由大量的脂肪酸组成,从形态上又分为板油、花油和皮下脂肪。猪骨骼是由矿物质聚积而成,骼有大量的钙、磷;猪皮是由许多结缔组织和胶原蛋白组成。猪的骨骼和皮在猪的机体组织中所占比例较小。

生长育肥猪各种组织的比例关系受很多因素的影响。如不同的品种、不同的饲养方法与环境,某些外界因素的影响都将导致比例关系发生一定的变化。即使品种、饲喂方法一致,不同的生长阶段依然会导致猪组织比例关系发生某些变化。

(二)组织生长和沉积变化 生长育肥猪在第一阶段以骨骼的生长占优势,其次是肌肉,脂肪的生长最为缓慢。第二阶段,脂肪组织以较大的优势生长,骨骼和肌肉却处于下降趋势。随着各组织的生长,体重的增加,育肥猪体内的肌肉、脂肪和皮、骨组织的比例将发生一定的变化。当脂肪和皮、骨的比例逐渐下降时,正是肌肉比例以较大幅度上升的时候,而当脂肪、皮、骨比例上升时,肌肉的比例呈下降趋势。当体重继续增加时,三条曲线逐渐趋于稳定。根据组织生长强度图所表现出的情况,就我国目前瘦肉猪生产来说,要求一头肌肉、脂肪比例合理,经济效益也较高的商品猪,其适宜的上市体重应在90~100千克,但是,不同的品种、不同的杂交组合,其适宜的屠宰体重又稍有不同。

三、影响育肥猪育肥效果的主要因素

影响猪育肥的因素很多,各因素之间既有联系又相互影响。其本质上可分为遗传和环境两个方面。属于遗传因素的有品种与类型、生长发育规律、早熟性等,属于环境因素的有饲料、饲养水平、猪舍的环境条件及猪群健康状况等。

(一)品种与类型对育肥猪效果的影响 猪的品种与类型对

猪育肥的影响很大，这是因为不同品种的猪生长发育规律不一样，在整个育肥期的不同阶段所需的营养标准和饲粮数量不一样。引进品种，如大白猪、长白猪、杜洛克猪、汉普夏猪等，属于瘦肉型猪。在以精饲料、高营养水平的饲养条件下，其育肥结果比地方品种猪好，增重较快，育肥时间短。但以青粗饲料为主的中、低营养水平饲养条件下，则国外品种增重速度不如地方品种，育肥效果也较差。所以为了提高育肥效果，应对不同品种、类型的猪采取不同的育肥方法。

（二）杂交对猪育肥性能的影响　利用杂种优势，是提高育肥猪效果的有效措施之一。因为杂交后代生活力强，生长发育快，日增重高，并提高饲料利用率，降低饲养成本。但对育肥效果起决定因素的在于有效的杂交组合，一般以国外品种为父本，以我国地方猪种为母本，其后代增重速度的优势率为10%～20%，饲料利用优势率在5%～10%。实践证明：三品种杂交比两品种好。

（三）性别与去势对猪育肥效果的影响　性别与去势对育肥效果都有一定的影响。实践证实，去势比不去势的公母猪增重速度快、饲料利用率高、脂肪沉积增强、肉质改善、性情温顺、食欲增加。猪去势后性机能消失，异化过程减弱，同化过程增强，吸收的营养能更多地转化到增膘长肉方面。据报道，去势公猪的增重速度比不去势的高10%，去势母猪比不去势的脂肪含量提高7.6%，饲料利用率、屠宰率都比不去势的高。有些国外品种或培育品种，由于性成熟比较晚，小母猪对育肥影响较小，育肥时只阉公猪而不阉母猪。近年来，随着养猪科学技术的发展，猪的育肥期缩短，认为小公猪不去势进行育肥，在增重速度、饲料利用、胴体瘦肉率等方面均优于去势的公母猪，有利于降低生产成本。

（四）初生重和断奶重对猪育肥效果的影响　在正常情况下，仔猪初生重越大，则生活力越强，生长速度越快，断奶重也越大。断奶重越大育肥增重越快，饲料消耗越少，育肥效果就越好。因此,在养母猪时,要抓住母猪妊娠期和哺乳期的饲养,对仔猪加强管理,争取提高仔猪初生重和断奶仔猪个体重。

(五)营养水平和饲料品质对猪育肥效果的影响 营养水平对育肥猪的影响极大,各种物质缺一不可。特别是能量的供给水平和增重与肉质成分有密切关系。一般来说,能量摄取越多,日增重越快,饲料利用率越高,屠宰率、胴体脂肪含量也越多,膘也厚。蛋白质对育肥也有影响,由于蛋白质不单是与育肥猪长肌肉有直接的关系,而且蛋白质在机体中是酶、激素、抗体的主要成分,对维持新陈代谢、生命活动都有特殊功能,因此蛋白质如果不足,不仅影响肌肉的生长,同时影响育肥猪的增重。在一定范围内,日粮蛋白质水平越高,增重速度越快。但高到一定程度对增重是无效的,会造成浪费。蛋白质的品质对其也有影响。猪需要的 10 种必需氨基酸,日粮中缺少任何一种都会影响增重。此外矿物质、维生素对育肥效果也有很大影响。饲料是营养物质的主要来源,由于各种饲料所含的营养物质不同,因此,只有多种饲料配合才能组成全价的日粮。

(六)温度、湿度和光照对猪育肥效果的影响

1. 温度与湿度的影响:猪在育肥期需要适宜的温度,过冷过热都会影响育肥效果,降低增重速度。因气温过高,影响采食量,休息时间少。夏季要防止猪舍暴晒,要遮阳通风。气温过低,由于辐射传导和对流的增加,体热易于散失,为了维持正常体温,猪采食量增多,浪费饲料,做到冬季保温、夏季防暑是非常重要的。单从湿度来评价对育肥猪的影响是困难的,湿度是随着环境温度而产生影响的。高温下的高湿度造成的影响最大,若气温超过适宜温度,湿度从 30% 升高到 60%,育肥猪增重会显著降低。

2. 光照对猪育肥的影响:实践证明,光照对猪的育肥影响不明显。

(七)圈养密度对育肥猪的影响 头数过多,密度过大,使局部温度上升,采食量减少,饲料利用率和日增重下降。一般每头育肥猪占地面积0.8平方米就够用了。过少对猪育肥也有影响,尤其是冬季,散热快,维持量需要增加,额外浪费饲料。此外,疾病对育肥猪直接或间接都有不同程度地影响。因此在猪的育肥过程中。应给猪创造良好的环境条件,力求消除不利于猪育肥的各种因素,以期达到理想的育肥效果。

四、育肥猪苗的选购与生猪的运输

(一)猪的选购(只限于购买育肥猪苗)　一般挑选猪苗(断奶仔猪)的目的是长的快、好吃食、省饲料、适应性强、抗病、瘦肉率高等。怎样挑选好猪苗请注意以下几点:

1. 要挑选瘦肉型的杂种猪:杂种猪具有生活力高、适应性强和杂种优势的潜力。购买杂种猪也要根据自己的饲养条件,有好饲料可购三元杂交猪。饲料条件较差,选二元杂种猪。二元杂种猪含本地猪的血液较多,约含50%,故适应本地环境和饲料条件,比较好养。从生长速度、饲料报酬率和瘦肉率综合考虑,三元杂交种较好。

2. 要看体型和外貌:一般身腰长、四肢稍高的小猪,多属偏瘦肉型的猪,其臀部较丰满、四肢粗壮。在外貌上要看具体杂交猪的情况,白毛杂种猪一般都是长白、大约克和大白互相杂交或是和地方猪杂交而来。长白猪的杂交后代:毛细、嘴长、耳稍大并向前倾;大约克猪杂交后代:嘴较长、耳中等斜立;大白猪的杂交后代与大约克猪的杂交后代大致相似。

3. 要选健康无病的猪:选择健康猪很重要,是养猪成功的关键。健康猪眼神好,被毛发亮,精神旺盛,活泼敏捷,摇头摆尾,叫声清脆等,还可结合粪便仔细观察,不拉稀,粪成团,说明猪只健康。反之,精神委靡不振、毛粗乱、叫声嘶哑、鼻镜发干、拉稀或拉小干疙瘩粪,说明猪有毛病。

4. 要挑选同窝猪:如一次买几头猪,起码2头以上要在同窝里选,因为它们有共同生活习惯,同圈饲养,长得快,节省饲料,易管理。不同窝的猪同圈养生活习性不协调,打架、抢食、追咬、不好养和不好管理,生长受阻,浪费饲料。

5. 就近选购:就地选购猪苗,对猪场猪群的情况比较了解,减少麻烦。所买的猪好饲养、好管理,因为气候、饲料、环境等各方面都相似。最好到有资质猪场购买原窝猪。尽量不在集市上买猪苗。

6. 购猪要注意血缘:不买近亲繁殖、杂交乱配猪苗,一定要保持杂交优势,否则,经济上就要受到损失,猪群容易生病。

(二)猪的运输

1. 运输前的准备工作:

(1)生猪调运前,必须提前几天派业务员同生猪收购单位取得联系,按调运计划及价格,签订合同或协议书,以便做到随到随运,缩短收购时间,减少经济损失。

(2)待运生猪的饲养管理:无论是自繁还是本地收购的猪,在运输前2天不能停料停水,运输前的最后一次喂料要求不能喂得太饱(7成饱即可),过饱易引起运输途中死亡,待运的生猪要进行严格的检疫,一些瘦弱病残的猪应挑出就地处理。运输前2天要求对待运生猪根据车辆容量大小分栏分群饲养管理,避免合群时猪只之间争斗,以便建立新的群体序列,减轻运输中的应激反应。有条件时,在装车前给待运猪静脉注射一些镇静剂,如25%的硫酸镁,每头2.5~7.5克;或每头肌内注射盐酸氯丙嗪0.2~0.4克,或特效米先针剂可有效地减轻路途应激反应,避免严重的掉膘和死亡。

(3)检查好运输工具:装车前必须认真检查运输车辆,如车厢底板是否有突出的铁钉、漏缝,四周围栏是否稳妥,车辆动力机械运转是否正常等。除司机本人要带各种必须证件外,经营单位的押运员也必须带营业执照、发票、卫生合格证、检疫证(包括车辆消毒证)、防疫标识、生猪调运单,以防漏带某一证件,而被路途有关检查站阻止通行,延长运输时间。调往外省区的生猪,还要带好生猪检疫证、消毒证、防疫证、发票。根据季节气候,要随时配备各种用具,如汽车要配备顶篷,在寒冷的冬季,车辆的前面及两侧都要有遮挡物。在炎热的夏季,要备有水桶,便于路途取水洒湿车及猪身,以防中暑。车辆消毒前,先用清水冲洗好车厢底板、顶篷、四周护栏及车轮,待自然干燥后,再用1%～2%的烧碱溶液或0.05%～0.50%的过氧乙酸喷洒消毒40分钟,最后用清水冲洗干净即可装猪。

特别提示　驾驶员的驾驶室、鞋和衣服要经常消毒,否则会成为隐患。

(4)选好驾驶员和押运员:长途运输生猪必须选择技术熟练的有经验的两名驾驶员轮流开车。还要挑选1～2名责任心强、并有押运经验的人担任押运员,以便能随时管理好运输途中猪只。

(5)装猪应注意的事项:根据当天气候状况决定是否可以调运生猪,刮风、下雪、下雨、特别炎热或特别寒冷的天气,不宜长途运输生猪。装车时不要暴力驱赶,以防增加应激,造成路途死亡或残肢跛行。根据车厢容量,按已分栏分群的待运猪群装车。炎热的夏天不要太拥挤,寒冷的冬天密度可以稍大些。车厢的底板最好能垫一层已消毒好的稻草或锯木屑(车底板是木质的可以不垫),以防猪只站立不稳打滑,造成残肢和跛行。若是双层车厢每层要分成小栏,每小栏能容纳4～5头最佳。装猪时,大点的猪装在靠车头的小栏,稍小的猪只依次装在中间和车尾的栏中。装完车后,要仔细检查车尾门及两侧护栏是否稳妥,以防路途出现意外丢失猪只。

2. 运输途中的要求:

(1)司机驾驶车辆要平稳,转弯、上下坡要减速,途中尽量少停车和急刹车。

(2)押运员随时细致观察猪只运输情况,若发现互相挤压或车厢护栏卡猪,要立即采取措施解决。

(3)炎热的夏天运输,若途中发现猪只吐白沫、呼吸急促、鼻镜发白,说明是中暑的前兆,押运员要立即取水浇湿车厢和顶篷、底板及猪体(注意不要用冷水直接冲洗猪的头部)防止感冒,以加快散热降温。

(4)寒冷的冬天运输生猪,若发现猪只嘶叫或成堆卧在车厢的某一处,说明车厢或护栏两侧的篷布没有封严,有贼风侵袭,押运员要立即查出贼风口,封严后才能继续行驶。

(5)若运输时间超过 24 小时才能到达目的地,停车后要仔细地逐头观察猪只有无挤压、卡住或其他异常现象。起运前同样要逐头仔细观察后才能继续行驶。

3. 到达目的地后的注意事项:

(1)卸车时不要暴力鞭打,要轻赶慢放:生猪经长途运输,四肢乏力,行走不协调,若暴力驱赶,极易引起残肢或跛行。猪只下车一定要有木板铺成斜坡,让猪慢慢滑下,人站两边轻轻辅助。

(2)若在炎热的夏天运猪,到达目的地后要立即卸车,使猪休息一段时间,然后才能验收过磅。

特别提示 夏天运输猪只不能捆绑猪的四肢,如果猪只失去运动机会,极易死亡。

(3)若在寒冷的冬天,猪运到目的地后,不要急于卸车,使猪能在车厢内休息大约 20 分钟,再卸车验收过磅,以缓解猪腿一时性麻痹而造成的跛行。

4. 如何提高育肥猪的经济效益:

(1)加强猪群保健,降低死亡率:猪群健康状况可以明显影响育肥时间,正常情况下,育肥猪群死亡率 98%,要减少猪只死亡率就要加强猪群弱仔猪护理。一般在仔猪转入时,留几个后备猪圈,隔离饲养,对弱仔猪采取加药或饮水加药进行治疗,没有治疗价值的猪只果断淘汰。

(2)降低饲料价格,提高饲料报酬:育肥猪饲料可以采用就地选购,采用电脑自动配方技术,千方百计降低饲料成本。冬季注意猪群保温,夏季注意降低饲养密度、喷水降温、加大通风、遮阳等提高生长速度。

(3)减少浪费:猪场的浪费现象随处可见,现把浪费情况汇总如下。

1)饲料浪费:一年四季,气温不同,猪对营养的需要也不同,使用的配方,都不可能在一年四季都适用。冬季用高蛋白配方,会造成蛋白的浪费;夏天用高能配方会造成能量的浪费等。如果我们能适时调整配方,使全群料肉比降低 0.1,对一个万头猪场来说,一年就可节省饲料 8 万~9 万千克,节省资金 10 万元以上。

使用高水分玉米而不改变配方造成浪费:在秋冬季,常听到养猪户反映预混料或浓缩料质量不好了,猪光吃不长。根据了解,造成猪生长缓慢原因不是预混料或浓缩料质量引起的,而是由于当时玉米水分过大造成的。因秋冬季,气温偏低,猪对能量的需要量要高于春夏季,而这时的玉米多是新收获的玉米,水分多在 16%以上,所配合出的饲料存在能量不足现象,如不修改配方,按固定饲喂程序进行,必定会出现能量不足,影响猪的正常生长。解决这一问题的办法可在其他原料不变的情况下,加大玉米比例,同时加大饲喂量;二是在用湿玉米的同时,配合高能量饲料如油脂等,这适合于需要能量浓度大的乳猪料或仔猪料中。

不按配方加工饲料造成浪费:有几种情况,一是加工料时不过秤;二是缺乏一种原料时,轻易用其他原料代替;三是原料以次充好,如用湿玉米代替干玉米等,这些做法破坏饲料配方的合理性,影响饲料利用率。

搅拌不均匀的浪费:搅拌不均匀在许多猪场出现过,手工拌料自不必说,就是机器拌料也常出现搅拌不均的情况。边粉碎边出料、搅拌时间不足出现不均匀。最容易忽视的是在饲料中加入药物或微量添加剂,没有通过预混直接倒进搅拌机,在一批上千斤饲料中加入几十克药品,很难做到搅拌均匀。

猪只喂料的浪费:经常遇到小猪吃乳猪料,中猪吃小猪料,大猪吃中猪料现象,这些都会造成饲料的浪费。而更严重的是让后备猪吃育肥猪料,由于维生素、矿物质不足,推迟母猪发情时间,影响正常配种。

2)药品浪费主要有下面情况:

加药搅拌不均匀造成浪费:这是一个普遍存在的问题。饲料加药和饮水加药已是流行的办法。逐步稀释法、金字塔拌料法在实际上很少有人使用,因为用户嫌麻烦。现在加药时,在料车上拌料的有,地面拌料的也有,加水搅拌后拌料的也有,没有一种能将饲料拌匀,药品浪费非常惊人。

使用方法不当的浪费:给已经拒绝采食的猪料中加药;不溶于水的药物用饮水给药;对已发病猪群用预防剂量。以上三种情况对治疗没有效果或效果很差,药品浪费在所难免。

乱用药的浪费:一些人主张长期大剂量用药物控制,有不少猪场取得了不错的效果,这种方法已为人们接受。但是大量用药增加成本,更主要的长期大剂量用药后,一旦停药就可能引起疾病爆发。这也就出现了哺乳仔猪好养而保育猪难养,保育猪养好了却在生长育肥上出问题的反常现象,同时产生严重抗药性。

饲养无效公母猪的浪费:正常猪场母猪年产2.2胎,胎产活仔10头以上,每头公猪应保证25~40头母猪的配种,如果猪场没达到上面指标,很有可能是饲养了无效种猪。无效种猪主要有以下几种:长期不发情的母猪;屡配屡返情的母猪;习惯性流产的母猪;饲养在妊娠舍中,但却不出现返情的母猪;产仔数少或哺乳性能差的母猪;有肢蹄病不能使用的公猪;使用频率很低的公猪;精液质量差,配种受胎率低的公猪等。这些公母猪的饲养,浪费人力,浪费饲料,浪费栏舍等,应及时淘汰。

饲养无价值猪的浪费:无价值猪主要是一些病弱僵猪,如无法治愈的猪,治愈后经济价值不大的猪,治疗费工费时的猪,传染性强、危害性大的猪,治疗费用过高的猪等。这些猪还是及时淘汰为好,否则浪费人力、药品、精力,最后收效很小。

资金的浪费:许多猪场存在一个明显的问题,就是一旦养猪盈利了,就会把大量资金用在扩建上面,猪场规模扩大了,但猪场收益却没有大的提高,甚至减少。与其把有限的资金用在扩大规模上,不如用来提高技术含量或改善猪舍设施,进而增加单位产出更划算。

第四章　猪的繁殖

第一节　猪的生殖生理

一、母猪的生殖器官及其功能

（一）卵巢　卵巢是母猪主要生殖器官。其主要功能是产生卵子和分泌雌性激素。初生小母猪卵巢形状似肾形，色红。接近初情期时，卵巢体积逐渐增大，其表面有许多突出的小卵泡，形似桑葚。初情期后，卵巢表面有许多大小不同的卵泡突出表面，此时卵巢形状犹如一串葡萄。卵子发育经过初级卵泡→次级卵泡→成熟卵泡等阶段，成熟后卵泡破裂排出卵子，进入输卵管伞到输卵管。

（二）输卵管　输卵管长度 15 ~ 30 厘米，是卵子进入子宫的必经通道。它可分为漏斗、壶部和狭部。输卵管前 1/3 段较粗称为壶腹，是精子和卵子结合受精处。输卵管的卵巢端扩大呈漏斗状，漏斗边缘有很多皱褶叫输卵管伞，输卵管其余部分较细叫狭部。受精卵主要依靠纤毛的颤动和管壁收缩活动才能到达子宫。精子在输卵管内获得能量。输卵管的分泌细胞在卵巢激素的影响下，在不同生理阶段，分泌量有很大变化，如在发情 24 小时内可分泌 5 ~6 毫升输卵管液，在不发情时仅分泌 1 ~3 毫升。输卵管液既是精子和卵子的运载液体，又是受精卵的营养液。

(三)子宫　猪的子宫由子宫角(左右两个)、子宫体和子宫颈三部分组成。子宫角是弯曲的,长度为1~1.5厘米,宽度为1.5~3厘米,子宫颈较长为10~18厘米,其内壁呈半月形突起,并彼此交错排列,因此在两排突起之间形成一个弯曲的通道。此通道恰好与公猪的阴茎前端螺旋状扭曲相适应。子宫颈与阴道之间没有明显界限,而是由子宫颈逐步过渡到阴道。当母猪发情时,子宫颈松弛、开放,所以无论本交时的阴茎,或者给母猪输精时的输精管都很容易通过子宫颈到达子宫体,精子通过子宫体→子宫角→输卵管才有受精机会,否则就不可能受精怀孕。

二、公猪的生殖器官及其功能

公猪的生殖器官由睾丸、附睾、输精管、副性腺、尿生殖道及阴茎等组成。

(一)睾丸　睾丸是公猪产生精子和分泌雄性激素的器官。形状为长卵形,分左右两个,大小对称,且发育正常。单睾、隐睾或阴囊疝均为畸形。睾丸外面被阴囊包着,有保护睾丸和调节睾丸温度的功能。睾丸具有产生精子和分泌雄性激素(睾酮)的作用,一般成年公猪两侧睾丸总重达900~1000克。睾丸产生精子能力很高,每克睾丸组织每天可产生精子400万~3100万个。睾丸第二个功能是分泌雄性激素,可使公猪维持雄性特征和激发性欲。

(二)附睾　猪的附睾是附着在睾丸上面的一个长17~18米的细长卷曲管,可分为头、体、尾三部分。附睾尾部管腔宽大,精子密度高,能贮存很多精子。两个附睾贮存精子总数可达2000亿个,其中70%储存于附睾尾部,精子在附睾内储存2个月仍有授精能力。如果在短期内交配次数过多,例如公猪一天内配种(本交)3次以上,储存精子用完,射出的精液大量为副性腺分泌物或发育不成熟的精子。如果长期不配种,精子储存期超过2个月以上则会出现精子活力降低,甚至衰老死亡而被吸收。

(三)副性腺 猪的副性腺是精囊腺、前列腺、尿道球腺等腺体的总称。这些腺体都有开口，通到尿生殖道。副性腺体分泌物为精清，与精子共同构成精液。精清占精液93%，公猪射精量大，平均为250毫升(150~500毫升)。尿道球腺分泌的精清可冲洗尿生殖道中残留尿液，使精子通过尿道时不受污染。从附睾来的精子呈休眠状态，当其和副性腺液混合后就会改变其休眠状态，呈现活力。副性腺液呈弱碱性，精子在弱碱性环境中活力会增强。副性腺液向精子提供营养物质，是精子所需能量的来源。

第二节 配种技术

一、性成熟与初配年龄

(一)性成熟 一般情况下地方品种比瘦肉型品种性成熟早。地方品种公猪早在一月龄即出现爬跨行为，2月龄精液出现精子，3~4月龄体重25~30千克达到性成熟。而瘦肉型公猪一般6~7月龄体重达65~75千克才达到性成熟。性成熟早晚与品种差异很大，营养状况不同也有很大差异。地方品种母猪一般在3~4月龄开始发情，瘦肉型品种猪5~6月龄开始发情排卵。无论地方品种或者瘦肉型品种第1~2次发情规律性不强，排卵较少，一般不进行配种，第3次发情趋向规律性，排卵较正常，可以配种利用。

(二)初配年龄 公母猪达到性成熟时，生殖器官开始具有正常的生殖机能，但并非即可正式配种利用。这是因为公母猪身体仍处于生长发育时期，如果过早配种，一方面影响其本身生长发育，另一方面缩短种猪利用年限。长期以来，农村公猪过早配种利用仍然存在，这种只顾当前不顾长远利益的做法是不科学的。也有的地方过早使用青年母猪，他们认为“不配不长”，这也是不科学的。过早配种母猪除了影响其本身生长发育外，还有更重要的方面是因青年母猪体重小,在发情期内排卵少,胎儿发育不良,造成产仔数少、初生重亦小。又因青年母猪乳腺发育不充分,泌乳机能低,导致仔猪断奶体重小,哺育率低,直接影响后备种猪或育肥猪生长速度,从而降低出栏率。那么配种年龄如何确定?适宜配种开始时期因品种和营养状况等条件而异。一般情况下,地方品种6月龄体重达85千克,瘦肉型品种8~12月龄体重达100千克以上就可以开始配种、繁殖。

二、合理使用公猪

工厂化养猪是常年配种,其配种任务十分繁重,如何正确合理使用种公猪,这关系到提高受胎率和产仔数、保护种公猪的种用性能、延长使用年限等问题。所以说合理使用种公猪非常重要。

公猪的利用频率应按年龄、体重而定。1~2岁青年阶段,猪本身还在发育,每周可配种1~2次。2~5岁为壮年阶段,生长发育已成熟,生殖机能旺盛,每天可配种1~2次,每3天应休息天。5岁以上公猪,可每隔2~3天配种1次。一般公猪利用年限6~7年,工厂化养猪3~4年,若发现种公猪性欲下降、配种受胎率低于80%,就应及时淘汰。

农村饲养种公猪的农户,种公猪每天配种有时高达3~4次,这样做产生的后果是受胎率、产仔数降低,同时大大减少利用年限,这是不科学的。

一个猪场应定期检查种公猪精液品质。正常精液标准是每次采精量150~400毫升,乳白色无异臭。精子密度中等以上,精子活力6级以上,否则应查明原因,采取相应措施。若条件具备,应大力推广人工授精技术。

三、掌握发情规律,做到适时配种提高受胎率

目前国内母猪受胎率85%左右,国际先进水平95%。这里关

键技术是掌握母猪发情规律，做到适时配种。

母猪性成熟后，由于激素作用，卵巢就会出现周期性卵子成熟和排卵过程。上次发情排卵到下次发情排卵，这段时间叫做发情周期。母猪发情周期 18 ~ 24 天，平均 21 天。母猪发情持续期 3 ~5天。按母猪发情症状可分为发情前期、中期和后期。

（一）发情前期 母猪表现出外阴部肿胀，精神不安，食欲减退，追赶其他母猪或公猪，但拒绝交配，人接近时就躲避走开等。

（二）发情中期 这时发情达到高潮，即是排卵高峰期。外阴部出现潮红、有皱纹，喜走动，鸣叫不安，拱门爬圈，食欲减退，有的母猪发呆，两耳直立不停颤抖，接受公猪交配，愿意接近人，用手压背站立不动。这时配种受胎率极高，也是配种最佳时期。抓住这一时期可以做到适时配种。

（三）发情后期 外阴部开始收缩、皱纹明显、颜色变淡，食欲恢复正常，精神安定，拒绝公猪交配，用手压背时立即走开。公母猪交配后，精子和卵子是在输卵管上 1/3 处相结合形成受精卵，受精卵下行到子宫着床，形成胚胎，逐渐发育成小猪。母猪排卵是在发情开始后 24 ~ 36 小时，持续时间一般为 10 ~ 15 小时；卵子在输卵管 8 ~ 12 小时内具有受精能力，超过 12 小时卵子死亡。公猪精子在生殖道内需经 2 ~ 3 小时游动才能到达输卵管上部，一般能存活 10 ~ 12 小时。由此推算，最适宜配种时间是在母猪发情开始第二天或第三天。经产母猪（一般二胎以上者）发情后第二天，后备母猪发情后第三天，过早过晚配种都不会受胎。实践经验证明，要求每天早 8 时、下午 2 时各观察发情症状，做到心中有数。当母猪外阴部红肿稍退并出现少量皱纹，用手压背腰，母猪站立不动即愿意接受公猪交配，这时配种受胎率最高。

四、配种方式和方法

(一)单配 就是母猪发情后用公猪只配一次叫做单配。只要具有丰富经验实行单配,可以达到受胎怀孕。若经验不足,尤其初次学习配种技术,最好不用单配。

(二)重复配种 即在母猪发情期内,用公猪交配两次。具体来讲就是母猪发情第二天或第三天进行第一次配种,相隔 8 ~ 12 小时再配第二次。青年母猪上午配一次,第二天上午再配一次;经产母猪发情后第二天上午配一次;下午配一次,采用重复配种,一般受胎率可达 85%。

(三)双重配种 在发情后 18 ~ 24 小时,用两头不同品种公猪配种,两次配种时间相距 10 ~ 15 分钟。育种场不采用双重配种,只在商品猪场采用此配种方式。

(四)多次配种 在母猪发情后连续用公猪配种 3 次,第一次在发情后 12 小时,第二次在发情后 24 小时,第三次在发情后 36 小时。配种公猪可以是一头,也可以是多头。

上述 4 种配种方式最常用的是重复配种。目前工厂化猪场均采用此方式配种,效果很好。

配种方法有本交和人工授精两种。国内大型猪场大多采用本交,也有实行本交和人工授精相结合的方法。即第一次自然交配(本交),第二次用人工授精。无论哪种方法,一个猪场要求定期检查精液品质十分重要。

五、促进母猪发情技术

在生产实践中,常遇到个别母猪长期不发情或发情持续期较短。究其原因是卵巢发育不全、卵巢囊肿(单泡性卵巢囊肿,多泡性大型囊肿,多泡性小型囊肿)、持久黄体和卵泡发育障碍,统称母猪繁殖障碍综合征。在饲养方面注意供应合理的能量和蛋白质、维生素和矿物质等。现介绍两种促进母猪发情技术。

(一)诱导发情 因公猪唾液中含有雄性激素可以诱导母猪发情,对长期不发情母猪,让公猪常和母猪接触,每天接触10~20分钟,在一般情况下长期不发情母猪开始陆续发情。实践证明此方法很实用,收效很大,各地可以采用。

(二)注射促性腺激素催情 对长期不发情母猪颈部肌内注射三合激素1~2毫升,注射后经2~3天即可发情,第一次发情配种受胎率50%~60%,第二次发情配种受胎率80%~90%。如果实行诱导发情或注射促性腺激素催情配种仍然不怀孕,这些母猪要及时处理。

六、配种操作技术要点

配种工作成绩如何直接关系着猪场全面生产,所以配种工作对猪场生产来讲是关键性一环,必须抓好。配种操作要按照以下技术要点进行:

1. 要选择个体相近的公、母猪进行交配,配种开始前用消毒药水擦洗母猪外阴和公猪包皮,然后用清水洗净擦干后方可参加配种。

2. 待母猪允许公猪爬跨后6~12小时(后备母猪稍推后)开始第一次配种;间隔8~12小时后再复配一次。针对后备母猪及返情猪只有特殊情况下,应配种三次,每次间隔12小时。

3. 配种宜在气候凉爽时进行,一般冬天中午配,夏天宜早、晚配。

4. 每次配种,饲养员应尽力协助公猪,使其顺利完成配种,且配种环境应安静。

5. 配种正式交配时间应多于4分钟,低于4分钟无有效射精者应重新配种。

6. 有生殖器官疾病的母猪或公猪应抓紧治疗或淘汰,在疾病没有治疗好前不可参加配种。

7. 做好后备母猪的发情观察，并做好记录，待到第三次发情时配种最为合适。

8. 初配公猪体重要在120千克以上，月龄在8月龄以上；初配母猪体重达到120千克，月龄在8月以上。

9. 不发情或发情不明显的后备母猪及经产母猪应及时采取综合催情措施，仍不发情者应予以淘汰。

10. 连续返情三次、流产两次或空怀后又配不上种的母猪，经治疗仍配不上者应及时淘汰。

七、人工授精技术

猪人工授精技术是以种猪的培育和商品猪的生产为目的而采用的最简单有效的方法，是进行科学养猪、实现养猪生产现代化的重要手段，它有如下优点：

1. 节省公猪，并减少每头公猪的使用次数，克服时间和区域差异，适时配种。

2. 节省人力、物力、财力，提高经济效益，减少疾病的传播。

3. 提高配种率：由于可以利用显微镜、密度仪等仪器对精子质量进行监控，有效提高了配种受胎率，并可及时调整精子质量较差的公猪。

4. 增加遗传性能优良的公猪的利用率，扩大良种覆盖率，有利于品种改良。

进行人工授精主要按如下操作要领：

（一）采精

1. 饲养员将待采精的公猪赶至采精栏，用温水（夏天用自来水）将公猪的下腹部清洗干净，再用毛巾擦干。

2. 公猪爬跨假台畜并逐步伸出阴茎，脱去外层手套，将公猪阴茎龟头导入空拳。

3. 用手紧握伸出的公猪阴茎螺旋状龟头，顺势将阴茎拉出，握紧阴茎龟头防止其旋转，公猪即可射精。

4. 用三层纱布过滤收集浓精液于保温杯内的一次性采精袋内，最初射出的清亮部分，不必接取，一般情况下仅收集浓精液；但在寒冷天气，采精时应注意采出精液的保温，可根据情况适当增大收集量。

5. 公猪采精调教：①后备公猪 7 月龄开始进行采精调教。②每次调教时间不超过 15 分钟。③一旦采精获得成功，分别在第二、第三天再采精 1 次，进行巩固掌握该技术。④采精调教可采用发情母猪诱导、观摩有经验公猪采精、以发情母猪分泌物刺激等方法。⑤调教公猪要有耐心，不打骂公猪。⑥注意公猪和调教人员的安全。

6. 采精频率：8～12 月龄公猪每周 1 次；12～18 月龄青年公猪每 2 周采 3 次；18 月龄后每周采 2 次。所有采精公猪即使精液不使用时，每周也应采精 1 次，以保持公猪性欲和精液的质量。

（二）精液品质的检查

1. 精液量：以电子天平称量精液，按每克 1 毫升计。

2. 颜色：正常的精液是乳白色或浅灰白，精子密度越高，色泽越浓，其透明度越低。如带有绿色或黄色是混有尿液，若带有淡红色或红褐色是含有血液，这样的精液应舍弃不用。

3. 气味：猪精液略带腥味，如有异常气味，应废弃。

4. 精子活力检查：活力是指呈直线运动的精子百分率，在显微镜下观察精子活力，原精一般按 0～5 分评分；稀释后的精液一般按 0～100% 评分，一般要求原精活力在 2 分以上可以进行稀释；稀释后精液活力在 70% 以上进行分装；贮藏精液活力在 60% 以上使用。

5. 精子密度：指每毫升精液中所含的精子数，是确定稀释倍数的重要指标。要求用专用精液密度仪测定。输精浓度过低会造成产仔数降低，浓度过高将使精液的保存期缩短。

6. 精子畸形率：是指异常精子的百分率，一般要求畸形率不超过20%。畸形精子种类很多，如：巨型精子、短小精子、双头或双尾精子，顶体膨胀或脱落、精子头部残缺或与尾部分离、尾部变曲。

（三）精液的稀释

1. 精液采集后应尽快在30分钟内稀释。

2. 稀释时，将稀释液沿盛精液的杯壁缓慢加入到精液中，然后轻轻摇动或用消毒玻璃棒搅拌，使之混合均匀。

3. 稀释倍数的确定：活力≥0.7的精液，一般按每个输精剂量含40亿个总精子，输精量为80～90毫升确定稀释倍数。例如：某头公猪一次采精量是200毫升，活力为0.8，密度为2亿个/毫升，要求每个输精剂量是含40亿个精子，输精量为80毫升，则总精子数为200毫升×2亿个/毫升=400亿个，输精头份为400亿÷40亿=10份，加入稀释液的量为10×80毫升－200毫升=600毫升。

4. 稀释后要求静置片刻，再作精了活力检查，如果精子活力低于70%，不能进行分装。

（四）精液的常温保存

1. 精液稀释后，检查精液活力，若无明显下降，按每头份80～90毫升分装。

2. 置于22～25℃的室温（或用几层毛巾包好）1小时后（在炎热的夏季和寒冷的冬季，特别应注意本环节），再直接放置17℃冰箱中。

3. 保存过程中要求每12小时将精液缓慢轻柔地混匀一次，防止精子沉淀而引起死亡。

（五）输精

1. 输精时间：①断奶后3～6天发情的经产母猪，发情出现站立反应后6～12小时进行第1次输精配种。②后备母猪和断奶后7天以上发情的经产母猪，发情出现站立反应，就进行配种（输精）。

2. 将待配种母猪赶入专用配种栏，使母猪在输精时可与隔壁栏的试情公猪鼻部接触，在母猪处于安静状态下输精。

3. 将输精管45°角向上插入母猪生殖道内，输精管进入10厘米左右之后，感觉到有阻力时，使输精管水平，继续缓慢用力插入，直到感觉输精管前端被锁定（轻轻回拉不动）。

4. 缓慢摇匀精液，用剪刀剪去精液袋管嘴，接到输精管上，使精液袋竖直向上，保持精液流动畅通，开始进行输精。

5. 输精过程中，尽量避免用力挤压输精，当输精困难时，可通过抚摸母猪的乳房或外阴、压背刺激母猪等方法，使其子宫收缩产生负压，将精液吸纳；如精液仍难以输入，可能是输精管插入子宫太靠前，这时需要将输精管倒拉回一点。

6. 输精时间最少要求3～5分钟，输完一头母猪后应在防止空气进入母猪生殖道的情况下，把输精管后端一小段折起，使其滞留在母猪生殖道内3～5分钟后，再将输精管慢慢拉出。

7. 每头母猪在一个发情期内要求至少输精2次，两次输精时间间隔12小时左右。

第三节　母猪的妊娠与分娩

一、妊娠的建立

孕体和母体之间产生了信息传递和反应后，双方的联系和互相作用已通过激素的媒介和其他生理因素而固定下来，从而确定开始妊娠，这叫做妊娠的建立。猪孕体在11～13天开始产生雌激素，主要是硫酸雌酮，它是母体识别孕体的信号，具有促黄体的功能，黄体分泌的孕酮可被孕体代谢转变成雌激素。雌激素作用于子宫内膜，改变$PGF_{2\alpha}$的分泌方向而不使卵巢黄体溶解。猪的胚泡冲洗液中含有HCG（人绒毛膜促性腺激素）样物质，可能具有促黄体作用。雌激素和HCG协同作用能刺激猪卵巢颗粒细胞合成孕酮。

二、妊娠诊断

（一）一般妊娠诊断　一般情况下在交配后20多天母猪不再发情，说明该母猪已怀孕。这里需要指出，必须有配种记录可查配种时间，否则心中无数，记不清何时配种，也就很难判定是否妊娠了。也有个别母猪受孕后仍出现某些发情症状，这称为“假发情”。要根据发情时间、精神状态和食量综合判断。其中主要根据发情时间、发情持续期判断，一般拒绝公猪交配，发情时间也短。

（二）计算预产期的方法　母猪妊娠期一般是110～120天，平均为114天。计算预产期方法很多，为了便于记忆可用“三三三”来表示，即母猪妊娠期为3个月3周零3天来计算预产期。也有简单方法是将配种日期的月份加4、日期减10或配种月加3、配种日加20。例如2月15日配种，则预产期2+4=6，15-10=5，即6月5日。母猪提早或推迟1～3天均属正常。

（三）早期妊娠诊断　早期妊娠诊断非常重要，早期发现母猪是否怀孕，如果没有怀孕可以及时补配，避免空怀母猪造成的损失。早期妊娠诊断时间在配种后20天以内进行。目前主要观察外部形态的变化和用仪器测定是否怀孕。

1. 观察外部形态变化：当母猪配种后如果表现疲倦，贪睡，食欲旺盛，食量增加，容易上膘，皮毛日益发光而且紧贴身躯，性情温顺，行动稳重；如果到圈内赶猪时，母猪的尾巴自然下垂，或夹尾巴行走，同时阴户下联合的裂缝向内上方收缩，像一条线一样。根据这些外部形态变化可以判断是否怀孕。

2. 超声波妊娠诊断仪：现代先进技术就是用超声波早期诊断仪。超声波妊娠诊断仪一般由主机和探触器构成。使用时把探触器贴于猪肋部体表，根据机体在荧光屏出现的光束和音响判断是否怀孕。此法能检查一个月内的孕猪,准确率较高。但由于超声波仪的设计、厂家和性能差异,加上操作熟练程度或其他因素影响,其可靠性也有出入。据了解,美国制 TYPE2B 型多用妊娠诊断仪效果较好,携带方便,性能稳定,准确率高。

3. 激素注射妊娠诊断法:母猪配种后 16 ~ 17 天,在母猪耳根皮下注射 3 ~ 5 毫升人工合成雌性激素,注射后出现发情症状的是空怀母猪,在 5 天内不发情的为怀孕母猪,但是乱用卵泡激素会引起卵巢机能障碍造成卵巢囊肿。一般情况下不采用注射激素诊断妊娠,只用做长期不发情母猪催情用。

三、减少胚胎和胎儿死亡的措施

1. 避免近亲交配。

2. 多喂含优质蛋白质、维生素 B、维生素 E、硒、微量元素、矿物质等丰富的饲料,按适量比例喂些食盐,适当搭配部分带有轻泻性的饲料,如麸皮、细米糠,防止母猪便秘。也可在母猪产前 1 ~ 2 个月,按 25 毫克/千克的用量注射或饲料添加维生素 B_{12},每天 1 次,连用 5 天。

四、分娩及产前、产后管理

保证母猪安全分娩是搞好养猪生产重要一环,也是提高仔猪成活率的第一关口,必须做好接产各项工作。

(一)产前准备工作

产前 15 天,大中型猪场的产房要用清水冲刷,待干后用 2% 氢氧化钠溶液大消毒,尤其是产床及保温箱、补料箱为重点。如果是单列式母猪舍先打扫卫生,然后进行喷雾消毒,铺上干燥、柔软、清洁的垫草,无论夏季或者严冬要求产房温度保持在 20 ~ 25℃,做到夏季降温冬季保暖。

产前一周不应大群放牧或驱赶运动,防止互相拥挤造成死胎或流产，但应在运动场内自由活动，过冷过热天气要注意严防中暑和感冒。大中型猪场的产房，母猪产前5~7天迁入产房，使它熟悉环境，便于接产管理。要求对母猪腹部和阴户用0.1%高锰酸钾溶液消毒。这项工作很重要，有些猪场明知应该做，但因怕麻烦常常做不到，即使做了也不能长期坚持下去。

母猪分娩80%~90%在夜间。应选择责任心强有接产经验的人员值夜班，产房环境安静。准备好接产用具：5%碘酒、高锰酸钾、肥皂、毛巾、水盆、母猪产仔记录卡片、耳号钳等以备接产用。

(二)安全接产(即接产技术)

母猪产前3~5天，外阴部红肿，乳房膨胀，尾根两侧稍下陷，但较肥的母猪尾根两侧下陷不明显。产前2~3天可挤出乳汁，一般当前部乳头能挤出乳汁时，分娩时间常不会超过一天；如果最后乳头也挤出乳汁，6小时左右即可分娩。产前6~12小时，母猪衔草作窝，这是临产特有症状，一般初产母猪比经产母猪作窝早，冷天比热天作窝早。国外瘦肉型猪衔草作窝没有地方猪种明显，只是把圈内垫草拱到一处。如发现母猪站卧不安，时起时卧，摆尾，频频排尿，时而呈犬卧姿势，开始阵痛，阴户流出稀薄黏液即“破水”，这是即将产仔征兆。接产人员应把手指甲剪短并用肥皂水洗手，一般情况下母猪破水后半小时即会产出第一头仔猪，当仔猪出生后，应立即用手指掏出口腔黏液，然后用柔软垫草将全身黏液擦干。个别仔猪产出后如遇胎衣未破，应马上用手撕破放出羊水，严防仔猪窒息死亡。仔猪出生后，应把脐带理顺，防止仔猪用力挣扎，以免脐带在肚脐处断裂，造成大出血。断脐时应一手固定脐带基部，另一手剪断脐带，留长度为10厘米，用线结扎断面后再用5%碘酒消毒，脐带经3~4天会干枯脱落。擦干黏液和断脐后，为了安定母猪情绪，尽早吃上初乳，把出生重较大的放在后边乳头吃乳，出生重较小的放在前边乳头吃乳。为防止踩死、压死仔猪，吃过初乳的仔猪应放入护仔箱内，上面盖上麻袋保温，冬季单列式母猪栏应生煤火或烧木柴,保持室内温度。工厂化养猪场产房要注意室内温度不低于25℃,仔猪的护仔箱内温度33~35℃,以利于仔猪健康生长。母猪分娩一般5~20分钟产出一头仔猪,正常分娩持续时间2~4小时,有的长达10小时。仔猪全部产出后约半小时内排出胎衣。要特别注意胎衣是否全部排出。若胎衣全部排出,分娩结束。将胎衣清除出去,严禁母猪吃胎衣,以防恶癖。

(三)母猪分娩过程中常发生的问题及解决办法

1. 难产:一般来说,经产母猪很少难产。如遇初产母猪难产,措施如下:如产前时起时卧,腹部反复努责不见产仔,这时按摩乳房,促其努责,然后按压腹部,若反复按压腹部仍不见效,可肌内注射催产素,用量按每100千克体重2毫升,经半小时或一个小时即可产出仔猪。若仍不见效,应进行人工助产。这些母猪大多数属产道狭窄形成难产。其方法是,剪手指甲,并磨钝以免刺破产道。手和手臂消毒后,将手呈半握状慢慢伸入产道,当不努责时手很容易伸入产道,用手指握住仔猪,随着母猪阵缩轻轻向外拉出仔猪,切不可用力过猛。要握住仔猪头部或两条后腿向外拉出,一定要将子宫内仔猪全部拉出,人工助产才算结束。如掏不了就请兽医进行剖腹产。

2. 抢救假死仔猪的方法:当仔猪全身发软,张口抽气,甚至停止呼吸,但心脏还跳动,用手捏住脐带,其根部仍在跳动,这些猪大都可以救活。其方法是用手提住仔猪两条后腿倒立,轻轻拍打胸部,直至发出叫声为止。也可将假死仔猪仰卧在垫草地上,使两前肢伸屈,一手捏住口鼻时紧时松进行人工呼吸。一般后者的效果不如前者,总之,要千方百计进行抢救,尽量减少仔猪死亡。

3. 如何对待初产母猪不让吃初乳:有个别母猪产后不让其仔猪吃乳或有咬仔猪的现象,这是初产母猪未见过仔猪,有害怕心理。此时护理人员拿住小猪,距离母猪远些,让母猪看,逐渐接近母猪,使其慢慢放松警惕,了解仔猪不会伤害它,经数次后母猪就不咬仔猪了。若遇不让仔猪吃乳，接产人员慢慢接近母猪，让其卧下建立亲近关系，接产人员轻轻按摩腹部，挡住母猪眼睛，让仔猪吃乳，经过数次调教，一般情况下母猪会让仔猪吃乳。

4. 仔猪如何实行寄养：当发现个别产仔猪少于 5 头，同时又有高产母猪产活仔猪 12 头以上，应实行仔猪寄养。最好是同时出生仔猪，出生时间不超过一天，一般不超过 3 ~ 4 天，将母猪产活仔猪多的寄养给产活仔少的母猪。

（四）仔猪的管理　仔猪生后 3 天内，不固定乳头，3 天后就自行固定乳头。仔猪每隔 0.5 ~ 1 小时吃一次乳，要求接产人员白天、夜间 24 小时不离开产房，严防压死仔猪。办法是护仔箱开一个口，吃乳时仔猪从护仔箱出来，不吃乳时又回到护仔箱内。刚开始需要人工调教，约经过一周时间，饿了自己跑去吃乳，吃乳后又回到护仔箱内。仔猪生完后，给仔猪剪耳号、称重、填入母猪产仔记录本上。仔猪生后 12 小时内颈部肌内注射血多素或富来血 1 ~ 2毫升，以防贫血，促进仔猪生长发育。

（五）早期断奶仔猪饲养管理

1. 仔猪断奶是养猪的重要环节，通常称为仔猪断奶关。仔猪断奶天数过去采用 60 天、42 天、35 天。采用以上断奶方式仔猪发育比较成熟，断奶时体重较大，消化道各种功能已成熟和完善，消化蛋白、脂肪、糖及各种酶的活力较高，仔猪断奶腹泻比例小，仔猪抵抗力强，抵抗断奶应激能力强，断奶后体重减重时间短。但是通过实践发现以上断奶方式有许多不足：断奶母猪产奶 21 天达到高峰，然后逐渐减少，仅靠产奶不能满足仔猪发育需要；仔猪由于断奶天数较长，母猪断奶时体重失重较大，断奶时体重恢复时间长。断奶天数长，影响母猪年产胎次。不同断奶天数 60 天、42 天、35 天、28 天、21 天、14 天对应母猪年产胎次分别为：1.87 胎、2.06 胎、2.15 胎、2.24 胎、2.34 胎、2.49 胎。如果采用 35 天断奶，母猪年产窝数不能实现年产 2.2 窝目标。另外，由于母源抗体减少，对仔猪保护力下降,推迟断奶时间,母猪体内病原通过乳汁、身体直接接触传给仔猪,成为仔猪发病的重要途径。所以目前多数猪场开始推行早期断奶(≤21 天),或者超早期断奶(≤14 天)。

2. 早期或超早期断奶优点主要有:对于母猪缩短断奶天数可以增加年产胎次,提高母猪利用率,减少病原从母猪传给仔猪的风险,可以避免母猪产房内泌乳造成过分减重,利于母猪产后体况快速恢复和发情配种,减少母猪产后繁殖疾患。对于仔猪主要切断病原从母体传染仔猪途径,提高仔猪健康水平和仔猪断奶后生长速度。

3. 早期断奶的管理要点:早期断奶仔猪面临的突出问题是断奶应激减重,有时出现负增重,仔猪腹泻,治疗效果不好,以及断奶出现水肿病等。

仔猪早期断奶产生应激反应一般包括营养应激、心理应激和环境应激 3 个方面,减少应激应从以下几个方面着手:

(1)早期补料:仔猪早期补料是减少断奶营养应激的关键,仔猪出生后 3 ~5 天就开始用乳猪料诱食,以促进胃肠功能发育,尽快适应植物性饲料。诱食要采取强制办法,每天数次将仔猪关进补料栏,限制吮乳,强制吃料,将乳猪饲料撒在仔猪补料栏内,每天训练 4 ~5 次,一般 3 天左右就会正常吃料。开始补料时饲料要少给,少喂多餐,一天 5 ~6 次,晚上至少 1 次,供给的饲料最好为利于消化吸收的高营养水平的乳猪开口料。要经常保持料槽的洁净,保持供给饲料的干净、新鲜和具有的清香味,并根据乳猪的个体增长逐渐加料,添加的饲料以 1 小时内吃完为宜。同时,仔猪栏内要设水槽(有条件的可安装自动饮水器),供仔猪自由饮水,饮水器高度注意与仔猪肩平,出水量合适。

(2)渐进性断奶:断奶应逐渐进行,不要一次突然断奶,以减少仔猪心理应激影响。断奶前 5 天逐渐减少母猪与仔猪间接触,减少仔猪吮乳次数,增加仔猪补料次数,在仔猪吸乳结束后,及时将仔猪隔开休息，要渐进性地延长吸乳间隔时间，使仔猪对断奶有一个适应过程，从而达到减轻断奶应激的目的，一般来说第 1～2 天让仔猪哺乳 4～5 次，第 2～4 天减为 1～3 次，第 5 天后就可以实现完全断奶了。

(3)离奶不离圈：仔猪实现完全断奶后，要把母猪赶到其他猪舍，仔猪要留在原来的圈舍单独饲养 3 天以上，这样可以避免由于断奶和环境改变引起的应激累加。有时断奶前让两圈猪先合圈熟悉，断奶到保育舍时仔猪可以有效减少争斗，减少应激。

(4)应激预防：仔猪断奶期间要保持环境安静，避免噪声刺激，要注意仔猪的保温、供给饲料的一致性和定时性。断奶前 3 天要大剂量的给仔猪服用维生素 C 和口服补液盐，以减缓仔猪的断奶应激。

(5)区别对待：仔猪在患病、驱虫、防疫、去势、气温骤变等情况下不宜断奶；个体小、体质弱、食欲差和拟作种用的仔猪推后断奶。

(六)加强断奶仔猪的保育

1. 同窝转栏：从产房转到保育舍的仔猪要尽量保持同窝不混群，这样可以减少仔猪病原感染的机会；同时也可以避免应激、避免不同窝间的争斗和争食造成对仔猪的伤害。

注意保温：仔猪对环境温度较为敏感，要注意为仔猪创造一个适宜的小气候保持温度相对稳定，避免忽高忽低，以防仔猪感冒。最适宜仔猪生长的环境温度为：21～30 日龄，25～28℃，31～60 日龄，23～25℃。

2. 渐进换料：仔猪断奶后 2 周内必须饲喂和仔猪补料相同的全价哺乳仔猪料，需要换成断奶仔猪料和仔猪料时，要循序渐进地进行，换料过渡期新料和原料要混合饲喂，混合的新料，原料之间的比例要逐渐增加、缓慢过渡。

3. 搞好疫病的防治：疫病防治对养猪尤其是规模化的养猪业

来说非常的重要，要以预防为主，治疗为辅。预防的总体要求：一是经常保持猪场圈舍、器皿和环境的清洁卫生，定期清洗、定期排污、定期消毒；二是要采取全进全出的饲养方式，防止疫病的交叉感染；三是要定期进行疫苗注射。母猪产前一个月前注射伪狂犬病疫苗，乳猪最好一日龄吸食初乳前注射一次猪瘟弱毒疫苗，断奶后注射一次猪瘟疫苗，仔猪25日龄注射口蹄疫苗，并根据情况选择性地注射伪狂犬病疫苗、链球菌苗、支原体苗等；四是针对养猪场（户）仔猪发病的实际情况，有选择地添加抗生素进行预防，如在饲料中预防性地添加土霉素、四环素等抗生素，可明显降低仔猪下痢（黄痢、白痢）发生的几率。同时要经常巡视猪群，发现病猪要及时隔离。及时治疗。

五、提高母猪繁殖力的措施

母猪是养猪生产的基础，在工厂化养猪条件下，提高母猪生产能力是提高养猪生产效益的前提。母猪的生产能力主要包括年产仔窝数与断奶窝仔猪头数两部分，其中决定年产仔窝数的是母猪繁殖周期的长短，决定断奶窝仔数的是窝产活仔数和断奶前死亡率，要提高母猪的生产能力就要从决定母猪生产能力的因素入手，找出相应的解决措施，提高整个生产母猪群的生产力。

（一）选择优良猪种的母猪　工厂化养猪生产中，商品猪的母体大都采用长大或大长的二元母猪，这是因为二元母猪在繁殖性能上具有明显杂种优势，同时适合市场对瘦肉型猪的需求，所以这种组合在我国工厂化养猪中普遍采用。在选择长大后备母猪时，体型上应平直或微倾，腹部比较大而松弛，腹部过度收缩的母猪繁殖力都较差。奶头排列整齐均匀，一般在7对以上，奶头饱满，不能有瞎奶头、副乳头等。外阴部大小适中、下垂，外阴部小而上翘的母猪繁殖性能一般较差，经常有返情或不受孕的现象。保持正常体况的母体（不肥不瘦）繁殖性能较好。瘦肉率过高的母猪，其繁殖性能方面相对较差。在三元杂交体系中，对母本瘦肉率要求不是太严格。

（二）适时配种　长大或大长后备母猪配种一般以体重达到110～115千克为宜。高于或低于这一体重对产仔数都有影响，偏差越大，影响越大。后备母猪从有明显发情表现到排卵的间隔一般为36～40小时，经产母猪为38～44小时，排卵时间平均为2～7小时，因此开始发情后8～12小时配第一次，间隔12小时进行复配通常都可以取得很好的效果。发情不明显的母猪有必要进行二次复配。母猪断奶后一般在3～10天内发情，妊娠后的母猪都要进行控制饲喂量，保持中等体况能够提高其窝产仔数。

（三）淘汰繁殖性能差的母猪，提高群体繁殖水平　正常生产状态下，有个别母猪长时间不发情或频繁返情，对用药物催情和改善饲养管理无效，或返情3次以上的母猪应该及时淘汰。母猪一般3～6胎仔数最高，到9～10胎降低，且带仔性能明显偏差。这种母猪应以淘汰。对哺乳性能差或产后无奶的母猪应做记录，若以后出现同类情况时则应淘汰。

（四）加强管理　加强种公猪和妊娠母猪的饲养管理，减少母猪返情和产死胎、畸型仔猪等现象的发生。种公猪要求体质结实，四肢稳健，性欲旺盛。一般坚持每周检查精液1～2次。对密度偏稀，活力较差的公猪即刻停用，加强管理。公猪每天应运动两次，上午和下午各一次，并配制专门的公猪饲料，还可以适量饲喂饲料，配种强度要适当，2～4岁成年公猪每天可配1～2次，每周有1～2天休息，根据公猪情况而定。后备母猪在体重80～90千克时根据实际情况注射细小病毒、乙脑与伪狂犬病等疫苗，防止流产、死胎、木乃伊胎等现象的发生。母猪在妊娠阶段由于饲料管理不当造成死胎的主要原因有：①母猪受到过强应激。②妊娠期饲喂腐败变质的饲料。③环境条件及气温的剧变。母猪妊娠后要控制饲料的喂量，一般在妊娠后30天内每天饲喂1.6～1.8千克；30～

60天每天饲喂2.1～2.3千克;60～108天每天饲喂2.5～2.8千克;最后7天逐渐减少,直至每天1.2千克为止,对于个别偏瘦、偏肥的猪应适当加料、减料,妊娠母猪的标准体况是中等体况。对于大群同栏饲养的妊娠母猪不应中途并栏,以免挤、争斗等刺激。平时要做好防疫消毒工作,消除体内外寄生虫。

(五)做好接产工作和哺乳母猪的饲养管理 母猪在分娩过程中,要有人照顾,接产时保持环境安静,动作要迅速、及时,若有难产,通常用催产素肌内注射。若30分钟后仍未产出,则要进行人工助产,助产人员一定要按操作规程做好各项助产工作。

母猪产后应少喂饲料,同时连续3～5天适当补加食盐,1周内喂料量不宜增加太快,2周后开始正常饲喂。应注意检查哺乳母猪的乳房,对发生乳房炎的母猪应及时采取措施治疗。泌乳期母猪饲喂要遵循“少给勤添”的原则,一般每天喂3～4次。在泌乳期还要特别注意预防母猪便秘,母猪便秘可影响乳汁质量甚至造成仔猪下痢。

产房管理是控制仔猪死亡的关键环节,一定要严格管理,严格执行操作规程。产房工作是个细致的工作,需能吃苦、有耐心、有技术的饲养员,对产房工人的要求相对来讲要高,还应定期进行技术培训。

(六)做好仔猪腹泻的预防与治疗工作 哺乳仔猪死亡率是整个养猪生产各环节中最高的,通常在10%以内。做好哺乳仔猪腹泻的预防与治疗工作是降低残废率、提高断奶体重的关键。哺乳仔猪适时补铁可以预防缺铁性贫血造成的仔猪下痢,有利于增强仔猪体质及其抵抗疾病的能力。哺乳仔猪常见的腹泻病有仔猪黄痢、白痢、传染性胃肠炎和流行性腹泻,此外还有感冒等。对常见病以预防为主,平时做好环境消毒,断奶后栏位应用消毒水喷洒,或用石灰水洗刷。彻底进行消毒,同时应坚持“全进全出”,集中产仔、集中断奶、集中消毒,防止交叉感染。产仔前对保温设施应进行检查修理。环境温度，尤其以产后10天内的舍温，对初生仔猪影响非常大。母猪产仔后疾病易于流行，此时要加强消毒，保持舍内温暖、干燥。为防止哺乳仔猪下痢，也可在母猪产前28天注射K88、K99、987P、F41大肠杆菌四价疫苗。当仔猪群中腹泻较多时，可给母猪添喂磺胺脒或中草药剂，效果很好。治疗仔猪黄、白痢效果比较好的药物有：硫酸妥布霉素、伟达欣、新霉素等，严重脱水的仔猪应及时补液，腹腔注射生理盐水和抗生素。

优质的全价饲料是确保母猪繁殖性能充分发挥的关键，应按照哺乳母猪的营养需要配制全价日粮，认真地控制饲料质量，全面满足营养需要，特别注意能量、蛋白质、维生素和矿物质的摄取。

影响母猪繁殖性能的因素很多，必须按照科学的原则做好母猪的饲养管理以取得最大的经济效益。

六、泌乳及无乳症处理

母猪产后无乳症是当今集约化猪场分娩母猪哺乳期的常见病，主要见于初产及老龄母猪。临床特征主要是厌食、精神委靡不振、不愿让仔猪吮乳、乳房无乳及泌乳不足、泌乳期间乳腺机能紊乱。

(一)青年母猪无乳症　青年母猪无乳症大多是由于母猪没有生产经验，生产时过于兴奋、紧张、恐惧或烦躁，或因在泌乳期受到惊吓和强烈刺激，使泌乳机能受到抑制，导致心理性无乳症。大多数母猪激动、烦躁、不让仔猪吃奶、不理睬甚至伤害仔猪，母猪乳腺胀满却无乳汁流出。对此种情况的处理方法是注射镇静剂及催产素，让母猪随意运动。

有些母猪虽然精神状态正常，但乳腺肿胀、疼痛、不分泌乳汁，原因是乳汁流不出。生产中应注意对母猪进行清洗和消毒，临产前一周先清洗，然后选用0.1%的高锰酸钾液、新洁而灭或次氯酸钠给母猪消毒，尤其对其乳房、腹侧和臀部更应彻底消毒，然后进入清洁消毒过的产房。母猪进入产房后，每天减少 0.5 千克日粮，临产的当天不要喂精料，可喂饮适量麸皮汤（加少量盐）。产后再清洗和消毒母猪的乳房、腹侧和臀部，并按摩乳房，把每个乳头的第一、第二把奶挤掉。产后 1～2 天可喂饮适量麸皮汤（加少量盐），每天喂 3～5 次，防止过食，多喂青绿饲料。产后第 3 天再逐渐增加配合全价日粮至常量，宜喂生湿料。

还有些母猪由于配种过早、乳腺发育未全，导致促进泌乳的激素和神经机能失调。这种情况一般可肌内注射催产素 10 国际单位，同时坚持每天按摩乳房。为减少该病的发生，生产中应注意把握母猪的初配年龄。母猪的初配年龄需根据品种来定，品种不同，其初配年龄亦不同。本地母猪为 6～8 月龄，外来良种母猪为 8～10 月龄。

（二）营养不良导致的无乳症 在母猪怀孕期间未能满足其营养需要，尤其在其怀孕后期没有按需要补充一部分精料，可直接导致母猪产后消瘦和无乳。

症状：母猪在开始分娩至分娩结束这段时间还有奶，在产后 12～48 小时泌乳量减少或完全无乳，乳房及乳头缩小，乳房松弛或乳房肥厚，挤不出乳汁。患猪食欲不振，精神沉郁，体温升高至 39.5～41.5℃，鼻镜干燥，不愿站立，对仔猪感情冷漠，对仔猪的吮乳要求没有反应。

预防：加强母猪的饲养管理，在母猪怀孕期间注意补充饲料，尤其要逐步增加精料在日粮中的比例，日粮中鱼粉的比例不能少于 3%，豆粕的比例不能低于 10%，整个日粮中粗蛋白质的含量不能低于 14%。若不补充鱼粉和豆粕，则每头母猪须另加 200 克赖氨酸和 50 克的蛋氨酸。另外要根据母猪的体况适当增减精料，防止过瘦或过肥，尤其要防止便秘和产后不食。在产前产后要经常喂给母猪青绿多汁饲料，饲喂富含蛋白质、矿物质以及维生素的全价配合饲料。令母猪多运动，同时排除猪场内外的应激源，把猪舍内的噪声控制在最低限度。在临产前 7 天将母猪转移到产房，让母猪适应新的环境。分娩前要做好产前消毒工作，产后肌内注射催产素 3 ~4 毫升，以促使子宫收缩排出胎盘碎片和炎症分泌物。

（三）大肠杆菌类乳腺炎导致的无乳症　母猪产后受到感染，性情抑郁，食欲不振，母性下降，体温升高至 40.5 ~42.0℃，精神不振，导致泌乳机能发生紊乱。

触诊可感知母猪的乳腺膨大、水肿。细菌感染的乳腺上有红色斑点。被感染的乳腺分泌的乳汁可能呈浆状，含脓或血。乳汁内的细胞密度可达 200×10^{8} 个/毫升，其中血球含量为 75% 左右。

治疗：对急性病猪可用抗生素，以非肠道处理方式救治。3 ~4 毫升催产素经肌内注射可刺激泌乳，间隔 12 小时静脉注射氟胺烟酸葡胺 2 毫克/千克，可治愈此病。母猪可在 4 小时内安静下来，24 小时内开始哺乳仔猪。给母猪提供鲜嫩青饲料可刺激其食欲。

（四）非感染性无乳症　症状与大肠杆菌乳腺炎相似，但乳汁分泌正常，只有轻度发烧（39.5℃）症状，未发现乳腺炎及子宫炎。组织学检查发现，患病猪的乳腺通常与妊娠 110 天时母猪的乳腺相似。有人认为，此病是激素失调病，管理或营养的不平衡都可导致此病。

（五）麦角中毒引起的无乳症　由于慢性麦角中毒影响乳腺发育而导致母猪发生无乳症，注射催产素无效，且无特效治疗方法。发生此种情况应立即停止饲喂被污染的日粮。麦角中毒是抑制乳腺生长的主要原因，但其他霉菌也具有相似的影响。生产中切记，任何时候都不要使用被霉菌污染的饲料或垫褥。

（六）脱水引起的无乳症　此病因母猪不能得到正常饮水所致。

第四节　猪的繁殖障碍

猪的繁殖障碍是养猪生产中最难解决和直接影响养猪效率的难题，主要有永久性不育和暂时性不育两种。

一、永久性不育

由于遗传因素如染色体畸变导致生殖道畸形或不全、后天的疾病、长期的营养严重缺乏等因素，可能造成生殖器官受损甚至使猪永久性不育。

二、暂时性不育和低繁殖力

乏情是母猪繁殖障碍的一个很重要原因，主要是后备母猪达到初情期时，因卵巢没有周期性的功能活动而不发情，还有的是由于卵巢和子宫的疾患造成。对乏情母猪可注射催情药如雌激素类药，可以诱发发情。对达到初情期后备母猪可通过运动刺激发情。

对公猪而言，营养不良或缺乏，过冷或过热，严重的应激都可能造成暂时性不育。如果条件得到改善可以恢复，如果不能尽快改善，暂时性不育有可能变成永久性不育，特别是对于青年公猪来说，这种情况非常多见。

母猪的繁殖力低下主要有三个方面的原因：遗传、营养和管理。

遗传因素主要是品种原因造成，应尽量选用繁殖力高的品种如太湖猪等。另外过度近交也会造成繁殖力低。

在营养方面要注意既要满足母猪的营养需要，又要避免过肥，在妊娠开始后三天的初配母猪应限饲约每天 1.5 千克饲料。此外日粮中补充一些维生素对母猪发挥其最大繁殖力也很重要，如生物素、胆碱、叶酸、维生素 E 等。

管理方面应首先保证猪舍及猪的卫生，此外要加强饲养人员的责任心，建立良好的母猪个体繁殖登记制度，改进产房设备等。

第五节　养猪生产中的生物技术

一、诱发初情期

目前后备母猪初情期延迟或乏情以及屡配不孕也是养猪界面临的棘手问题之一，尤其是近年来养猪规模的高度集约化以及纯种猪的逐渐普及，该问题愈为突出，因此而淘汰的后备母猪占10%～50%不等。近年来随着生物技术在养猪生产中的应用，后备母猪以及经产母猪不发情或发情迟缓这一问题在目前得到了很大的改善。

在现实生产中多采用促性腺激素 PMSG 和 HCG 等药物制剂来处埋后备母猪不发情或发情延迟，在这作一介绍。

（一）用孕马血清促性腺激素（PMSG）来治疗母猪的乏情

PMSG 对母猪卵巢发育不全，孵巢机能衰退，公猪性欲不强，生精能力衰退，具有良好的疗效。在养猪生产中，主要用于母猪的诱导发情和同期发情，与绒毛膜促性腺激素（HCG）配合使用效果更佳。如实行同期发情，可采用断奶后同时注射 PMSG 750～1 500国际单位，同时或3～4 天后再注射 HCG 500 国际单位，一般有 80%～90%的母猪集中在第 2～4 天内发情，配种后受胎率接近或相当于正常水平。如用于母猪的诱导发情（催情），对于后备母猪初情期延迟，可采用 PMSG（剂量 400～600 国际单位/头）肌内注射以诱导发情和排卵；经产母猪断奶后不发情（乏情）也可肌内注射 PMSG 1 000～1 500 国际单位 1～2 次，隔日或连续 2 天，3～4天后再肌内注射 HCG 500 国际单位效果更佳。PMSG 与苯甲酸雌二醇结合使用，不但能有效地治疗母猪不发情，而且同时可使产仔数明显提高。具体方法:第1天肌内注射PMSG(1 000国际单位/100千克),第2天注射雌二醇6~8毫克,发情后于配种前12~24小时肌内注射LRH－A3 200微克(促排卵3号)。PMSG配合鱼肝油治疗母猪乏情可促进母猪正常发育排卵,并对子宫发育无不良影响,第1天饲喂鱼肝油(按生理需要量进行补充),第3天肌内注射PMSG－C 3毫升/头(PMSG复合制剂),第6天肌内注射HCG 500~1 000国际单位/头,5天内诱导发情率近100%,情期受胎率75%(总受胎率100%)。

苏联学者B. KoLaLehLko(1989年)发表了治疗母猪乏情的最佳方法,其程序是:注射三合维生素(维生素A、维生素D、维生素E)混合制剂,3天时注射PMSG,6天时注射HCG。对于多次发情仍屡配不孕的母猪,首先注射0.8~1.0毫升新斯的明溶液,48小时以后注射第2次,然后经过4~6天,再注射PMSG 1 800~2 000国际单位,治疗效果很好。

特别提示 在应用PMSG时,应注意剂量不宜过大(尤其在黄体期),否则可能引起卵巢囊肿,一般剂量为100国际单位/10千克体重。

(二)用绒毛膜促性腺激素(HCG)来治疗母猪的乏情 HCG主要用于促使母猪卵泡继续发育成熟,诱导排卵,排卵后使卵泡膜和粒层细胞转变为黄体细胞;对公猪能刺激睾丸中间细胞的发育,促使雄激素的分泌。配合PMSG使用,用于母猪催情,效果较好。也可单独使用HCG 500~1 000国际单位肌内注射,必要时间隔1~2天重复肌内注射1次,也可用于不发情、卵巢发育不全,如未发情,可间隔7天,再肌内注射1次。

有的母猪连续发情,长时间允许公猪爬跨,但不易受孕,可在配种的同时肌内注射HCG 500国际单位,促进排卵,如果仍接受配种,则再肌内注射HCG 1 000国际单位,以促进排卵和形成黄体。

对生长发育正常、有发情表现，但屡配不孕的母猪，可在预测发情期到来前1～2天肌内注射HCG 500国际单位，隔4～6小时再注射1次。由于卵巢囊肿造成母猪卵巢机能障碍使母猪断奶后表现不发情，可用HCG 1 000～2 000国际单位肌内注射治疗。公猪性欲减退或缺乏，可用HCG每日每头肌内注射1 000国际单位，连续5～6天，以促使性分泌腺发育，兴奋性机能，提高公猪性欲。

特别提示　HCG在水溶液中易失效，宜随用随配，多余的注射液应储存于冰箱中。

（三）促排3号　促排3号（LRH－A3）是由氨基酸合成的多肽激素，高效、价廉、无副作用。它能促使动物垂体分泌促黄体素和促卵泡素，能直接作用于卵巢，促使卵泡成熟排卵。在养猪生产中多用于促进母猪排卵，提高母猪产仔数。黄利权等（1995年）在配种前12～24小时肌内注射LRH－A3 200微克，产仔数比对照组提高17.29%。陈呈锋等（1996年）报道，发情母猪配种的同时肌内注射LRH－A3 100微克，与对照组相比，胎均产仔数提高1.94头，活仔数提高1.31头，有明显的增产效果，而且对处理的母猪以后产仔既无负效应也无累积效应。

LRH－A3与PMSG和苯甲酸雌二醇结合使用，可使产仔数明显提高。

LRH－A3与维生素A、维生素D、维生素E以及硒配合使用，可显著提高母猪繁殖力。方法是：在母猪断奶当天肌内注射维生素A、维生素D注射液0.5毫升和维生素E亚硒酸钠注射液5毫升，母猪发情配种当天每头颈部肌内注射LRH－A3 200微克，在母猪产前一周和产后一周再次肌内注射维生素A、维生素D注射液0.5毫升，维生素E亚硒酸钠注射液5毫升，结果母猪断奶后7天发情率达85.7%，10天内发情率达94.3%，情期受胎率

96.9%,窝均产仔数、窝均产活仔数、35天断奶窝均头数分别提高12.2%、12.9%、12.3%,效果显著。

二、同期发情

同期发情是利用某些激素制剂人为地控制并调整一群雌性动物发情周期的过程,使之在预定的时间内集中发情,以便有计划地合理配种。在集约化经营的大型猪场,如果能做到同期发情,必然收到很高的经济效益。

同期断奶法:对成年母猪,同期断奶诱导天然同期发情是一种切实可行的办法。母猪在哺乳期间垂体促性腺功能受到抑制,造成泌乳性乏情,断奶后,垂体迅速恢复周期性活动,1周左右出现发情并排卵。如果在断奶同时注射PMSG 750~1 000国际单位和HCG 500国际单位,则可以提高同期发情率和受胎率。

药物法:青年母猪皮下埋植500毫克乙基去甲睾酮20天,或每日注射30毫克,持续18天,停药后2~7天内发情率可达80%以上,受胎率60%~70%。

法国生产的一种合成类固醇物质RU-2267,性成熟的青年母猪每日口服15~20毫克,连续18天,停药后80%~90%在第4~8天出现发情,第一情期受胎率达70%~90%。美国生产的AC35957,口服效果也可以。英国生产的I.C.I.33828虽然效果也好,但怀疑胴体残留量对人体有损害,有些国家已停止使用。

三、诱发分娩

诱导分娩又称引产,是在认识分娩机制的基础上,利用外源激素模拟发动分娩的激素变化,调整分娩进程,促使其提前到来,产出正常的仔畜。这是人为控制分娩过程和时间的一项繁殖新技术。

根据母猪分娩机制,有4类激素可被用来进行诱导分娩,促肾上腺皮质激素作用于胎儿；对胎儿或母体施用皮质激素类似物；向母体施用$PGF_{2\alpha}$及其类似物；临产前12小时向母体注射催产素；由于猪的有效诱导分娩处理时间不能早于妊娠的111～112天，因此预产期只提前1～2天。诱导母猪分娩可在妊娠112～113天的母猪颈部肌内注射前列腺素类似物——氯前列烯醇0.2毫升（上海生产），30小时内多数母猪分娩。从注射到产仔间隔时间为23.94小时±4.4小时，窝平均产仔数及产死仔数与对照组差异不显著。另一种控制分娩时间的方法是在妊娠112天时肌内注射氯前列烯醇，次日再肌内注射催产素50国际单位，数小时后即可分娩。

第五章　猪场建筑与设备

猪舍设计与建造，要符合猪的生物特点和生理要求，结实耐用，实用经济。猪舍设计要系统规划，合理布局，因地制宜，就地取材。还应做到省工、省料和节约用地。既要考虑卫生防疫要求，又要满足科学饲养管理和机械化养猪的要求。另外，还要根据猪场的性质、任务和规模来确定猪舍的样式、大小和设备。所以建造猪舍时要慎重，反复论证，不得草率行事，切忌盲目模仿，把其他猪场缺点照抄下来，重复别人的弯路，而要认真分析其他猪场不足，并设法改进，在重要环节进行提高。更不能凭自己想象随便建几排猪舍就开始养猪，那样将遗留许多管理问题，为今后饲养管理带来难以克服后患，甚至影响到猪场存亡。

第一节　猪场设计

我国养猪过去以农户散养为主，随着我国经济的不断发展，养猪逐渐走向规模化和集约化，在稳定生产的基础上，取得更大的经济效益。由于专业化、集约化程度的提高，逐渐建成大小不等的养猪场。目前我国商品猪场，以中大型为主，猪群规模在 1 000 ~ 10 000头，这样便于管理和经营，可获得较好的经济效益。但是养猪场的规模，因地区的差别如农村与城郊、平原与山区，规模经营也存在着程度上的差异。因此，要因地制宜，选择合适规模。

一、场址的选择

场址选择是建场的第一步，对猪场发展非常重要。建场修圈要花相当的人力、物力和经费，建成后又不能随便移动，所以对场址的选择要认真考虑，仔细勘察，选好场址。选择场址应注意以下几个方面：

（一）地势　地形要开阔整齐，有足够的面积。地形狭长或边角多则不便于场地规划和建筑物布局，面积不足则造成建筑物拥挤，给饲养管理、防疫防火造成不便。猪场除生产区、生活行政管理区、隔离区外，还须留有发展余地。地势要求高燥、向阳、平坦，最好有1%～3%的坡度为宜，最大不得超过5%。有利排水，地下水位应在2米以下。地势低洼易造成积水和通风不良，夏季闷热，冬季阴冷，并导致蚊蝇、病原微生物和寄生虫孳生。场址坡度过大，使施工量增加，也会造成场内运输和饲料管理的不便。

（二）位置　为了猪场的防疫和居民区的环境卫生，猪场应建在离村庄1公里以上和交通运输方便的地方，最好在交通干线附近，便于产品的销售和饲料、猪粪的运输。但是又不能紧靠交通要道，应距离铁路和公路干线500米以上的距离。同时还要接近次要公路，一般距离在100～150米为宜。猪场要远离有毒气的工厂，屠宰场、皮革加工厂、牲畜市场和兽医院，这样有利于猪场的防疫和生产。猪场选择还应注意当地常年的主要风向，应建在村庄的下风或偏风方向，有利于环境卫生。在方位上，应坐北朝南或偏东15°，以保持阳光充足，冬暖夏凉。

（三）土壤　猪场的土壤以沙质土或壤土为宜。这种土壤排水良好，导热性较小，微生物不易繁殖，合乎卫生要求。混有沙砾和纯沙土的土质，夏季日照反射的热量多，会使猪舍温度升高。过于黏性的土质或地下水位过高的地方，下雨后排水不畅，易积水，道路泥泞难行。同时，对一些规模较大或现代化养猪场，还会导致地下管道腐蚀生锈，发生水暖中断或粪水外溢等现象，使生产受到严重的干扰。

（四）水源 水源要充足，水质要符合饮用水卫生标准。猪场用水较多，尤其是夏季，猪的饮水量增加，每头成年公、母猪日需饮水40～100升，肥猪需25～40升。饲料调制、猪舍冲洗和洗涤也需大量用水。因此水源要求充足，保证一年四季不缺水。水质要求清洁、无毒、无病菌和寄生虫污染，更不能有农药污染。饮水以井水和泉水较好。猪场用水应与居民点用水分开，严防疫病传播。

（五）电源 猪场保温、机械通风、饲料加工、照明及日常生活都离不开电。因此，电源必须稳定、可靠、充足。猪场用电级别为Ⅱ级或Ⅲ级，实际用电应为设计总负荷的0.7左右。如供电得不到保证，则需自备电源，其电机负荷不小于全场总负荷的1/4，以保证生产、生活的正常进行。猪场用电要考虑留有一定的余地，特别是夏季生活用电高峰时电力供应，以及猪场生活人员高峰用电需求。猪场变压设备要距离猪舍中间位置，减少线路长度，以及电能损失。

二、猪场内部布局

场址选好后，应根据猪场规模（近期和远期计划）和场内的地形、水源、交通、主风向等自然条件，全面规划场内建筑物的布局，以便有效而经济地利用土地。房舍建筑要求各房舍间联系要方便，布局要紧凑整齐，尽量缩短供水、供电和运输的线路，以利于整个生产过程的流水作业和便于实现机械化，同时还要符合生产管理和防疫、防火的要求。大、中型猪场在建场前，尤其应先作出全面规划，分出行政管理区、生产区、病猪隔离区、辅助生产区，然后在各区安排建筑物的布局。

（一）行政管理区 包括场长办公室、职工宿舍及食堂等，此区应建在猪场生产区大门口外面，便于对外联系，同时有利于防疫。为了保证良好的卫生条件,行政管理区最好设在地势较高和位于生产区的上风或偏风方向,这样不会受生产区污水或秽气的污染。

(二)生产区　包括猪舍、饲料加工、调制间、饲料仓库、人工授精室或交配室、卫生通过室和消毒池等。猪舍是猪场的主要部分,应设在猪场中心较干燥的地方,位于办公室、宿舍区的下风或偏风方向和病猪隔离区的上风方向。就猪舍布局来说,肥猪舍和种猪展售舍应设在猪场进口较近的地方,母猪舍和种公猪舍应设在猪场进口较远的地方。肥猪舍与种猪舍之间应有一定的距离,一般为60～120米,这样使来场提取肥猪和种猪的人不易进入种猪舍,可以减少种猪感染疫病的机会。公猪舍与母猪舍应相隔10米以上,且位于母猪舍的上风方向。为了配种方便,公猪舍离人工授精室或交配场地不能太远。人工授精室和交配场地应设在母猪舍附近,但距公猪舍不能太近,以免交配时引起其他公猪不安,影响公猪的健康和性欲。各猪舍要求左右平行,前后对齐。猪舍之间有一定间隔距离,一般每栋猪舍前后间隔10～20米,左右间隔为10～15米。运动场可设在猪舍的一侧或两侧。

大型猪场在生产区的进口处应设卫生通道和消毒池,凡进入生产区的人员应洗手、消毒、更衣和换胶鞋,注意在牌子上注明消毒要求、顺序,便于用户按照规定操作。外来车辆要先冲洗车辆排除杂质和污染物,消毒干燥后,再通过场门口消毒池进入场内装猪。

(三)饲料加工厂、调制间应位于猪舍的中心或一侧　饲料加工间离肥猪舍距离近些,减少运料时间。由于饲料仓库同场外联系频繁,料库应设在靠近猪场大门口或出口旁边,减少转运和感染疾病机会。这两类建筑物的地势,高于周围地面30～50厘米,以防雨水倒流造成饲料变质。

(四)病猪隔离区　包括贮粪场(粪池或污水池)、隔离猪舍和兽医室等。这些建筑应设在猪场的下风或偏风方向。一般贮粪场离生产区至少50米，而隔离猪舍和兽医室离生产区至少100米以上较为合适。为了便于实现运输机械化，除了各种房舍要合理布局外，对场内道路要很好规划，既要缩短运输线又要便于饲养管理，场内设计净道和污道，两者不能交叉。猪场房舍布局示意图见图9。

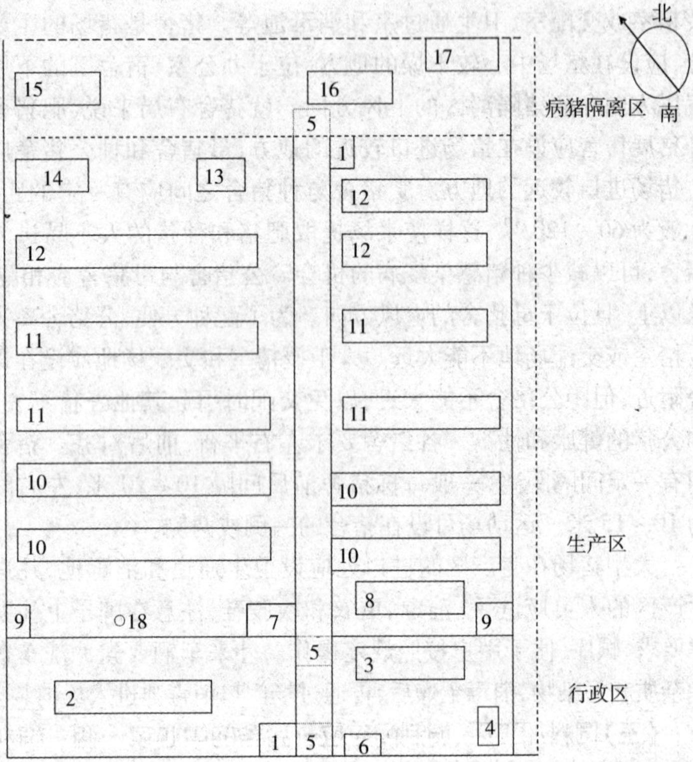

图9　猪场房舍布局示意图

1. 防疫门哨　2. 办公室　3. 宿舍　4. 厨房及食堂　5. 消毒池　6. 会议室　7. 更衣消毒室　8. 饲料加工及仓库　9. 装猪台　10. 肥猪舍　11. 断奶仔猪及幼猪舍　12. 母猪舍　13. 采精室　14. 公猪舍　15. 粪池　16. 兽医室　17. 病猪隔离室　18. 水塔

三、猪舍设计要点

猪舍尽量做到保温、防潮和防暑，保证猪只健康，提高生产性能，便于饲养管理，有利于节约人力、物力，降低生产成本，并应体现因地制宜、经济实用的原则。

（一）猪舍建筑的形式　猪舍的形式，一般按屋顶形式、猪栏排列和墙壁结构等加以区分。

1. 按屋顶形式分：

（1）单坡式：猪舍房顶向一侧倾斜，一般跨度不宽的简易猪舍应采用这种屋顶。适用农村养猪户。

（2）双坡式：屋顶由两个倾斜面组成，又分不等坡式和等坡式两种。

1）不等坡式：屋顶一面宽一面窄。它的特点是造价较低，可经济地利用建筑材料，并能保证南面有适当的光照。

2）等坡式：指屋顶两面宽度相等，如人字形。优点是保温性能好，一般跨度大的双列式和多列式猪舍多采用这种屋顶。但它对建筑材料要求高，造价贵，其采光性不如不等坡式猪舍。

（3）平顶式：猪栏砌好墙后，上铺水泥预制板，再用水泥灌缝，即成平顶猪舍。这种猪舍比较坚固耐用。几种屋顶形式见图 10。

2. 按猪栏排列可分为：

（1）单列式：猪栏设在舍内靠南边一侧，靠北边一侧为通道，舍外设运动场。优点是：舍内阳光充足，较温暖干燥，房舍结构简单，跨度小，建筑省工、省料、造价低。但建筑面积比双列式、多列式利用率都低。

（2）双列式：猪舍内部猪栏排成两列，在两列猪栏之间设一通道，其优点是：建筑面积利用率高，管理方便，保温性能好。但北侧采光性差，结构较复杂，建筑成本较高。

（3）多列式：猪舍中猪栏排列成 3 列或 4 列。优点是：猪栏集

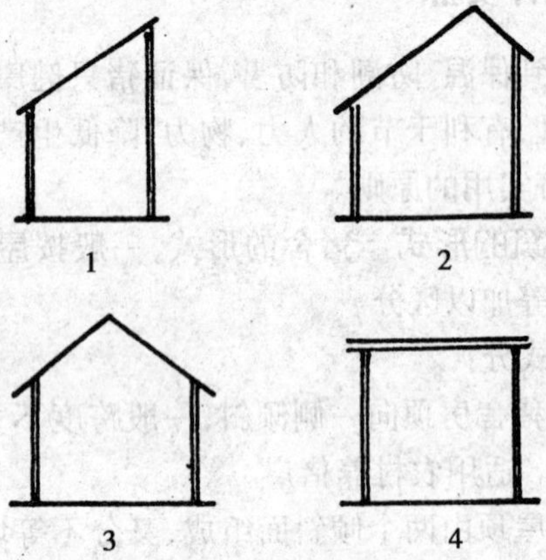

图10 猪舍屋顶形式

1.单坡式 2.不等双坡式 3.等坡双坡式 4.平顶式

中,容纳猪只多,缩短运输线,节约用地,管理方便。但猪舍跨度大,结构更复杂,建筑材料要求高,采光不好,阴暗潮湿,通风效果差,如果没有好的通风设备,靠自然通风换气效果较差。适合于机械化猪场,有大功率通风设备,定时通风,或者自动调节室内空气。几种猪栏排列见图11。

3.按猪舍墙壁结构可分为:

(1)封闭式:指猪舍四面墙壁砌至屋檐,在墙上开窗采光和通气。冬季保温性能好,受舍外气候变化的影响小,有利于猪的生长。产房和机械化猪场常用这种墙壁。

(2)全敞开式:猪舍三面有墙,南边一面不砌墙,用运动场的围墙关猪群。猪栏内能获得充足的阳光和新鲜空气,同时猪只能自由到运动场活动,对猪的健康有益,可以改善猪只的四肢健康。但昼夜温差大,保温防暑差,冬季雨雪往往落入栏内,因此,冬季应用塑料布罩住以防寒冷和雨雪。这种猪舍适宜饲养架子猪和育肥猪。

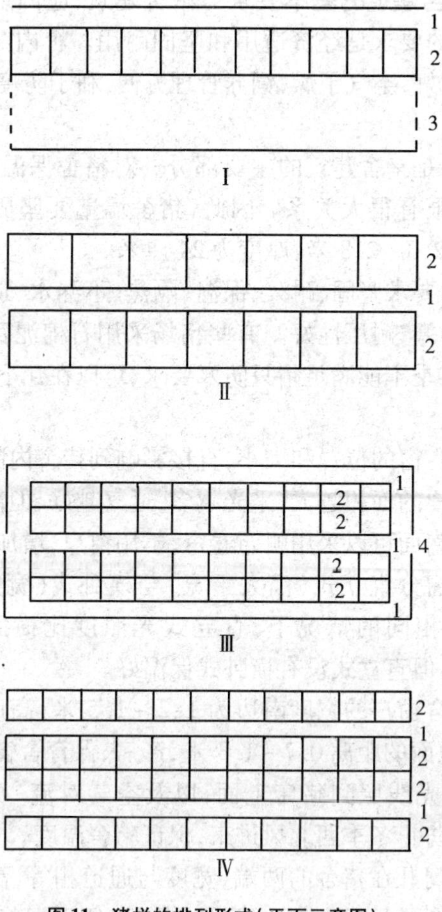

图 11　猪栏的排列形式(平面示意图)

Ⅰ.单列式　Ⅱ.双列式　Ⅲ.多列式排列形式之一　Ⅳ.多列式排列之二

1.通道　2.猪栏　3.运动场　4.门

(3)半敞开式:猪舍三面砌墙,南面砌成高 1.0～1.2 米的半截墙,冬季在南面屋檐挂草帘或塑料布到半截墙,这种猪舍适宜饲养后备猪。

(二)猪舍建筑的基本要求 猪舍建筑,应因地制宜,不能强求一致。总的要求是经济适用和坚固耐用。舍内冬暖夏凉,阳光充足,通风良好,空气干燥,饲养管理方便,利于防疫和工人实际操作。

1. 墙壁:是猪舍建筑的主要部分。对猪舍保温、防潮、清洁消毒和使用年限有很大关系。因此,猪舍墙壁要坚固,应用砖砌成墙。高度为2.3~2.8米,厚度为24厘米。

2. 屋顶:要求坚固、耐久、保温、隔热、不漏水、造价低,能避雨防火,防暑防寒,耐压性好。有些猪场采用石棉泥瓦,对隔热保温效果较差,冬季不能满足猪只防寒要求,可以在瓦下垫泡沫板或者增加垫草。

3. 窗、门:窗的位置和大小,直接影响到猪舍内的温度、光照度和湿度。窗户的面积越大,采光越多,通气越好,但散热也多,冬季保温性差。南面可以采用帆布卷帘,不用窗户,增加光照、通气量,调节方便。窗分直立式(高大于宽)与横卧式(宽大于高)两种。两者在面积相同的情况下,直立式光照度比横卧式光照度大15%~20%,但直立式没有横卧式保温好。

一般猪舍窗户的宽度南边为1.2~1.5米,高度为1.0~1.5米,窗台距地面的距离0.7~1.3米,产房、保育舍窗户离地0.7~0.8米,利于光线照到猪床上面,以及空气对流。北边窗户应小些、高一些,防止冬季西北风进来,保证猪舍温度。

猪舍的门开在猪舍的两端,宽度与通道相等,高2米左右,不设门槛。猪舍过长时中部也可设一侧门,便于饲养管理。猪圈门大小为0.6米宽,门的高度与圈墙一样,门离地面0.05米,便于粪水出去。双列式猪舍粪便外排出口,要设计在墙角,两个圈出粪口相连,利于舍外清粪。

4. 猪栏地面:猪栏地面质量好坏,对猪的健康和生产有着重要的影响。要求坚实、稍有倾斜以利排水(尿)、不透水、不潮湿、不过分平滑、无缝隙，便于清扫消毒。一般应有2%～3%的坡度。为了保持地面干燥，舍内地面应比舍外地面高出30～50厘米，采用水泥铺成，厚度10～15厘米，切忌用碎砖头做垫层，上面仅抹一层水泥。猪栏面积应根据猪的性别、年龄、体型大小、饲养方式等情况决定，每头猪应占猪栏面积可参照表23。

表23　各类猪每头所需猪栏面积　　（单位：平方米）

猪的种类	每头猪占猪栏面积	每栏饲养头数
成年种公猪	9(8～10)	1
后备公猪	4(3～5)	2～3
空怀及妊娠母猪	2～3	3
哺乳母猪	7.5～9	1
后备母猪	1.8～1.9	4～5
断奶仔猪	0.4	6～8
架子猪	0.5～1	12～24
肥猪	0.9～1	10～12

目前猪栏地面多采用水泥地面，山区还有用石板做地面的。各地可因地制宜灵活采用。

水泥地面比较坚固不透水，便于清扫消毒。但导热性大，冬季地面很冷，应给些垫草以防猪只受寒。水泥地面一般用碎砖做基础，上铺混凝土（比例是水泥1份、沙子3份、石子6份），厚约10厘米，压实抹平，再涂一层约2厘米厚的水泥砂浆即成。

5. 隔墙（隔栏）：猪栏周围的隔墙要求坚固耐用，一般用单砖砌成，外抹水泥。也有用钢筋、钢管围成隔栏。前者取材方便，造价低；后者通风，透光较好，但造价较高。隔栏一般是固定的，但也可在猪栏间做活动的隔栏，这样便于调节猪栏面积，同时也便于机械化清粪。隔栏高度：公猪1.2～1.4米，母猪1.0～1.1米，幼猪和肥猪0.8～1米。隔栏面应光滑，免伤猪体。隔栏门一般宽0.7～0.8米，高1.2～1.3米。母猪栏通仔猪补饲间的门洞高约

40 厘米、宽约 30 厘米。

6. 粪尿沟：粪尿沟要求平滑，有 1% ~1.5% 的坡度。断面呈椭圆形，宽约 15 厘米，深约 10 厘米。粪尿沟单列式猪舍设在运动场的墙外边，双列式猪舍设在中央走道两侧。粪池设在猪舍一端，或猪舍外粪场处。粪池应不漏水，边缘高于地面，便于防雨保持肥效。粪池大小视饲养头数而定。

7. 饲槽：在猪栏靠通道的内侧一边设饲槽。饲槽一般为长方形，多用水泥沙浆抹光。槽底砌成"U"字形，一端开排水孔，用木塞塞好，清洗时再拔开。饲槽的大小应根据猪只种类和每槽喂猪数量来定。可参考表 24。

表 24　各类猪槽的规格　　（单位：厘米）

猪的种类	每猪占槽长度	饲槽高度	饲槽宽度	
			上	下
公猪	50	30	35 ~ 45	25 ~ 35
母猪	45	20	35 ~ 40	25 ~ 30
5 月龄以下幼猪	20 ~ 30	20	20 ~ 25	15 ~ 20
仔猪	16 ~ 20	10	20	15
育肥猪	30 ~ 40	20	30 ~ 35	20 ~ 25

8. 饮水槽：一般饲槽可作饮水槽。饮水槽也可单设在饲槽的一侧，或设在运动场上较低的地方，以保持猪舍地面的干燥。水槽一般长度约为 40 厘米，宽度约为 30 厘米，深度约为 20 厘米，槽底也呈"U"字形。一端设排水孔，用木塞塞好。机械化养猪场目前多采用鸭嘴饮水器或乳头式饮水器等，既省工、省水，又能随时供应清洁饮水。

9. 通道：通道的宽度应根据猪栏排列形式和饲喂操作方式来决定。一般单列式猪舍，通道多设在靠北墙的一边，宽度 1.2 ~ 1.5 米。双列式猪舍通道多设在猪舍中间，宽度 1.2 ~ 1.5 米。最好用水泥地面，要求坚固、平整、光滑、微向粪尿沟倾斜，便于排水。

(三)各类猪舍建筑设计的特点

1. 公猪舍:猪栏要求较宽,有较大的运动场,隔栏高度一般在1.2~1.4米。大中型猪场需要公猪头数多,最好建一幢单列式封闭式的公猪舍。人工授精室和精液检查室可设在公猪舍一端,见图12。

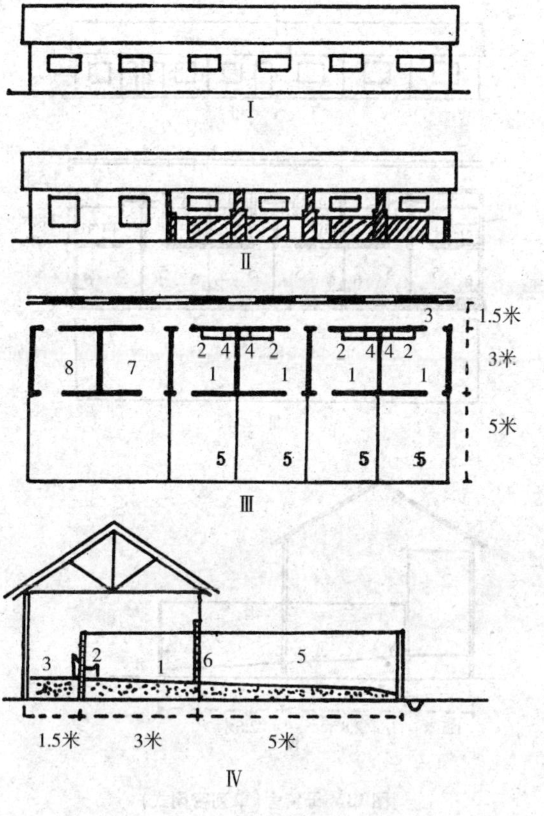

图12　公猪舍(单列半开放式)

Ⅰ. 北立面　Ⅱ. 南立面　Ⅲ. 平面　Ⅳ. 侧剖面

1. 公猪栏　2. 饲槽　3. 通道　4. 饮水槽　5. 运动场　6. 矮墙　7. 采精室　8. 通道

2. 母猪舍:母猪舍的建筑应根据母猪空怀、妊娠、分娩和哺乳等来决定。因初生仔猪对环境适应能力差,体液调节机能不健全,在产栏内应增设保温箱,初生仔猪放入保温箱内免得仔猪因冬季寒冷而被冻死。保温和干燥是母猪舍必须具备的重要条件,此外还应给仔猪设补饲间和排水良好的运动场,见图13。

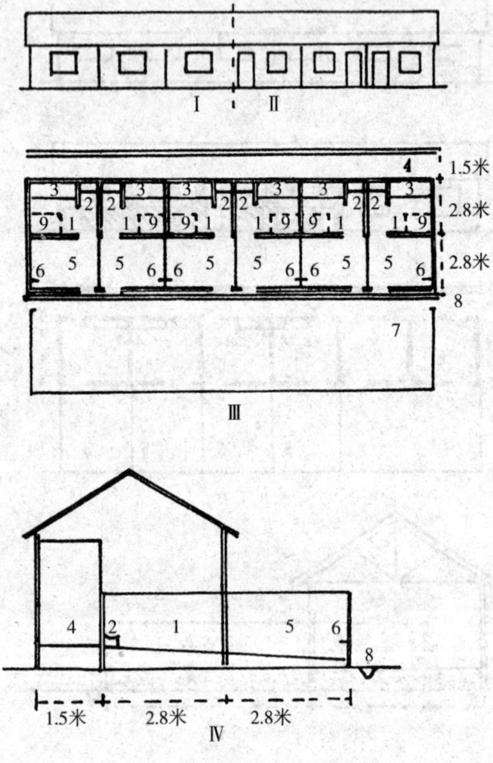

图13　母猪舍(单列密闭式)

Ⅰ. 北立面　Ⅱ. 南立面　Ⅲ. 平面　Ⅳ. 侧剖面

1. 猪栏　2. 饲槽　3. 仔猪补饲栏　4. 通道　5. 运动场

6. 自动饮水器　7. 大运动场　8. 排粪沟　9. 猪床

母猪栏面积应宽大一些。每栏可饲养妊娠母猪 3～4 头，分娩、哺乳母猪 1 头。在我国气候较冷地区，以单列密闭为好。猪舍北边为通道，冬季窗户关闭，中午南边窗户打开透气，西门关闭，东门挂一棉帘，阻挡寒风进入，保持舍内温度。夏季南北窗户都打开，这样猪舍降温、通风良好。另外可建群饲栏与单饲栏相结合的母猪舍，群饲栏饲养空怀和妊娠前期母猪，单饲栏饲养分娩或哺乳母猪。

机械化猪场的母猪舍可分为空怀和妊娠母猪舍、分娩哺乳母猪舍。分娩母猪栏长 2.15 米，栏中部用铁栏隔为母猪分娩区，宽度为 0.6 米。在它的一侧设仔猪补饲栏，宽度为 0.8 米。仔猪补饲栏内还设有保温箱，为初生仔猪保温用，另一侧宽 0.4 米。这种母猪舍无运动场，排粪用局部缝隙式地板，舍内空气、温度、湿度均能自动调节，为母猪分娩和哺乳创造良好条件。

3. 育肥猪舍：育肥猪需要安静、少活动，降低基础代谢，以利增重。育肥猪舍要求通风、防潮和保温，使舍内夏季凉爽。冬季温暖、空气新鲜、干燥。猪场的育肥猪舍多采用双列封闭式，这样可以多养猪，降低生产成本。用固定饲槽或自动饲槽喂料。在猪舍一端的山墙上部安装两个排风扇，并在屋脊上每隔 7～8 米设一个排气筒来交换舍内外空气。在猪舍的中间通道下有一个排尿沟，粪便由人工清扫后用粪车拉到堆粪处。一幢双列式肉猪舍长 52 米、宽 9 米，可饲养育肥猪 300～320 头，平均每头占猪栏面积 0.8～1.0 平方米，见图 14。

四、猪舍的环境要求

猪舍是猪的生活场所，如果猪舍环境不好，不仅会影响猪的生产，而且会污染周围环境，甚至造成危害。因此，必须做好猪舍的环境保护工作，保证猪群健康和养猪业的顺利发展。要做好猪舍的环保工作，应采取以下措施：

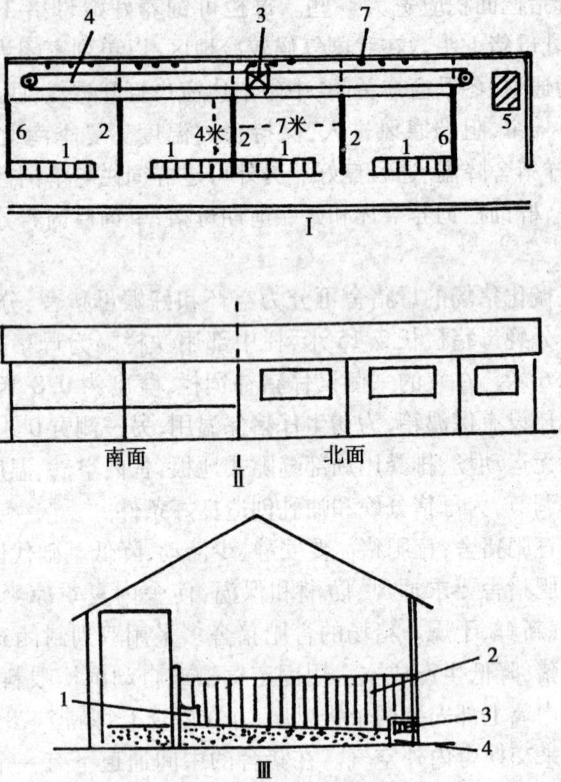

图14　育肥舍(单列、半敞开式)

Ⅰ.平面　Ⅱ.立面　Ⅲ.侧剖面

1.饲槽　2.猪栏　3.刮粪板　4.排粪区　5.电动机　6.猪栏　7.鸭嘴式饮水器

(一)保持猪舍环境卫生　做好猪舍的粪便和垃圾清理工作,以免污染空气,影响环境,对猪生产不利;猪舍经常保持干燥和清洁,定期喷洒一些对猪无毒或毒性极小的杀虫剂,以防昆虫的孳生,减少对猪舍的影响。

(二)绿化环境　猪舍外边进行绿化,不仅美化环境,而且还具有改善猪舍的小气候,净化空气,减少尘埃和空气中细菌含量,减少、减弱噪声等污染，对改善猪舍环境起到一定的作用。

（三）合理处理尸体　猪的尸体分解腐败迅速，且放出大量的不良气体污染大气，有时还会使疾病传播。因此，在生产中要及时地处理尸体，最好设腐尸坑或焚尸炉，千万不可将猪的尸体乱丢乱扔。

（四）消灭动物危害　杜绝老鼠及其他禽兽进入猪舍，以防疾病的传染。

五、农村猪舍设计建造中存在的主要问题分析

农村猪场猪舍建设，目前，主要存在两个方面的问题。一是选址不当；二是猪舍结构设计不合理。以上两个方面，主要表现在以下几点：

1. 猪场紧靠公路建造：有的地方建场，出于运输方便的想法，将猪场紧靠公路建造。从技术要求角度讲是不科学的。所有猪场都不能紧靠公路两侧建造，特别是建在交通要道两侧更不可取。猪场离公路太近，主要有两点不利：一是因公路白天黑夜人流、车流、物流太频繁，猪场易发生传染病；二是噪声太大，猪整天不得安宁，对猪生长不利。猪场宜离公路100米以外建造。此外，猪场场址的选择，还要远离村庄和畜产品加工厂、来往行人要少、要在住房的下风或偏风方向，地势高燥、土质坚实、渗水性强、未被病原微生物污染，水源清洁，取水方便的地方。

2. 猪舍太矮小：有的猪场猪舍运动场墙头只有六、七十厘米高。这样矮的围墙，一是不利于采用塑料棚养猪，因围墙太矮，猪一抬头，就会碰坏塑料薄膜。二是猪会轻易地越墙外逃，给管理带来麻烦。一般猪舍后墙高宜在2.2米左右，围墙高宜在1～1.2米。

3. 猪舍无窗户或窗户太小：有的猪场猪舍一个窗户也没有，有的虽有窗户，但窗户太小，窗户留得又太少。主要问题是夏天不利于舍内通风降温。一般能养10头育肥猪的猪舍，后墙需留1米×

1.2米的窗户 2 个,两山头 1~1.2 米的窗户两个。

4. 猪圈外无粪池:一是收集粪尿困难,肥料易流失,肥力会降低;二是会影响猪舍清洁卫生。猪舍外必须建造沤粪池。粪池大小,可根据养猪多少而定。

5. 猪舍屋顶缮瓦多,缮草少:农村猪场猪舍屋顶都是缮瓦多,缮草少。这样做一是瓦比草贵,加大了养猪成本;二是夏天降温、冬天防寒瓦不如草好。缮瓦夏热冬冷,缮草冬暖夏凉。

6. 母猪舍、公猪舍、肥猪舍都是一个模式:母猪舍、公猪舍、肥猪舍模式都有各自的具体要求, 不能都建一个样。比如,母猪舍需设护仔间,而其他猪舍就不需要。公猪舍墙壁需坚固些,围墙需高些等。所以,养什么猪,要建什么猪舍才行。

7. 猪舍内无水槽:缺少清洁饮水会影响猪的生长发育,所以,猪舍内必须设置水槽或自动饮水器。

8. 饲槽规格不当:饲槽一般依墙而建,槽底应呈"U"形,饲槽大小应根据猪的种类和猪的数量多少而定。但有的猪舍饲槽未按要求规格建造。如,有的因饲槽太小,槽底又呈直角形,以致饲料外溢,槽底内边沿线及四角易积存剩料,造成浪费。有的因饲槽太大,猪会进入槽内吃食,也会污染和浪费饲料,严重的会造成卡猪死亡。以上不足之处,根据不同情况,宜尽快补救改建。

第二节　猪场的主要设备

在养猪生产中,为了提高劳动效率,获得较好的经济效益,必须采用结构合理、技术先进的饲养设备。养猪设备的种类和规格很多,现着重介绍养猪普遍采用的设备。

一、猪舍设备应具备的基本条件

(一)轻巧灵活　设备体积不能过大,转运平稳,无噪声或响声轻微。

（二）操作方便　设备结构简单，易于操作。如果设备过于复杂，不易维修，直接影响到猪的正常生产，甚至会造成猪场的经济损失。

（三）利于消毒　为了猪场的安全，必须定期进行消毒。切不可选用那些粗制滥造的设备，影响使用效果。

（四）价格低廉，经久耐用　猪场设备要求价格低，使用寿命长，否则即会影响生产并增加养猪成本。

二、饮水设备

自动饮水装置：通常双列式猪栏用直径25毫米的水管，在距地面（或猪床）30～50厘米的水管上安装自动饮水器。

自动饮水器的类型很多，目前常用的有鸭嘴式和乳头式两种。现将我国初步定型推广的自动饮水器介绍如下。

（一）鸭嘴式饮水器　可供10～15头猪饮水。一般安装在自来水管上。鸭嘴式饮水器构造简单，由鸭嘴体、阀杆、胶垫、固定弹簧等零件组成。猪饮水时，将鸭嘴体衔于口内，挤压阀杆，克服弹簧压力，使阀杆胶垫与水孔偏离，于是水经饮水器管体流入猪的口腔内；当猪嘴离开阀杆时，阀杆在弹簧作用下，自动回位，饮水器停止供水。常用的有9SZY—2.5型与9SZY—3.5型。它们构造原理完成一样，只是出水孔径大小不同，分别为2.5毫米和3.5毫米，使水流量控制在每

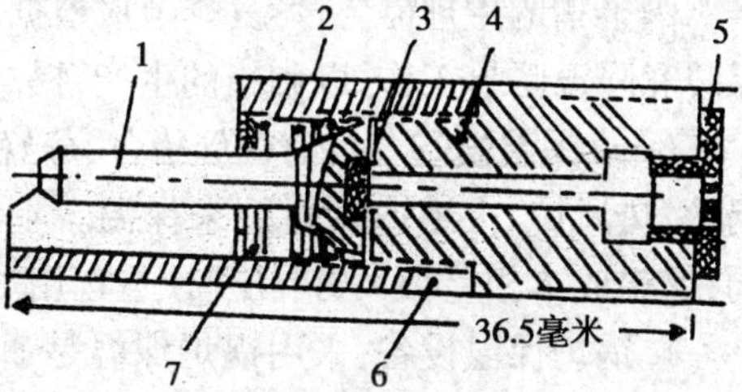

图15　鸭嘴式饮水器

1. 阀杆　2. 弹簧　3. 胶垫　4. 阀体
5. 栅盖　6. 饮水器体　7. 挡圈

分钟 2 000 ~3 000 毫升和 3 000 ~4 000 毫升。鸭嘴式饮水器见图 15。

(二)乳头式饮水器 乳头式饮水器可供 10 ~15 头猪的饮水。它是由阀杆、钢球、饮水器体等部件构成。猪饮水时，向上拱动阀杆，抬起钢球由阀杆和钢球形成的两个密封圈被移动，于是水通过错开的间隙而流出。猪离开时，钢球和阀杆自动回位，停止供水。用乳头饮水器时，主管压力不得大于 19.6 千帕斯卡，否则水流通过饮水器时，将形成喷水现象，对猪只饮水不利。9SZR—9 乳头式饮水器见图 16。

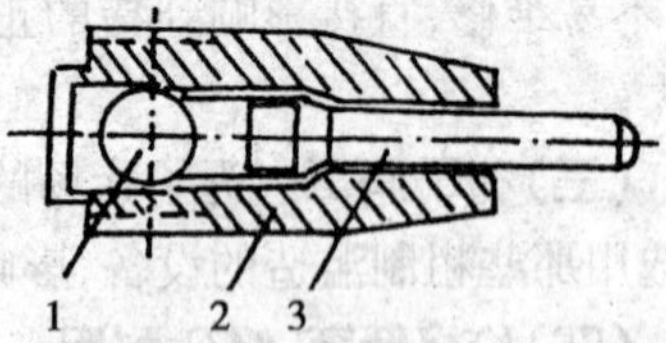

图 16 9SZR－9 乳头式饮水器
1. 钢球 2. 饮水器体 3. 阀杆

三、猪舍保温与降温设备

为了猪的生理需要，冬夏季节应根据各类猪的情况，做好防寒保暖和降温防暑工作，以利猪的生产，提高经济效益。

(一)保温设备 目前在母猪舍、分娩猪舍和保育猪舍多采用锅炉、热风炉、火道或煤炭炉来保温。不同保温方式保温效果不同，保温成本相差很大，猪场要慎重选用。

1. 锅炉保温设备：采用锅炉保温是通过锅炉将煤或燃气通过加热，释放储存能量，通过暖气片、空调机、地热盘管把热量散发到猪舍中，达到提高舍内温度的目的。暖气片散热主要靠温差进行，出水口水温 80℃以上，散热距离远时效果不好，室内温度不均匀，舍内干燥，室内温度不能按照需要调节。散热片占地面积较大，影响工人操作。

利用空调机散热可以控制温度，实现自动调节温度，满足不同阶段猪只生长要求，并且节约空间，缺点是增加投资。利用地暖散热将暖管埋于地下，控制最高温度，让猪只腹部直接接触加热部分，可以使猪感到舒服，减少仔猪腹泻，提高怀孕产仔率，空气质量较好。成本不是很高。

2. 热风炉保暖设备：采用特制炉子加热燃料，将热量通过管子送到舍内，提高舍内温度。此种供热方式适用于中小猪场。一般每栋猪舍一个，安装时最好留出一间房安置燃炉，便于将燃烧后废气排出舍外。这种供暖方式不能实现恒温控制，每个猪舍需要一个饲养工人操作，劳动量比较大。但投资相应较少。

3. 火道供暖：此种供暖方式是一种土办法，将煤炉安放在舍外，供暖管子在舍内，因仔猪要求的温度比较高（30～50℃），应特制保温箱单独保温，在保温箱内安装100瓦红外线灯泡一个或60瓦灯泡两个即可达到保暖。

（二）防暑　在炎热的夏天除将舍窗打开降温外，还可安装电风扇（吊扇）、排风扇等进行降温。另外还有采用喷雾式降温的，这种方法降温快，效果好。如果条件好，可以安装湿帘加排风扇降温，夏季温度可以降低5～6℃，最高温度低于30℃，对母猪、公猪效果非常有效。各类猪所需的适宜温度见表25。

表25　各类猪所需的适宜温度

猪类别（千克）	适宜温度（℃）	猪类别	适宜温度（℃）
初生仔猪	30～35	育肥猪	15～18
幼猪	27～30	母猪	15～20
育成猪（20～40）	24～27	怀孕母猪	11～15
后备猪（40～60）	21～24	公猪	10～12
后备猪（60～90）	18～21		

四、粪便清理设备

养猪的目的是生产猪肉，同时也为庄稼提供优质肥料。猪粪中含有植物必需的氮、磷、钾三要素。新鲜猪粪尿中含氮元素0.5%，含磷元素0.25%，含钾元素0.5%，另外，还有一种胡敏酸的成分，它具有胶性，能改良土壤的团粒结构，增强土壤的蓄水性和通气性，有利于庄稼的生长。一头猪一年排粪尿 2 000～2 500 千克，如折合成化肥，则相当于硫酸铵 50 千克，过磷酸钙 27.5 千克，硫酸钾 20 千克，总计相当于 100 千克左右的化肥。施到地里约可增产粮食 50 千克。所以说一头猪就是一个小型有机化肥厂。由此可知猪粪的重要性。对猪粪清理工作应引起重视，做到多积肥少流失。

猪粪清理一般多采用人工清理和水冲两种方法。

(一)人工清理 主要是靠人员打扫猪圈粪便，用车拉到粪场堆积起来进行发酵处理，处理的粪肥可作为农家肥料或鱼的饲料。

(二)水冲清理 这种方法多用于封闭式、双列式猪舍，粪尿沟设在猪舍中央通道下面，舍内各猪栏都有暗沟相通，每天用水将栏内粪尿冲入粪尿沟，粪尿沟由一端向另一端倾斜，然后，再通过总坑道流入舍外大的粪坑内，定期从大坑出粪尿。

五、猪场常用清洁与消毒设备

在规模化、集约化养猪场，由于采用高密度限位饲养工艺，加大了饲养密度，增加了猪只的发病几率，因此必须有完善的卫生防疫制度，对进场的人员、车辆、原料物品、种猪和猪舍内环境都要进行严格的清洁消毒，才能保证养猪高效率安全生产。

(一)人员、车辆清洁消毒设施 凡是进场人员都必须经过水彻底消毒、更换场内工作服，工作服应在场内清洗、消毒，更衣间主要设有更衣柜、热水器、淋浴间、洗衣机、紫外线灯等。集约化猪场原则上要保证场内车辆不出场，场外车辆不进场。为此，装猪台、饲料或原料仓、集粪池等设计在围墙边。考虑到其他特殊原因，有些车辆必须进场，应设置进场车辆清洗消毒池、车身冲洗喷淋机等设备。

(二)清洁消毒设备 主要有：喷雾消毒冲洗设备(地面冲洗

喷雾消毒机、储压式喷雾器、背负式喷雾器、电动喷雾器、机动喷雾器、电动超微粒雾化喷雾器、高压清洗消毒机）、火焰消毒器、紫外线杀菌灯等。

1. 喷雾消毒冲洗设备：最常用的有地面冲洗喷雾消毒机。工作时，电动机启动带动活塞和隔膜往复运动，清水或药液先吸入泵室，然后被加压经喷枪排出。该机工作压力为 15 ~ 20 千克/厘米^2，流量为 20 升/分钟，冲洗射程 12 ~ 14 米，是工厂化猪场较好的清洗消毒设备。

2. 火焰消毒器：火焰消毒器是利用煤油高温雾化，剧烈燃烧产生高温火焰对舍内的猪栏、舍槽等设备及建筑物表面进行瞬间高温燃烧，达到杀灭细菌、病毒、虫卵等的消毒净化目的。

3. 紫外线杀菌灯：紫外线杀菌灯具有强烈的杀菌作用，紫外线用于消毒、杀菌已经很多年了，紫外线杀菌灯都是属于低压（放电）汞灯，外壳是石英玻璃管或透短波紫外线的玻璃管制成，内充低压的惰性气体和汞蒸气（少量汞），两端为金属冷电极或热灯丝电极，通过给两极加高压（就像霓虹灯）或有触发高压后由较低电压（就像日光灯）维持放电，起杀菌作用。

六、其他设备

猪场一般来说有下列几项设备：

1. 饲料加工设备：粉碎机、搅拌机和磅秤等。

2. 出售猪时的设备：地磅、装猪栏、装猪台等。

3. 水塔：根据猪群头数多少，建筑水塔，以满足全场猪只和生活用水。

4. 仔猪保温箱：为了仔猪的健康成长，必须给仔猪需要的温度，保温箱也就是给仔猪一个相适应的小气候。

5. 各幢猪舍所必需的共用设备：料车、粪车、断齿钳等设备。

第二篇

农户、规模化及工厂化养猪

第六章　农户养猪和农村规模养猪

第一节　农户养猪的基本要求

从古至今,我国人民吃肉问题主要是靠农户养猪来解决。农户养猪的目的,主要解决肉食问题,其次提供肥料,再则是解决人们不能利用的农副产品的出路。专业户养猪,养猪头数少,一般1～2头、3～5头地分散饲养。饲养的品种主要是地方品种及其杂交品种。饲料以青粗料为主,搭配一些精料。方法是熟食为主,一部分生喂,采用吊架子育肥。猪舍简陋,受自然条件影响很大。肉猪一年左右才能出栏,而且多是150～200千克的大猪,出栏率低,效益也低。为了提高出栏率和经济效益,应改变传统的养猪习惯,可从以下几方面进行改进。

一、品种(系)选择

地方品种生长缓慢、饲料报酬低、瘦肉率不高,应采取地方猪种的母猪与引进猪种的公猪,进行两品种或三品种杂交所生的后代生产商品猪。这种猪生长快,饲料报酬高,瘦肉率也比地方猪高,而且耐粗饲,抗病力也较强,市场销售利润高。

二、饲料配制

饲料配制应该克服饲料单一、营养不全的问题,应该把各种饲料按比例科学混合喂养,有条件的农户可按饲养标准配制饲料。要把熟食改为生的湿拌料喂猪,这样既可节约燃料,饲料中的营养物质又不致破坏。

三、饲喂方式

传统的吊架子肥育法,生长缓慢,延迟出栏天数。应该改为直线肥育法,以节约饲料,提高出栏率。

四、圈养技术

许多农户就在庭院内养猪,没有猪圈。这样做既不卫生,又容易得传染病,污染周围环境。所以要远离村庄,实行圈养,要采用简易的冬天保温、夏天降温设备。

五、关于添加剂应用问题

目前各种添加剂种类很多,效果不一,要经过试用确实有效才大量使用。至于维生素添加剂,要注意适量增加用量,每天喂些青菜、青草及多汁饲料,如红薯、土豆、胡萝卜素。微量元素添加剂,注意其吸收率,使用有机螯合添加剂吸收率大于无机形式。各种增加瘦肉、促生长类添加剂慎用或不用。

六、仔猪购买要点

购买仔猪千万不要在集市上买，市场上的仔猪易患传染病。可在附近养母猪户家里或猪场购买，买回后，立即给仔猪注射猪瘟、猪丹毒、猪肺疫、仔猪副伤寒疫（菌）苗，才能保证仔猪不患传染病。其他疫苗也要及时补注。

七、商品猪的销售体重

根据猪的生长发育规律，一般在100千克左右出售，此时猪生长快、饲料利用率高。150～200千克以后，生长缓慢，饲料报酬低，因此商品猪的适宜出售体重以100千克左右为佳。

第二节　农村规模养猪技术

一、农村规模养猪的特点

这种猪场大多属于小型养猪场，规模在几十头到100头生产母猪左右，年产数百头到2 000头商品猪为多，也有300头母猪以上的猪场。这些猪场大多是股份制投资、集体经营，或个人独资，与当地的种植业、其他养殖业、加工业和服务行业的联系较密切。多建在城市、工矿区周围，获得科技信息快，饲料来源丰富，产品销售方便，如果均衡生产，可以节省库存容量，及时向城市、工矿区居民提供大量鲜猪。这种猪场的设施和设备不太完善，多数仅解决猪舍和必要的机械设备，经营管理不很成熟，环境调控设备条件几乎没有或非常简陋。

二、农村规模养猪的优势

1. 与农户散养比较：规模猪场在应用新技术方面具有明显的

优势，由于繁育体系较健全，使用混合料或全价配合饲料，又有必要的机械设备，其商品猪生长快、饲料报酬和瘦肉率高，因此劳动生产率也比较高。

2. 这种规模猪场设备不如工厂化猪场，但注重实用性，注意与中国国情相结合，建场投资和生产费用都较低，如果经营得当，经济效益就比较好，因此适合当前农村的经济水平和管理水平。也是目前养猪的主要形式。

3. 规模猪场使用了更新的科学技术等，吸取了以往办场的教训，有较好的建场基础，尤其是这些猪场多数由个人投资经营，职工就是本乡、本土的农民，吸收了农村剩余劳动力，饲料、粪便都直接肥田，对农村协调发展，创建社会主义新农村具有重要意义。

4. 这种猪场在猪种、饲料、防疫、饲养管理、技术等方面为当地养猪户提供示范，推动了养猪业的发展。

三、规模养猪工艺技术

规模养猪程序见图 17。

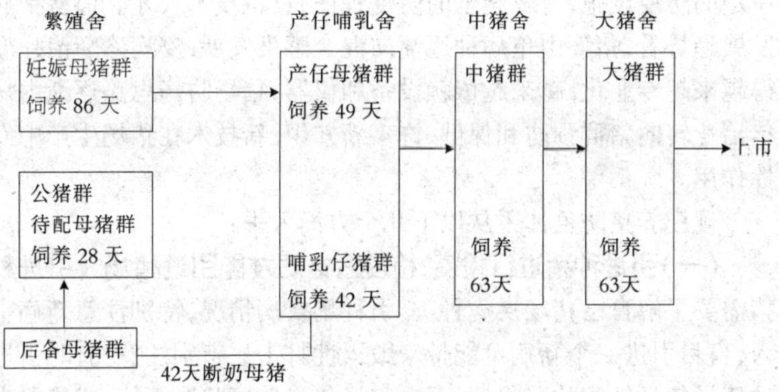

图 17　规模养猪程序

其特点是和工厂化工艺流程相比,减少了猪群转群次数;适当延长哺乳期,将保育与生长合并,保留保育期;将生长期与育肥期合并,把产仔期列为单独饲养阶段,建有产仔舍及幼猪舍,便于加强环境小气候的控制,能进行全年均衡生产;将待配母猪、公猪、妊娠母猪、后备母猪分开饲养,可减少猪舍种类,降低猪舍造价;早期断奶可缩短母猪繁殖周期,提高产仔窝数。

四、规模养猪品种及其杂交模式

规模养猪品种及其杂交模式可利用引进的国外猪种,如长白、大白(大型约克夏)、杜洛克,采用杜长大、杜大长等生产模式;也可利用本地优良猪种的母猪与引进猪种公猪杂交,采用长大本、大长本、杜大本、杜长本等杂交模式生产商品猪。注意不同种猪品系选择要结合当地市场特点,满足屠宰户的要求,卖上好价钱。

五、规模养猪疫病防治体系建设

规模养猪处于散养与工厂化养猪之间,从条件方面看,具备了一定的防疫设施,有较健全的防疫程序,具备技术人才。但从猪病发展趋势看,猪病由单病种逐渐向混合感染发展,疫病诊断治疗变得越来越专业化,越来越依赖设备和仪器,猪场防病思路逐渐由病猪治疗转向猪群预防和保健,许多新知识、新技术在猪场生产中发挥作用。

规模养猪防疫体系从以下几个方面入手:

(一)引进种猪进行检疫,检疫合格后才能引进猪场 引进种猪需要了解自己猪场疾病种类,引种场疾病情况,特别注意新病引入,盲目引进一个新病可能带来毁灭性打击。特别注意:有时引进种猪场猪只健康状况很好,而自己场猪只健康状况不好,或猪群有特定疾病时要在引进自己场内后立即注射相应疫苗,避免引进种猪感染疾病。

（二）消毒　消毒要注意先冲洗，晾干后再消毒，进猪前再次消毒。消毒剂选择2～3种交替使用。产房、保育舍实行空栏后熏蒸消毒。冬季病毒性病多发，要注意直接接触传染疾病。消毒液雾化要达到要求，尽量对猪舍空间进行雾化消毒。带猪消毒时注意消毒药刺激性小一些，对皮肤刺激小。

（三）防疫　防疫要有合理程序，疫苗选择正确，注射剂量不能盲目加大，以免产生免疫抑制。疫苗注射针头彻底消毒，坚持一猪一针。夏季防疫猪瘟特别注意低温保存，稀释液预冷后再用。饲料加药时细菌弱毒疫苗不能注射。猪只身体高温时推迟注射。防疫要避开母源抗体干扰，适当推迟时间。刚断奶仔猪应激强烈时期不要注射疫苗。注射疫苗20天后，抽血化验抗体，检查抗体均匀度和抗体滴度，看免疫效果。

（四）猪舍设计　猪场疫病来源于两个方面：一方面是病原性的，即由病原直接造成的，这种疾病可以通过消毒、疫苗预防、饲料用药等控制；另一方面来自于环境条件不足或变化，这方面没有引起足够重视。事实上环境条件性致病普遍存在，其影响更难于消除。从建设猪场第一天起许多环境条件性考虑不周或不合理问题就存在。如：保温设计没有或不合理；夏天公猪、怀孕母猪没有降温设施；地板设计坡度不合理，粪尿流不出去；屋顶高度低于2米，夏季热空气跑不出去；污染环境；窗户太小或太大，导致阳光不足，采光系数小于0.1～0.2，或者冬季保温性能差，猪只饲料大多用于维持消耗等。目前，小单元生产结合全进全出在许多猪场没有到位实现，更不用说数字化环境精确调控技术，这些严重制约养猪效益。

（五）企业制度　任何一个猪场都要有一个可操作制度，以确保猪场连续和稳定运行。目前猪场制度分为消毒防疫制度和内部生产管理制度两大部分。前者重点在于严格执行及制度本身科学合理，后者重点在于体现生产关键点控制和可操作性。目前猪场制度普遍缺乏可操作性，只是简单抄袭其他猪场条文，没有考虑自己场内实际情况，所以没有办法执行，许多制度没有发挥实质性作用，成了一种摆设。

（六）治疗用药 治疗可以先把病猪移走，减少排毒传染机会，再选用合适方法和药品治疗。对于没有治疗价值猪只坚决淘汰。治疗坚持早发现，早治疗，重视预防用药、群体用药，不能把大部分精力用于个别猪只治疗上。

特别提示 这方面观念转变非常重要，可以变被动为主动，有效减少疾病发生。

六、规模养猪常见问题分析

（一）猪场设计不合理，环境控制条件差 小猪场建场之初，由于经验缺乏，没有机会进入大猪场进行考察学习，多数猪场没有经过论证，没有设计图纸，对于污水处理、通风换气、保温、降温设计、地面处理坡度、猪群规模、数量、合理布局一般都没有专业设计，或请专家进行指导，所以小规摸猪场多数靠自己或朋友帮忙建起来，从技术角度讲缺乏整体性、科学性，为今后生产管理带来许多麻烦，而且很难克服，并且改造成本远远高于初建成本。尤其值得注意的是，疫病防治方面考虑简单，甚至连最起码的消毒池都没有，猪舍内保温降温设施没有考虑，空气条件差，降低猪只抵抗力，猪病总是控制不好，猪只常年在亚健康状态下生长，容易得病。

（二）中小规模猪场普遍缺乏技术人才 规模小，技术力量有限，缺乏整合技术资源的实力和技巧，中小规模猪场由于自身规模偏小，不可能聘用高级技术人才，有时聘用刚毕业的学生，由于经验欠缺，经常发挥不出作用，时间长了，培养出的人才又可能跳槽，只有靠自己努力解决生产一般技术问题，但专业问题还是不能很好解决。所以困扰小猪场的问题一直是人才。可以通过参加培训、与产品供应商建立联系、请专家做顾问来解决这个难题。

(三)形势变化快,对市场应变能力差,品牌难于建立　养猪目前全国形成统一的市场,市场周期性变化,3 年左右一个周期,大起大落。在这种变化中,许多猪场在低潮时生存艰难,资金问题突出,多数猪场被迫出售种猪,渡过困难时期。解决的办法在于加大管理水平,提高技术含量,平时储备足够的资金以备急用。同时增强预见性,及时调整猪群,压缩猪群,更新母猪,引进性能好的种猪。同时,注意建立良好的市场信誉,多做服务,避免相互杀价;产品尽量有自己的特色,逐渐建立自己的客户群。

(四)疾病生物防治体系不健全　中小规模猪场疾病防治体系薄弱的地方存在于:小单元设计的产房、保育舍不成功,或者没有采用全进全出,结果是仔猪腹泻问题没有从根本上解决,消毒设计全场没有统一规划布局,没有完整消毒系统,甚至大门入口处没有消毒设施,或者消毒水长时间不更换,失去消毒作用。有的大门口消毒灯已经失效,仍在使用,建议安装电子感应式消毒喷雾设备。猪舍间隔距离只考虑经济因素,没有考虑防疫隔离作用,如猪舍间距离小于猪舍跨度,没有达到猪舍跨度的 1 ~1.5 倍要求,影响猪舍间通风换气,有害气体流动困难,影响猪场防疫。引种频繁,带来的猪病问题非常严重,预防保健意识滞后,没有把工作做在平时、没有做到位、做在重点时期和关键环节。如母猪产前产后饲料预防加药,季节变换时预防用药。

(五)管理方式落后,效益发挥不出来　猪场是一个系统工程,需要认真组织、精心管理、科学实施才能发挥整体效益。目前小猪场的管理问题集中表现在:没有发展目标,或目标不清晰;执行不到位,许多事情执行环节出问题;由于细节方面存在漏洞,导致效益下降,如霉玉米对猪群危害,冬季气候变化时没有及时关窗造成仔猪腹泻,夏季怀孕母猪高温流产等都是由于细节管理不到位造成的。财务管理缺失,许多猪场没有合格的财务人员,猪场大量财务信息不能及时反映出来，不能给企业成本控制、不能在决策方面提供信息支持，也不能有效避免浪费。浪费现象严重，尤其是平时不注意的浪费更常见，如水管常开着，照明灯日夜长明，饲料、消毒药、治疗药不科学使用等。

七、50 头母猪规模养殖技术方案

（一）设计原则　种猪采用三元杂交成熟模式，采用小单元式，按照全进全出方式生产，产房及保育舍、怀孕舍、公猪舍采用单列式，肥育舍采用双列式，配种怀孕在大圈内进行，增加母猪的运动机会。加大防疫设施和保温降温投入，强化兽医保健作用。

（二）种猪选择及杂交模式　种猪选购长大二元母猪、杜洛克公猪。杂交模式采用“杜洛克×长大二元母猪”。

（三）生产工艺

配种怀孕 10 天+107 天 → 分娩哺乳 7 天+28 天 → 保育生长 35 天 → 育肥出栏 100 天

（四）猪舍数量

1. 公猪舍：2 个圈，尺寸 2.8 米×3.5 米，可以在空怀配种舍内靠近出口处占用 2 个圈，不用单独建造。

2. 空怀配种舍：10 个圈，建一栋 30 米×4.5 米，面积 135 平方米。

3. 产房：14 个圈，分隔为两个单元，建一栋 30 米×4.5 米，面积 135 平方米。

4. 保育舍：14 个圈，分隔为两个单元，建一栋 30 米×4.5 米，面积 135 平方米。

5. 育肥猪舍：22 个圈，建一栋双列猪舍，50 米×9.5 米，面积 475 平方米。也可以建成两栋，便于猪舍排列布局。

6. 饲料库：建原料库和加工间。面积 300 平方米。

7. 办公、住宿、兽医室、门卫等:100 平方米。

8. 围墙、道路、粪场等。

以上合计建设面积 1 280 平方米。

(五)设备

1. 产栏:14 个 ×1 500 元/个 =21 000 元

2. 保育栏:14 个 ×700 元/个 =9 800 元

3. 饲料加工设备:7 000 元

4. 水电配套:30 000 元

5. 喂料、清粪车:3 000 元

6. 消毒设备:5 000 元

7. 疫苗贮存:2 000 元

8. 计量工具:1 000 元

以上合计:78 800 元

(六)种猪购买

1. 种母猪:50 头 ×1 000 元/头 =50 000 元

2. 种公猪:2 头 ×2 500 元/头 =5 000 元

(七)流动资金　10 万元。

(八)不可预见费　按 5% 计,需要 5 万元。

(九)投资与回收期

1. 50 头母猪猪场:每年可以出售 1 000 头商品猪,正常年份实现收入 80 万元,利润 10 万元。

2. 固定资产投资:需要猪舍 32 万元(不含道路、围墙),设备 7.88 万元,合计 39.88 万元。引种费用 5.5 万元,流动资金 10 万元,不可预见费用 5 万元。总计投资需要 60.38 万元。

3. 按照 10 年期折旧,固定资产 39.88 万元每年折旧 3.988 万元,每出栏一头猪分摊约 40 元。种猪折旧 3 年时间,其费用分摊到 3 年内仔猪,每头折合 18 元。

4. 正常情况下,经过 4.5 ~5 年时间,可以收回投资,资金内部收益率在10%～15%。

特别提示

猪场投资既要考虑固定资产投资,又要注意流动资金,这样才能进行再生产。多数猪场有钱建设猪场,没有钱买饲料,被迫关门,就是没有考虑流动资金问题。投资重点是种猪、仔猪,保温、降温设备,防疫设施,避免投资在不重要的装饰方面,只要实用即可,如有可能,投资技术培训更划算。

第七章　工厂化养猪

我国是一个农业大国，养猪业具有悠久的历史。在过去，农民把养猪作为家庭副业，以积肥和吃肉为目的。用自产的农副产品、青粗饲料及泔水作为饲料进行粗养，饲养周期长，经济效益差。随着科学技术的不断进步，特别是改革开放以来，城乡经济迅速发展，农民的物质文化生活水平普遍提高。很多农户由原来的猪肉生产者转变为猪场经营者，养猪已经成为农民致富的重要手段。传统的养猪方式已逐渐被摒弃，大批的养猪专业户出现，使我国的养猪以适度规模经营为主，逐步采用先进的科学技术，走上专业化、集约化、工厂化的道路。

第一节　工厂化养猪生产工艺和设施

养猪业的发展趋势是朝着生产的集约化、工厂化发展。我国的养猪业是在引进先进科学技术的基础上，根据我国国情与各地的实际条件，由传统的养猪方式，向养猪生产的专业化、集约化、工厂化方面发展。要推行工厂化养猪，首先必须精通工厂化养猪的工艺及其设施。

一、工厂化养猪的工艺特点

工厂化养猪是现代养猪业的重要组成部分。概括地讲，工厂化养猪就是按照猪只自然再生产的客观规律，采用配套的现代化养猪技术及设备,创造适合猪的繁殖、生长发育及充分发挥生产能力的最佳环境和科学的饲养管理条件。生产采用工厂化的生产管理方式,加快猪的生长速度,提高饲料利用率,进行高效的养猪生产,常年均衡地生产商品猪,以达到最大限度地提高生产水平和经济效益,降低劳动强度,提高劳动生产率。

二、工厂化养猪的生产工艺

工厂化养猪是在工业和科学技术达到一定水平的基础上发展起来的。首先是饲料工业的高度发展和市场化,其次是现代畜牧兽医技术,特别是家畜遗传学、饲料营养学、环境生理学、家畜行为学及生物工程等科学技术的不断发展,奠定了实现工厂化养猪的基础。工厂化养猪的生产工艺,主要包括以下几个方面:

1. 建立规范化的良种繁育体系。加强选育优良品种,充分利用杂交优势,筛选出最佳的杂交组合。

2. 采用先进的配种繁殖技术,提供优质的商品猪。

3. 实行标准化的饲料供应及饲养管理。根据猪只不同生理阶段对营养的要求,配制全价的配合饲料。

4. 设计建造适合当地气候条件的猪舍,尽力提供适合猪群快速生长、繁殖的环境条件。

5. 猪栏、供水、供料、冬季供暖保温、夏季通风降温、空气调节及排污等各个生产环节上配套设备。

6. 严格推行科学的、严格的兽医卫生防疫措施。

7. 实行现代化企业的经营管理。

这7个方面既相互独立又相互联系,相互渗透,相辅相成,形成一个有机整体。只有充分发挥各自的功能,才能保证整体有节奏的正常运转。一个工厂化养猪场只有采用这种现代化的生产工艺,才能高效、优质、低耗地生产出规格一致的商品猪。

三、工厂化养猪与传统养猪的区别

工厂化养猪反映了现代养猪的特征，它与传统养猪的区别很大。要推行工厂化养猪的生产工艺，必须配备经济实用的机械化或半机械化的设备，虽然这些设备需投入一定的资金，但能减轻劳动强度，提高劳动生产效率，从而获得较大的经济效益。总之，工厂化养猪包含环境工程、饲料营养、品种繁育、疾病防治等各学科的科技成果，形成了猪群密集、技术综合的生产体系，是技术密集型的集约化生产，而传统养猪则无法实现这一点。工厂化养猪与传统养猪的区别见表26。

表26　工厂化养猪与传统养猪的区别

项目	工厂化养猪	传统养猪
目的	追求最大的经济效益	积肥，解决肉食，赚一些钱
经营方式	专业化、商品化、工厂化	家庭或集体副业
规模	母猪100头以上，年产商品猪2 000头以上	头数少，分散饲养
生产方式	依靠畜牧服务行业支持，饲料厂、种猪场、肉猪场、食品加工厂联营	自给、半自给生产，对外部依赖程度低
品种	饲养瘦肉型猪，品种规格或杂交模式一致	饲养土种或杂交一代
饲料	饲养标准化，采用全价配合饲料	以青粗饲料为主，适当搭配精饲料
饲喂方法	采用生干粉料或颗粒料及直线育肥法	熟喂为主，稀料部分生喂，采用吊架子育肥
操作和定额	机械化或半机械化操作，每人养猪定额比传统式提高5~10倍	手工操作，每人养母猪20~30头，或肉猪100头左右
猪舍环境	人工控制环境条件	受自然条件影响很大

续表

项目	工厂化养猪	传统养猪
饲养效果	肉猪 180 日龄体重 90～100 千克 年出栏率 150% 以上 日增重 600 克以上 料肉比 3.5 以下 背膘厚 3 厘米以下 瘦肉率 55% 以上	肉猪饲养 1 年左右才能上市，出栏率低，饲料利用率低，瘦肉率低，肥肉多等

第二节　工厂化养猪的工艺流程

工厂化养猪采用流水式生产的工艺流程。根据不同生长发育时期的生理特性划分为若干个饲养阶段，每个饲养阶段里饲养处于同一发育时期或生产目的的猪群，并依照一定的顺序，有计划地、定时定量地把同一猪群从一个饲养阶段转入到下一个饲养阶段去喂养。就如工厂生产产品一样，由一个工序转入下一个工序。在各个饲养阶段内猪只转出及转入的头数是保持相对稳定的，这就是工厂化养猪生产工艺流程的由来。

一、工厂化养猪的规模与特点

养猪生产的规模经营就是猪群、劳力、资金、设备等生产要素，在养猪企业中的聚集程度。工厂化养猪场生产规模的大小，首先取决于资金投入的多少、饲料供应的来源及产品的市场销路，同时还要考虑到防疫卫生的要求、粪尿的处理及机械设备的利用程度。规模过大，这就要求投入资金多和较高的技术水平和经营管理水平；规模过小，不便于实行机械化操作，很难取得明显的经济效益。故而生产规模要以适度为宜。养猪生产的适度规模，就是在一定的经济、自然等条件下，生产者所经营的规模与自身所具备的经营能力、生产工具、技术水平相适应，能充分发挥生产诸要素的潜力，取得最佳的经济效益。从近年来我国各地建成的工厂化养猪场看，以年出栏5 000～10 000头商品猪的规模较为适宜。工厂化养猪规模虽有大小，但其生产工艺流程却有着共同的特点。

二、工厂化养猪的主要生产工艺

（一）流水式生产工艺　是现代化养猪场采用的一种生产流程，它依照养猪生产的六大环节，即配种、妊娠、分娩、保育、育成和育肥，组成一条流水式生产线来进行生产。每幢猪舍必须完成规定的工作量，这样生产分工明细，技术要求严，层层把关，但又相互衔接，密切配合，才能保证生产出规格标准的优质商品猪。

1. 工厂化养猪生产顺序和阶段划分：工厂化养猪生产阶段的划分及各阶段之间的衔接顺序如图18所示。

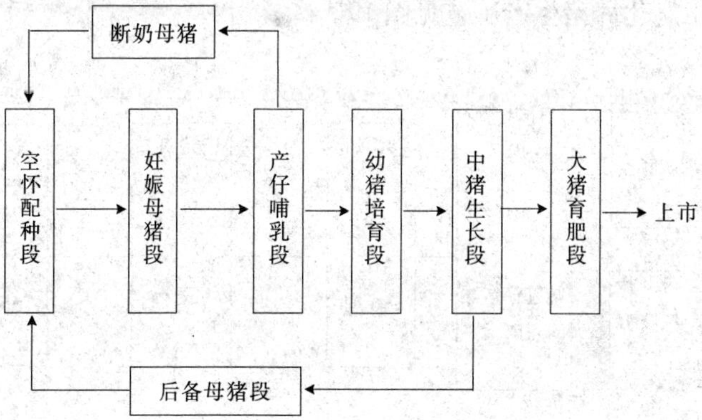

图18　工厂化养猪的生产顺序与阶段划分

2. 各生产阶段中饲养的猪群：一般来说，在一个生产阶段中饲养处于同一生长发育时期的一群猪。但由于某一生产目标的需要，也可在同一生产阶段饲养两群猪。

3. 生产阶段的舍区安排：由于各个生长阶段的猪群对生产环

境条件的要求不同，需在不同的舍区中饲养。各个饲养阶段均需建专门的猪舍。

4. 生产节拍：一个猪群的转出和转入，要按统一的时间间隔进行。转群的间隔时间为一个生产节拍。转出和转入的猪群头数应是相等的，以便于保持相对稳定。工厂化养猪场大多采取7天间隔为一生产节拍，7天间隔的优点是：与母猪发情规律相吻合。母猪断奶后3～7天发情，其发情周期平均为21天，为7的整倍数，这就便于组织配种，便于生产管理。7天的节拍意味着每周均有一定数量的猪只配种、产仔、出栏上市，形成了分明的生产节奏。

5. 饲养期：在划分饲养阶段的基础上，按照猪的生长发育规律和生产目标，确定其饲养天数即饲养期。把各段饲养期调整为7天的整倍数，便于制定调动转群的计划，充分利用栏舍。

工厂化养猪生产工艺见图19。

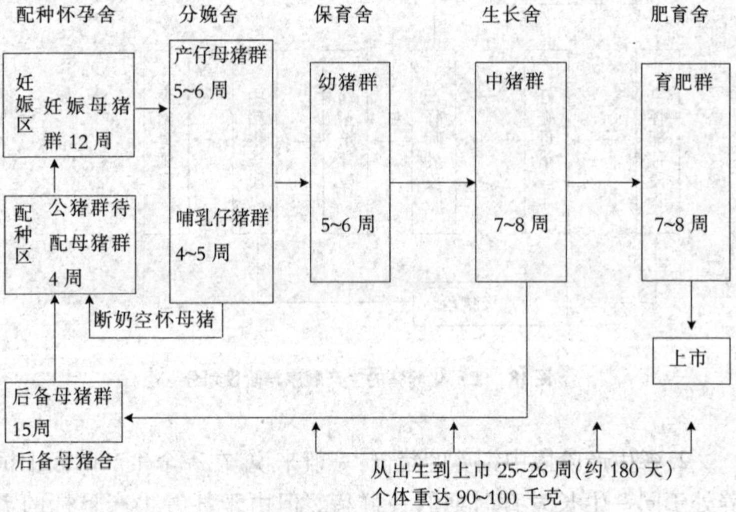

图19　工厂化养猪生产工艺流程

(二)提早断奶　仔猪出生后一般在分娩舍饲养4周(28天)后转入保育舍,即为提早断奶。母猪提前发情配种,可使母猪的年产胎数提高到2.2~2.5窝。

(三)全进全出　猪群在各类舍区内的饲养期以周划分,要求在同一舍区内的猪只全进全出。如在一年产万头商品猪的猪场,每周就有24头母猪配上种,同时就有24头猪产仔。分娩舍中每个产房设有12个产栏,24头临产母猪提前一周进入两个产房。产后4周(28天)养在同一产房中的12头产仔母猪及哺乳仔猪要全部转出,仔猪转入保育舍,母猪调回繁殖母猪舍待配。产房进行彻底冲洗消毒。保育舍内一个房间有6个猪栏,可养断奶仔猪12窝。幼猪在保育舍饲养5~6周后全都转入生长舍,保育舍即可进行冲洗消毒。在生长舍同栏饲养7~8周的中猪再转入同一育肥舍饲养7~8周后出栏上市。仔猪从出生到出栏共饲养24~25周(168~175天)出栏,重达90~100千克。由于实行同周龄出生的猪只全进全出,可做到计划生产,充分利用栏舍,提高生产效率。

(四)集约化饲养　集约化养猪可概括为八个字:集中、制约、密集、节约。由于把很多猪集中在一个猪舍饲养,密度大,这就大大地缩小了每头猪的占地面积。如在限位饲养的条件下,每头怀孕母猪的占地面积仅有1.66平方米,带仔猪每头仅占4平方米,育肥猪每头占0.7~0.9平方米,怀孕和哺乳母猪采用金属限位栏加以制约,猪只能前头吃食,后头排便,站立或卧下,前后自由活动,不能转身,避免了相互斗咬争食,防止母猪压死仔猪,便于观察母猪发情和进行人工授精。在工厂化养猪中只要加强科学管理,就不会影响种猪的生产性能。

三、工厂化养猪技术要点

工厂化养猪实行适度的规模经营与流水式生产工艺流程,必须具备一定的关键技术措施。

(一)猪种选择 选育优良品种和最佳杂交组合是工厂化养猪的首要条件。要求瘦肉率高、产仔多、生长快、饲料利用率高及适应性强的优良品种。如果猪种的生产性能不稳定,差异很大,或体型大小不一,采用流水式的生产工艺流程就会浪费人力和饲料,不能充分利用各类栏舍及设备。

(二)标准化的饲养及采用全价配合饲料 保证实行流水式生产工艺流程,扩大养猪规模,提高猪的日增重和繁殖性能、分娩舍的利用率,才能保证流水式的连续生产,充分发挥生产潜力。

(三)工厂化养猪场的精细化饲养管理技术 工厂化养猪场采用的是流水式的连续生产,猪群需要按计划、按时转舍及合栏饲养,如不制订出严格计划,生产就会出现混乱。如饲养员没有按时做好栏舍的消毒,那么要转的猪群就无法进入栏舍饲养;又如通风、保暖等机电设备不经常检查或维修,生产中就可能发生故障。

工厂化养猪要求不断总结自己猪场条件设备特点,把每个岗位操作细化,形成可以操作的操作规程,减少工作反复变更、频繁变化出现混乱状况,提高工作效率。一旦工作程序确定以后,就要对工人进行技术培训,严格按照规程进行操作。只有不断总结操作各个环节,持续稳定进行改进,才能不断走入稳定发展状态,企业才能拥有自己的核心技术和管理经验。

(四)疫病生物防治体系建设与实施 大猪场兽医工作主要内容是:完善猪场疫病防治体系,包括消毒设施配备,消毒制度制定;疫苗选购、保存、注射种类、剂量、时间确定;猪只生长条件改善,如夏天降温方案设计、实施等;保健用药时间、种类、剂量;饲养管理操作制度制定、培训、检查等。定期抗体检测、检测结果分析,对猪场防疫指导;各种疫病报表分析、记录;技术人员培训,新疫病爆发信息收集,高危时期紧急预防方案制订与执行。

特别提示

大猪场兽医工作与农户有明显不同，要求工作有严格的规程性、超前性、预见性，需要有分析问题的能力和实践经验，不能凭空提出方案，要求从数据记录、分析、利用入手，提出一系列符合猪场实际情况的技术方案，并在实施中进行监督、调整。

第八章　规模化猪场的经营管理

我国养猪生产正在从过去分散经营的模式逐步转向适度规模的生产模式。随着经营能力的不断提高，养猪生产规模也不断扩大，专业化、商品化的程度也将越来越高。近年来，规模养猪场生存与发展，除了加强实用技术外，猪场的经营管理就显得更加重要。

第一节　经营管理的意义及具体内容

一、经营管理的意义

规模猪场要进行养猪生产，就要搞好企业化经营管理。经营管理就是指全体猪场职工，为了实现一定的经营目标，采用现代化管理技术等手段，对猪场的生产、销售、劳动报酬、内部经济核算等活动进行计划、组织、控制。在生产过程中搞好劳动协作，按照自然规律和经济规律，充分有效地利用人力、物力和财力，实行严格的经济核算，以达到优质、高产和低成本，共同完成规定的生产任务。

目前，我国养猪生产都是为盈利而进行商品生产和经营的实体。每个规模猪场都是一个相对独立的生产和经营的经济组织，具有独立经营、自负盈亏、自我发展的经济实体。既要组织全场的生产和饲养管理，又要开展市场、销售、流通、消费全过程。这个过程中的经济活动多种多样、错综复杂。现代养猪生产，工艺复杂，特别是具有相当规模的养猪场，拥有比较先进的设施和装备，劳动分工细，生产过程中各个环节之间联系紧密，任何一个环节出现失误，都会造成整个生产不能进行。养猪生产中不仅存在着许多技术问题，而且存在着许多经营管理问题，我们不但要重视先进的科学技术，而且更要重视科学的经营管理手段，两者缺一不可。只有先进的科学技术和科学的经营管理相结合，才能更好地发挥作用。在相同的设施、科学技术条件下，养猪场成功的关键在于经营管理。一流养猪场设备，一流管理，产生一流效益；一流养猪场设备，二流管理，产生二流效益，甚至三流效益或亏损严重，究其根本原因就在于经营管理不善。为用最少的耗费来生产又多又好的产品，从而获得最佳的经济效益，就必须做到对本场的整个生产过程进行认真观察、综合分析和判断，随时掌握生产动态，同时根据所了解的情况，对生产过程中的经济活动给予监督、限制、约束、诱导和促进，使经济活动按照既定的目标顺利进行，科学的经营管理尤为重要。

二、经营管理的具体内容

经营管理的基本内容包括经营决策和经营管理两方面。

(一)经营决策　包括发展战略、市场规划、经营目标、品牌塑造等。经营目标指在一定时间内计划达到的利润指标、销售指标、生产技术经济指标、竞争能力提高的程度、职工科学技术、文化水平提高的程度、职工生活福利改善目标等。

(二)经营管理　具体内容包括计划管理、生产管理、劳动管理、技术管理、财务管理、经济活动分析等。

1. 计划管理：是猪场经营管理的首要职能。它包括计划的编制、执行、检查和分析。需要编制长期、年度和阶段作业三种计划。

(1)长期计划：是制定猪场 3～5 年或更长时间发展生产的计

划，也称为远景规划。

(2)年度计划：包括年度生产指标、种猪配种、猪群周转、畜产品生产、猪场修建、饲料供应、物资供应、劳动工资、产品销售和财务等计划。

(3)阶段作业计划：是年度生产任务在各个不同时间的具体安排，可按季度或月份编制。

现在，规模较大的猪场，不仅母猪配种分娩有计划，而且，与之相应的各种工作都以周为单位编制。如猪群周转、消毒免疫、职工培训等。

2. 生产管理：

(1)猪群结构的组成和调整：猪群是猪场的基本生产资料，是劳动对象和产品。正确组成猪群结构，既能获得最大出栏率，又能以最快速度进行猪群的扩大再生产，因此应该抓好这项工作。猪群是由种猪、后备猪和育肥猪三大部分组成。合理的猪群结构是指这些部分在群内比例适当，达到较少的饲养头数提供尽可能多的商品猪。猪群中又以母猪、公猪和后备猪组成的繁殖群为主体，而基础母猪又是繁殖猪群的核心，它的比例大小、质量和繁殖周期决定着一个猪场当年的出栏率。例如，基础母猪平均一年产仔提供16头、20头猪，那么，需要基础母猪的头数不一样。母猪的繁殖规律是：初产母猪差，2胎开始提高，3～4胎达到高峰，5胎开始下降。据此，基础母猪群的年更换率为25%～30%。做到母猪群3～4年更换一遍，母猪产仔一般不超过7胎。为了提高母猪的生产性能和养猪场的经济效益，要及时淘汰出现如下情况的母猪：

1)四肢跛行和体况极差的母猪。

2)直肠脱出或子宫脱垂的母猪。

3)有严重阴道分泌物，治疗无效的母猪。

4)初配母猪3个情期，经产母猪2个情期配不准的母猪。

5)经产母猪连续2胎产仔数5头以下的母猪。

6）仔猪断奶后50天还未发情的母猪。

7）泌乳力差，仔猪断奶窝重小的母猪。

8）性情凶暴，有恶癖（如咬吃仔猪）的母猪。

9）性能差母猪等。

种公猪占猪群的比例，取决于基础母猪的头数，采用本交，公、母猪比例为1∶（20～30）。采用人工授精，公猪头数可以大大减少，公母猪比例可以1∶（200～400），猪群中以2～4岁青壮年公猪为主。下面举例说明公猪饲养头数的计算方法：生产实践表明，母猪采取2～3次配种（配种1次，复配2次）受胎率和产仔数最佳。母猪群为300头规模的养猪场，母猪受胎率为80%，每月配种65头，每月产仔52窝，仔猪28日龄断奶，公猪每头月平均用15次计算，则这个猪场应饲养公猪头数为：$65\times3\div15=13$（头），这说明有13头生理状态和精液品质良好的公猪就够了。若是改用母猪2次配种（配种1次，复配1次），该养猪场应饲养公猪数为：$65\times2\div15\approx9$（头）。后备猪是用来补充和更新基础母猪和基础公猪的。这个繁殖群更新过程不是简单地以青壮年猪只代替老弱猪只，去满足维持原有猪群规模和生产水平的需要，同时也是以具有优良性状的猪代替生产性能较低猪只的过程，也是猪群质量不断提高的过程。后备母猪饲养头数为每年应淘汰基础母猪头数的1～2倍，后备公猪应为淘汰基础公猪的5～10倍。提高猪群的生产性能是提高出栏率和劳动生产率的重要途径，所以养猪场必须使品质优良的青壮年母猪和公猪在基础母猪群中保持80%～85%的比例。另外，规模猪场要坚持母猪自繁自养的模式，既可以有效减少疾病引入，保持猪群健康，又能节约大量资金。

（2）生产组织：办好一个猪场，培养一个强有力的生产队伍，建立起良好和谐的生产秩序。

1）定岗定员：现代规模养猪分成空怀配种、妊娠、分娩、保育、育成、育肥几个环节，首先确定基本岗位及人员，制订各个岗位技术操作规程和完成指标,对职工进行培训上岗。其次是业绩考核方面,根据每个职工工作实绩,提供产品的数量、质量以及耗料情况,确定劳动报酬,做到按劳分配、多劳多得、有奖有罚,千方百计调动职工养猪生产的积极性,压缩非生产人员,提高生产水平和劳动生产率,增加经济效益。

2)加强生产人员的定期技术培训:饲养人员是养猪生产的主体,其素质高低决定企业发展,要不断提高他们的业务素质,稳定技术人员。一个猪场要落实各项培训制度,不断提高生产人员的业务素质,要求每个生产人员掌握一般的科学养猪知识,了解猪的生物学特性,生长、发育阶段的营养需要和饲养管理技能,从而使他们自觉遵守饲养管理操作规程,达到科学养猪的目的。

3)制定完善的规章制度:完善严格的规章制度是办好猪场的保证。每个猪场都必须建立和健全各种规章制度,包括职工守则、临时工管理、出勤考核、机械操作和水电维修保养规程、饲养管理操作标准、防疫卫生、仓库管理、门房保卫等各种规章制度,使全场每个部门、每个人都有章可循,照章办事。同时要有人性化福利设施,让职工有娱乐设施。

4)卫生防疫:为使猪场安全生产,猪只的生长、繁育工作按计划进行,确保卫生防疫的操作到位,提高防疫到位率。卫生防疫是生产管理中的重要组成部分,如果稍有疏忽,将会造成毁灭性的后果。因此必须制订切实可行的防疫操作规程,如人员和车辆进出场、圈舍和场地定期消毒、卫生保洁制度,消毒池和消毒用品使用保管,猪只免疫记录,引种入场检疫制度,病猪隔离和死猪处理等。

5)生产统计:生产统计工作是经营管理的一个重要内容,是对职工进行考核业绩和兑现劳动报酬的主要依据;通过建立每日报表制度,能及时掌握生产动态和生产任务完成情况。常用统计报表有猪群变动、母猪配种产仔、称重、转群、猪只死亡、饲料消耗、卫生防疫、兽医诊断、治疗等各种报表。这些表格要尽可能简单实用,容易记录,分析方便。

3. 技术管理:养猪生产的技术管理包括如下几项工作:

(1)建立完备的生产记录,根据生产做好每日记录、每月汇总,每年存档。

(2)分析生产中的薄弱环节,制订出解决问题的技术措施。

(3)通过分析猪场生产技术资料,总结经验,保持自己做法正确,改善不足的地方。

(4)分析各个生产岗位的技术指标,为指标调整奠定基础。

(5)对新的生产技术,开展试验,研究适合本场的新技术。

4. 薪酬管理:落实生产责任制,严格记录制度,通过工资和奖励,进一步激发职工养猪生产的积极性和创造性,提高劳动生产效率。

(1)劳动定额:是劳动管理的重要基础工作,是经营管理的一项重要内容。劳动定额,也就是给每个职工确定劳动职责,做到责任到人。劳动定额是贯彻按劳分配的重要依据。根据本场的具体情况采用定额,克服干与不干一个样、捧铁饭碗、吃大锅饭的现象。

科学制订劳动定额是提高劳动生产率的重要手段。劳动定额标准要先进,既有数量标准,又有质量标准。但又要注意饲养条件不同,地区、劳动生产熟练程度不同,劳动定额也有所不同。应根据本地、本场实际,制订出切实可行的、有利于发挥劳动积极性的劳动定额标准。并且,还要根据养猪生产是连续不断的过程,作业是在每天相同条件下重复进行的特点,岗位设置要常年固定;养猪工作对象是猪,是活的动物,要每天饲喂照管,要勤观察。因此,对饲养人员要有严格的责任制度,而且还要具备基本的专业知识和技能。

为了使劳动定额发挥作用,要抓好定额管理工作,由专人负责。大场要设立机构,负责定额的制订和执行,建立检查、验收制度,把好质量关。在保证质量前提下,超定额劳动,实行多劳多得。

劳动定额是编制定员的重要依据。根据生产任务和劳动定额合理确定劳动力的需要量,进行设岗、定员。尽量压缩行政和后勤等非生产部门人员,保证生产第一线劳动力的需要。

(2)生产责任制:劳动定额是建立和健全生产责任制的基础。生产责任制就是对每一项生产任务都要明确规定质量、数量、时间要求和检查制度,落实到班组或个人去完成。

我国在实行养猪生产责任制以后,曾经出现过多种多样的形式,有集体责任制,也有个人家庭责任制;有作业组责任制,也有联产责任制。在联产责任制中,有猪群联产报酬制,也有家庭联产承包责任制等。因地制宜不断探索,逐步加以完善。随着我国经济管理体制改革的深化,近年来,养猪生产责任制逐步采用经济责任制形式,很好地调动职工的积极性,很好地完成养猪各项经营管理指标,提高经济效益,促进我国养猪生产发展。

养猪场内部的经济责任制,就是在组织养猪生产的过程中,根据生产力发展水平的要求,按照分工协作、提高经济效益的目的,对场内所属的劳动单位及职工个人明确规定经济责任、经济权力和经济利益相结合的综合性经营管理制度。

猪场内部经济责任制,从责任落实方面看,主要是以承包为主的形式出现的。目前这种承包形式有多种多样,但较为广泛采用的有项目承包、成本承包、联产记酬承包和一条龙承包等形式。

1)项目承包:猪场根据养猪生产过程的阶段性,设立一些项目,如种猪的饲养与配种、母猪的妊娠与分娩、仔猪保育、小猪育肥、卫生防疫等。同样,供销后勤也可设立项目,如采购饲料及加工、机器设备及维修工作等。职工对项目进行承包,承包内容包括定员、定职、定生产指标,规定计酬和奖罚办法。

项目承包适用于生产规模中等以下的(年出栏猪 5 000 头左右)养猪场。此方法优点是承包办法简便易行,职工也能估算出个人在某个时间的劳动收入。场领导从职工收入中可看出其劳动力强度、劳动素质高低，便于及时因人调换项目或决定留用或辞退。

2）成本承包：这是猪场根据养猪生产工艺流程分为若干阶段，每个阶段成立一个作业组，将本场年度生产经营指标间各个作业组层层承包下去的一种承包方式。场对各作业组实行多项指标的综合承包，承包饲料、工资、折旧、药费、工具、企业管理等。以保成本为中心，猪只和饲料按场内计划计算。在承包的同时，要求各作业组之间互相协调、横向联系、进行互保，加上严格经济考核，形成完整的承包责任制。

成本承包适合于大型养猪场。采用本办法时，要注意加强财会和统计力量，要结合严格的经济核算，猪只和饲料计划、价格要估算准确，才能保证承包方案顺利进行。

3）联产承包：从种猪舍到妊娠、分娩、保育、育肥舍，饲养员与兽医、行政后勤人员，实行定人员，定管理技术规程，定产量任务，定饲料、工具消耗指标，从场长至员工全面实行联产计酬承包。

该承包方法对大、中型猪场都能适用。其优点是，从场长至员工全面实行浮动工资联产计酬工分制，体现了多劳多得的分配原则，调动了员工的自觉性和积极性，有利于增强猪场的活力和竞争能力，促进生产发展。

4）一条龙承包：每个饲养员承包一定数量母猪，这些母猪所产的仔猪、保育猪以及育肥猪均由其承担管理。一条龙承包优点是一竿子插到底，避免了上下项目之间的影响，责任明确，计奖简单。缺点是，每个饲养员都要饲养管理各种类群的猪，故此承包方式只适合于小型养猪场。

在落实承包责任制时，要根据本场的实际情况、设备条件、职工素质等制订生产指标，指标要适当，并留有余地。在正常情况下，经过职工努力，有产可超，有奖可得，才能有效地激励职工的积极性。

在确定承包方案时要通过职工充分讨论，要经常检查，定期评比，年终一定要兑现，不能失信于民。同时，要加强财务管理，严格审查决算，防止弄虚作假。

5. 财务管理：财务管理在猪场经营管理工作中具有重要意义。因为资金是发展生产的物质条件。财务管理直接关系着发展生产和节约资金问题。所以养猪场必须抓好财务管理工作，建立健全财务管理制度，不断提高财务管理水平，以保证生产顺利进行，促进生产发展。

财务管理的主要任务是积极筹集资金，保证生产计划的实现。管好固定资金，用好流动资金，编制财务计划，规定并严格遵守开支范围和费用开支标准。定期组织经济核算，对一切产、供、销活动进行财务监督，遵守国家政策法令和财经纪律，贯彻民主理财的原则，群众参加讨论财务计划，账目公开，参与财务管理工作。

第二节　生产经营计划的编制

一、产品销售计划的制订

养猪场产品销售计划的制订，首先必须了解市场，以避免给生产带来盲目性而造成不必要的损失。养猪场是生产鲜活商品的生产部门，猪是有生命的动物，养猪过程中，每天都要消耗掉一定量的饲料来维持其生理活动，因此，当猪养成后不能停留，应及时销售，以节约饲料和劳力，提高圈舍利用率，加快资金周转。这就要求我们在制订产品销售计划时要了解市场，通过对市场的调查研究，了解产品销售市场的规模、特点和销量大小，自己生产的产品在不同市场上的竞争能力，同行业生产的产品数量、质量、布局和竞争能力，作出符合实际的供求预测，为经营决策提供科学依据。了解市场，摸清市场需要的品种、规格、质量、数量以及市场前景、季节状况,使自己的产品能适时、适量地安排销售。同时还得考虑销售渠道,如外贸出口、农贸市场、产销挂钩、国营合同销售等销售方式。

养猪场的产品销售计划包括种猪推广、育肥用仔猪和商品猪各月份的推广和销售量。这一计划的制订为产品生产计划的制订提供依据,也能对全年的销售收入做到心中有数,为成本核算打下了基础。

二、产品生产计划的制订

产品生产计划的制订是依据产品销售计划上年的生产实际、本场猪群结构变化情况等诸多方面的条件,制订出切实可行的、经过努力能够实现的产品生产计划。主要内容是制定全年产品总量(包括猪只出栏头数和总增重)以及逐月分布情况。种猪场以提供种猪为主。商品猪场提供肉猪为主,以肉猪头数乘以每头出栏平均活重,计算出总产量。

现举例说明猪场猪只出栏头数估算方法如下:

某一商品猪场现有母猪106头,根据上年生产统计,平均每头母猪年产仔2.05窝,每窝平均产活仔10.5头,育成出栏率为87%,据此可估算全年生产商品猪1 985头。计算方法是:$106\times2.05\times10.5\times87\%\approx1\,985$(头)。

归纳出计算公式:

全年计划提供商品猪头数

=母猪存栏数×每头母猪平均年产仔窝数

×平均每窝产活仔头数×育成出栏率

制订产品生产计划时还应加上上年底的猪只存栏头数,扣除当年年底计划存栏头数以及当年要淘汰和补充的公母猪头数。根据本场设备条件,决定采用季节性母猪产仔还是全年均衡母猪产仔方式,再制订出种猪配种计划,安排生产。

通过制订产品生产计划,可以反映出猪场完成生产任务情况、生产技术和经营管理水平,并为财务收入计划提供依据。

饲养管理、卫生防疫和饲料供应对保证实现产品生产计划的完成起着决定性作用。

三、饲料供应计划的制订

猪是饲料的转化物,饲料是猪只生长、发育所需营养物质的主要来源。猪场如果没有质量可靠、来源固定、价格适宜的饲料供应,就绝不能做到稳定、优质、高产、低成本地进行养猪生产。饲料消耗占猪场支出的70%左右,因此,饲料供应计划是年度计划中最重要的计划之一。

饲料供应计划的编制步骤如下:

(一)先定出各类猪群的猪只消耗饲料的指标

1. 基础公猪:3千克/(头·天),1 095千克/(头·年)。

2. 待配及发情母猪:2千克/(头·天),平均每头母猪一年两期计算,每期32天(包括断奶后7天,发情期25天),一年每头母猪在待配期和发情期需要饲料量为:32天×2期×2千克/(日·头)=128千克。

3. 妊娠母猪:分妊娠前期80天,2千克/(头·天)和妊娠后期34天,2.5千克/(头·天),一年一头母猪平均两次妊娠期计算,则需要饲料供应量为:80天×2期×2千克+34天×2期×2.5千克=490千克。

4. 哺乳母猪:哺乳期30天,4.5千克/(头·天),一头母猪一年平均有两次哺乳期计算,则需要饲料供应量为:30天×2期×4.5千克=270千克。

5. 非生产期母猪:一年一头母猪平均产仔两窝,其非生产日期计算为:365天-2期×(80天+34天+30天)=77天。

2千克/(头·天),则此期间的饲料供应量为:77(天)×2(千克）=154（千克）。

6. 乳猪：每头乳猪到30日龄断奶时平均增重5千克，肉料比为1：0.5，每头乳猪饲料供应量为2.5千克。

7. 保育猪：保育到60日龄，每头小猪体重平均为18千克，保育期增重为18－0.7－5＝12.3（千克），肉料比为1：2，则每头保育期饲料供应为24.6千克。

8. 育肥猪：育肥猪在生长育肥期每头平均增重80千克，肉料比为1：3.5，每头育肥猪饲料供应量为：80×3.5＝280（千克）。

（二）再计算出年饲料供应量　根据年度计划各类猪群的计划饲养头数和饲料消耗指标，就能计算全年饲料供应量，具体计算方法是将各类猪群计划饲养头数乘以该猪群猪只的消耗饲料指标，再将各类猪群所需饲料量累加起来，即得出全场全年饲料供应计划量。

第三节　母猪繁殖技术指标体系

对于一个养猪企业来讲，母猪就是猪场生产机器，母猪生产不能仅看个别母猪生产成绩，要看整个猪群繁殖情况，特别是注意没有繁殖成绩或繁殖成绩不理想的母猪在整个猪群所占比例，通过查看记录、分析母猪群繁殖表现及变化规律，可以及时淘汰低产母畜，优化猪群结构，达到提高生产成绩，增加效益的目的。母猪群繁殖指标体系如下：

1. 第一情期受胎率及总情期受胎率：第一情期受胎率：第一个情期配种母猪总数中，妊娠母猪占配种母猪数百分数。一般第一情期受精率85%～86%，好的猪场90%以上。第一情期受胎率对于猪场生产管理、设备利用率非常重要。

总情期受胎率：母猪经过历次复配，妊娠母猪数占总配种母猪的百分数。主要反映猪群的复配情况。正常情况下总情期受胎率

90% ~96%。

2. 妊娠分娩率：分娩母猪头数占妊娠母猪百分数。正常母猪分娩率在 95% ~98%。怀孕母猪饲养管理精细化程度，疫苗注射应激，主要繁殖疾病，地面坡度，猪舍设计科学性都会影响妊娠分娩率。

3. 繁殖周期：繁殖周期与母猪年产胎次、母猪断奶至发情时间等密切相关，其计算如下：

繁殖周期 = 母猪妊娠天数（114 天）+ 仔猪哺乳天数（21 天、28 天或 35 天）+ 母猪断奶至发情时间。

如母猪 21 天断奶，断奶后 10 天发情配种，则其繁殖周期为：114 + 21 + 10 = 145（天）。

4. 母猪年产窝数：母猪年产窝数 = 365 ÷ 繁殖周期。如 365 ÷ 145 = 2.5 窝。实际生产中，由于母猪分娩率在 95% 左右，母猪年产胎次要小于 2.5 窝，一般为 2.3 ~2.4 窝。

第四节　提高规模养猪的经济效益

提高经济效益是一切养猪生产的核心问题，而进行经济核算和经济活动分析促进经济效益提高的重要手段。因此，经济核算和经济活动分析是提高经济效益的一项重要的经营管理工作。

一、产品成本核算与分析

产品成本是反映养猪生产经营管理的综合指标。产品成本的高低，决定一个养猪场能否取得好的经济效益。所以，加强成本管理和核算，具有重要意义。养猪场的产品成本就是生产一定头数的商品猪所支付的全部费用。成本核算就是考核生产中的各项消耗，分析各项消耗和成本增减变化的原因，从而寻找降低成本的途径。

成本核算，主要是计算生产费用和核算产品成本。

(一)生产费用　计算生产费用，就是计算劳动报酬的支付和已消耗的物质的价值两部分之和。生产费用按照经济用途和分摊方法进行分类，构成产品成本项目。主要有：

1. 工资和福利费：指直接从事某项生产的饲养和管理人员的工资和福利支付，不包括从事副业生产和基本建设用工。

2. 饲料费：指各类猪群实际消耗各种饲料的开支。

3. 燃料动力费：指养猪生产过程中所用去的燃料和动力开支。

4. 医药费：猪群耗用的疫苗费、药品费和器械等能直接记入的医疗开支。

5. 种猪摊销费：指种公猪和母猪逐年减少价值摊销产品成本中的金额。

6. 折旧费和维修费：猪群使用的猪舍和其他设备的折旧费和维修费。

7. 低值易耗品费：能直接记入的低值工具和劳保用品的支付。

8. 其他直接生产费：凡不能记入上述各项的其他直接生产开支。

9. 共同生产费：指应在几类猪群中分摊的生产开支。

10. 企业管理费：按一定标准计入本场各级管理部门的费用，并分摊给各类猪群。

(二)成本核算　先根据成本项目计算出各类猪群费用，并计算出各类猪群饲养头数、活重、增重、产品产量等资料，就可以计算出各类猪群的产品成本。

$$\text{断奶仔猪活重单位成本} = \frac{\text{母猪群饲养费用}}{\text{断奶仔猪体重}}$$

$$\text{小猪和育肥猪增重单位成本} = \frac{\text{该群猪饲养费用}}{\text{该群猪增重}}$$

$$\text{猪产品单位成本} = \frac{\text{该群猪饲养费用}}{\text{该群猪产品总产量}}$$

(三)产品成本的分析 产品成本核算的结果,只是反映猪场在核算时间内的成本状况,不能说明成本水平的高低,还需要进行成本分析。

成本分析常用对比法,就是把成本核算结果同计划成本比较,同上年度成本比较,同经营管理先进单位的成本比较。通过比较,看出本期成本水平的高低、成本结构变化情况和变化原因,以及成本升降与利润指标之间发生什么样的变化,发现问题,找出差距,提出解决问题的办法。

二、盈利核算与分析

盈利是销售产品收入减去成本的剩余部分。即

$$盈利 = 销售产品收入 - 产品成本$$

利润是盈利部分减去税后的剩余部分。即

$$利润 = 盈利 - 税金 = 销售产品收入 - (产品成本 + 税金)$$

盈利越多,说明该猪场经营管理水平越高,对社会贡献也越大。利润是猪场在一定时间内最终的经营结果,进行利润核算,是考核猪场经营管理好坏的一个重要的经济手段。

利润核算主要是考核利润总额和利润率。

利润总额 = 销售产品收入 - 产品成本 - 销售费用 - 税金 ± 营业外收支净额

利润率的表示方法有成本利润率、产值利润率和资金利润率三种。

(一)成本利润率 成本利润率是销售利润与销售产品成本的比率。

$$成本利润率 = \frac{销售利润}{销售产品成本} \times 100\%$$

它是从利润角度反映猪场在生产过程中劳动消耗的多少,间接反映出劳动者劳动创造财富的多少。

（二）产值利润率　产值利润率是总利润与总产值的比率。

$$产值利润率 = \frac{总利润额}{总产值} \times 100\%$$

它是用利润占产值的百分比来反映利润水平的高低，从利润角度全面反映猪场综合生产能力的情况。

（三）资金利润率　资金利润率是总利润额与占用资金总额的比率。

$$资金利润率 = \frac{总利润额}{占用资金总额} \times 100\%$$

资金总额包括固定资金和流动资金。

资金利润率比成本利润率更能全面、合理地反映利润的实际。因为它在分母中包括劳动消耗和劳动占用，而成本利润率在分母中只包括劳动消耗。

三、经营管理水平的衡量

规模养猪场经营管理的好坏，首先看其对社会贡献的大小。种猪场要多提供高质量的种猪，商品猪场要均衡地供应市场优质的商品猪。

其次是看其是否降低产品成本，提高经济效益。产品成本的高低是评定养猪场经营管理好坏的主要指标。经营好，投资少，力争做到优质、高产、低成本、高效益。产品质量、数量逐年有所提高，成本逐年有所降低。

第三是看其有无疫病流行。有无疫病也是评定一个养猪场办的好坏的重要标志。管理好的猪场，领导一定十分重视卫生防疫工作。猪只健康，育肥猪增重快，饲料报酬高，成活率高，没有或很少发生疫病流行。

四、经济效益的分析指标

规模猪场经济效益的分析指标可分为产品的产量、产品质量、饲料报酬等指标。

(一)产品计划完成率

$$产品计划完成率=\frac{产品实际产量}{产品计划产量}\times 100\%$$

若这个比率大于100,则说明超额完成任务。

(二)产品质量指标

1. 繁殖率:这是衡量种猪生产的主要指标。

(1)受胎率:妊娠母猪头数与受配母猪头数的比。要求不低于85%。

(2)平均产活仔数:瘦肉型种猪要求在10~12头/窝。

(3)仔猪成活率:要求不低于90%。

2. 育肥效果:这是评定育肥猪生产性能的指标。

(1)平均日增重:双月龄育肥至90千克的增重与育肥天数的比值,是衡量育肥猪生长速度的指标。

(2)出栏率:要求不低于150%。

(3)出栏活重:这一指标取决于屠宰率、瘦肉率和饲料报酬。

(4)胴体瘦肉率:胴体中的瘦肉量与胴体中的皮、肉、骨和肥膘总量的比率。目前,这个指标影响着一个养猪场的竞争能力和经济效益。

(三)饲料报酬 用肉料比表示,即增长1千克毛重所消耗的饲料千克数。这一比值越低说明饲料报酬越高。

五、提高规模养猪经济效益的重要措施

$$盈利=销售产品收入-产品成本 \tag{1}$$

$$猪的产品单位成本=\frac{饲养费用}{产品产量} \tag{2}$$

从(1)式看出,提高经济效益,就要降低产品成本。从(2)式看出,降低产品成本,就要提高产量、减少饲养费用,即所谓增产节

约。这就是说，提高规模养猪经济效益的途径一是提高产量，二是减少饲养费用。

（一）提高产量

1. 引进优良猪种，采用最佳生产模式，实行科学养猪。

2. 加强饲养管理，提高种猪利用率、仔猪成活率和育肥猪出栏率。

（二）减少饲养费用

1. 建立、健全各项管理制度，落实经济责任制，提高工效，减少用工。

2. 充分、合理地利用猪舍和各种设备，提高设备利用率，减少单位产品中所分摊的折旧费和维修费用。

3. 严格控制间接费用和非生产开支，降低管理费。

4. 减少饲料浪费，降低饲料消耗，提高饲料利用率。

第五节 规模化猪场新技术应用

一、氟烷基因基因检测

猪的氟烷基因，是一种应激基因，携带该基因的猪仅在运输、高热、转群、争斗、饥饿等条件下，会出现异常反应甚至死亡的现象。这种现象称为应激综合征（Porcine Stress Syndrome，PSS）。控制 PSS 的基因称为氟烷基因。一些高瘦肉率猪种，如皮特兰猪、长白猪、大约克夏猪等多数携带氟烷基因，容易引起肉质下降，产生劣质猪肉。采用基因分子诊断技术对猪进行氟烷基因型的 DNA 检测，从少量血样或毛囊中提取 DNA，采用 PCR 扩增方法，运用 Hha Ⅰ 酶切图谱来鉴别氟烷基因型，正常情况出现 NN、Nn、nn3 种基因型，其中 Nn、NN 猪只为正常猪，选种考虑留下，携带 nn 基因型猪只肉质多数较差，选种时淘汰。该方法能准确鉴定猪的氟烷基因型，是目前应用较为广泛的一种 DNA 分子诊断方法。用户只要抽取仔猪少量血或毛囊送到科研单位实验室，1～3 天可以得到结果，根据检测结果对种猪开展选留。

二、高产仔数基因检测

近年来，在猪的高繁殖力特性研究中，证实雌激素受体基因(ESR)和卵泡雌激素 β 亚基基因(FSHβ)是两个可改变产仔数 1～1.5头的主基因，对选留高产母猪有明显提高作用。

1. ESR 基因基因检测：雌激素受体的 E 区是雌激素与受体的结合区，具有重要的功能，该区的遗传变异影响雌激素作用活性，进而影响动物的繁殖机能。ESR 基因位置上存在影响产仔数的标记。对 ESR 基因进行分析，发现 BB、BA、AA 三种基因型，其中 BB、BA 型母猪产仔比 AA 型母猪高 1～1.5 头。利用 ESR 进行标记辅助选择可以提高窝产仔数，有可能培育出产仔数多的新的母本群体，从而提高养猪的经济效益。ESR 基因基因检测有很好的应用前景，用户只需把少量血样送到实验室，可以依据结果开展母猪选留。

2. FSHβ 亚基基因检测：FSHβ 是控制猪产仔数性状的主效基因，对 FSHβ 亚基基因如何控制猪产仔数的原因进行研究，发现 BB 基因型在外种猪中占优势，中国猪种主要是 AA 基因型，很少有 BB 基因型。FSHβ 基因的优良基因型为 BB，引进种猪第 1 胎产仔 AA 基因型与 BB 基因型母猪在总产仔数和产活仔数的差异分别为 2.53 和 2.12；对于第 2 胎产仔数，AA 基因型和 BB 基因型在总产仔数及产活仔数的差异分别为 2.11 和 2.02，由此可以表明，FSHβ 亚基基因检测对选留高产母猪有重要作用。

3. 兽用 B 超进行母猪早期妊娠检测：超声波诊断技术是在无任何损伤和刺激的情况下对动物机体进行切面观察的高科技诊断技术，能够活体实时影像观察早孕的子宫、胚胎、背膘和眼肌面积，是猪场科学研究和日常生产管理十分有用的检测工具。兽用B超技术过去多进行活体背膘和眼肌面积测量，目前开始用于怀孕母猪早期诊断，及时发现空怀母猪，减少无效饲养，提高猪场经济效益，增强猪群均衡生产效果。

应用超声波诊断技术能产生良好的经济效益。配种后21～30天就可以及时检测到配种母猪怀孕情况，仪器体积小，操作方便，一个人即可以进行，准确度高，对第一情期配种未孕母猪诊断准确率达96%以上。过去配种母猪配种后20天左右不发情即认为受孕，准确率80%～90%，难于检测出未正常受孕母猪，个别母猪有时到84天左右才确定没有怀孕，造成长时间无效饲养，影响企业的正常生产管理，设备利用率降低。超声波诊断技术应用到母猪配种前活体背膘检测同样重要，母猪配种前活体背膘（第2位点）在16～20mm比较合适，背膘厚度太薄影响母猪生产性能，母猪发情推迟或不发情，通过超声波诊断可以做到科学管理，减少母猪管理中的失误，提高母猪群利用率。

4. 兽用红外线非接触体温计测量体温：动物体温是观察动物健康状况的重要指标，通过测量体温变化可以帮助诊断猪只身体状况，及时发现有病猪只。过去测量体温靠体温计，需要保定猪只，把体温计插入直肠进行测量，比较麻烦。目前发明的动物红外线非接触式体温计解决了这个难题。把这种体温计靠近需要测定部位几秒钟，不需要直接接触动物，即可以自动显示测量体温，方便准确，对于成年公母猪保定困难情况下特别方便，此种仪器价格便宜，体积小，操作方便，与直肠测体温法相比具有明显优点。此种技术目前国内已经开始推广使用。

第三篇 猪病综合防治技术

第九章 猪病防治的基础知识

随着生产力的发展和科技进步，我国的养猪业正由传统的一家一户分散型饲养向专业化、集约化和规模化养猪业迈进，饲养数量日益增大，在这种情况下一旦发生疾病，尤其是传染病，将严重影响猪场的经济效益。据统计，我国猪群由各种疾病导致的死亡率为15%，直接经济损失每年上百亿元，而发达国家猪的死亡率控制在5%以下。因此可以说疾病防治已经成为制约当前养猪业发展的一个瓶颈问题，应切实做好疾病的防治工作。

根据发生的原因，疾病通常可以分为传染病、寄生虫病、营养代谢病、中毒病和普通病等。但是现阶段疾病发生的原因是多因素的，是病原体、周围环境与猪群之间相互作用的结果，因此对疾病的预防和控制也必须采取综合措施，从多方面入手，才能从根本上控制和消灭疾病。

第一节　规模化养猪生产及疫病流行特点

我国养猪业正在经历着由传统的小农经济生产方式向现代化、工厂化养猪模式转变的重要时期，规模化养猪是现代化养猪的初级阶段，是养猪业向工厂化、机械化、知识化发展的必由之路。发展规模化养猪正在成为农业经济，特别是乡镇和村级经济新的增长点。长期以来，我国养猪业处于生产水平低、饲料转化率低、出栏率低、劳动生产率低、死亡率高的"四低一高"状况。

我国猪每年死亡头数占存栏数的10%～12%。每年鸡、猪因病死亡的直接经济损失约250亿元。疫病危害已经成为制约我国养猪业，特别是规模化养猪业发展的主要问题之一。

与农户传统的庭院养猪相比较，规模化养猪具有无可比拟的优势，同时，两者之间疫病发生与流行也有着极大的不同。作为规模化养猪企业的经营者和管理人员，必须从理论和实践两个方面来提高水平，要了解规模化养猪生产中疫病流行的新动向，学习疫病防治的基本原理，依据本地区、本企业的特点，因地制宜地制定综合性防治疫病的规划。

当前规模化养猪业生产和疫病流行具有十大特点：

1. 生产规模大、数量多：目前，一般养猪企业年出栏商品猪数量少的在3 000～5 000头，多的则在1万头至几万头，甚至10余万头。猪只数量的增加，导致疫病在猪群中传播速度加快。据报道，当1头携带病原微生物的猪进入一个群体后，疫病从1头猪传给其他猪的可能数量(N)与猪群中猪的数量(n)的关系是$N=n^2-n$。例如在一个只有10头猪的群体与一个拥有100头猪的群体中，疫病流行的速度相差100倍以上。

2. 高密度集约化大群饲养：规模化养猪的另一特点是实行集约化经营，在生产中逐步应用各种养猪设备对猪群实行高密度大群饲养。如在采用了限位饲养后,每头母猪所占床位仅约1.16平方米,而在传统方式中每头母猪需7~8平方米。高密度集约化饲养,使猪只彼此间距离变小,一些接触传播性疫病的传播变得极其容易,那些在传统养猪业中不易流行的疫病常常暴发流行。最典型的例子为猪疥螨、猪痢疾的发生与流行。

3. 分段式饲养的工艺流程:规模化养猪业必须逐步实行全新分段式饲养工艺流程。在一条生产线上,母猪在配种车间、妊娠车间、产仔车间中不停地周转,仔猪则沿着产仔车间—保育车间—育成车间—肥育车间流动。与传统养猪业相比较,规模化养猪中猪只在生产中的流动性大为增加,不同来源、不同年龄的猪群之间的疫病水平传播的可能性增大,在各群体中蔓延流行的速度也大大加快。

4. 良种繁育体系滞后:规模化养猪业要求建立一个稳定的良种繁育体系,使得各级猪场(原种场、祖代场、父母代场、商品场)的种群供应较为固定。这样不但能保证商品猪的质量,更可以减少疫病在繁育体系内的纵向传播和在繁育体系间的横向传播。但是当前我国的良种繁育体系建设滞后,一方面部分种猪场猪群健康水平不高,另一方面许多商品场种群来源不固定,多途径购买种猪,又缺乏必要的隔离检测手段,使得不同地域间、不同繁育体系间疫病的传播越来越多。猪痢疾、猪传染性萎缩性鼻炎、伪狂犬病的流行与此是分不开的。

5. 不能实行"全进全出":"全进全出"是规模化养猪的一项重要技术措施,不但能保证生产的计划性,而且有利于猪群的保健和对疫病的控制、扑灭和净化。但在当前许多猪场由于条件的限制,多采用流水式连续生产方式,各个阶段不能做到彻底空栏、清洗、消毒,使得病原微生物在猪群中持续传播,毒力增强,流行趋势越来越强。

6. 舍内环境不合格:在高密度集约化饲养条件下,为了保证猪群的正常生产,必须有效地控制猪舍内的环境,诸如温度、湿度、光照、灰尘和有害气体浓度、病原微生物数量等。猪舍内环境一旦达不到要求,极易损害猪的健康,降低其抗病力,病原体就易侵入猪体而导致疫病的发生和流行。

7. 不能供应全价饲料:规模化养猪业为了追求高效益,均采用了繁殖性能优良、生长速度快、瘦肉率高、胴体品质好的标准化高效种猪,为了保证猪的这些优良品质得到充分发挥,必须供应充足的优质饲料和选择适宜的饲料配方,按照营养标准对猪群实行标准化饲养。然而由于多数猪场受到资金短缺和饲料市场不规范的困扰,饲料供应常不能满足生产的需要,不仅影响了生产的正常进行,也使得一些非传染性疾病和一些条件性病原体所致疫病极易发生与流行。

8. 猪只长期处于应激状态:在规模化猪场中,由于高密度、大规模集约化饲养,猪只间接触频率增高,猪群流动性增大,不断进行混群导致群体中争夺位次的斗殴增多;生产者为了充分发挥猪的生产潜能,使猪群始终处于高度紧张的生产状态,无疑使猪的应激性增高,从而使得那些敏感猪的内分泌发生异常,抗病力极大地下降。一些在散养条件下不易发生的疾病例如肢蹄病、胃溃疡、应激综合征等也会成为问题。

9. 废弃物处理不当:规模化猪场一方面要防止污染的环境对自身的危害,另一方面还要解决好自身对环境的污染问题。一个万头猪场年产猪粪尿约为500万千克,如果加上废弃的垫料、饲料残屑及冲洗栏舍的污水,这一数量还要大得多。对如此大量的污染物如何实行无害化处理,是每一个猪场必须面对的难题。一旦处理失当,就会对人类的生存环境造成很大的破坏,还会成为有害生物的孳生地、栖息地,也给防疫带来了无穷的隐患。

10. 疫病防治技术不到位:规模化养猪业是吸纳了大量先进的养猪技术、采用了全新的养猪工艺设备的密集型产业,各类技术人才短缺是其突出的问题。其中特别是缺乏熟悉规模化养猪疫病防治的兽医技术人员,使得疫病综合防治远远落后于养猪业的发展,培养和训练一支高素质的兽医队伍已是当务之急。

第二节 传染病综合防治基础

传染病是指由病原微生物引起的,具有一定潜伏期和临诊表现,并具有传染性的疾病。传染病的流行必须具备三个互相联系的环节,即传染源、传播途径和易感动物。在传染病的控制中必须有重点地针对其中的某一环节或三个环节同时下手,方能奏效。

一、传染病流行的三个基本环节

1. 消灭传染源:传染源主要是指病原能在其中繁殖并被排出体外的动物机体和其他生物媒体(如昆虫、猫、鼠等)。对于患病动物和带毒(菌、虫)动物主要采取隔离、尽早诊断、治疗和淘汰的方法,并与定期和经常性地对圈舍消毒等措施相结合。

2. 切断传播途径:传播途径是指病原体从某一传染源到达另一易感动物所经过的途径或方式。传播途径可分为直接接触和间接接触两种。

直接接触是指动物经过交配、啃咬等传播。如猪的狂犬病是被疯狗咬伤后感染而发病。

大多数传染病则以间接接触为主,如通过空气、飞沫、土壤、污染的饲料和饮水以及人员往来、交通工具而传播,也有经过昆虫的叮咬或啮齿动物活动而传播,如猪乙型脑炎。这样,必须根据这些传播媒介的活动规律加以预防或杀灭,从而达到防治疾病的目的。

3. 保护易感动物:所谓易感性是指动物对某种疾病病原的敏感性,这取决于动物本身和外在因素。保护易感动物(降低动物的易感性)主要通过下列三种不同的途径来实现。

(1)抗病育种:选育抗病性强的猪品种(品系),使猪获得天然免疫力。

(2)加强免疫接种:免疫接种是贯彻疾病"防重于治"的重要措施,至少在目前对发病急、死亡率高的一些烈性传染病和尚未有效治疗药物的疾病,尤其是病毒病是必需的,如口蹄疫、猪瘟、伪狂犬病等。此外,对于危害仔猪的腹泻性疾病如仔猪黄白痢、传染性胃肠炎和仔猪红痢,其预防重点是免疫母猪,期望仔猪吮乳后获得被动保护。

(3)改善饲养管理,提高猪只的健康水平:在猪的饲养管理中,要创造猪群生长的最适环境,减少疾病发生的诱因,最大限度地发挥其生产潜力。

二、疫病综合防治的基本原则

1. 坚持"预防为主、防重于治"的原则:重点采取提高猪群整体健康水平、防止外来疫病传入猪群、控制与净化猪群中已有疫病的策略与技术措施。

2. 坚持"综合防治"原则:任何一种疫病的发生与流行都不是单一因素造成的,都与多种因素相关,通常可将这些因素划分为致病因子、环境因子和宿主因子,三者相互依赖、相互作用,从而导致了猪群群体的健康或发病。采用单一措施常不能有效地预防、控制或消灭疫病,也不能提高群体的健康水平,必须采用综合性防治措施。

3. 坚持"科学防治"的原则:目前传染病依然是规模化养猪业的最大威胁,特别是烈性传染病对生产所造成的危害十分巨大。必须学习和运用流行病学知识,针对传染病流行过程的三个基本条件(传染源、传播途径、易感动物)及其相互关系,采取消灭传染源、切断传播途径、提高猪只群体抗病力的综合防治措施,才能有效地降低传染病的危害。

第三节 疫病综合防治的基本内容

规模化养猪业的综合性防治疫病体系的建立必须以家畜传染病学的基本理论为指导,依据《中华人民共和国动物防疫法》等,根据养猪生产的规律,在日常生产中全面而系统地对猪群实行保健和疫病控制。这一体系主要包括隔离、消毒、杀虫灭鼠、驱虫、免疫接种、药物预防、诊断与检疫、疾病治疗、疫情扑灭等基本内容。

1. 隔离:将猪群控制在一个有利于防治疫病和生产管理的范围内进行饲养的方法称为隔离。隔离是国内外普遍采用的最有效的基本防治疫病措施之一。

(1)场址选择:要依据本地的地理位置、地形地貌和水文气象资料来进行。理想的场址应是背风向阳,地势高燥,不受洪涝灾害影响,利于排污和污水净化,有充足洁净水源,交通及电力较为便利,较为偏僻易于设防的地区。更为重要的是大型猪场还必须有一个安全的生态环境,应远离各种动物的饲养场及其产品加工厂、工厂和矿山、城镇居民区和村落,与交通干道、河流和水渠、污水沟等保持足够距离。保持较远的距离是最好、最有效的隔离,一般认为这一距离至少500 ~1 000米。

(2)场内布局:猪场内按功能可划分为三个区,即生产区、生活区、管理区(辅助生产区)。场内三个区应严格分隔开来,一般来说生活区应建在生产区的上风处,管理区宜在生产区下风处。生产区内不同的猪群(种猪、哺乳母猪、保育猪、青年猪、肥育猪等)应实行隔离饲养。相邻猪舍间也应保持相应距离。

(3)隔离设施:场区外围,特别是生产区外围应依据具体条件使用隔离网、隔离墙、防疫沟等建立隔离带,以防止野生动物、家畜、禽及人进入生产区内;生产区只能设置一个专供生产人员及车辆出入的大门,一个供装卸猪只的装猪台,粪便收集和外运系统。

此外还应在生产区下风向处设立病猪隔离治疗舍、引进种猪的隔离检疫舍、把好检疫关,尤其要检疫隐性感染猪。引进的猪观察一个月后,确属健康,方可混群饲养。尸体剖检及处理设施等。有条件的还应在猪舍内安装防鸟、防鼠设备等。尽量避免外来人员的参观,确属无法避免的,应换上本厂的鞋帽,如有条件的则须淋浴后方准进厂。

(4)全进全出生产系统:从防疫的要求出发,在生产线的各主要环节上,分批次安排猪的生产,做到全进全出,使每批猪的生产在时间上拉开距离以进行隔离消毒,可以有效地切断疫病的传播途径,防止病原微生物在群体中形成的连续感染、交叉感染,也为控制和净化疫病奠定了基础。这一技术在规模化、集约化养猪业中应用的必要性日益迫切。

(5)隔离制度:为了使隔离措施得到贯彻落实,必须依据本企业具体条件制定严格的隔离制度。

其要点应包含以下几个主要方面:本场工作人员、车辆出入场(生产区)的管理要求;对外来人员、车辆进入场(生产区)内的隔离规定;场内猪群流动、猪只出入生产区的要求;生产区内人员活动、工具使用的要求;粪便管理;场内禁养其他动物及禁止携带动物、动物产品进场的要求;患病猪和新购入种猪的隔离要求等。

2. 消毒:消毒是采用物理学、化学、生物学手段杀灭和减少生产环境中病原体的一项措施。其目的在于切断疫病的传播途径,防止传染性疾病的发生与流行,是综合性防治疫病措施中最常采用的重要技术措施之一。

参阅本书猪场消毒技术一章。

3. 杀虫与灭鼠:杀灭猪场中的有害昆虫(蚊、蝇等)、老鼠等,是消灭疫病传染源和切断其传播途径的有效措施。

(1)杀虫:规模化猪场有害昆虫主要指蚊、蝇等媒介节肢动物。杀灭方法可分为物理学、化学和生物学方法。物理学方法除捕捉、拍打、黏附等外，电子灭蚊灯在猪场中有一定的应用价值。生物学灭虫法的关键在于环境卫生状况的控制，首先要搞好猪舍内的清洁卫生，及时清除舍内地面及排粪沟中的积粪、饲料残屑及垃圾；其次应保持场区内的环境清洁卫生，割除杂草，填埋积水坑洼，保持排水、排污系统的畅通，加强粪污管理和无害化处理。化学杀虫法则是使用化学杀虫剂，在猪舍内进行大面积喷洒，向场区内外的蚊蝇栖息地、孳生地进行滞留喷洒。由于这类昆虫具有飞翔能力，对化学杀虫剂能及时躲避，影响杀灭效果，施药时应选择合适的时间和方法进行。

（2）灭鼠：灭鼠法可分为生态学灭鼠法、化学灭鼠法和物理学灭鼠法。由于规模化猪场占地面积大，猪只高度密集，采用鼠夹、鼠笼、电子猫等物理方法灭鼠效果较差，多不采用，主要采用前两种方法灭鼠。

在有鼠害的猪场，应动员全场工作人员，人人动手，采用坚壁清野的方法，使鼠类难以获取食物，挖毁其室外的巢穴，填埋、堵塞室内鼠洞。用烟熏剂熏杀洞中老鼠，使其失去栖身之所，破坏其生存环境，达到驱杀的目的。使用化学杀鼠法多在冬春季食物较少时进行，在场外可使用快效杀鼠剂，一次投足剂量；场内可使用慢效杀鼠剂全面投布，逐日检查，对已食完的点应及时添加。对鼠尸应及时收集处理，防止猪只误食后发生二次中毒，注意自身保护防止中毒。规模化猪场应严禁养猫捕鼠。

4. 驱虫：是将患畜身体内（或身体上）的寄生虫杀灭或驱出体外的措施。驱虫在规模化猪场综合防疫体系中，是建立生物安全体系、提高猪群健康水平的又一重要措施。

参阅本书猪场寄生虫病的综合防治技术一章。

5. 免疫接种：使用疫苗等各种生物制品，在平时对猪群有计划地进行预防接种，在可能发生或疫病发生早期对猪群实行紧急免疫接种，以提高猪群对相应疫病的特异抵抗力，是规模化猪场综合性防疫体系中一个极为重要的环节，也是构建养猪业生物安全体系的重要措施之一。

参阅本书猪场免疫保健技术一章。

6. 药物预防：规模化猪场除了部分传染病可使用免疫注射来加以预防控制外，许多传染病尚无疫苗或无可靠疫苗用于防制。也不可能实现对所有的传染性疾病都进行免疫注射，一些在临床上已有发生而不能及时确诊的疫病可能蔓延流行，一些非传染性的流行病、群发病也可能大面积暴发流行，均使得在临床上必须采用对整个猪群投放药物进行群体预防或控制。

参阅本书猪场药物保健技术一章。

7. 检疫与疫病的监测：对猪群健康状况的定期检查，以及常见疫病及日常生产状况资料的收集分析，监测各类疫情和防治疫病措施的效果，对猪群健康水平的综合评估，对疫病发生危险度的预测预报等是检疫与疫病监测的主要任务，在规模化养猪业防治疫病体系中甚为重要，也是当前各规模化猪场防治疫病体系中最薄弱的环节。

（1）检疫：兽医人员应定期对猪群进行系统的检查，观察各个猪群的状况，大群检查时应注意从猪的外表、动态、休息、采食、饮水、排粪、排尿等各方面进行观察，必要时还应抽查猪的呼吸、心跳、体温三大指标。对种猪群还应检查公母猪的发情、配种、怀孕、分娩及新生仔猪的状况。对获取的资料进行统计分析，发现异常时要进一步调查其原因，作出初步判断，提出相应预防措施，防止疫病在猪群中扩大蔓延。

（2）尸体剖检：尸检是疫病诊断的重要方法之一，在猪场应对所有非正常死亡猪进行剖检，作出早期诊断，以采取有针对性的防治措施，必要时，还应采集病料送实验室检验。

（3）疫病监测：

实验室检验：实验室检验方法甚多，但目前最受场家关注的是主要传染病的抗体水平监测，主要为猪瘟、口蹄疫、细小病毒病、乙型脑炎、猪伪狂犬病等。抗体水平的检测，在评价疫苗免疫的质量、免疫程序的制定、潜伏的隐性感染、疫病防治效果的评估等诸多方面都具有极高价值。

其他监测：其他各项措施如对消毒、杀虫、灭鼠、驱虫与药物预防等方面的效果进行检测，最佳防治药物的筛选等，都可进一步提高防治疫病的效果。

(4)疫病统计资料的收集与分析：通过对猪群的生产状况如繁殖性状、生长肥育性状资料，疫病流行状况如疫病种类、发病率、死亡率、防治疫病措施的应用及其效果等多种资料的收集与分析，以发现疫病变化的趋势及影响疫病发生、流行、分布的因素，制定和改进防治疫病措施；通过对环境、疫病、猪群的长期系统的监测、统计、分析，对疫病进行预测预报。

8. 日常诊疗与疫情扑灭：兽医及技术人员应每日深入猪舍，巡视猪群，对猪群中发现的病例均应及时进行诊断治疗和处理。

对内科、外科、产科等非传染性疾病的单个病例，有治疗价值的予以治疗，对无治疗价值者尽快淘汰。对怀疑或已确诊的常见多发性传染病病猪，应及时组织力量进行治疗和控制，防止其扩散。

当发现有新的传染病或猪瘟、口蹄疫等急性、烈性传染病发生时，应立即对该猪群进行封锁，病猪可根据具体情况或将其转移至病猪隔离舍进行诊断和治疗，或将其捕杀焚烧和深埋；对全场或局部栏舍实施强化消毒；对假定健康猪进行紧急免疫接种；生产区内禁止猪群调动，禁止购入或出售猪只，当最后 1 头病猪痊愈、淘汰或死亡后，经过一定时间(该病的最长潜伏期)无该病新病例出现时，在进行大消毒后方可解除封锁。

第十章　规模化猪场消毒技术

第一节　猪场常用消毒方法

一、消毒的分类

1. 日常消毒（又称预防性消毒）：是根据生产的需要采用各种消毒方法在生产区和猪群中进行的消毒。主要有日常定期对栏舍、道路、猪群的消毒，定期向消毒池内投放消毒剂等；临产前对产房、产栏及临产母猪的消毒，对仔猪的断脐、断尾、断牙、剪耳号、阉割时的术部消毒；人员、车辆出入栏舍、生产区时的消毒；饲料、饮用水乃至空气的消毒；医疗器械如体温表、注射器、针头等的消毒。

2. 即时消毒（又称随时消毒）：是当猪群中有个别或少数猪发生一般性疫病或突然死亡时，立即对其所在栏舍进行局部强化消毒，包括对发病或死亡猪只的消毒及无害化处理。

3. 终末消毒（又称大消毒）：是采用多种消毒方法对全场或部分猪舍进行全方位的彻底清理与消毒。主要用于全进全出生产系统中，当猪群全部自栏舍中转出（即空栏）后，或在发生烈性传染病的流行初期和在疫病流行平息后，准备解除封锁前均应进行大消毒。

二、猪场常用消毒方法

1. 物理消毒法：主要包括机械性清扫刷洗、高压水冲洗、通风换气、高温高热（灼烧、煮沸、烘烤、焚烧等）和干燥、光照（日光、紫外线光照射等）。

2. 化学消毒法：采用化学药物（消毒剂）杀灭病原，是消毒中最常用的方法之一。理想消毒剂必须具备抗菌谱广、对病原体杀灭力强、性质稳定、维持消毒效果时间长、对人畜毒性小、对消毒对象损伤轻、价廉易得、运输保存和使用方便、对环境污染小等特点。使用化学消毒剂时要考虑病原体对不同消毒剂的抵抗力、消毒剂的杀菌谱、有效使用浓度、作用时间、对消毒对象及环境温度的要求等。目前常用消毒剂见本章第二节。

3. 生物学消毒法：对生产中产生的大量粪便、污水、垃圾及杂草采用发酵法消毒，利用发酵过程所产热量杀灭其中病原体，是广泛采用的方法。可采用堆积发酵、沉淀池发酵、沼气池发酵等。条件成熟的还可采用固液分离技术，并可将分离的固形物制成高效有机肥料，液体经发酵后用于渔业养殖。

三、消毒设施和设备

消毒设施主要包括场和生产区大门的大型消毒池、猪舍出入口的小型消毒池、人员进入生产区的更衣消毒室（有条件的可建立淋浴更衣室）及消毒通道、消毒处理病死猪尸体的尸体坑、粪污消毒处理的堆积发酵场、发酵池等。常用消毒设备有手动、电动、机动喷雾器、高压清洗机、高压灭菌容器、煮沸消毒器、火焰消毒器、粪污的固液分离器等。

第二节　猪场常用消毒药

猪场常用消毒药很多，商品名称更多，归纳起来可分为：

一、碱类

氢氧化钠（苛性钠、烧碱）

【性状】 白色块状、棒状或片状固体。易溶于水及乙醇，极易潮解，水溶液呈强碱性反应。易吸收空气中的二氧化碳而成碳酸盐。

【作用与用途】 对细菌繁殖体和部分病毒及细菌芽孢有较强的杀灭作用，但对机体有腐蚀性。主要用于空栏消毒。

【用法与用量】 2%水溶液用于消毒池，2%热水溶液喷洒被病毒（口蹄疫、猪瘟等）或细菌（沙门杆菌）等污染的厩舍、饲槽、车辆等；3%～5%热水溶液喷洒炭疽芽孢污染的地面等。

氧化钙（生石灰）

【性状】 白色硬块或粉末。无臭，易吸收水分。在空气中吸收二氧化碳，逐渐变成碳酸钙而失效。

【作用与用途】 本品与水作用生成氢氧化钙，后解离出氢氧根离子具有杀菌作用。对多数繁殖型细菌有较强的杀灭作用，但对芽孢无效。

【用法与用量】 20%的石灰乳，涂刷厩舍、猪栏、地面、排水沟等；浸湿20%石灰乳的湿草包放置进出口消毒鞋底、车轮等；每千克氧化钙加水350毫升，可对阴湿地面、粪池周围及污水沟等处消毒。

二、酚类

煤　酚（甲酚）

【性状】　为黏稠棕色液体，加水稀释后为乳白色液体。

【作用与用途】　对大多数繁殖型细菌有强烈杀菌作用。

【用法与用量】　煤酚皂溶液（由煤酚500毫升与植物油300克，氢氧化钠43克配成），10%溶液可消毒排泄物及废弃的染菌材料；3%～5%溶液消毒器械、厩舍及其他物品；2%溶液可洗手和消毒皮肤。

【注意事项】　高浓度对手、皮肤有刺激性。

复合酚（毒菌净）

【性状】　为深红或深褐色黏稠液体，稍有异味，易溶于水。

【作用与用途】　复合酚对多种细菌和病毒均有杀灭作用，是较理想的厩舍、场所、笼具消毒药。本品不能与碱性消毒药配伍，以免降低其作用。

【用法与用量】　复合酚3.3%溶液用于常规消毒及细菌性疾病的厩舍、笼具消毒。1%溶液用于病毒性疾病的厩舍、笼具消毒。

农　福

【性状】　深褐色，有醋酸和煤焦油气味，易溶于水。

【作用与用途】　有抗菌、抗病毒作用。用于厩舍及器具的消毒。

【用法与用量】　农福1%～1.3%溶液用于猪舍喷洒消毒；1.7%溶液用于器具、车辆洗涤消毒。

三、醛类

甲醛溶液(福尔马林)

【性状】 为无色澄明液体,有强烈的刺激性气味,易溶于水。置于冷处(9℃以下)或存放过久,易凝聚成白色的多聚甲醛沉淀,而失去消毒效果。

【作用与用途】 本品具有广谱杀菌作用,对细菌、芽孢、病毒、霉菌均有效。常用于污染的厩舍、用具、排泄物及室内空气消毒。此外还可用于保存标本和生物制品。

【用法与用量】 5%甲醛乙醇(酒精)溶液用于术部消毒;4%甲醛溶液用于固定和保存标本;1%甲醛溶液用于器械消毒(浸泡1~2小时)。

房间消毒,每立方米用40%甲醛溶液18~36毫升,加等量水加热蒸发或加高锰酸钾氧化蒸发,高锰酸钾与40%甲醛溶液用量为3:5,密闭门窗48~72小时,室温不应低于15℃,相对湿度60%~80%,否则消毒作用减弱。

戊二醛

【性状】 无色油状液体。挥发性较低,溶于水和乙醇。

【作用与用途】 具有广谱抗菌作用,对繁殖型革兰阳性和阴性菌都有快速的杀灭作用。

【用法与用量】 2%戊二醛溶液,用于器械浸泡消毒,用于密闭空间如微生物操作防护箱的熏蒸消毒,每升容积蒸发10%戊二醛溶液约1毫升,密闭过夜即可。

四、酸类

乳 酸

【性状】 无色或微黄色澄明液体。与水或乙醇能任意混合，水溶液呈酸性，有吸湿性。

【作用与用途】 对伤寒沙门杆菌、埃希大肠杆菌等革兰阴性菌和葡萄球菌、链球菌等革兰阳性菌均具有杀灭和抑制作用，它的蒸汽或喷雾用于消毒空气，能杀死流感病毒及某些细菌。

【用法与用量】 乳酸500毫升(80%)，蒸汽消毒每100平方米空间用6~12毫升加水稀释成20%溶液，密闭门窗后加热蒸发，消毒30~60分钟。

硼 酸

【性状】 白色粉末或白色微带光泽的鳞片，无嗅，水溶液呈弱酸性。

【作用与用途】 只有抑菌作用，不能杀灭细菌，但因刺激性小，常用于眼黏膜、皮肤创伤的冲洗防腐。

【用法与用量】 硼酸3%~4%溶液冲洗眼、口腔、子宫、阴道等黏膜。

硼酸软膏10%，用于皮肤烧伤、擦伤或褥疮。

五、醇类

乙 醇(酒精)

【性状】 无色透明液体。易挥发、燃烧，能与水、有机溶剂任意混合。

【作用与用途】 为最常用的消毒防腐药。能使蛋白质变性或沉淀，因而有杀菌作用。可杀灭繁殖型细菌，但对细菌芽孢无效。

【用法与用量】 常用 70% 或 75% 消毒器械或皮肤，30 分钟可起消毒作用。以 70% 乙醇杀菌作用最强，浓度低于 20% 或高于 75% 时杀菌作用均降低。

六、卤素类

含氯石灰（漂白粉）

【性状】 白色颗粒状粉末，微溶于水及乙醇，久置于空气中受潮或遇酸时，分解失效。本品应含有效氯 25% ~30%。

【作用与用途】 对细菌、病毒、芽孢及真菌产生杀灭作用。用于饮水等消毒，并有除臭作用。

【用法与用量】 饮水消毒，每立方米河水或井水用 6 ~10 克；0.5% 澄清液，浸泡消毒无色衣物；1% ~2% 澄清液用于食具、玻璃器具和非金属用具消毒；10% ~20% 乳剂用于猪舍、粪池、排泄物等消毒。

二氯异氰脲酸钠（优氯净）

【性状】 白色或粉黄色粉末，易溶于水(1∶5)。

【作用与用途】 优氯净在水中能持久释放活性氯，而产生较长时间的杀菌作用，因无残留而广泛用于饮水、车辆、厩舍、用具消毒。

【用法与用量】 消毒浓度（以有效氯含量计算）饮水 0.5×10^{-6}；车辆、厩舍、用具 $(50\sim100)\times10^{-6}$。

碘

【性状】 灰黑色或蓝黑色，有金属光泽的片状结晶或块状物，质重、脆。在常温中能挥发，易溶于乙醇和碘化钾的水溶液，难溶于水(1∶2 950)。

【作用与用途】 具有较强的杀菌作用，也可杀灭细菌芽孢、真菌、病毒及某些原虫和蠕虫。常用碘酊进行皮肤消毒，碘甘油用于患部涂擦，碘还可作饮水消毒剂。

【用法与用量】 3%～5%碘酊，用于术部皮肤消毒；碘甘油，用于口腔黏膜消毒；$(5\sim10)\times10^{-6}$的碘，用于饮水消毒。

聚乙烯吡咯酮碘

【性状】 黄棕色无定形粉末或片状固体。微有特臭，可溶于水，水溶液呈酸性。

【作用与用途】 遇组织中还原性物质可缓慢放出游离态碘而呈现杀菌作用，用于皮肤组织黏膜及环境消毒。

【用法与用量】 0.5%溶液喷雾消毒环境、笼具及其他用具，0.75%用于术部消毒。

威力碘(络合碘)

【性状】 有特异碘气味，无毒，无刺激性、腐蚀性，性能稳定。

【作用与用途】 对细菌繁殖体、芽孢和病毒均有杀灭作用，可用于猪舍、体表、创伤及手术器械消毒。

【用法与用量】 按1∶(60～100)倍稀释，用于猪舍与猪体喷雾消毒；按1∶(200～400)倍稀释，用于饮水器和饮用水的消毒；外伤、注射和手术部位消毒，可按1∶20倍稀释或以原液直接涂擦。

七、氧化剂

高锰酸钾

【性状】　深紫色结晶，无臭，易溶于水(1∶15)。溶液应现配现用，久贮后变至棕色而失效，为强氧化剂。禁忌与某些有机物或易氧化物接触，以免发生爆炸。

【作用与用途】　具有杀菌解毒作用。外用于皮肤创伤及腔道的冲洗消毒，也用于内服有机毒物中毒时的洗胃。

【用法与用量】　腔道冲洗与洗胃0.05%～0.1%溶液，创伤冲洗0.1%～0.2%溶液。

过氧化氢溶液(双氧水)

【性状】　为无色透明液体。性质不稳定，遇光、热、振摇或存放过久，均易分解失效。

【作用与用途】　具有消毒防腐作用。主要用于清洗化脓创、瘘管、窦道或去除痂皮等，尤其适用于厌氧菌感染的防治。

【用法与用量】　3%清洗创伤和冲洗去除痂皮，0.3%～1%冲洗口腔或阴道。

过氧乙酸(过醋酸)

【性状】　纯品为无色透明液体，易溶于水及有机溶剂。易挥发，有刺激性气味，醋酸味，高浓度时加热(70℃以上)可发生爆炸。市售20%的水溶液，性质不稳定，须密闭避光贮存在低温(3～4℃)处，有效期半年，一般临用时现配。

【作用与用途】　可杀灭细菌、病毒和真菌，其0.05%～0.5%溶液1分钟杀死芽孢，0.005%～0.05%溶液1分钟杀死细菌。用于地面、物品及空气消毒。

【用法与用量】 0.2%溶液浸泡严重污染的地面和耐腐蚀物品;0.5%溶液喷洒厩舍、饲槽、车辆等;5%溶液(2.5毫升/米^3)喷雾密闭的实验室、无菌室及仓库等。

【注意事项】 稀释后不能久贮,以免失效。蒸气有刺激性,消毒房舍时人、猪不能留在室内;浓溶液可烧伤皮肤黏膜,对眼、鼻等黏膜也有刺激性。

八、表面活性剂

新洁而灭

【性状】 无色或黄色胶状液体,易溶于水,无挥发性,耐光耐热。

【作用与用途】 有较强的抗菌作用,用于术部皮肤、器械消毒及黏膜冲洗。

【用法与用量】 1%溶液用于术部皮肤消毒,0.1%溶液用于术前器械消毒,0.01%~0.05%溶液用于黏膜冲洗。

【注意事项】 禁忌与碘、碘化钾、过氧化物、肥皂等配伍应用,不适用于粪池、污水等消毒。

消毒净

【性状】 类白色晶粉。易溶于水和乙醇。易受潮,但受潮后杀菌效力不变。

【作用与用途】 杀灭革兰阳性菌及阴性菌的作用比新洁而灭强,用于皮肤、器械消毒。

【用法与用量】 0.1%溶液涂擦术部皮肤消毒;0.05%~0.1%溶液用于器械、用具消毒;0.02%以下水溶液冲洗腔道黏膜。

百毒杀

【性状】 无色无味液体,能与水互溶,性质稳定。

【作用与用途】 对各种细菌、病毒、霉菌、某些虫卵均有一定的杀灭作用。可用于猪体、饮水和传染病发生时的紧急消毒。

【用法与用量】 本品有含量50%和10%的百毒杀。两剂型适应范围相同,但后者用量是前者的5倍。

50%百毒杀带猪消毒(猪舍、环境、饮水器具、笼栏)3毫升加入10千克水中喷雾或冲刷;饮水消毒0.5~1.5毫升加入10千克饮水中;传染病发生时的紧急消毒(猪舍、笼具、器具等)10毫升加入10千克水中浸泡或冲洗。

第三节　猪场消毒程序和操作规程

一、消毒程序和制度

根据消毒种类、对象、气温、疫病流行的规律,将多种消毒方法科学合理地加以组合而进行的消毒过程称为消毒程序。例如全进全出系统中的空栏大消毒的消毒程序可分为以下一些步骤:清扫→高压水冲洗→喷洒消毒剂→清洗→熏蒸→干燥(或火焰消毒)→喷洒消毒剂→转进猪群。消毒程序还应根据自身的生产方式、主要存在的疫病、消毒剂和消毒设备设施的种类等,因地制宜地加以制定。

消毒制度要按照生产日程、消毒程序的要求,将各种消毒制度化,明确消毒工作的管理者和执行人、使用消毒剂的种类及其使用浓度和方法、消毒间隔时间和消毒剂的轮换使用、消毒设施设备的管理等,都应详细加以规定。

二、消毒操作规程

1. 猪舍大消毒：其技术要点是：舍内的猪必须全部出清，一头不留；彻底清扫猪舍内外的粪便、污物，疏通沟渠；取出舍内可移动的部件（饲槽、垫板、电热板、保温箱等），洗净、晾干或置阳光下曝晒；舍内的地面、走道、墙壁等处用自来水或高压泵冲洗，栏栅、笼具进行洗刷和抹擦；闲置1天，自然干燥后才能消毒。

喷雾消毒（可用背式喷雾器或高压喷雾器），消毒剂的用量为1升/米^2。对于喷洒消毒，在保证有效浓度的情况下，每平方米的消毒药量必须要达到300毫升以上，并保持湿润30分钟，才能达到目的。要求喷洒均匀，不留死角。

熏蒸消毒法（28毫升甲醛、高锰酸钾14克/米^3），分娩舍必须封闭严密，熏蒸后密闭3天后将门窗打开充分通风，消除甲醛异味，然后方能进分娩母猪；冬季需将分娩舍室内温度升到20～25℃，保持恒温。

消毒剂可轮换使用，也可选择两种消毒剂先后使用，但不能将几种消毒剂同时或混合使用。消毒后需闲置净化2天以上才能进猪。

猪场内每周要进行一次带猪消毒，选用1∶500稀释的10%百毒杀，1∶800稀释的消毒威，1∶500稀释的强效碘，1∶1 000稀释的百菌消－30等。

2. 门卫消毒：

（1）大门消毒：主要供出入猪场的车辆和人员通过的大型消毒池，要避免污泥浊水入内，池内的消毒液3～5天彻底更换1次，所用的消毒剂要求作用较持久、较稳定。

（2）洗手消毒：猪场进出口除了设有消毒池、消毒鞋靴外，还需进行洗手消毒，此项工作很方便，也很重要。采用的消毒剂对人的皮肤无刺激性、无异味。

(3)车辆消毒:进出猪场的运输车辆,特别是运猪车辆,车厢内外都需要进行全面的喷洒消毒,采用的消毒剂对猪无刺激性、无不良影响。

3. 临时消毒:当发生可疑疫情或在特殊的情况下,对局部或部分区域、物品随时采取应急的消毒措施。包括以下几方面的内容:

(1)带猪消毒:当某一猪圈内突然发现个别病猪或死猪,若怀疑患传染病时在消除传染源后,对可疑被污染的场地、物品和同圈的猪所进行的消毒;可用手提喷雾器喷雾消毒,要求使用安全、无公害、无二次污染的消毒剂。

(2)空气消毒:在寒冷季节,门窗紧闭,猪群密集,舍内空气严重污染的情况下进行的消毒。要求消毒剂不仅能杀菌还有除臭、降尘、净化空气的作用。采用喷雾消毒,消毒剂用量0.5升/米^3。

(3)饮水消毒:饮用水中细菌总数或大肠杆菌数超标或可疑污染病原微生物的情况下,需进行消毒,要求消毒剂对猪体无毒害,对饮欲无影响。

(4)注射器、针头等物品的消毒:将器械洗净后,尽量采用蒸汽消毒。浸泡在消毒剂中(若防器械生锈可加入0.5%亚硝酸钠)30分钟后即可使用,在免疫接种时,若针头不够,可即泡即用。

第十一章　猪场寄生虫病的综合防治技术

规模化猪场中常见的寄生虫种类主要有猪蛔虫、猪结节虫（食道口线虫）、猪鞭虫（毛首线虫）、猪球虫和猪疥螨，少数猪场可能还有肺丝虫（后圆线虫）、肾虫（冠尾线虫）和类圆线虫。驱虫是将患猪体内（或身体上）的寄生虫杀灭或驱出体外的措施。

在规模化、集约化的高密度饲养条件下，寄生虫病对生产的影响日见突出。各种寄生虫病严重地危害着家畜和人类的健康，严重影响着畜产品的数量和质量。不少寄生虫病为人兽共患性疾病，例如猪旋毛虫病、猪囊虫病和弓形虫病等，所以防治寄生虫病是关系到人畜健康和畜牧业等经济发展的大事。

第一节　寄生虫病的综合防治

防治寄生虫病是个极其复杂的问题。可以这样说，寄生虫病的流行情况是外界环境状况的一种反映：消化道寄生虫病的蔓延说明环境卫生状况的低下；囊尾蚴病和旋毛虫病等的流行是与人们缺乏卫生习惯、家畜饲养管理不当等多方面的因素有关。有些寄生虫病需要中间宿主传播，而中间宿主的生存又与外界环境密切相关，因此寄生虫病的流行是与外界环境紧密相联的。有不少猪场只注重猪的驱虫但不注意环境卫生，今日驱了虫，但不久猪又重复感染。正如人们常说的猪寄生虫病“年年治，年年防，年年还在老地方”。寄生虫病的防治工作必须以流行病学的研究为基础,实施综合性的防治措施,才能收到较好的成效。综合防治措施主要包括两个方面:

一、驱虫

寄生虫生活在家畜体内或体表的这个阶段是其生活史中较易被消灭的环节;相反,寄生虫生活在自然界中,因虫体很小,散布很广,例如一条雌蛔虫每天排出 20 万个虫卵,而且虫卵的抵抗力很强,往往难于扑灭它们。故驱虫是防治寄生虫病中最积极而且也容易办到的措施。但是,几乎所有的驱虫药都不能杀灭蠕虫子宫中或已排入消化道或呼吸道中的虫卵。这样,驱虫后含有崩解虫体的排泄物如果任意让它散布,就会给外界环境造成严重的污染。而消灭外界环境中的虫卵或幼虫是极其困难的。在驱虫工作中,必须做到以下几个方面:

1. 驱虫应在专门(有隔离条件)场所进行。因为家畜驱虫时,随粪便排出大量的虫体和虫卵(虫体崩解时排出),为了防止它们污染圈舍和运动场,除虫的场所要便于粪便的收集和清扫。

2. 动物驱虫应有一定的隔离时间,直至被驱出的病原物质排完为止。因驱虫药的种类不同,驱除虫体的时间也不同。有的驱虫药如敌百虫、左咪唑用药后几小时宿主开始排出;有的驱虫药用药后要经 1 ~2 天或更长的时间才能排出。

3. 驱虫后排出的粪便和其场院病原物质均应集中处理,使之“无害化”。因现有的驱虫药只能驱除虫体,而不能杀灭虫卵,所以宿主经驱虫后排出的虫卵会污染圈舍成为新的污染源。消灭粪便中虫卵最经济的方法是将粪便集中于贮粪池内并密闭或用堆集发酵的方法(产生生物热)杀死虫卵。

驱虫药选择的原则是高效,低毒,广谱。同时考虑适口性好、使用方便、价格低廉、猪只体内残留量低等。现在有许多广谱驱虫药,如丙硫咪唑可驱除宿主体内多种寄生线虫和绦虫甚至一些吸虫。

伊维菌素、阿维菌素是新一代抗生素驱虫药物,对肠道寄生虫有较好驱杀效果,对猪疥螨也有良好的杀灭力。

驱虫药用药次数:许多驱虫药是抑制寄生虫的代谢,使其不能生存和生育。低剂量抑制排卵,适量杀虫。药物在体内要维持一定的浓度,为了提高驱虫效果,常常连续给予2~3次驱虫药。对于一些体表寄生虫,例如疥螨,驱虫药只能杀死虫体,而不能杀死虫卵。用一次药后,虽杀死了皮内的成虫,但留在皮内的虫卵并未死亡,以后它又孵出幼虫再发育为成虫,又复发。因此正确的用药方法是在第一次用药后一周再用药一次,才能防止此病的复发。

驱虫药的预试:任何一种驱虫药,对猪场猪群驱虫效果怎样,还得先进行一次预试。因猪品种不同,对药物的敏感性不同。虽然许多驱虫药安全低毒,但因品种或个体的差异,反应不同。先选少量猪按药物使用剂量试治,如果疗效好又无明显副作用,才可大量推广。

二、外界环境除虫

许多寄生虫的虫卵和幼虫对外界环境有一定的抵抗力,例如猪蛔虫卵,对外界不良环境有很强的抵抗力。因此猪蛔虫病流行甚广。为了防止猪重复感染,必须消灭外界环境中的虫卵。环境卫生是减少家畜感染或预防感染的重要措施之一。

1. 环境除虫:包括许多方面的内容,除了加强饲养管理,搞好圈舍清洁卫生工作外,更为重要的是依据对寄生虫生活史和流行病学的了解,制订有效的方案,在最适宜的地点和时间,攻破它们的流行环节。如对猪肺线虫必须改造猪舍,不让蚯蚓生存。

不同的寄生虫病有不同的侧重点,这是由寄生虫的传播规律决定的。如猪一般以蛔虫等土源性(不需要中间宿主)寄生虫为主。结合猪的饲养管理特点、生活习性和此类寄生虫的生物学特性与流行规律来考虑。猪寄生虫的预防工作应注意以下几个方面:要有专门的产仔间,严格消毒;怀孕母猪要驱虫,临产前要把全身彻底洗净;小猪要有专用猪舍。小猪与母猪分开饲养可防止寄生虫的感染;饮水饲料要清洁;猪舍地面应有一定坡度,以防积水;除粪要勤;定期驱虫。

2. 粪便的清扫和处理:猪体内寄生虫的虫卵随时从粪便排出,有的虫卵在外界适宜条件下很快发育成为感染性幼虫,例如猪结节虫的虫卵在夏季经 3 ~6 日就发育为感染性幼虫,猪类圆线虫卵在外界有时经 2 ~3 日发育为感染性幼虫。因此猪舍内的粪便应及时清除。对于寄生虫严重感染的猪场,除了一般的清洁卫生外,还应对猪舍和运动场进行消毒,杀灭虫卵和幼虫,或铲除一层表土,换上新土,并用石灰消毒。猪的粪便和垫草清除出圈后,要运到距猪舍较远的场所堆积发酵,或挖坑沤肥,用产生的生物热来杀灭虫卵。

3. 预防病原的传入:在已控制或基本消灭寄生虫的猪场,当引入猪只时,应对外来猪先隔离饲养,进行粪便检查,以确定其有无寄生虫寄生;发现患猪,须进行 1 ~2 次驱虫并再次检查无虫后才能并群饲养。

4. 药物性预防:当从粪便中检查出虫卵时,此时宿主体内已经寄生了大量的成虫,虽然用驱虫药可以将其成虫驱除,但已经给家畜造成了危害。

第二节　抗寄生虫药

抗蠕虫药又称为驱虫药。因为蠕虫包括线虫、吸虫和绦虫,所以驱虫药又分为驱线虫药、驱吸虫药和驱绦虫药。虽然经常描述一个抗寄生虫药物为高效、低毒,但驱虫药的“低毒”只是一个相对概念,实际上绝大部分抗寄生虫药物对动物宿主都具有比其他类药物更强的毒性,所以临床应用时必须严格按规定使用,混饲给药必须保证药物在饲料中的均匀性。

一、抗蠕虫药

精制敌百虫

【性状】 为白色晶粉或小粒,在空气中易吸潮,水溶液易水解,遇碱迅速变质。

【作用与用途】 为广谱抗寄生虫药。对消化道线虫如猪蛔虫、毛首线虫、食道口线虫都有较好的作用,对某些吸虫如猪姜片吸虫等作用次之,对猪肾虫作用很弱。外用为杀虫药,可用于杀灭蝇、蛆、螨、蚤等。

【用法与用量】 内服一次量,每千克体重 80～100 毫克。外用 1%～2% 溶液,局部涂擦或喷雾。

【注意事项】 用药前后,禁用胆碱酯酶抑制药,否则可加大敌百虫的毒性作用。敌百虫水溶液应现用现配,且不宜与碱性药物或碱性水质配伍,以免毒性增大。敌百虫中毒时可用阿托品和解磷定肌内注射或静脉注射解救。

左旋咪唑(左咪唑)

【性状】 白色结晶或粉末,易溶于水、甲醇和甘油。粉末及酸性水溶液稳定,碱性水溶液易分解。

【作用与用途】 对猪蛔虫和线虫类寄生虫效果极佳,但对多数寄生虫未成熟虫体作用稍差。

【用法与用量】 内服一次量,每千克体重 7.5 毫克;皮下注射一次量,每千克体重 7.5 毫克。

左旋咪唑涂擦剂,100 毫升含 10 克,耳根部皮肤涂敷,一次量每 10 千克体重 1～1.2 毫升。

丙硫苯咪唑（阿苯达唑、抗蠕敏）

【性状】 为白色或类白色粉末，无味。不溶于水，微溶于氯仿、丙酮，几乎不溶于乙醇，在冰醋酸中溶解。

【作用与用途】 对猪蛔虫、线虫、中华枝睾吸虫都有良好的驱虫效力。

【用法与用量】 内服一次量，每千克体重 10～20 毫克。

噻吩嘧啶（噻嘧啶、驱虫灵）

【性状】 黄色粉末，不溶于水，宜避光保存。

【作用与用途】 适用于猪蛔虫、食道口线虫成虫，而且对猪蛔虫各期幼虫均有明显疗效。对猪后圆线虫和未成熟的幼虫亦有一定效果。

【用法与用量】 双羟萘酸噻吩嘧啶片，内服，一次量，每千克体重（按噻吩嘧啶含量计）20 毫克。

【注意事项】 禁忌与安定药、肌松药以及抗胆碱酯酶药、杀虫药并用。

硫双二氯酚（别丁）

【性状】 系白色轻质粉末，略具氯嗅。难溶于水，可溶于有机溶剂。

【作用与用途】 本品有广谱驱吸虫和驱绦虫作用，对猪姜片吸虫有良好效果，对肝片吸虫幼虫效果很差。内服大部分未被吸收，所以对胃肠道绦虫也有一定作用。

【用法与用量】 硫双二氯酚片或粉剂，内服一次量，每千克体重 80～100 毫克。

伊维菌素

伊维菌素类抗寄生虫药,本类药物由于其优异的驱虫活性和较高的安全性,被视为目前最优良、应用最广泛、销量最大的一类新型广谱、高效、安全和用量小的理想抗内外寄生虫药。

【性状】 白色结晶性粉末。无味,在水中几乎不溶,在甲醇、乙醇、丙醇、乙酸乙酯中易溶。

【作用与用途】 具有广谱、高效、用量小和安全等优点的新型大环内酯类抗寄生虫药。对线虫、昆虫和螨均具有高效驱杀作用。对猪的消化道和呼吸道线虫及猪肾虫等均有良好驱虫效果。对猪疥螨、猪血虱等外寄生虫有极好的杀灭作用。

【用法与用量】 皮下注射,一次量,每千克体重 0.3 毫克。休药期 28 天。

伊维菌素口服剂:含 0.6% 伊维菌素,混饲,每日每千克体重 0.1 毫克,连用 7 天。

阿维菌素

是阿维链霉菌发酵的天然产物,因其价格低于伊维菌素,很快在我国推广应用。其作用、应用、剂量等均与伊维菌素相同。

二、杀虫药

敌敌畏

【性状】 黄色油状液体,有芳香味,微溶于水(1%)和多数有机溶剂,性质稳定,但加水稀释后即逐渐分解。

【作用与用途】 敌敌畏的杀虫效果比敌百虫强 7 ~ 10 倍,广泛用于杀灭圈舍及环境中的蚊和体表虱、蚤等吸血昆虫。

【用法与用量】 喷淋,0.1% ~ 0.5% 溶液。

【注意事项】 本品对人、猪毒性较大,易被皮肤吸收而中毒,用时应注意。

溴氯菊酯(敌杀死、倍特)

【性状】 白色结晶粉末,无味,难溶于水,易溶于有机溶剂。遇碱分解。对塑料制品有腐蚀性。

【作用与用途】 是使用最广泛的拟菊酯类杀虫药。对蚊、家蝇、厩蝇、猪血虱有良好杀灭作用。一次用药能维持药效近1个月。

【用法与用量】 溴氯菊酯乳油(含溴氯菊酯5%)药浴或喷淋,每1升加水1 000升(50×10^{-6})。

氰戊菊酯(速灭杀丁)

【性状】 浅黄色结晶。难溶于水,可溶于丙酮等有机溶剂。性质较稳定,碱性物质可影响其稳定性。

【作用与用途】 为国产高效、广谱拟菊酯类杀虫药。可用于猪螨、虱、蚤等体表寄生虫病。

【用法与用量】 氰戊菊酯乳油(含氰戊菊酯20%),喷淋,每升加水400~1 000升[$(200\sim500)\times10^{-6}$]。

第三节　猪场驱虫模式

目前我国应用比较好的驱虫模式是应用“虫力黑”,进行的“四加一”驱虫模式,即种母猪、种公猪每3个月驱虫一次,即一年四次,引进种猪并群前驱虫一次;育肥猪60日龄驱虫一次。用量:产房母猪0.75千克/吨饲料,其他种猪1千克/吨饲料,保育猪0.5千克/吨饲料,连用5天。

“虫力黑”具有以下四个优点:低毒,安全,不会引起母猪流产、死胎;药物的驱虫谱广,能全面、彻底地驱除集约化猪场中包括猪球虫在内的各种常见寄生虫;药物能驱杀线虫的幼虫,以保持驱虫后猪只较长时间内不排出虫卵,减少重复感染的机会;可通过拌料给药的预混剂类驱虫药。采用群体拌料给药方式驱虫,明显优于注射给药。

第十二章　猪场免疫保健技术

第一节　免疫学基础知识

一、感染与免疫

感染与免疫是密不可分的。感染使猪体产生免疫力，结果又阻止感染。感染强调微生物的病原性及其过程，而免疫则强调微生物的抗原性。免疫可分为非特异性免疫和特异性免疫。

1. 感染：是指病原体侵入动物机体，在体内繁殖，释放毒素和酶或侵入细胞，造成细胞损伤的一系列病理变化的过程。

感染的结局取决于病原微生物与机体之间的相互作用。一般感染的结局有以下三种：

（1）显性感染：指病原微生物侵入机体后，机体出现一定的症状。它是由病原微生物的数量、毒力以及侵入的门户所决定的，也与机体的免疫力有关。病原微生物突破了机体的免疫屏障对机体造成病理损伤，猪出现明显的临床症状。

（2）隐性感染：指侵入的病原体尽管能在一定部位生长和繁殖，但动物不出现临床症状。这是因为动物与病原体之间的斗争处于平衡状态。隐性感染是否成立，则取决于猪的免疫状况和病原特性及两者相互斗争的结果。猪的免疫力不高，但又有一定抵抗力，不足以将病原体消灭，这是发生隐性感染的一个常见原因。

隐性感染猪尽管不出现症状但仍有可能排出病原体成为散毒者，也可以不排毒但成为病毒的贮藏者。

(3)痊愈：指病原体被消灭或排出体外，机体恢复健康。它是感染与抗感染免疫的理想结局。

2. 免疫：免疫是机体识别和清除非自身的大分子物质，从而保持机体内外环境平衡的生理学反应。免疫的基本功能是抵抗感染、自身稳定和免疫监视等。

免疫方式：动物对病原体的免疫力可分为先天性免疫和获得性免疫两种。先天性免疫主要与遗传因素有关，即抗病力。用生物制品接种动物而产生的各种免疫力都属于获得性免疫，它可分为被动免疫和主动免疫，二者又可分为天然的和人工的免疫(表27)。

表27　获得性免疫的分类

	被动免疫	主动免疫
人工	通过给动物注射高免血清或康复猪血清的方式而产生的免疫	指用活苗、灭活苗免疫动物而产生抗体，靠自身产生免疫力
天然	仔猪从母猪初乳中获得母源抗体	自然感染康复后产生的免疫力
临床意义	主要用于①患病动物的紧急治疗；②作好母畜的免疫，使幼畜从初乳中获得抗体保护	①是疫病预防的主要方式；②从免疫动物或病愈康复动物获得血清；③紧急接种，如猪瘟、伪狂犬病发生时的紧急接种

免疫接种是应用各种疫苗免疫动物，使动物自身产生免疫力，产生可以针对某一种疫病的特异抗体，以抵抗该种疫病的感染。

二、影响猪群免疫力产生的因素

对于传染病的预防，一方面要靠猪只个体的免疫力，另一方面也要注意猪群整体免疫力的提高。接种疫苗的目的是控制某一群体，降低其发病率，而不是单纯个体不发病。紧急接种可能使那些病情严重的患病动物“提前”死亡，但防止了疾病在群体中的流行，从整体来说还是可取的。

影响免疫力产生的因素很多，如前所述猪的免疫力由先天性免疫和获得性免疫构成的，关于先天性免疫见本节中“抗病育种”部分，获得性免疫的成功取决于疫苗、免疫程序及猪群本身等诸多因素。

1. 疫苗方面的问题：

(1)疫苗本身的质量：疫苗的内在质量是由生产厂家所控制的，内在质量对猪群产生免疫力高低影响甚大。正规生产厂家生产的疫苗一般是合格的。质量可靠的疫苗是免疫成功的前提和基础。

(2)疫苗的保存、运输：猪用疫苗大致可分为冻干苗(弱毒活疫苗)和液体苗(灭活疫苗)。冻干疫苗需要低温保存，而且保存时间不宜过长。随保存温度的升高，其保存时间相应缩短。在-15℃以下时其保存时间多在一年或一年以上，在4～8℃时其保存时间仅有6个月左右，当温度更高时其保存期还会大大缩短。这类疫苗应当严格实行冷链运输和贮存，切忌反复冻融、忽冷忽热或阳光照射，否则会造成部分抗原的失活而致效价下降。

液体疫苗又分油佐剂和水剂苗，这类疫苗贮存方法是在4～8℃条件下冷藏。切忌冻结，也不宜贮存于高温环境中。

(3)疫苗的使用：使用者需注意的是冻干苗是否失真空，油佐剂苗是否破乳，疫苗有无变质和长霉，疫苗中有无异物，疫苗是否过期，保存中有无因保存不当而致失效等。如发生上述情况时，这些疫苗均应废弃不用。

冻干苗使用时严格按照疫苗所要求的方法进行稀释，稀释液应先放4～8℃冰箱内预冷，稀释后的疫苗应按规定的方法保存并在规定的时间内使用；使用时要检查真空度，失真空的疫苗质量肯定有所下降。一个简单的方法是在用注射器稀释疫苗时，注射器中的液体会自动滴入疫苗瓶中，毋需用手推注，否则疫苗即失去真空。保证疫苗注射剂量的准确和注射的密度；使用活菌疫苗免疫后在规定时间内不得对猪只使用抗菌药物；防止注射疫苗后的不良反应；对注射器械、注射部位等严格消毒，防止交叉感染，每注射一头猪后均应更换针头，防止疫病的血液传播。

灭活苗在使用前必须充分摇匀后使用，尤其对放置一段时间后的组织灭活苗和铝胶苗。油剂苗不应出现破乳现象，如出现油相和水相分层的油剂苗应弃之不用。

2. 免疫程序问题：规模化猪场应根据养猪的生产特点，按照各种疫苗的免疫特性，合理地制定预防接种的次数、剂量、间隔时间，这就是免疫程序。

母源抗体对保护仔猪免受早期感染具有不可替代的作用，如吮乳不足的仔猪腹泻发生多，成活率也低。但母源抗体也可干扰仔猪主动免疫的产生，如猪瘟的超前免疫如不严格控制接种疫苗的仔猪在接种 1 小时后吮乳，那么疫苗被乳汁中的抗体中和，就会降低免疫效果。母源抗体对活苗的影响程度大于对灭活苗的影响，因此首免日龄应根据母源抗体水平而定。制定合理的免疫程序避免母源抗体的干扰。

3. 猪群本身的问题：

（1）健康状况：一般来说，成年猪在体格健壮、发育良好时，注射疫苗后产生较高免疫力；而体弱、有病、生长发育较差的猪注射疫苗后易发生不良反应，所产生的主动免疫力也较低，重症猪易发生早产、流产或影响胎儿发育。在无疫情时对这类猪的疫苗注射可暂缓进行。

饲料霉变、药物使用不当等各种原因引起的中毒也会影响猪群的免疫力。

（2）营养因素：抗体的化学本质是免疫球蛋白，是一种由众多氨基酸组成的蛋白质，因此如果猪饲料中蛋白质或氨基酸的供给不足或缺乏蛋白质合成所需的微量元素或维生素(如维生素A),抗体的生成就没有足够的原料,就很难保证产生较高效价的抗体。动物的营养因素尤其在紧急接种期间显得更加重要。

(3)其他疾病的干扰:猪群在发生猪繁殖与呼吸综合征、圆环病毒病、伪狂犬病等免疫抑制性疾病时,影响猪的免疫力。

第二节　猪场应预防的传染病

一、可预防疫病的种类

在集约化养猪条件下,根据疫病对生产的危害程度和可应用的疫苗的性能及来源,将可预防的疫病分为以下三类:

1. 常规应预防的疫病:传统养猪主要预防的疫病包括猪瘟(HC)、猪丹毒、猪肺疫、猪副伤寒、口蹄疫(FMD)等。随着养猪业的发展,猪丹毒、猪肺疫、猪副伤寒这三种疫病视猪场所在地的流行状况及本场防疫条件选择应用,就目前我国防疫现状来看,有相当一部分规模化猪场不再接种这三种疫苗,主要通过改善饲养管理条件和药物预防来解决。但所有的猪场均必须进行HC和FMD的免疫注射。

2. 种猪必须预防的疫病:这类疫病主要有猪乙型脑炎(JE)、猪细小病毒病(PPV)、猪伪狂犬病(PR)、猪繁殖与呼吸综合征[蓝耳病(PRRS)]等。由于这类疫病危害甚烈,主要引起种猪的繁殖障碍,又无治疗可能,只能严格按免疫程序进行接种才有可能控制其危害。

3. 可选择性预防的疫病:主要有猪大肠杆菌病(仔猪黄痢、白痢和猪水肿病)、仔猪红痢、猪链球菌病、猪传染性萎缩性鼻炎(AR)、猪气喘病、猪传染性胃肠炎(TGE)、猪流行性腹泻(PED)、猪衣原体病、猪传染性胸膜肺炎、副猪嗜血杆菌病等。这些疫病或尚无理想疫苗,或呈现地方性流行,故应在诊断的基础上,选择较好的疫苗进行免疫接种。

二、疫苗的选用

免疫接种必然要涉及疫苗的选择及免疫程序的制订。目前所使用的猪疫苗有弱毒活苗、灭活苗、亚单位苗和基因工程苗,在生产中使用较多的是弱毒活苗和灭活苗,两者各有优缺点。要根据不同的情况选用疫苗,总的原则是选用安全性好、免疫期长的疫苗。

1. 弱毒活苗:通过人为的方法将强毒致弱,使其毒力降低,但仍保持免疫原性,作为疫苗毒株,用于猪群的免疫。弱毒苗用量少,产生免疫力快,成本低而价廉,有些弱毒活苗可刺激机体产生干扰素,抵抗其他野毒的感染,但存在生物安全性差的潜在缺点。

2. 灭活疫苗:用化学灭活剂如福尔马林、烷化剂等常用灭活剂将病原微生物温和地杀死,但仍能保持其免疫原性。灭活苗产生免疫力慢,但有持久、安全等优点。灭活苗安全无毒,但免疫剂量大,产生免疫效果的速度不如弱毒活苗快。根据在制备灭活苗过程中是否使用佐剂及其佐剂的类型可将灭活苗分为氢氧化铝灭活苗、油乳剂灭活苗等。

1)氢氧化铝灭活苗:用氢氧化铝作为佐剂,如猪丹毒氢氧化铝灭活苗、猪肺疫氢氧化铝灭活苗等。

2)油乳剂灭活苗:采用矿物油作为佐剂与抗原乳化而成。如细小病毒灭活苗、口蹄疫灭活苗等。

3)组织灭活苗:采用病猪的组织(病原微生物含量最多的组织),捣碎后加入灭活剂彻底灭活后,加入佐剂经检验合格的疫苗。这种灭活苗制备较为简便,周期短,可用于发生原因不明或血清型较多或亚型、变异株所致的烈性、急性传染病的紧急预防。

目前几乎每一种疫病都有两种或两种以上的疫苗可供选择,例如猪瘟有组织苗和细胞苗之分。我国生产的口蹄疫疫苗有常规苗和浓缩苗二种,后者较前者的免疫力有较大提高;伪狂犬病也有弱毒活苗和灭活苗二种。

第三节　养猪场常用生物制品

一、猪瘟活疫苗(细胞源)

【主要成分与含量】　含猪瘟兔化弱毒。每头份疫苗含猪瘟兔化弱毒细胞培养液至少0.015毫升。

【性状】　乳白色海绵状疏松团块,易与瓶脱离,加稀释液后迅速溶解。

【作用与用途】　用于预防猪瘟。注射疫苗4日后即可产生免疫力,断奶后无母源抗体仔猪的免疫期为1年。

【用法与用量】　肌内或皮下注射。

1. 按瓶标签注明头份用等量无菌生理盐水稀释,大小猪均1毫升。

2. 在没有猪瘟流行的地区,断奶后无母源抗体的仔猪,注射1次即可。有疫病威胁时,仔猪可在21～30日龄和65日龄左右时各注射1次。

3. 断奶前仔猪可接种4头剂疫苗,以防母源抗体干扰。

【贮藏与有效期】　-15℃以下避光保存,有效期为1年6个月。

二、猪瘟耐热保护剂活疫苗(兔源)

【主要成分与含量】　含猪瘟兔化弱毒。每头份脾淋苗含组织毒至少0.01克,每头份乳兔疫苗含组织毒至少0.015克。

【性状】　本品为淡红色海绵状疏松团块,易与瓶壁脱离,加稀释液后迅速溶解。

【作用与用途】 用于预防猪瘟。

【用法与用量】 肌内或皮下注射。

1. 瓶标签注明头份加生理盐水稀释,大小猪均1毫升。

2. 在没有猪瘟流行的地区,断奶后无母源抗体的仔猪,注射1次即可。有疫情威胁时,仔猪可在21~30日龄和65日龄左右时各注射1次。

3. 断奶前仔猪可接种4头份疫苗,以防母源抗体干扰。

【贮藏与有效期】 在2~8℃或-15℃以下保存,有效期为2年。

三、猪瘟、猪丹毒、猪肺疫三联活疫苗

通用名:猪瘟、猪丹毒、猪多杀性巴氏杆菌病三联活疫苗。

【主要成分及含量】 含猪瘟兔化弱毒、猪丹毒杆菌G4T10弱毒、猪多杀性巴氏杆菌E0630弱毒。猪瘟兔化弱毒细胞培养液每头份不低于0.015毫升;猪丹毒杆菌G4T10弱毒活菌数每头份不低于5亿个;猪多杀性巴氏杆菌E0630弱毒活菌数每头份不低于3亿个。

【性状】 本品为淡红色或淡褐色海绵状疏松团块,易与瓶壁脱离,加稀释液后迅速溶解。

【作用与用途】 用于预防猪瘟、猪丹毒、猪多杀性巴氏杆菌病(猪肺疫)。猪瘟免疫期为1年,猪丹毒和猪肺疫免疫期为6个月。

【用法与用量】 肌内注射。

1. 按瓶标签注明头份用等量无菌生理盐水进行稀释(即1头份加入1毫升稀释)。

2. 断奶半个月以上的猪,按瓶标签注明头份,不论猪只大小,每头1毫升。

【贮藏及有效期】 -15℃以下,有效期为1年;2~8℃为6个

月。

【注意事项】 免疫前7天、免疫后10天内均不应喂含任何抗生素的饲料。

四、猪口蹄疫O型灭活疫苗(Ⅱ)

【主要成分与含量】 含O型口蹄疫病毒,灭活前的病毒滴度至少为$10^{7.5}LD_{50}$或$10^{8.5}TCID_{50}$/头份。

凡有"206"标记的疫苗是指用法国SEPPIC公司进口的Montanide ISA206佐剂配制而成的高效双相油乳剂疫苗。

【性状】 本品为乳白色或淡红色,略带黏滞性的均匀乳状液,久置后,上层有少量油析出,底部有微量水析出,摇之即呈均匀乳状液。

【作用与用途】 用于预防猪O型口蹄疫。注射后15日产生免疫力,免疫期为6个月。

【用法与用量】 耳根后肌内注射。体重10~25千克的猪,每头1毫升;体重25千克以上的猪,每头2毫升。

【贮藏与有效期】 在2~8℃避光保存,有效期为1年。

使用本疫苗的地区,应选择一定数量(约30头)猪进行小范围试用观察3~6日,确认无严重不良反应后,方可扩大接种面。

五、口蹄疫O型、亚洲Ⅰ型二价灭活疫苗

【主要成份与含量】 含灭活的口蹄疫O型病毒及亚洲Ⅰ型病毒,灭活前的病毒滴度至少为$10^{7.5}TCID_{50}$/毫升或$10^{7.0}LD_{50}$/0.2毫升。

【性状】 本品为乳白色或淡红色黏滞性乳状液。

【作用与用途】 用于预防家畜口蹄疫O型及亚洲Ⅰ型。

【用法与用量】 猪耳根后肌内注射。成年猪每头2毫升;仔猪每头1毫升。

【不良反应】 注射部位肿胀，体温升高，减食或停食 1～2 日。随着时间的延长，反应逐渐减轻、消失。

【注意事项】

1. 本疫苗适用于接种疫区、受威胁区、安全区的动物。紧急预防接种时，应从安全区到受威胁区，然后到疫区。

2. 非疫区的动物，接种疫苗 21 日后方可移动或调运。

六、猪伪狂犬病活疫苗(HB—98 株)

【主要成分及含量】 含猪伪狂犬病病毒(HB—98 株)双基因缺失株，每头份病毒含量大于或等于 $10^{5.0}$TCID$_{50}$(TCID$_{50}$ 为半数细胞培养物感染剂量)。

【性状】 本品呈乳白色或浅黄色状疏松团块，加专用稀释液或生理盐水后迅速溶解。

【作用与用途】 用于预防猪伪狂犬病毒引起的猪繁殖障碍及呼吸系统疾病。

【用法与用量】 按瓶标签注明头份，用专用稀释液或灭菌生理盐水稀释，各皮下或肌内注射 1 毫升(1 头份)。

推荐免疫程序为：伪狂犬抗体阴性仔猪，在出生后 1～3 日龄滴鼻免疫或肌内注射免疫，6～8 周后加强免疫 1 次；具有伪狂犬母源抗体的仔猪，在 45 日龄左右肌内注射免疫。经产母猪，每 4 个月免疫 1 次或产前 14～21 天免疫 1 次。后备母猪，6 月龄左右肌内注射 1 次，间隔 1 个月后加强免疫 1 次，产前 1 个月左右再免疫 1 次。种公猪每年春、秋季各免疫 1 次。

【贮藏与有效期】 在 -20℃以下，有效期为 18 个月。

七、伪狂犬病基因缺失活疫苗

【主要成分及含量】 含伪狂犬病病毒 TK/gG 双基因缺失株，每头份病毒含量不低于 $10^{5.0}$TCID$_{50}$。

【性状】　本品呈乳白色或浅黄色海绵状疏松团块,加生理盐水或稀释液后迅速溶解。

【作用与用途】　用于预防猪伪狂犬病。

【用法与用量】　按瓶标签注明头份,用灭菌生理盐水或稀释液(PBS)稀释,每毫升 1 头份。滴鼻或肌内注射免疫,乳猪第一次注射免疫为 0.5 毫升,其他猪注射免疫或滴鼻免疫为 1 毫升。

推荐免疫程序为:伪狂犬抗体阴性仔猪,在出生后 1 周内滴鼻免疫或肌内注射免疫;具有伪狂犬母源抗体的仔猪,在断奶时肌内注射免疫。经产母猪每 4 个月免疫 1 次。后备母猪 6 月龄时肌内注射 1 次,间隔 1 个月后加强免疫 1 次,产前 1 个月左右再免疫 1 次。种公猪每 4 个月免疫 1 次。

【贮藏及有效期】　在 -20℃以下,有效期为 18 个月,在 2 ~ 8℃为 9 个月。

八、猪繁殖与呼吸综合征活疫苗

【主要成分及含量】　含猪繁殖与呼吸综合征病毒 HuB20 株,病毒含量不低于 $10^{4.0}TCID_{50}$/头份。

【性状】　本品呈乳白色或浅黄色海绵状疏松团块,易与瓶壁脱离,加稀释液后迅速溶解。

【作用与用途】　用于预防猪繁殖与呼吸综合征。

【用法与用量】　按瓶标签注明头份,用稀释液稀释,颈部肌内注射 1 头份(1 毫升)。推荐免疫程序为:未接种猪繁殖与呼吸综合征疫苗的母猪所产仔猪,7 ~ 10 日龄首免,1 个月后加强免疫 1 次;猪繁殖与呼吸综合征疫苗免疫的母猪所产仔猪在 3 ~ 4 周龄时免疫 1 次;母猪配种前 1 个月左右免疫 1 次,公猪 1 年免疫 2 次。

【贮藏与有效期】　避光保存,在 -20℃以下有效期为 18 个月。

九、猪繁殖与呼吸综合征灭活疫苗

【主要成分与含量】 含灭活的猪繁殖与呼吸综合征病毒，灭活前病毒含量不低于$10^{4.5}TCID_{50}$/0.1毫升。

【性状】 乳白色均匀乳剂。

【作用与用途】 用于预防猪繁殖与呼吸综合征。

【用法与用量】 使用前平衡至室温并充分摇匀。颈部耳后肌内注射。不论猪只大小，各种猪均注射1头份，每头份2毫升。种公猪每半年免疫1次；后备母猪在经过两次基础免疫(中间间隔4～6周)后每胎在配种前10～15天免疫1次，产前1个月再加强免疫1次；仔猪及育肥猪只免疫1次，首免时间根据母源抗体水平高低而定。

【贮藏及有效期】 避光保存，2～8℃有效期为12个月。

十、兽用乙型脑炎活疫苗

【物理性状】 本品为淡黄色海绵状疏松团块，加稀释液后迅速溶解。

【用途】 用于预防猪乙型脑炎病毒感染所致的母猪流产、死产、木乃伊胎和公猪睾丸炎。

【用法用量】 在本病流行前1～2个月，用随本疫苗分发的专用稀释液，按瓶标签注明的头份，每头份加入2毫升专用稀释液稀释，摇匀，配种的母猪和公猪每头肌内注射2毫升；采用间隔3～4周作第二次免疫注射，可增强免疫效果。后备母猪、种公猪可在配种前1个月强化免疫1次。

【贮藏】 在-15℃以下保存，有效期为18个月。

十一、猪细小病毒病疫苗

【用途】 用于预防猪细小病毒病。

【用法与用量】 皮下或肌内注射，一次量2毫升（母猪于配种前2～3周内注射；种公猪8月龄时注射，以后每年注射1次）。

【免疫期】 1年。

【注意事项】 2～8℃保存。宰前21天禁用。

十二、仔猪副伤寒弱毒冻干苗

【性状】 灰白色海绵状疏松团块，易与瓶壁脱离，加稀释液后迅速溶解。

【用途】 预防仔猪副伤寒。

【用法与用量】 临用前，用20%氢氧化铝胶生理盐水稀释。肌内注射（耳后浅层）仔猪1毫升。

【免疫期】 6个月。

【注意事项】 本疫苗亦可口服，但注明口服者不能注射用。

【有效期】 －15℃保存1年，2～8℃保存9个月，25～30℃保存10大。

十三、抗猪瘟血清

【性状】 略带棕红色的澄明液体，外置后瓶底有少量灰白色沉淀。

【用途】 用于猪瘟的紧急预防及治疗发病初期的猪瘟病猪。

【用法与用量】 皮下或肌内注射。预防量：体重20千克以下，注射15～20毫升；20千克以上，每千克体重注射0.1毫升。治疗剂量加倍，次日再重复注射一次。如有必要亦可将澄明血清作静脉注射。

【有效期】 2～15℃冷暗处保存3年。

十四、排疫肽

【通用名】 免疫球蛋白溶液。

【主要成分】 免疫球蛋白。

【性状】 本品为无色或淡黄色液体。

【用途】

1. 常见猪病的应急预防和发病后的治疗,增强免疫,中和病原微生物,提高抗病能力。对猪流感、胃肠炎、流行性腹泻、丹毒、仔猪副伤寒、伪狂犬病等均有明显的预防和治疗效果。

2. 增强仔猪体质,提高仔猪成活率。

3. 提高抗应激能力,可在长途运输前应用。

【用法用量】 皮下或肌内注射,每 50 千克体重注射本品 1 毫升,连用 3 天,重症加量。

【贮藏】 低温冷冻保存。

【注意事项】

1. 忌与酸碱溶液一起注射,用前摇匀,开瓶后一次用完。

2. 内有轻微浑浊为正常,不影响产品品质。

十五、猪用转移因子

【主要成分】 转移因子。

【性状】 本品为无色或淡黄色液体。

【用途】 增强机体免疫机能,提高机体抵抗力,减少免疫抑制、免疫麻痹、免疫失败、免疫不全、免疫应激发生的比例。适用于猪慢性病毒病,如猪传染性胃肠炎、细小病毒病、流行性腹泻、圆环病毒病、伪狂犬病、蓝耳病等,配合各种抗生素,可有效控制大肠杆菌病、慢性呼吸道病及其他混合感染。

【用法用量】

1. 皮下或肌内注射,每 40 千克体重使用本品 1 毫升。

2. 配合活疫苗一起使用,一次即可。

3. 预防,每日 1 次,连用 1 ~3 次。

4. 配合治疗,配合抗菌、抗病毒、解热镇痛药物等单独使用,每日1次,连用3天,重症加量。

【贮藏】 低温冷冻保存。

【注意事项】

1. 不得与酸碱溶液同时注射。
2. 开启后一次用完,有污染勿用。
3. 可以和活疫苗同时使用。
4. 妊娠、哺乳母猪使用无毒副作用。

第四节 免疫操作规程和参考免疫程序

一、免疫接种操作规程

1. 猪群的免疫接种工作应指定专人负责,包括免疫程序的制订,疫苗的采购和贮存,免疫接种时工作人员的调配和安排等。接触过病畜的人员,应在更换衣服、鞋帽并经必要的消毒后,方可参与疫苗接种。根据免疫程序的要求,有条不紊地开展免疫接种工作。

2. 疫苗需专人负责保管,活疫苗要求在低温冰冻的条件下运输和贮存,灭活疫苗需在4℃左右的普通冰箱内贮存。

3. 疫苗使用前要逐瓶检查苗瓶有无破损,封口是否严密,标签是否完整,有效日期、使用方法、头份是否记载清楚,要有生产厂家、批准文号和检验号等,以便备查,避免伪劣产品。

灭活油乳剂苗接种前应将疫苗充分摇匀,但不可剧烈振摇,防止产生气泡。

免疫接种工作必须由兽医防疫人员执行,接种前要对注射器、针头、镊子等器械进行清洗和煮沸消毒。备有足够的碘酊棉球、稀释液、免疫接种记录本和肾上腺素等抗过敏药物。

疫苗仅用于接种健康猪。免疫接种前应检查、了解猪群的健康状况，对于精神不良、食欲欠佳、呼吸困难、腹泻、便秘、慢性病、寄生虫病、临产母畜及处于疫病潜伏期的猪只暂不能接种。

如果是注射针对细菌病、支原体的活疫苗，在注射前3天注射后7天于饲料或饮水中不能添加抗菌药物。

要求肌内注射的疫苗，其操作要点是：用10毫升或20毫升金属注射器，或连续注射器；注射部位有颈部、臀部和后腿内侧等几处供选择（要求轮换选点，不在一点重复接种）；吸入疫苗液，排出气泡，调节用量；接种前对术部进行消毒；接种时将注射器垂直刺入肌肉深处；注射毕拔出针头、消毒、轻压术部。

对哺乳仔猪、保育猪进行免疫接种时，需要饲养员协助保定，保定时应做到轻抓轻放。接种时动作快捷、熟练，尽量减少应激。接种怀孕母猪时，保定和注射动作应轻柔，以免影响胎儿，防止因粗暴操作导致母猪流产。

免疫接种时应按照说明书的要求进行（个别疫苗需增加免疫剂量）。一旦开封，应于当日用完。每接种一头猪更换一个针头，注射部位先消毒后接种。

疫病暴发时，免疫接种应先从安全区开始，再到受威胁区，最后到疫区。

预防接种最好安排在气候适宜的季节，在猪群喂料以前空肚时进行，如需在炎热季节接种，应选在清晨或者傍晚进行。

接种过程中须做好记录，注明接种猪品种、大小、性别、数量、接种时间、疫苗批号和注射剂量等。在疫苗接种后，观察7～10日，并详细记载有关情况。

免疫接种后2小时内要有人巡视检查，遇有过敏反应的猪应立即用肾上腺素等抗过敏药物抢救。

使用后的棉球、用具、疫苗瓶、包装物和未用完的疫苗等应集中进行消毒，不得乱弃，以防污染环境。

二、规模化猪场参考免疫程序

目前在国内外尚没有一个可供统一使用的免疫程序。规模化猪场免疫状况是种猪群免疫水平较高,其所产仔猪吸食初乳后可获得较高水平的母源传递抗体,这种高水平母源抗体一方面可使乳猪对疫病有较强、较为持久的抵抗力,一方面又对仔猪自身的主动免疫产生较大的抑制作用。为了克服母源抗体的干扰,猪场在制定本场的免疫程序时应予高度重视。例如一些猪场对免疫母猪所产亲代仔猪的猪瘟免疫程序多采用25日龄首免和65日龄二次免疫的方法,加大免疫剂量的方法、乳前免疫的方法等来克服猪瘟的母源传递抗体的干扰。如何才能制定一个符合本场的猪瘟免疫程序,最好的办法是通过对猪群的猪瘟状况不断调查后才能确定。

三、几种主要传染病的参考免疫程序

后备母猪及公猪配种前:

进行猪瘟、口蹄疫、伪狂犬病、蓝耳病等的免疫。每种疫苗间隔5~7天。

肌内注射猪瘟脾淋毒组织苗2头份(或细胞苗5头份),或肌内注射猪瘟—猪丹毒—猪肺疫三联疫苗2头份。

肌内注射猪“O”型“亚—Ⅰ”型口蹄疫双价高效疫苗3毫升。

肌内注射伪狂犬病基因缺失活疫苗1头份。

肌内注射猪蓝耳病超滤浓缩灭活油佐剂疫苗2毫升。

仔猪:

1~3日龄,滴鼻免疫猪伪狂犬病HB—98双价疫苗1头份。

20日龄,交巢穴注射猪“O”型口蹄疫高效疫苗0.3毫升。

25日龄,肌内注射猪瘟脾淋毒组织苗1头份(或细胞苗5头份)。

35日龄,肌内注射仔猪副伤寒活疫苗1头份。

40 日龄,肌内注射猪链球菌疫苗 1 头份。

45 日龄,肌内注射猪伪狂犬病 HB—98 双价疫苗 1 头份。

60 日龄,肌内注射猪“O”型口蹄疫高效疫苗 1.5 毫升。

65 日龄,肌内注射猪瘟脾淋毒组织苗 1 头份(或细胞苗 5 头份),或肌内注射猪瘟—猪丹毒—猪肺疫三联疫苗 2 头份。

100 日龄,肌内注射猪“O”型口蹄疫高效疫苗 2 毫升。

经产母猪和公猪:

每隔 4 个月肌内注射伪狂犬病基因缺失活疫苗 1 头份。

母猪产后 20 天,交巢穴注射猪“O”型“亚—Ⅰ”型双价口蹄疫高效疫苗 3 毫升,公猪每 6 个月免疫 1 次。

母猪产后 25 天,肌内注射猪瘟脾淋毒组织苗 1 头份(或细胞苗 5 头份)或肌内注射猪瘟—猪丹毒—猪肺疫三联疫苗 2 头份,公猪每 6 个月免疫 1 次。

母猪产后 30 天,肌内注射猪蓝耳病超滤浓缩灭活疫苗 2 毫升,公猪每 6 个月免疫 1 次。

每年春天(3 月)对所有公、母猪及后备猪肌内注射细小病毒和乙型脑炎疫苗,间隔半个月再接种 1 次。

11 月份肌内注射传染性胃肠炎和流行性腹泻疫苗 1 头份。

特别提示

1. 可依据本场情况选择性使用。

2. 如本场存在猪瘟或非典型猪瘟,应在新生仔猪吃初乳前 1 小时进行猪瘟的超前免疫,肌内注射猪瘟细胞苗 2 头份(或脾淋毒组织苗 1 头份)。

3. 如本场存在猪喘气病,可在仔猪 7 日龄和 20 日龄分别肌内注射猪喘气病疫苗。其他疫苗的免疫可顺序推迟 3 ~ 5 天。

第十三章　猪场药物应用技术

第一节　药物预防的基础知识

药物是指用来预防、治疗、诊断疾病的一类化学物质，也包括用以促进动物生长、繁殖和生产效能的一些物质。

一、给药方法

不同的给药方法，常常影响药物的吸收速度、吸收量以及血液中的药物浓度，因而也影响药物作用的快慢与强弱，甚至改变药物作用的性质（如硫酸镁内服可导泻，静脉注射则有抑制神经中枢的作用），所以在对猪给药时，应根据猪病的具体情况或需要而选择给药方法。常用的给药方法有：

1. 个体猪给药方法：

（1）内服给药：药物用灌角或胃管经口灌服后，主要在小肠吸收，因而可治疗全身感染。内服给药也适用于在胃肠道难以吸收从而发挥局部作用的药物，如肠道抗菌药、驱虫药、泻药等。

（2）注射给药：将药物注射到肌内、皮下、静脉、腹腔内防治猪病的方法，临床上最为常用。

肌内注射部位多在神经末梢少、血管丰富的臀部或颈部进行。吸收速度较静脉注射慢，但比皮下注射快，疼痛较轻。注射水溶液可在局部迅速散开，吸收较快；注射混悬液或油溶液等长效制剂，多形成贮库后再逐渐散开，吸收较慢，维持作用的时间较长。

皮下注射的药物是经皮下毛细血管或淋巴管缓缓吸收，其发挥药效的时间比肌内注射慢，但药效较持久。

静脉注射的优点是作用迅速（在数分钟内或立即产生药效），剂量准确，疗效可靠，主要用于急性疾病的治疗。但油剂、混悬液不可静脉注射。注射液必须澄清、无异物或热原，注射时勿使气泡进入静脉，较大剂量的液体药物和钙制剂宜采用静脉滴注，速度不可过快。多种注射液混合静脉注射时，应注意配伍禁忌。

腹腔注射多用于不能内服或静脉注射，但又必须补充大量营养性液体的病猪，腹腔感染时亦可注射化学治疗药物，但腹腔不能注射刺激性药物。

2. 群体猪给药方法：是将药物均匀地拌入饲料或药物溶解到猪的饮水中，猪通过采食或饮水而服用药物。但对病重猪食欲降低，饮水减少时则不宜此法给药。

（1）拌料给药：通常先计算全群猪总体重以及全群猪一天所需要的药物剂量，再计算出一天的吃料量，然后将一天剂量的药物逐级（由少到多）均匀地加入到全群猪一天所吃的饲料内，猪通过吃食而服用药物。拌料给药时药物与饲料必须充分混匀，尤其是一些安全范围小和用量较小的药物，一定要与饲料混匀，切忌把全部药量一次加入到所需饲料中，这样或许造成药量过小起不到药理作用，或许造成药量过大而导致中毒或死亡。

（2）饮水给药：适用于猪群发病、食欲降低而仍能饮水的猪只。计算药量、体重、饮水量同拌料给药方法相同，只是将药物溶解到饮水中。为了保证饮水给药的疗效，饮水给药之前，应让整群猪停止饮水一段时间，一般冬春季节停水 2 ~ 3 小时，夏季停水 1 ~ 1.5小时，然后换上加有药物的饮水，以确保猪能喝到带有药物的饮水。

二、药物的防治作用与不良反应

1. 防治作用:用药后能起到防治猪病效果的称防治作用。在群体猪都给药的情况下则是有病治病,无病防病,防和治是一体的,很难区分为预防或治疗。治疗作用可分为对因和对症。对因治疗是对疾病原因的药物治疗,目的在于消除病因,又称治本。对症治疗是对疾病症状的药物治疗,目的在于改善或减轻症状,又称治标。对因治疗和对症治疗是相辅相成的,不可偏废。

2. 不良反应:药物在防治猪病时,可能产生与治疗无关的或对猪体有害的作用,即为药物的不良反应。

副作用:是药物在治疗剂量内固有的药理作用,因此可预知出现的副作用。

毒性作用:是药物用量过大或用药时间延长导致药理作用的延伸或加重,而出现对猪体的毒害,称为毒性作用。

过敏反应:是极少数猪在应用某药致敏后,再次使用该约时发生的一种特殊反应。这是免疫反应的异常表现,又称变态反应。

三、药物预防的种类

1. 预防或控制传染病的发生与流行:依据猪场历年的疫病流行资料,使用抗菌药物在猪可能发病的年龄期、可能流行的季节,或发病的初期对相关猪群进行群体投药,常可有效地防止疫病发生或终止其流行。这一措施在防治猪痢疾、猪传染性萎缩性鼻炎、猪气喘病、仔猪黄白痢、母猪的无乳综合征、猪流感等时,都取得了较好的效果。

2. 防治营养元素缺乏引起的群发病、多发病:规模化猪场使用水泥地面,当饲料中营养调控不当时,易致猪群发生疾病。如仔猪的缺铁性贫血,生长发育及怀孕母猪的缺锌性皮肤病、蹄病,维生素 E、生殖激素缺乏所致的母猪不发情、低授配率等,在使用药物及时进行防治后均能收到明显疗效。

3. 防治猪的应激:猪群的转栏、合群、长途运输等许多因素常会导致猪的应激性增大,发生腹泻,使猪只大量失水,电解质丢失,体液 pH 值下降,代谢紊乱,内分泌失调,造成猪的脱水、减重和死亡。在生产中适时合理地使用口服补液盐能预防或迅速缓解应激状况,大量而方便地给猪群补充水分和电解质,纠正酸中毒,调节猪体的代谢和内分泌。口服补液盐价格低廉,使用方便,值得推广。

4. 祛暑防病:我国大部分地区夏季酷热,多数猪场尚缺乏对猪舍内环境温度、湿度的调控能力,高温致使生长猪日增重下降,公猪精液品质不良,母猪乏情,流产、早产、死胎比例上升等。为此在采取泼水、通风、蔽荫等方法降低舍内温度的同时,利用我国特有的中草药资源,使用各种清热解毒凉血中草药的单剂或复方制剂给猪群服食,可减少暑热给生产带来的损害,是保障猪群安全度夏的一项措施。

四、药物预防的原则

对传染性疫病,应根据本地疫病流行规律或临床诊断的结果,有针对性地选择敏感性较高的药物,适时进行预防或治疗。对用于预防的药物应有计划地定期轮换使用,防止耐药菌株产生。投药时剂量要足,混饲时搅拌要均匀,用药时间一般以 3 ~ 10 天为宜。

新生仔猪补铁应在 3 日龄时进行,效果不佳时可在 15 日龄左右补注一次,注意一次不能补充过量,以免发生铁中毒。使用化学药物防治待宰猪的疫病时,应在宰前 7 ~ 15 天停药,防止因药物残留对人类产生不良影响。

五、猪内服剂量与饲料添加剂量的换算

在现代集约化养猪的感染性疾病控制中，一个最有效的措施就是群防群治。利用化疗药添加到饲料或饮水中，防治猪的细菌性疾病和寄生虫性疾病是现代规模化养猪用药的一个常用的方法。

饲料或饮水中添加用药的特点是：能够对整个猪场的疾病进行群防群治，便于宏观控制；方便经济，对于细菌性感染性疾病，不需要花时间和精力对每只猪进行注射或内服给药；减少对猪的刺激，降低猪应激性疾病的发生；通过长期连续或定期间断性混饲或混饮用药，能根治某些顽固性细菌性疾病。

因此，熟悉一个药物的内服剂量与饲料或饮水添加的剂量换算十分重要。内服剂量通常是以每千克体重使用药物重量来表示，饲料添加剂量是以单位饲料重量中添加药物的重量来表示。

饲料添加剂量（克/吨饲料）= 口服剂量（毫克/千克体重）×每日口服次数 ×20

例 1：猪内服痢菌净的剂量为 5 ~ 10 毫克/千克体重，1 日 2 次，换算成饲料添加剂量为多少？

猪痢菌净混饲治疗浓度为：R = (5 ~ 10) × 2 × 20 = 200 ~ 400（克/吨饲料），即 1 吨饲料中添加痢菌净 200 ~ 400 克。

例 2：猪内服磺胺间甲氧嘧啶的剂量为 25 ~ 50 毫克，每日 1 次，换算成混饲给药剂量为多少？

磺胺间甲氧嘧啶在猪饲料中治疗添加比例为：R = (25 ~ 50 毫克) × 1 × 20 = 500 ~ 1 000（克/吨饲料），即 1 吨饲料中添加磺胺间甲氧嘧啶 500 ~ 1 000 克。

为了保证饲料添加用药安全有效，必须注意如下五点：

1. 预防剂量的控制：预防剂量一般为治疗剂量的 25% ~ 50%。在多数情况下，饲料添加药物是作为预防疾病使用，一般添

加的时间较长，所以必须严格控制药物剂量，以免用药剂量过大造成蓄积中毒。特别值得提出的是不要将用于治疗的口服剂量换算成饲料添加量用于长期预防。

2. 配合饲料中原有添加药物的确认：现代养猪配合饲料生产中绝大多数加有一定量的化学药物。所以在向饲料厂家生产的配合饲料中添加某一药物时，必须十分谨慎，避免同一药物重复添加，造成猪只的药物中毒。

3. 添加量要准确，药物与饲料混合要均匀。

4. 添加方式：可以将药物添加到饲料中用药，也可以添加到饮水中用药。添加到饲料中比较适合于疾病的预防，添加到饮水中比较适合于疾病的治疗。猪在发生传染性疾病时，由于病情原因致使食欲下降，严重时废绝，此时通过饲料给药，进入到动物体内的药量不足，达不到理想的治疗效果。但病猪特别是热性传染病，猪的饮水比较正常，有时略有增加，此时通过饮水添加用药常能达到预期效果。应该说明的是，在生理条件下，猪的饮水量约为饲料摄入量的2倍，依此推理，饮水中添加药物剂量（比例）应为饲料中添加剂量的50%。通过饮水添加用药，其药物应是水溶性的制剂。

对于可能受某种病原菌感染危险的猪群或感染前期还未表现出临床症状的猪群，在其饲料中添加化学药物来控制疾病的暴发或流行是一种最经济、最为有效的药物预防措施，因为此时猪的食欲较正常。

正确的用药方法是，在对已表现出临床疾病的病猪进行单独注射用药治疗的同时，还必须对未表现出临床症状的猪群进行饲料添加用药，根据需要确定饲料添加用药的期限。

一般易在猪场扎根反复发生的顽固性疾病（如猪痢疾、猪气喘病、猪弓形体病、猪传染性萎缩性鼻炎、猪传染性胸膜肺炎）通过饲料添加药物根治消除的方法是，首先在整个猪群的饲料中添加治疗剂量的首选药物或次首选药连续使用1周，然后使用预防剂量（治疗剂量的50%）的药物继续混饲给药3～4周，停止使用药物4周后，再使用预防剂量的药物混饲添加用药4周。

5.掌握一次给药的化学药物在饲料中的添加方法：某些化学药物特别是抗寄生虫药物如左旋咪唑、苯并咪唑类药物（如丙硫咪唑、甲苯咪唑）、伊维菌素类药物在防治疾病时多是内服或注射给药一次，即按规定剂量使用一次就可以达到防治疾病的效果。对于一次给药的抗寄生虫药物混饲添加方法为：首先根据体重计算动物所需要的药量，然后将药物（一次量）均匀地拌入猪一日量的日粮中喂给，有时，也可将一次量的药物拌入2～3天的日粮中喂给。

第二节　猪场常用抗菌药物

抗生素原称抗菌素，是细菌、真菌、放线菌等微生物的代谢产物，以其低微浓度就能抑制和杀灭其他病原微生物。抗生素除能从微生物的培养液中提取外，随着化学合成的发展，现在不少品种能人工合成或半合成。

常用抗菌药物比较多，归纳起来分为两大类，即抗生素类药物和合成药物。抗生素药物包括青霉素类、头孢菌素类、氨基糖苷类、四环素类、大环内酯类、氯霉素类等。

合成抗菌药包括磺胺类、喹诺酮类、呋喃类和抗菌增效剂等药物。

一、青霉素类

青霉素（苄青霉素、青霉素G）

【性状】　青霉素钠、钾盐易溶于水，临用时溶于注射用水中，水溶液不稳定，不耐热，室温中24小时大半被分解失效，故需随用随配。

【作用与用途】 主要对链球菌、葡萄球菌、猪丹毒杆菌、破伤风梭菌、炭疽杆菌等多种革兰阳性菌和少数革兰阴性球菌有抑菌和杀菌作用。青霉素可治疗各种敏感菌所致的疾病。

【用法与用量】 肌内注射一次量，每千克体重2万~3万国际单位，1日2次。

【注意事项】 青霉素不宜与四环素、土霉素、卡那霉素、庆大霉素、多黏菌素E、磺胺药钠盐以及碳酸氢钠、维生素C、去甲肾上腺素、阿托品、氯丙嗪等混合使用。

氨苄青霉素(氨苄西林)

【性状】 白色晶粉。内服片剂为氨苄青霉素的水合物。注射剂为钠盐，易溶于水，水溶液碱性强(pH值为8~10)，极不稳定，遇碱性物质能迅速分解失效。

【作用与用途】 对革兰阳性和阴性菌有抑菌作用。

【用法与用量】 内服一次量，每千克体重20~40毫克，1日2次。肌内注射一次量，每千克体重10~20毫克，1日2次。

羟氨苄青霉素(阿莫西林)

【性状】 为白色或类白色晶粉。味微苦。在水中微溶，在乙醇中几乎不溶。0.5%水溶液的pH值为3.5~5.5。

【作用与用途】 作用、应用、抗菌谱与氨苄西林基本相似。对肠球菌和沙门菌的作用较前者强2倍。

【用法与用量】 内服一次量，每千克体重10~15毫克。1日2次。肌内注射一次量，每千克体重4~7毫克，1日2次。

二、头孢菌素类

头孢菌素类又名先锋霉素类，是一类广谱半合成抗生素。根据发现时间的先后，可分为第一、第二、第三、第四代头孢菌素。具有杀菌力强、抗菌谱广（尤其是第三、第四代产品）、毒性小、过敏反应较少。

第一代：头孢噻吩（先锋Ⅰ）、头孢氨苄（先锋Ⅳ）、头孢唑啉（先锋Ⅴ）和头孢羟氨苄。

第二代：头孢孟多、头孢西丁、头孢克洛和头孢呋辛。

第三代：头孢噻肟、头孢唑肟、头孢曲松、头孢哌酮、头孢他啶和头孢噻呋。

第四代：头孢吡肟。

头孢菌素类只有头孢氨苄、头孢羟氨苄和头孢克洛可以口服给药，其他均需通过注射途径给药。

头孢菌素的抗菌谱与广谱青霉素相似，对革兰阳性菌、阴性菌及螺旋体有效。

第一代头孢菌素对革兰阳性菌（包括耐药金葡菌）的作用强于第二、第三、第四代，对革兰阴性菌的作用则较差，对绿脓杆菌无效。

第二代头孢菌素对革兰阳性菌的作用与第一代相似或有所减弱，但对革兰阴性菌的作用比第一代增强；部分药物对厌氧菌有效，但对绿脓杆菌无效。

第三代头孢菌素对革兰阴性菌的作用比第二代更强，尤其对绿脓杆菌、肠杆菌属、厌氧菌有很好的作用。但对革兰阳性菌的作用比第一、第二代弱。

第四代头孢菌素除具有第三代对革兰阴性菌有较强的作用外，抗菌谱更广。

【作用与用途】　主要用于耐药金葡菌及某些革兰阴性杆菌如大肠杆菌、沙门杆菌、伤寒杆菌、痢疾杆菌、巴氏杆菌等引起的消化道、呼吸道、泌尿生殖道感染。如果是革兰阳性菌引起的疾病，使用第一代比第三代更好。

【用法与用量】 头孢噻吩钠(噻孢菌素钠、先锋霉素Ⅰ)肌内注射一次量,每千克体重10~20毫克,1日1~2次。

头孢氨苄胶囊、预混剂(2%)内服,一次量,每千克体重10~30毫克,1日3~4次。

注射用头孢噻肟钠,静脉注射,一次量,每千克体重20~30毫克,每天4次。静脉、肌内或皮下注射,一次量,每千克体重25~50毫克,1日2~3次。

注射用头孢噻呋钠,肌内注射,一次量,每千克体重3~5毫克,1日1次,连用3天。

三、氨基糖苷类

链霉素

【性状】 常用的硫酸链霉素,易溶于水,但遇氧化剂、还原剂、醇、酸等易失效。

【作用与用途】 主要对革兰阴性菌有效。用于治疗巴氏杆菌、志贺痢疾杆菌、沙门杆菌、大肠杆菌引起的急性感染。

【用法与用量】 肌内注射,一次量,每千克体重10~15毫克,1日2~3次。

庆大霉素(艮他霉素)

【性状】 硫酸庆大霉素为白色粉末,易溶于水,水溶液较稳定。

【作用与用途】 对金黄色葡萄球菌、炭疽杆菌、链球菌等多种革兰阳性菌和阴性菌有良好的抗菌作用。用于敏感菌引起的败血症,肠道、泌尿道、呼吸道等严重感染。

【用法与用量】 肌内注射(或静脉注射),一次量,每千克体重2~4毫克,1日2次。内服,一次量,每千克体重5~10毫克,1日2次。

卡那霉素

【性状】 常用其硫酸盐,为白色或类白色晶粉,溶于水,性质稳定。

【作用与用途】 对大肠杆菌、巴氏杆菌、沙门杆菌、变形杆菌等大多革兰阴性菌有较强的抗菌作用。卡那霉素适用于敏感菌引起的败血症、呼吸道、泌尿道、肠道等感染。对猪喘气病和萎缩性鼻炎有一定疗效。

【用法与用量】 肌内注射,一次量,每千克体重 10～15 毫克,1 日 2 次。

阿米卡星(丁胺卡那霉素)

【性状】 为半合成的抗生素,其硫酸盐为白色或类白色晶粉。几乎无味。有吸湿性,在水中极易溶解,在甲醇中几乎不溶。内服吸收不良。

【作用与用途】 作用、抗菌谱与庆大霉素相似,且对庆大霉素、卡那霉素耐药的绿脓杆菌、大肠杆菌、变形杆菌等仍有效。对金黄色葡萄球菌有较好作用。

【用法与用量】 肌内注射,一次量,每千克体重 5～7.5 毫克,1 日 2 次。

壮观霉素(大观霉素)

【性状】 呈弱碱性,其二盐酸盐具酸性,易溶于水,在酸性水溶液中稳定,pH 值超过 8.0 则易失效。

【作用与用途】 用于控制猪链球菌、葡萄球菌、大肠杆菌、巴氏杆菌和沙门杆菌感染。与林可霉素联合应用比单一药物有效。用于防治仔猪腹泻、猪的喘气病。

【用法与用量】 肌内注射,一次量,每千克体重 20～25 毫克,1日1次,连用4天。内服,一次量,每千克体重20～40毫克,1日2次。

四、四环素类

土霉素(氧四环素)

【性状】 为淡黄色至暗黄色的结晶性粉末或无定形粉末。无臭。易溶于稀盐酸,难溶于醇,极难溶于水。遇光、热、氧化剂等稳定性降低。

【作用与用途】 具有广谱抗菌作用。除对革兰阳性菌和阴性菌有抑制生长繁殖作用外,对衣原体、支原体(如猪肺炎支原体)、立克次体、螺旋体也有一定程度的抑制作用。可用于防治猪巴氏杆菌病、炭疽、大肠杆菌和沙门杆菌感染和猪支原体肺炎等。也可作为猪饲料药物添加剂,以改善饲料利用率和促进增重等,同时对一些疾病也有一定的防治作用。

【用法与用量】 粉剂内服一次量,每千克体重10～25毫克,1日2次。混饲每1 000千克饲料300～500克(治疗)。静脉或肌内注射,一次量,每千克体重5～10毫克,1日2次。静脉注射用5%葡萄糖注射液或灭菌生理盐水溶解,肌内注射配成2.5%浓度。

四环素

【性状】 为灰黄色晶粉,微溶于水,易溶于稀酸或稀碱液中。常用其盐酸盐,性质较稳定,易溶于水,水溶液性质不稳定,宜临用时配制。

【作用与用途】 与土霉素相似,但对革兰阴性杆菌的作用较强。

【用法与用量】 内服和静脉注射剂量同土霉素。

强力霉素(脱氧土霉素、多西环素)

【性状】 其盐酸盐为淡黄色或黄色晶粉。易溶于水,水溶液较四环素、土霉素稳定。

【作用与用途】 临床用途同土霉素。本品不仅抗菌作用强,且半衰期长,静脉注射后还可通过血脑屏障。

【用法与用量】 内服,一次量,每千克体重3~5毫克,1日1次。混饲,每1 000千克饲料150~250克。

五、大环内酯类

红霉素

【性状】 为白色碱性晶状物,与酸结合成盐后易溶于水,在酸性(pH值为4)溶液中迅速破坏。

【作用与用途】 抗菌谱与青霉素相似。对多种革兰阳性菌有较强的抑制作用,对阴性菌作用微弱。主要用于治疗耐青霉素的金黄色葡萄球菌感染。

【用法与用量】 内服,一次量,每千克体重10~20毫克,1日2次。

静脉或肌内注射,一次量,每千克体重3~5毫克,1日2次。临用前先用注射用水配成5%溶液(不可与生理盐水等含无机盐类溶液配制,以免产生沉淀),然后用5%的葡萄糖注射液稀释成1%溶液,缓慢静脉注射或分点肌内注射。

泰乐菌素

【性状】 为白色结晶,具弱碱性,微溶于水,其盐类易溶于水,水溶液性质较稳定。

【作用与用途】 对革兰阳性菌和一些阴性菌有抗菌作用。

作为添加剂,促进幼猪生长。

【用法与用量】 内服,一次量,每千克体重 7~10 毫克,每天 3 次。混饲,每吨饲料 10~100 克。肌内注射一次量,每千克体重 5~13 毫克,1 日 1~2 次。

替米考星

系由泰乐菌素的一种水解产物半合成的动物专用抗生素,药用其磷酸盐。

【作用与用途】 具有广谱抗菌作用,对革兰阳性菌、某些革兰阴性菌、支原体、螺旋体等均有抑制作用;对胸膜肺炎放射线杆菌、巴氏杆菌及支原体具有比泰乐菌素更强的抗菌活性。

【用法与用量】 本品禁止静脉注射。混饲,每吨饲料 200~400 克。皮下注射,一次量,每千克体重 10~20 毫克,每天 1 次。

六、氯霉素类

氯霉素

氯霉素抑制骨髓造血机能,导致不可逆的再生障碍性贫血,目前已禁用于食品性动物。

氟苯尼考(氟甲砜霉素)

【性状】 氟苯尼考是氯霉素的第三代衍生物,为白色或类白色结晶性粉末。无臭,在甲醇中溶解,在冰醋酸中略溶,在水或氯仿中微溶解。

【作用与用途】 动物专用的广谱抗生素,主要用于细菌性疾病。如猪传染性胸膜肺炎、黄痢、白痢。但本品有胚胎毒性,故怀孕母猪禁用。

【用法与用量】 混饲,每吨饲料 50 克,连喂 3~5 天。内服,一次量，每千克体重 20 毫克，每天 1 次。肌内注射，一次量，1 千克体重 20 毫克，每 2 天 1 次。

七、其他抗生素

林可霉素（洁霉素）

【性状】 为碱性物质，可溶于水及多种有机溶剂。其盐酸盐为白色结晶粉末，易溶于水。

【作用与用途】 抗菌作用与红霉素相似，但抗菌谱较红霉素窄。对革兰阳性菌如金黄色葡萄球菌（包括耐青霉素的金黄色葡萄球菌）、链球菌、肺炎球菌有较高的抗菌活性。炭疽杆菌、破伤风杆菌、多数产气荚膜杆菌对本品亦敏感。

【用法与用量】 内服，一次量，每千克体重 10 ~ 15 毫克，每天 1 ~ 2 次服。肌内注射或静脉注射一次量，每千克体重 10 毫克，每天 1 次。

泰牧菌素（泰妙菌素、泰妙灵、支原净）

【性状】 为白色或淡黄色结晶粉末，可溶于水（6%）。

【作用或用途】 对革兰阳性菌、多种支原体和某些螺旋体均有较强的抗菌作用。常用于治疗猪支原体肺炎、嗜血杆菌胸膜肺炎和密螺旋体痢疾。本品不宜与聚醚类抗生素如盐霉素等混合应用。

【用法与用量】 混饲，每吨饲料 40 ~ 100 克，连用 5 ~ 10 天。混饮，每吨水 90 ~ 120 克，连用 3 ~ 5 天。

八、磺胺类药物

磺胺嘧啶（SD）

【性状】 为白色或类白色结晶粉末。遇光渐变暗。易溶于碱性溶液，微溶于乙醇或丙酮，不溶于水。

【作用或用途】 抗菌作用较强。因其与血浆蛋白结合率较低（25%以下），故可通过血脑屏障。适用于治疗脑部细菌性感染、流行性乙型脑炎混合感染、出血性败血症、猪弓形体病以及呼吸道、泌尿道、消化道和体表感染等。

【用法与用量】 内服一次量，每千克体重首次量0.14～0.2克，维持量0.07～0.1克，1日2次。

磺胺嘧啶钠注射液静脉或肌内注射一次量，每千克体重0.05～0.1克，1日1～2次。

磺胺甲基异噁唑（SMZ、新诺明）

【性状】 为白色结晶性粉末，味微苦。在水中几乎不溶，在稀盐酸、氢氧化钠溶液中易溶。

【作用与用途】 抗菌谱与SD相似，但抗菌作用较强。主要用于呼吸道和泌尿道感染。与甲氧苄氨嘧啶联合应用，可明显增强其抗菌作用，抗菌范围与用途也相应扩大。本品与血浆蛋白结合率高，溶解度较低，排泄较慢，容易出现结晶尿和血尿等。

【用法与用量】 内服一次量，每千克体重首次量为0.05～0.1克，维持量0.025～0.05克，1日2次。

磺胺间甲氧嘧啶（磺胺－6－甲氧嘧啶、制菌磺、SMM）

【性状】 为白色或类白色结晶粉末，遇光色渐变暗。丙酮中略溶，乙醇中微溶，水中不溶，稀盐酸或氢氧化钠溶液中易溶。

【作用与用途】 是抗菌作用最强的磺胺药，对细菌感染效果较好，对猪弓形体病、仔猪水肿病疗效也较高，对猪萎缩性鼻炎亦有一定疗效，与甲氧苄氨嘧啶合用可增强疗效。

【用法与用量】 内服一次量，每千克体重首次量为0.05～0.1克，维持量0.025～0.05克，1日1～2次。静脉或肌内注射一次量,每千克体重0.05克,1日1~2次。

磺胺二甲嘧啶(SM_2)

【性状】 为白色或微黄色结晶粉末,味微苦,遇光色渐变深。在热乙醇中溶解,水或乙醚中不溶,稀酸或稀碱溶液中易溶。

【作用与用途】 抗菌作用较SD稍弱,用途同SD。

【用法与用量】 内服,一次量,每千克体重首次量0.14~0.2克,维持量0.07~0.1克,1日1~2次。静脉或肌内注射,一次量,每千克体重0.05~0.1克,1日1~2次。

磺胺脒(SM、SG、磺胺胍)

【性状】 为白色或类白色结晶。

【作用与用途】 其结构中有强碱性胍基,解离度大,脂溶性小,内服后吸收少(新生仔猪例外),故能在肠内维持较高浓度。适用于肠炎和菌痢的防治。

【用法与用量】 内服,一次量,每千克体重0.1~0.2克,1日2次。

九、喹诺酮类药物

氟哌酸(诺氟沙星)

【性状】 类白色粉末,味微苦,几乎不溶于水。

【作用与用途】 抗菌谱较广。对革兰阴性杆菌的作用明显强于吡哌酸,且二者无交叉耐药性,对革兰阳性菌也有较强的抗菌作用。主要用于泌尿道、肠道、呼吸道和皮肤感染。对于炎症细菌的清除率高于氨苄青霉素、红霉素、庆大霉素等。

【用法与用量】 内服,一次量,每千克体重10~20毫克,1日1~2次。肌内注射,一次量,每千克体重10毫克,1日2次。

环丙沙星(环丙氟哌酸)

【性状】 类白色粉末,味苦。

【作用与用途】 用于革兰阴性菌和阳性菌引起的呼吸系统、泌尿系统、全身感染、仔猪黄白痢、猪肺疫等。

【用法与用量】 内服,一次量,每千克体重 5～15 毫克,1 日 2 次。肌内或静脉滴注,一次量,每千克体重 2.5 毫克,1 日 2 次。

恩诺沙星(乙基环丙沙星)

【性状】 为最新型氟喹诺酮类衍生物。

【作用与用途】 具有广谱和极高的抗菌作用。适用于仔猪白痢、黄痢、水肿型大肠杆菌、仔猪副伤寒、猪肺疫、丹毒、支原体肺炎、萎缩性鼻炎、地方性流行性肺炎、胸膜肺炎、肠炎、腹泻、子宫炎、链球菌等。

【用法与用量】 内服,一次量,每千克体重 2.5～5 毫克,1 日 2 次。肌内注射,一次量,每千克体重 2.5 毫克,1 日 1～2 次。

十、抗菌增效剂

三甲氧苄氨嘧啶(TMP)

【性状】 白色或类白色结晶性粉末,无臭、味苦。在氯仿中略溶,水中几乎不溶,冰醋酸中易溶。

【作用与用途】 抗菌谱与磺胺相似。内服吸收迅速而完全。单独应用时,细菌能迅速产生耐药性,若与磺胺药合用,由于对细菌、叶酸的双重阻断,可使抗菌效力提高数倍至数十倍。常以1∶5与磺胺合用。复方制剂主要适用于链球菌、葡萄球菌及革兰阴性杆菌引起的呼吸道、泌尿道感染,以及败血症、腹膜炎、蜂窝织炎,亦用于仔猪肠道感染及猪萎缩性鼻炎。

【用法与用量】　内服，一次量，每千克体重10毫克，12小时1次。复方磺胺嘧啶片，内服，一日量，每千克体重30毫克（以SD计），2次分服。

复方磺胺甲基异噁唑片（复方新诺明片）剂量同复方磺胺嘧啶片。

二甲氧苄氨嘧啶（敌菌净，DVD）

【性状】　白色或微黄色结晶性粉末，几乎无臭。在水、乙醇、乙醚中不溶，盐酸中溶解。

【作用与用途】　抗菌作用比TMP弱，内服吸收较少，在胃肠内浓度高，故适用于肠道细菌性感染。常与磺胺配合应用，对猪弓形体病亦有效。

【用法与用量】　磺胺对甲氧嘧啶、二甲氧苄氨嘧啶预混剂（磺胺对甲氧嘧啶200克，二甲氧苄氨嘧啶40克，基质加至1 000克），混饲每1 000千克饲料添加1 000克。

十一、其他合成抗菌药

痢菌净（乙酰甲喹、甲喹甲酮）

【性状】　鲜黄色微细结晶粉末，无臭，味微苦，遇日光及高温色渐变深。微溶于水，易溶于氯仿、苯、丙酮。

【作用与用途】　具有广谱抗菌作用。对革兰阴性杆菌作用较强，对密螺旋体有特效。适用于治疗猪密螺旋体痢疾（猪血痢），且复发率低，对仔猪下痢（白痢、黄痢）、猪腹泻亦有较好的治疗效果。

【用法与用量】　痢菌净粉，内服，一次量，每千克体重5～10毫克，1日2次。痢菌净注射液，肌内注射，一次量，每千克体重2.5～5毫克，1日2次。

第三节　化学药物的合理应用

一、严格掌握适应症，正确选药

对疾病作出正确的诊断是选择药物的前提，有了确切的诊断，才能选择对病原菌高度敏感的药物。对细菌进行分离、培养、鉴定以及药物过敏试验是选择抗菌药物的有效方法。因此，应尽量避免盲目选用药物。在一个猪场发生较严重的传染病时，为了控制疾病，最好立即请专家会诊，通过分析，初步确定疾病的性质，如果怀疑为细菌性疾病或寄生虫疾病，应及时对病原进行鉴定，立即提出首选用药品种，以使病情达到及时控制。

抗菌药物必须严格根据适应症进行选择。对发热原因不明或病毒性疾病不要轻易选用；对猪进行某些活菌疫苗接种时，若同时使用某些广谱抗菌药物，往往会影响疫苗的主动免疫效果，即使早用（接种前 3 天）或迟用（接种后 1 周）也能推迟预防接种的抗体形成。

对某种病原最敏感、治疗效果最佳的药物称为首选药。由于药物使用一定时间后，细菌对药物会产生耐药性，那么随着时间的推移，治疗某些细菌性疾病的“首选药”也会发生变化。例如，20 世纪 60 年代治疗猪痢疾的首选药物为痢特灵（呋喃唑酮），但在 80 年代治疗猪痢疾的首选药物为痢菌净（乙酰甲喹）。作为一名兽医师，必须对药物的发展以及新药特性、制剂，药物的抗菌谱熟练掌握，不断接受新的知识。

二、用药时要有足够剂量和疗程，避免产生耐药性

抗菌药物用量过大，常造成药物浪费，并可能引起毒副作用。相反，用量不足或疗程过短，则容易出现细菌耐药性。如青霉素超

大剂量可引起血液凝固障碍，如果是静脉注射青霉素G钾盐则可引起高血钾症。链霉素用药剂量过大，可引起肾脏功能障碍，并且可引起呼吸肌麻痹而发生呼吸困难、窒息。目前多种细菌如金黄色葡萄球菌、大肠杆菌、绿脓杆菌、痢疾杆菌对许多抗菌药物产生了一定的耐药性。为了防止耐药性的产生，临床用药时应注意如下要点：

1. 严格掌握适应症，不滥用抗菌药物，单一抗菌药物有效的就不要采用联合用药。

保证用药剂量和用药持续时间。磺胺类药物、大环内酯类抗菌药物，首次剂量一般加倍，以便使血液中的药物浓度尽快达到抑菌浓度。多数抗菌药物3～5天为一个疗程，在症状消失后再巩固用药1～2天。停药过早，容易导致疾病复发，并能诱导细菌对药物产生耐药性。对于某些慢性疾病和容易在一个猪场反复发作感染流行的顽固性细菌性疾病，必须采取群防群治的措施。易在一个猪场扎根的顽固性疾病包括猪痢疾（血痢、猪痢疾密螺旋体病）、猪慢性萎缩性鼻炎、猪弓形体病、猪沙门杆菌病、猪气喘病（猪支原体肺炎）等，最有效、最方便经济的给药方法是在饲料中或饮水中添加给药数天（治疗剂量）、数周或数月（预防剂量）。针剂注射给药常用于急性严重病例治疗，内服常用于慢性疾患，特别是消化道细菌感染或驱虫，饲料添加给药常用于群体预防，饮水添加给药常用于群体治疗。

2. 化学药物由于其理化性质不同，用药的途径不同，产生的药效差异较大。

青霉素G内服易被胃酸破坏，因此猪内服青霉素G无效。半合成青霉素如氨苄青霉素、羟氨苄青霉素（阿莫西林）具有耐酸的特性，内服有效。

第一代头孢菌素，如头孢噻吩和头孢噻啶，肌内注射吸收较好，一般不用于口服，而头孢氨苄和头孢拉定既可内服给药也可注射给药。第二代头孢菌素有头孢西丁、头孢孟多、头孢羟苄磺唑、头孢氯氨苄、头孢呋肟一般都采用注射给药。内服给药效果不佳。第三代头孢菌素有头孢噻肟、头孢三嗪、头孢噻呋，其中头孢噻呋是动物专用药，主要采用肌内注射或静脉注射给药。

氨基苷类抗生素（链霉素、庆大霉素、卡那霉素、壮观霉素）内服不易吸收，在胃肠道内浓度高，本类药物注射给药后，有80%以原形经过肾脏排泄，所以注射给药是治疗泌尿系统感染的较好途径。

多肽类抗生素（多黏菌素、万古霉素）可注射给药，多黏菌素还可以局部应用治疗创面、眼、耳、鼻部感染，杆菌肽内服不易吸收，主要治疗预防消化道细菌感染。

四环素类抗生素（四环素、金霉素、土霉素、去甲金霉素、甲烯土霉素）化学性质比较稳定，耐酸，猪内服可用于防治全身性感染性疾病，通过饲料添加给药可达到群防群治的目的。

大部分磺胺类药物如磺胺噻唑、磺胺嘧啶、磺胺二甲嘧啶、磺胺甲基异噁唑、磺胺对甲氧嘧啶、磺胺间甲氧嘧啶等内服后容易吸收，生物利用率高达60%～90%，用于治疗全身性细菌感染疾病。而磺胺脒（磺胺胍、止痢片、克痢定）、琥磺胺噻唑等，内服后不容易被吸收，生物利用率小于10%，因此，内服后胃肠道中浓度高，主要用于胃肠道细菌性感染疾病。

二氨基嘧啶类药物常用的是二甲氧苄氨嘧啶和三甲氧苄氨嘧啶。三甲氧苄氨嘧啶（TMP）内服吸收较好，可以与磺胺类药物一起内服应用治疗全身性感染疾病。而二甲氧苄氨嘧啶（DVD）内服不易被吸收，主要与其他磺胺类药物内服治疗胃肠道细菌性疾病。

喹噁啉类药物喹乙醇和乙酰甲喹的生物利用率高达100%，内服给药防治相应敏感细菌所致的全身性疾病。

氟喹诺酮类药物，除乙基环丙沙星外，其他大部分药物如诺氟沙星、环丙沙星、氧氟沙星、沙拉沙星等猪内服后吸收不良(20%～50%),所以用它们治疗猪的全身性感染性疾病时以肌内注射效果较好。有试验表明,猪内服和肌内注射同剂量的诺氟沙星后,其肌内注射的血药浓度比内服后的血药浓度高5～10倍。因此,猪内服本类药物治疗全身性疾病一定要保证充足的剂量,其内服剂量应是肌内注射剂量的2～3倍。

青霉素G钠盐和钾盐在临床上使用较多,由于长期应用某些细菌特别是金葡萄球菌对其产生了一定的耐药性。临床实践证明,推荐猪肌内注射青霉素G的剂量为2万～4万国际单位/千克体重,1日2次。猪静脉滴注青霉素G,其治疗剂量推荐为5万～10万国际单位/千克体重,1日1次。磺胺嘧啶(SD)在动物体内的消除半衰期短(2～4小时),因此,应注意加大剂量,或增加使用次数。败血症用药疗程常需要连续用药1～2周。

三、化学药物的联合用药

所谓联合用药,即指同时使用两种或两种以上的药物。化学药物的联合用药主要是为了降低药物毒性,扩大药物的抗菌谱,增加疗效。联合用药必须有明确的临床指征:病情危急和病因不明的严重感染;一种抗菌药物不能控制的混合感染;有可能是对某种抗菌药已产生耐药性的细菌引起的感染。

根据抗菌药物抗菌的强度(抑菌或杀菌)和作用的快慢可将其分为四个类型:第一类繁殖期速效杀菌剂,包括青霉素类、头孢菌素类;第二类静止期慢效杀菌剂,包括氨基苷类、多黏菌素类;第三类速效抑菌剂,包括四环素类、大环内酯类、氯霉素类;第四类慢效抑菌剂,包括磺胺类。

第一类与第二类联合应用增强作用,例如青霉素G和链霉素合用,青霉素可破坏细菌细胞壁的完整性,有利于链霉素进入菌体内发挥作用,青霉素G主要作用于革兰阳性菌,链霉素主要作用于革兰阴性菌。

第一类与第三类联合应用会出现拮抗作用,降低两者的抗菌效果。例如青霉素G与四环素合用即出现拮抗作用,四环素迅速抑制细菌蛋白质合成,细菌细胞壁合成受阻,使青霉素G的作用减弱。因为青霉素G的作用机制主要是抑制细菌细胞壁的粘肽合成,四环素作用细菌后,细胞壁停止合成。

第一类与第四类联合应用可能无明显影响,在治疗脑膜炎时,两类药物合用可提高疗效,如青霉素G与磺胺嘧啶(SD)。磺胺嘧啶易透过血脑屏障,在脑部发生炎症时,青霉素G透过血脑屏障的量增加。

第二类与第三类药物合用可能有协同作用,包括增强作用和相加作用。

第三类和第四类药物联合应用,可获得相加作用,因为两者都属抑菌剂。

抗菌增效剂三甲氧苄氨嘧啶(TMP)和二甲氧苄氨嘧啶(DVD)具有明显增强其他抗菌药物(磺胺类和大多数抗生素类)的抗菌作用效果,磺胺类药物与抗菌增效剂分别作用细菌同一代谢途径的两个不同环节,联合应用,对细菌具有“双管齐下”的作用。一般将磺胺类药物与TPM按5∶1的比例配合制成复方制剂,则组方中TMP可大大提高磺胺类药物的抗菌效果,可使磺胺类抗菌效果提高4~20倍,所以早先把TMP称之为磺胺增效剂。在临床上常见的复方磺胺制剂有复方新诺明(兽用注射液)、复方磺胺-5-甲氧嘧啶(磺胺对甲氧嘧啶)注射液、复方磺胺甲基异噁唑片剂、复方磺胺嘧啶注射液。

由于TMP不仅对磺胺类药物有增效作用,而且对许多抗生素也具有明显的增效作用。例如它可以使庆大霉素、卡那霉素的抗菌作用增加2~15倍,所以现在TMP又称为抗菌增效剂。

一般来说,禁止同类抗菌药物在临床上联合应用。由于同类抗菌药物其作用机制相同,多数具有交叉耐药性,例如某一种磺胺药物对大肠杆菌已具有耐药性,那么再选用其他磺胺类药物治疗或预防一般无效,因为磺胺类药物之间具有交叉耐药性。另外同类药物合并使用可能增加药物的毒副反应作用,如链霉素和庆大霉素都属于氨基苷类抗生素,两者合用可导致动物发生中毒(耳毒、肾脏毒性、骨骼肌麻痹等)。

利福平、氯霉素等蛋白质 RNA 合成抑制剂可降低氟喹诺酮类抗菌药效,因此不可配伍应用。

糖皮质激素类药物(地塞米松、醋酸氢化泼尼松、氢化泼尼松、醋酸泼尼松、氢化可的松)具有抗炎、抗毒、抗休克和抗免疫作用,经常用于治疗炎症和全身性严重感染,其抗炎作用属非特异性,它们对病原菌没有抑制和杀灭作用。由于它们在发挥非特异性抗炎、抗休克的同时具有抗免疫作用,能够降低动物的免疫功能,使动物的抵抗力降低,易引起动物继发性感染。所以,在使用本类药物的同时,必须配合大剂量抗菌药物治疗。幼年动物不可反复多次使用,以免影响其生长发育,甚至可能形成"僵猪"。病毒感染不应使用本类药物,因为病毒感染时,多数没有相应的抗病毒药物,机体只能依靠免疫系统来抵抗病毒的侵袭,如果使用本类药物,抑制了机体的免疫功能,会使病毒感染更加恶化。

多数化学药物在静脉给药时应单独使用。因为很多化学药物制剂与其他制剂混合后会发生物理化学变化,使药效降低,毒性增加,也可能造成沉淀,输液后引起血栓等严重后果。

第四节　药物预防方案介绍

一、母猪生产期

在分娩前半个月,在每吨饲料中添加四环素粉 400 克,安乃近

200 克,连续饲喂半个月(至分娩);或每吨饲料中添加乳酸环丙沙星 200 克,阿莫西林 250 克,乳酸三甲氧苄氨嘧啶 100 克。连喂 10~15 天。

如本场存在猪支原体病,需在每吨母猪饲料内添加支原净 100 克,金霉素 400 克,安乃近 200 克。连喂 10~15 天;或磷酸泰乐菌素(8.8%)1 200 克,15% 金霉素 2 500 克,安乃近 200 克。连续饲喂 15 天,或产前、产后各饲喂 7 天。

二、仔猪断奶期

仔猪在断奶前 3~5 天,每吨饲料中添加药物进行预防,喘气病严重猪场用泰妙菌素 100 克,环丙沙星 200 克,金霉素 300 克,安乃近 200 克;或用泰妙菌素 100 克,金霉素 300 克,阿莫西林 200 克,乳酸三甲氧苄氨嘧啶 80 克。连续使用 7~10 天。

萎缩性鼻炎、副猪嗜血杆菌、胸膜肺炎、链球菌严重的猪场用环丙沙星 200 克,代替上方中的泰妙菌素和金霉素,连续用药 1 周。

三、保育后期(50~70 天)仔猪

保育后期,可在每吨饲料内添加磺胺-5-甲氧嘧啶钠 1 000 克,乳酸三甲氧苄氨嘧啶 200 克,碳酸氢钠(苏打粉)500 克,安乃近 200 克。连续饲喂 5~7 天。

另外为预防仔猪拉稀可在每吨饲料内添加痢菌净 300 克,连续饲喂 3~5 天即可。

四、生长育肥期

生长育肥期应在每吨饲料中集中投药,氟甲砜霉素 55 克,金霉素 300 克,三甲氧苄氨嘧啶 100 克。持续 5 天,以提高猪群的抵抗力;或用泰妙菌素 55 克,金霉素 165 克,阿莫西林 150 克,三甲

氧苄氨嘧啶80克;或用环丙沙星50克,阿莫西林150克,三甲氧苄氨嘧啶40克,连续用药5天。

五、后备母猪期

后备母猪在引种后的预防,可在每吨饲料中加入泰妙菌素110克,金霉素330克,阿莫西林200克;或者应用上方同时加入乳酸三甲氧苄氨嘧啶100克。连续用药1周,停药2天,再用药1周。

六、配种期种猪群

配种期种猪群,配种前后每吨饲料中加入磺胺嘧啶钠1 000克,乳酸三甲氧苄氨嘧啶200克,连续用药1周。

七、常规预防保健方案

断奶、转群、疫苗免疫、驱虫、运输等前1大以及后3天,在饮水或饲料中添加电解多维每吨水500克,以减少应激。

每个月针对1种疾病采用一套药物防治方案,对全场公猪、母猪及育肥猪进行投药。

1月,预防气喘病、链球菌病、副猪嗜血杆菌病及传染性胸膜肺炎等呼吸道传染病,可选择以上抗菌药物配方在饲料中添加药物饲喂7~10天。

2月,驱除体内外寄生虫病。按本书驱虫模式或畜必胖1 500千克/吨在饲料中添加药物,连喂5天。防治猪腹泻类疾病。饲料中添加痢菌净200克/吨,连喂5~7天。

3月,预防猪弓形体病。按前述配方在饲料中添加磺胺间甲氧嘧啶钠,连续饲喂7~10天。预防猪附红细胞体病,在饲料中添加尼可苏,连喂5天。

4~6月、7~9月和10~12月,分别重复1~3月的药物防治方案,并适当调整药物种类。

目前,市场上销售的抗菌药物大多是预混剂,且已经按配方配好。应按量添加并混合均匀即可。

另外,在深秋、早春等气候多变期,可按生长育肥猪加药方案进行投药预防,连喂5~7天以提高猪群的抵抗力。药物主要是用来对付敏感细菌的,药物选择应依据场内的疾病状况而定。所以,最佳的用药指南是多次的药物敏感试验。随着时间的变化,用药方案以药物敏感试验的结果为准。药物方案应用2个月后,可以在有条件的场取消萎缩性鼻炎在仔猪的免疫和减少喘气病疫苗的使用次数。

新生仔猪在1~3日龄注射生血素1.5毫升,10~14日龄复查,对补铁不足的个别猪再补铁1.5毫升。

仔猪黄白痢发生较多的场,仔猪在7日龄、14日龄、21日龄注射长效土霉素25毫克+硫酸新霉素25毫克,或者得米先0.5~1.0毫升加等量的硫酸新霉素注射。

仔猪在5日龄口服,百球清1毫升+1毫升生理盐水。

灭毒净还可以作为酸化剂,在生长育肥猪的饲料中按1∶(1 000~2 000)稀释拌料,以提高高温季节生长猪的采食量。灭毒净1∶100时对圆环病毒有很好的杀灭能力。

第十四章　猪场其他常用药物

第一节　解热镇痛药与糖皮质激素

一、解热镇痛药

安乃近

【性状】 白色(供注射用)或略带微黄色(供口服用)的结晶或结晶性粉末。无臭,味微苦,易溶于水。

【作用与用途】 解热镇痛作用较强,并有一定的消炎、抗风湿作用。用于肌肉痛、风湿症、发热性疾病。

【用法与用量】 内服,一次量2~5克。安乃近注射液,皮下或肌内注射,一次量1~3克。

【注意事项】 本品长期应用可引起粒细胞减少,还有抑制凝血酶原形成,加重出血的倾向。不宜长期应用和穴位注射。

氨基比林

【性状】 白色结晶或晶状粉末,无臭,味微苦,溶于水,水溶液呈碱性,易氧化变质,遇氧化剂易被氧化。

【作用与用途】 解热镇痛作用强而持久,尚有抗风湿和消炎作用。内服吸收迅速,即时产生镇痛作用。用于发热性疾病、关节痛、肌肉痛和风湿症等。

【用法与用量】 内服，一次量2~5克。皮下或肌内注射，一次量50~200毫克。复方氨基比林注射液（含氨基比林7.15%，巴比妥2.85%），皮下或肌内注射，一次量5~10毫升。

水杨酸钠

【性状】 无色、微红色结晶或片状粉末，易溶于水。光线、温热和金属均可促进氧化。

【作用与用途】 解热镇痛作用弱于氨基比林和安乃近，但有显著的抗风湿作用，常用于急性风湿性关节炎等风湿症。

【用法与用量】 内服，一次量2~5克。静脉注射，一次量2~5克。复方水杨酸钠注射液，含水杨酸钠10%、氨基比林1.43%、巴比妥0.57%、乙醇（95%）10%、葡萄糖10%，静脉注射，一次量20~50毫升。

二、糖皮质激素

氢化可的松

【性状】 白色或几乎白色的结晶性粉末，略溶于乙醇或丙酮，微溶于氯仿，不溶于水。

【作用与用途】 有影响糖代谢、非特异性抗炎和抗过敏等作用。用于发热性疾病、风湿症和过敏性疾病。

【用法与用量】 静脉注射，一次量20~80毫克。醋酸氢化可的松注射液，肌内注射，一次量50~100毫克。

【注射事项】 急性细菌性感染时应与抗菌药并用。禁用于骨质疏松症和疫苗接种期。

地塞米松

【性状】 白色或类白色结晶性粉末，无臭，易溶于丙酮，略溶于乙醇或氯仿,不溶于水。

【作用与用途】 抗炎作用与糖元异生作用约为氢化可的松的25倍,且水钠潴留作用较小。用途同其他糖皮质激素。也有报道可用于猪的引产。

【用法与用量】 肌内或静脉注射,一日量4~12毫克。严重病例可酌情增加剂量。醋酸地塞米松片,每片0.75毫克,内服,一日量2~5毫克。

【注意事项】 易引起孕猪早产,其他同氢化可的松。

氢化泼尼松(强的松龙)

【性状】 白色结晶性粉末。无臭、味苦,几乎不溶于水,微溶于乙醇或氯仿。

【作用与用途】 抗炎作用强于氢化可的松(为氢化可的松的4倍),水钠潴留作用为氢化可的松的4/5,用途同氢化可的松。

【用法与用量】 静脉注射或静脉滴注(加生理盐水或5%葡萄糖注射液稀释),一次量10~20毫克,严重病例可酌情增加剂量。内服,一次量为7~15千克体重2~5毫克,15千克体重以上5~15毫克。醋酸泼尼松软膏,0.5%眼部外用,1日2~3次。

【注意事项】 除与氢化可的松相同外,角膜溃疡忌用。眼部细菌性感染时与抗菌药合用。

第二节　中枢兴奋药

咖啡因

【性状】 白色有丝光的针状结晶。无臭、味苦、有风化性。易溶于热水或氯仿,略溶于丙酮或乙醇,微溶于乙醚。

【作用与用途】 中枢兴奋药。能加强大脑皮层的兴奋过程,兴奋呼吸及血管运动中枢。用于中枢性的呼吸、循环抑制。

【用法与用量】 一次量，静脉注射0.5~1克，皮下或肌内注射0.5~2克。

【注意事项】 忌与盐酸四环素、盐酸土霉素等酸性药物及鞣酸、碘化物等配伍，以免发生沉淀。

尼可刹米(可拉明、二乙烟酰胺)

【性状】 无色或微黄色黏稠液体。能与水混合，制成澄明注射液，色泽变黄不应使用。

【作用与用途】 具有直接、反射性地兴奋呼吸中枢的作用。用于呼吸中枢抑制的解救。

【用法与用量】 皮下、肌内或静脉注射，一次量0.25~1克。

樟脑磺酸钠

【性状】 易溶于水及热醇。

【作用与用途】 具有直接和间接兴奋延脑呼吸中枢、大脑皮层的作用，亦有强心作用。用于治疗急性心衰、中枢抑制药中毒以及肺炎等引起的呼吸循环抑制。本品吸收迅速，适用于急救。

【用法与用量】 皮下、肌内或静脉注射，一次量0.2~1克。

【注意事项】 猪临屠宰前不宜使用，以免影响肉质。

第三节 生殖系统用药

己烯雌酚

【性状】 白色结晶性粉末，无臭，难溶于水。易溶于醇、醚或脂肪中。

【作用与用途】 具有促进生殖器官发育，提高子宫对催产素的敏感性，加强收缩力，促进母猪发情等作用。主要用于治疗子宫蓄脓、胎衣滞留、子宫炎，并配合催产素用于分娩时肌无力。

【用法与用量】 内服和肌内注射，一次量3～10毫克。

黄体酮(孕酮)

【性状】 白色或微黄色结晶性粉末。无臭，在空气中稳定。不溶于水。

【作用与用途】 具有抑制子宫收缩，降低子宫肌对催产素的敏感性(安胎)，抑制发情和排卵等作用。主要用于母猪的同步发情和分娩，治疗习惯性流产和先兆性流产等(但必须是非感染性或非激素因素引起的流产)。

【用法与用量】 肌内注射，一次量每千克体重15～25毫克。必要时隔5～10天可重复注射。

催产素(缩宫素)

【性状】 白色粉末或结晶。能溶于水，水溶液呈酸性。

【作用与用途】 催产素具有选择性兴奋子宫平滑肌作用。小剂量较少引起子宫颈兴奋。适用于催产，剂量加大，使子宫肌出现强直性收缩，适用于产后止血或产后子宫复原，胎衣不下。亦有催乳作用。

【用法与用量】 静脉、皮下或肌内注射，子宫收缩用一次量30～50国际单位。

【注意事项】 催产时，子宫颈口尚未开放、胎位不正、骨盆过窄以及产道阻碍时忌用。

第四节　中毒解救药

一、有机磷中毒的解救药

阿托品

【性状】　无色结晶或白色结晶性粉末，无臭，极易溶于水，易溶于乙醇。

【作用与用途】　具有解除痉挛、抑制腺体分泌等作用。用于胃肠肌痉挛和有机磷中毒的解救等。

【用法与用量】　皮下注射，一次量 2 ~4 毫克（严重中毒时可增至每千克体重 1 毫克）。

碘解磷定

【性状】　黄色颗粒结晶或结晶粉末；无臭，味苦，遇光易变质，溶于水，不溶于乙醚。

【作用与用途】　能使胆碱酯酶重新活化，用于有机磷中毒的解救。

【用法与用量】　静脉注射，一次量为每千克体重 15 ~30 毫克。

二、亚硝酸盐中毒的解救药

亚甲蓝（美蓝、甲烯蓝）

【性状】　深绿色有光泽的柱状晶粉，易溶于水和乙醇。

【作用与用途】　既有氧化作用，又有还原作用，其作用与剂量关系密切。小剂量用于解救亚硝酸盐中毒，大剂量用于解救氰化物中毒。

【用法与用量】 静脉注射,一次量,每千克体重1~2毫克(小剂量)用于解救亚硝酸盐中毒,每千克体重2.5~10毫克(大剂量)可用于解救氰化物中毒。

三、氰化物中毒的解救药

亚硝酸盐

【性状】 无色或白色、微黄色的晶粉,无臭,味微咸。有吸湿性,易溶于水,水溶液不稳定,呈碱性。

【作用与用途】 具有解除组织细胞缺氧的作用,因而可用于解救氰化物中毒。

【用法与用量】 静脉注射,一次量0.1~0.2克。

硫代硫酸钠(大苏打)

【性状】 无色透明的结晶或晶粉,无臭,味咸。极易溶于水,水溶液显微碱性。不溶于乙醇。

【作用与用途】 本品在体内可分解出硫离子,与体内氰离子结合形成无毒且较稳定的硫氰化物由尿排出。但作用较慢,常与亚硝酸钠或亚甲蓝配合,解救氰化物中毒。

【用法与用量】 静脉或肌内注射,一次量1~3克。

四、重金属与类金属中毒的解救药

二巯基丙醇

【性状】 无色易流动的澄明液体,极易溶于乙醇,在水中溶解,不溶于脂肪。

【作用与用途】 能与金属或类金属离子结合,形成无毒、难以解离的络合物由尿排出。主要用于解救砷、汞、锑的中毒,也用于解救铋、锌、铜等中毒。

【用法与用量】 肌内注射,一次量为每千克体重2.5~5毫克。第1~2天每4~6小时1次,以后1日2次。

二巯基丁二酸钠

【性状】 白色粉末,易吸水潮解。溶于水,水溶液无色或微红色,不稳定。放置后变浊或土黄色时则不宜使用。

【作用与用途】 作用同二巯基丙醇。主要用于锑、铝、汞、砷中毒的解救,也用于钡、银、钴、铜、铂、锌等中毒的解毒。本品对锑的解毒作用最强。

【用法与用量】 静脉注射,一次量为每千克体重20毫克。临用前用灭菌生理盐水稀释成5%~10%溶液。急性中毒,1日4次,连用3天;慢性中毒,1日1次,连用5~7天。

依地酸钙钠(乙二胺四乙酸二钠钙)

【性状】 白色晶粉,无臭,无味,易潮解,溶于水。

【作用与用途】 本品在体内能与铅形成稳定的可溶性络合物,由尿排出而产生解毒作用。主要用于解救铅中毒,也用于铜、锌、钴、锰等中毒的解救。

【用法与用量】 静脉注射,一次量1~2克。临用前以灭菌生理盐水稀释成0.25%~0.5%的溶液,1日2次,连用3天,以后酌情而定。

【注意事项】 肾脏病猪禁用。对慢性中毒,连用3天后,应停药3~4天方可继续使用。

五、氟中毒的解救药

乙酰胺(解氟灵)

【性状】 为白色结晶性粉末,无臭,溶于水。

【作用与用途】 本品具有延长有机氟(氟乙酰胺)中毒的潜伏期、减轻氟中毒症状或制止氟中毒的作用,用于有机氟中毒的解救。

【用法与用量】 肌内注射,一次量为每千克体重50~100毫克,1日2~4次。

【注意事项】 解毒时宜早期应用,严重中毒病例应配合镇静药。

第十五章　猪病的诊断与剖检技术

第一节　猪病常见临床症状检查

一、流行病学调查

猪病诊断之前要进行流行病学调查。

1. 基本情况:养殖规模、引种和防疫情况。

2. 本次流行情况:起始发病的时间、地点,目前疫情分布,疫区内饲养规模与分布,发病动物的种类、数量、年龄、性别、感染率、发病率、病死率、死亡率等。

3. 疫源调查:当地历史上有无类似疫情及流行情况,此次流行之前有无引进动物或其产品、饲料,输出地有无同类疾病。

4. 传播途径和传播方式:当地有关动物饲养管理方式,动物流动、收购、调拨以及防疫状况,交通检疫、集市检疫和屠宰检验的情况。

二、猪的个体检查

1. 体表检查:猪的某些特定姿势常可反映某种疾病的性质。猪的卧地姿势有侧卧和平卧两种。当处于寒冷状态时,猪的四肢缩于腹下而平卧,以减少躯体与寒冷地面的接触。猪呈犬坐姿势提示呼吸困难,常见于肺炎、心功能不全、胸膜炎或贫血。如猪站立时头颈向前伸直也表示有呼吸障碍。患有胸膜炎的猪通常弓背站立。有跛行的病猪,通常不愿站立或是倚栏而立。有严重的前肢跛行的猪常常以鼻触地来避免前肢负重。

体型体态也可以反映动物的健康状况,动物的营养状况应与同栏猪比较。架子猪的体表不应有明显的骨结构,而应背弓腹圆,但过分弓背或驼背,且脊柱、肋骨或盆骨外凸均属异常。腹部应充盈但不膨胀。成年猪站立时背部平直或微弓,两侧腹壁平坦或微凸。

由于猪呼吸频率的正常范围较大,故应把病猪的呼吸频率与同栏健康猪进行比较。呼吸频率的正常范围见表28。肺炎、心功能不全、胸膜炎、贫血、劳累和疼痛均可引起呼吸加快;肺炎和胸膜炎可引起腹式呼吸。

表28 不同年龄猪的体温、呼吸和心率

年龄	直肠温度(±0.3℃)	呼吸(次/分)	心率(次/分)
初生猪	39.0	50~60	200~250
1小时	36.8		
12小时	38.0		
24小时	38.6		
哺乳仔猪	39.2		
断奶猪9~18千克	39.3	25~40	90~100
架子猪27~45千克	39.0	30~40	80~90
肥育猪45~90千克	38.8	25~35	75~85
妊娠母猪	38.7	13~18	70~80
母猪产前24小时	38.7	35~45	
母猪产前12小时	38.9	75~85	
母猪产前6小时	39.0	95~105	
产出第一头仔猪	39.4	35~45	

续表

年龄	直肠温度(±0.3℃)	呼吸(次/分)	心率(次/分)
产后12小时	39.7	20~30	
产后24小时	40.0	15~22	
产后1周到断奶	39.3		
断奶后1天	38.6		
公猪	38.4	13~18	70~80

视诊之后,可根据需要将猪保定起来做仔细的全身检查。

观察猪全身皮肤的颜色,尤其要注意鼻、耳、腹下、股内侧、外阴和肛门部皮肤的颜色。在自然光或白炽灯下准确地观察皮肤的颜色。白猪皮肤的颜色变蓝提示循环障碍;变红提示充血、发热或有感染;苍白提示贫血;黄染提示肝脏功能不全或溶血;若呈灰色或出现结痂则提示寄生虫侵袭或营养失调。健康猪被毛光滑平整,如被毛粗乱则提示猪冷、有病或营养不良。如果发现皮肤有损伤,则应注意是局部的还是均匀分布的。病变部位是平坦的还是凸起的,是弥漫性的还是界限分明的,还要注意患猪是否经常摩擦皮肤。当怀疑疥癣时,应从耳道内取皮屑进行检查。如果有特征性的皮肤损伤,则应从损伤边缘刮取皮屑进行检查。采集皮屑的方法是用解剖刀刮取皮屑至微微出血。可用矿物油、10%氢氧化钾或甘油将皮屑从皮肤上转移到玻片上或试管内。

除观察皮肤的颜色外,还可以通过测定脉搏和心脏听诊来检查心血管系统。

2. 呼吸系统检查:除了在最初视诊时要观察呼吸外,对呼吸系统的检查还要检查鼻黏液是浆液性的、脓性的还是血性的,以及口鼻部解剖结构是直的、弯的还是短的。

对眼的检查应检查有无结膜炎、分泌物和视力。长期过量的眼泪生成或鼻泪管阻塞将导致内侧眼角下部皮肤的污染。

3. 消化系统检查:从口腔开始,首先检查牙齿的状况,牙龈是否损伤和感染，是否有水疱和溃疡。腹部应当圆鼓，而非瘪塌或过分膨胀。猪粪的正常颜色为棕黄色、棕绿色或暗棕色，主要取决于采食饲料的种类。如果粪便变红、变黑或变黄，特别是含有血液或黏液时，均表明胃肠道机能紊乱。正常质地的猪粪应能成形，掉到地上后能稍稍散开。只有在各种疾病状态下，猪粪才会呈水样或过于干硬。

4. 泌尿生殖系统检查：对乳房的检查应注意其皮肤颜色、质地热度及疼痛反应。仔猪的行为可以反映母猪乳汁充足与否，仔猪吵闹不安、不时拱乳房通常提示吮乳不足。如果怀疑母猪有传染性乳房炎时，可采取乳汁做细菌分离培养。母猪乳头应突起，不应该有瞎乳头。乳腺应均匀分布于腹线两侧并充分前伸。

母猪生殖系统外观检查一般限于外阴检查。阴门应稍稍隆起，并呈一定角度以便于交配。健康母猪阴道黏膜的颜色为粉红色，有时可见外阴肿胀、撕裂或血肿等异常情况。产后母猪从阴道内排出一定量的恶露是正常现象，但恶露过多或呈脓性或难闻的臭味，则表明有异常情况。

对公猪睾丸的检查要着重了解两个睾丸是否大小一致，阴囊皮肤呈什么颜色，是否完整，触诊可发现发热、疼痛和质地异常。对阴茎的检查应先拉出阴茎，然后察看是否有损伤、溃疡、畸形、粘连等异常情况。检查包皮应注意包皮憩室是否有溃疡、是否蓄积尿液。

5. 运动系统检查：检查时，通常把患肢的检查放在最后，因为检查过程中患肢常会疼痛，对动物产生刺激作用，从而影响其他系统的正常活动。在作跛行诊断时，一般强调对蹄、跗关节、膝关节、髋关节的检查。首先观察动物的运步姿势，神经性的运动机能障碍通常表现为运动无力、全身麻痹、共济失调、平衡失控、强直性痉挛，而创伤或感染引起的运动机能障碍多表现为步幅变短、姿势改变和减免患肢负重。运动机能障碍时，动物的姿势出现异常，表现出明显的弓背、患肢不同程度屈曲及肢体位置异常（或置于腹下，或向外伸展），这种姿势异常通常是动物为减免患肢负重而出现的结果。对蹄的检查应注意有无挫伤、开放性伤口、蹄裂或感染，蹄壳的坚实程度以及蹄壳是否有过度增生或磨损。关节检查应对比患肢与健肢相应关节的大小，观察是否发热、疼痛以及是否有捻发音。

三、猪的群体检查

对个体猪的检查一般是因为该猪具有典型症状，而这些症状已发生在猪群中的部分猪身上。当猪群暴发某种疾病或是整群猪生长发育不理想时，需对整个猪群做检查。除检查体格状况外，还要了解猪群动态、环境条件、饲养管理状况。

所谓的群体动态状况包括猪与猪个体之间的关系以及猪与饲养员之间的关系。检查时应着重了解猪的饲养密度、猪群均一性、共用设施的数量（食槽数、饮水器数、躺卧区面积等与猪头数的比值）、猪与猪之间的群体关系（是否争斗、咬尾、咬耳）以及猪对饲养人员的反应等几个方面。

对环境的检查应注意猪舍温度是否与猪的年龄相适合，猪舍的通风情况如何，湿度是否适中以及有无气体与尘埃污染；湿度是反映通风是否良好的指标，在40%～60%内波动都是适宜的；检查地面的建筑材料是否合适，地面设计是否合理以及清洁度和干燥程度是否良好。还要注意观察排粪的情况。观察栏内猪是否簇拥，是否有鼠害，鸟和野生动物能否进入猪舍等。

饲料的检查应着重于营养分析，比较日粮的实际成分与设计配方中营养物质的含量；对磨碎的饲料应观察其磨碎的程度是否合适，对颗粒性饲料则要看颗粒是否完整。猪的饲料应该新鲜，没有霉菌，没有鼠类的粪便，也不含变质或酸败成分。

最后是对猪场管理情况的检查，猪的流动是否实行全进全出；

混群、分级和移动的具体数量有多大,以及这些工作是在什么时候进行的都应有记录。要查看发情和配种记录,配种多少次,具体在什么时间。

对整个猪群的完整的调查需要对猪群及其生活环境进行全面的检查并详细询问饲养员。要注意收集完整的猪场在猪群安全、遗传、繁殖管理、产仔性能、死亡率、治疗和免疫、饲料、疾病暴发、同窝猪发生的疾病等历史资料,特别应注意发病猪群的资料。

第二节　猪的病理剖检技术

猪的许多疾病,往往不能单靠临床症状来作出诊断,病理剖检则是一种极为重要的常规诊断方法。通过剖检可迅速作出正确的诊断。因此,任何一个集约化猪场,都应该设有专门的剖检室,配备一台显微镜及一般的微生物检验设备,以便及时对患猪作出正确诊断,采取有效的防治措施,减少经济损失。

在进行剖检之前,应尽可能先了解病猪的发病和死亡经过,以及猪群目前的情况。病猪的品种、性别、日龄、体重等项也应一一记录。如有多头病猪同时剖检时,还应注意编号,以免混淆。剖检时对于各个器官的病理变化应做记录,以便根据其病理变化作出正确诊断。

剖检的方法可按下列三个程序进行:

一、体表检查

病死猪应放在一个长方形(长 1.5 米、宽 0.8 米)的台上或地面,用自来水冲洗掉体表粘上的粪污。然后由头向后躯检查各天然孔(口、鼻孔、眼、耳、肛门、阴门)有无分泌物及排泄物,数量和性状、气味、黏膜的颜色,接着检查头部、颈部、前肢、胸部、腹部、后肢、臀部和皮肤颜色及形状、腹围大小、被毛光泽、关节大小、蹄部情况等。

检查时应注意倒卧侧，倒卧侧皮肤颜色发绀，并且舌向倒卧侧垂出口角。

二、体腔检查及内脏器官的摘出

体表、天然孔和皮肤检查完以后，剖检猪采用仰卧保定，用刀沿两前肢内侧腋窝切开，向前沿下颌骨内侧切至颌下，让两前肢倒向两侧；再用刀沿两侧腹股沟切至髋关节，切断股骨头圆韧带，两后肢倒向两侧，使尸体平稳地呈仰卧状，必要时可剥去皮肤。在剥皮时应注意皮下脂肪量和颜色、血管状况、断端流出血液颜色、黏稠度、是否凝固、肌肉颜色等，体表淋巴结大小、颜色、周围组织状况及其切面是否外翻等。

体表淋巴结和肌肉检查完后，由下颌部位起切向胸骨柄沿肋软骨与胸骨结合处用刀切至耻骨前缘，将下颌及颈部皮肤、胸骨和部分腹壁切除下来，胸腔和腹腔就暴露出来了，胸腹腔是否积水和炎症即可一目了然。然后由腹腔就食道、血管切断，把胃和肠道由腹腔向外移出，随着移动，逐步将肠系膜根处组织和韧带组织切断，即可将胃和肠道全部移出体外，最后切耻骨联合，把直肠同结肠一同移出。接着将肝与横膈连接的韧带切断，整个肝脏由腹腔取出。最后剥除肾周围脂肪组织，将肾脏摘出。由颌凹处剥离喉头周围组织，将喉头与舌连接处切断，左手握着喉头，右手持刀将气管周围组织剥除，再将第一肋骨的胸腔口联合处切开，将喉头连同气管一起拉向胸腔，随拉随剥除联结组织，这样即将喉头、气管、肺和心脏一起由胸腔摘出。

大脑和小脑的摘出：先将头部皮肤剥掉，由枕骨处将头骨与脊椎骨切割开，然后在两眼窝后部用刀轻轻砍开，砍至见硬脑膜，再沿两侧颞骨向两侧眼内侧方向，用刀砍头骨，切至见硬脑膜，再沿两侧颞骨向枕骨大孔两侧，用刀砍至硬脑膜处，用镊子将头盖骨向上用力一掀，头盖骨与硬脑膜就被分离开，大脑与小脑即暴露出来。再用剪刀剪开硬脑膜，在剪开硬脑膜的过程中注意观察软脑膜上血管变化，脑回及脑实质的质地情况，最后将脑底 12 对脑神经剪断，大脑与小脑、延脑全部由颅腔取出。

三、各内脏器官的检查

（一）腹腔器官的检查

（1）胃：观察胃的大小、充盈度、浆膜颜色，然后沿胃大弯将胃剪开，注意胃壁的厚度、胃内容物的性状、黏膜的颜色、有无出血或溃疡面、黏膜下有无积液。

（2）小肠：小肠肠系膜血管充盈度，脂肪是否丰润，肠系膜淋巴结大小、颜色、切面情况，浆膜颜色，肠管充盈度。剖开肠管，观察肠管壁厚度，肠内容物颜色、数量、性状、气味、黏膜状况等。

（3）大肠：结肠与盲肠浆膜颜色，肠系膜状况，是否有水肿或出血，肠腔内容物的多少、性状、颜色，肠黏膜颜色，有无溃疡和出血。

（4）肝脏：颜色，被膜是否光滑，边缘是否钝，切面是否外翻，肝的质地、胆囊大小，胆囊壁及周围组织状况，黏膜颜色，有无溃疡。

（5）脾脏：颜色，被膜是否紧张光滑，边缘有无出血性坏死，脾脏大小、质地、切面状况等。

（6）肾脏：肾周围脂肪多少，肾包膜是否容易剥脱，肾的大小、颜色，肾表面有无出血灶与梗死灶，切面是否外翻，皮质与髓质部的状况，肾乳头与肾盂的情况。有无积尿。

（7）膀胱：大小，内容物性状，黏膜颜色，有无出血现象。

（二）呼吸系统检查　喉头黏膜颜色，会厌软骨黏膜有无出血，喉头腔有无积液，积液性状，气管黏膜颜色，气管腔有无积液。两侧大小，肺膜是否光滑，各个部位的肺小叶颜色，切面状况等。

(三)心脏 要着重观察心包是否积液,心外膜是否光滑,冠状沟,纵沟脂肪量和颜色,有无出血,心肌颜色、质地。心耳内外膜和两侧心室的内膜,以及两房室孔瓣膜的状况,心室是否积血,凝固状况等。

(四)脑 要重点检查脑软膜充血和出血变化,脑室是否增大,大脑切面灰质与白质的变化。

四、剖检应注意的事项

猪的病例,不少是属于传染病,剖检时应特别注意避免因剖检造成传染病的扩散。因此在剖检时应注意以下事项:

1. 剖检之前要了解病情、猪群状况。应先观察健康猪群,然后检查病猪群,最后进行尸体剖检。

2. 剖检地点要选择离猪群远的地方,或在有一定设备的剖检室内进行。如无剖检室,要在剖检的地方挖一个1米深的坑,将剖检完的尸体倒上消毒药液深埋,防止其他动物扒出。

3. 运尸体工具、剖检人员所用器械、衣服、胶鞋都要经常消毒处理方能进入场内。

4. 根据剖检情况,应及时作出剖检初步诊断,制定防治措施。

第十六章　猪病实验室检测技术

第一节　病料采集及处理

一、采集病料的注意事项

1. 送检的病例应是临床症状明显并且具有普遍的代表意义。采集的病料要在 4 ~ 8℃ 的低温条件下保存，并最好在 24 小时内送到实验室。

2. 清楚发病群体的流行病学背景及疫苗的注射情况、用药情况。

3. 要求进行细菌分离及制备自家苗，最好送检没有使用过抗生素的濒死或新鲜死亡的病例。

二、送检血清注意事项

1. 血样制备注意事项：

(1)采血量根据需要 3 ~ 5 毫升即可满足常规血清学化验的需要。

(2)利用一次性注射器采血后要使注射器内留有一定的空隙便于析出血清，减少不必要的浪费。

(3)采血后把血样可先置室温 2 小时或 37℃ 温箱 1 小时，以利于血液的凝固，析出血清。

(4)有条件的单位可自己分离出血清送检以减少红细胞的破裂溶血。

(5)血清低温送往实验室,最好在3天以内送检以防止血清抗体效价的降低,导致诊断误差的出现。

2. 送检血清的注意事项:

(1)明确送检目的,是抗体的监测还是疾病的诊断。

(2)抗体的监测把各阶段的猪只随机有代表性的采血即可。

疾病感染的检测对于血清样品有一定的要求,恰当选样有助于结果的诊断,像弓形虫,一般母猪为合适的送检样本,因为其感染率较高。

(3)疾病的诊断一般采集的为发病猪只的血样,但为便于结果的分析比较,健康无病的猪只也要抽检几份便于结果的分析。

(4)对于送检血清的背景一定要清楚,比如疫苗的注射情况、发病猪只的剖检情况、用药情况,这样便于有针对性的进行检测和结果分析。

第二节　主要疫病实验室检测方法

一、猪瘟抗体检测

间接血凝试验

1. 原理:抗原与其对应的抗体相遇,在一定的条件下会形成抗原抗体复合物,但这种复合物的分子团很小,肉眼看不见。若将抗原吸附(致敏)在经过特殊处理的红细胞表面,只需少量抗原就能大大提高抗原和抗体的反应灵敏性。这种经过猪瘟抗原致敏的红细胞与猪瘟抗体相遇,红细胞便出现清晰可见的凝集现象。

2. 试验方法:

(1)96 孔 110°~120°V 型医用血凝板。

(2)10~100 微升可调微量移液器。

(3)塑料嘴。

(4)猪瘟间接血凝抗原(诊断液),每瓶 5 毫升,可检测血清 25~30 头份。

(5)阴、阳性对照血清,每瓶各 2 毫升。

(6)样品稀释液每瓶 10 毫升。

(7)待检血清每份 0.2~0.5 毫升(56℃水浴灭活 30 分钟)。

3. 操作步骤:

(1)加稀释液:在血凝板上 1~6 排的各 1~9 孔;第 7 排的 1~3孔,第 5 孔;第 8 排的 1~12 孔各加稀释液 50 微升。

(2)稀释待检血清:取 1 号待检血清 50 微升加入第 1 排第 1 孔,并将塑嘴插入孔底,右手拇指轻压弹簧 2~3 次混匀(避免产生过多的气泡),从该孔取出 50 微升移入第 2 孔,混匀后取出 50 微升移入第 3 孔,直至第 9 孔混匀后取出 50 微升丢弃。此时第 1 排1~9 孔待检血清的稀释度(稀释倍数)依次为 1∶2、1∶4、1∶8、1∶16、1∶32、1∶64、1∶128、1∶256、1∶512。各孔的血清倍数可表示为$1:2^n$。

取 2 号待检血清加入第 2 排第 1 孔,同样按上法稀释;取 3 号待检血清加入第 3 排第 1 孔,直到第 6 排(注意:每取一份血清时,必须更换塑嘴 1 个)。

(3)稀释阴性对照血清:在血凝板的第 7 排第 1 孔加阴性血清 50 微升,对倍稀释至第 3 孔混匀后丢弃 50 微升。此时阴性血清的稀释倍数依次为 1∶2、1∶4、1∶8。第 5 孔为稀释液对照。

(4)稀释阳性对照血清:在血凝板的第 8 排第 1 孔加阳性血清 50 微升,对倍稀释至第 12 孔,混匀后从该孔取出 50 微升丢弃。此时阴性血清的稀释倍数依次为 1∶2~1∶4 096。

(5)加血凝抗原:被检血清各孔、阴性对照血清各孔、阳性对照各孔、稀释液对照孔均各加血凝抗原(充分摇匀,瓶底应无血球沉淀)25 微升。

(6)振荡混匀:将血凝板置于微量振荡器上振荡 1～2 分钟,如无振荡器用手轻摇匀亦可,然后将血凝板放在白纸上观察各红血球是否混匀不出现血球沉淀为合格。盖玻板,室温下或 37℃下静置 1.5～2 小时判定结果,也可延至翌日判定。

4. 判定标准:

"－"表示红细胞 100% 沉于孔底,完全不凝集(血球全部沉入孔底形成边缘整齐的小圆点)。

"＋"表示约有 25% 的红细胞发生凝集(血球大部分沉入孔底,边缘稍有少量血球悬浮)。

"＋＋"表示 50% 红细胞出现凝集(少量血球沉入孔底,大部分血球悬浮孔内)。

"＋＋＋"表示 75% 红细胞凝集。

"＋＋＋＋"表示 90%～100% 红细胞凝集。

5. 结果判定:移去玻板,将血凝板放在纸上,先观察阴性对照血清 1∶8 孔,稀释液对照孔,均应无凝集或出现"＋"凝集。

阳性血清对照 1∶2～1∶256 各孔应出现"＋＋～＋＋＋＋"凝集合格。

在对照孔合格的前提下,再观察待检血清各孔以呈现"＋＋"凝集的最大稀释倍数为该份血清的抗体效价。例如 1 号待检血清各孔,以呈现"＋＋～＋＋＋＋"凝集,第 7 孔呈现"＋＋"凝集,第 8 孔呈现"＋"凝集,第 9 孔无凝集,那么就可以判定该份血清的猪瘟的抗体效价为 1∶128(1∶2^7)。

接种猪瘟疫苗的猪群免疫抗体达到 1∶16(即第 4 孔呈现"＋＋"凝集)为免疫合格。

6. 注意事项:

(1)勿用 90°或 130°血凝板,以免误判。

(2)污染严重或溶血严重的血清样品不宜检测。

(3)如为冻干诊断液,检测前,必须加稀释液浸泡7～10天,方可使用,否则易发生自凝现象。

(4)用过的血凝板,应及时冲洗干净,勿用毛刷或其他硬物刷洗板孔,以免影响孔内光洁度。

(5)使用血凝抗原时,必须充分摇匀,瓶底应无血球沉积。

(6)液体血凝抗原4～8℃贮存有效期4个月,可直接使用,冻干血凝抗原4～8℃贮存有效期3年。

(7)如来不及判定结果或静置2小时结果不清晰,也可放置第二天判定。

(8)每次检测,均需设阴性、阳性血清和稀释液对照。

(9)稀释不同的试剂要素时,必须更换塑料嘴。

(10)血凝板和塑料嘴洗净后,自然干燥,可重复使用。

(11)有时会出现"前带"现象,即第1、第2孔红细胞沉淀,而在第3、第4孔又出现凝集,这是由于抗原抗体比例失调所致,不影响结果的判定。

二、口蹄疫抗体检测

间接血凝试验

该试验是以口蹄疫O、A、C、Asia－Ⅰ型病毒的细胞培养物经PEG浓缩,蔗糖密度梯度超离后纯化的病毒抗原分别致敏戊二醛鞣酸处理的绵羊红细胞,而制成的血凝抗原,用于快速检测动物血清中的口蹄疫特异抗体水平。

该法简易、快速、特异、直观,是当前检测抗体的实用方法。

试验方法:根据试验目的可分为用于鉴别诊断、用于监测疫苗接种动物的抗体水平的检测方法。

疫苗接种动物抗体水平监测方法:接种何种疫苗就使用何种

正向血凝诊断液。

检验方法和结果判定同猪瘟抗体检测。

经实验室测定,口蹄疫O型灭活疫苗的免疫猪群血清中O型抗体效价达到1：128及其以上时,猪群可耐受20个O型强毒发病量的人工感染。

三、猪伪狂犬病鉴别诊断

阻断ELISA方法

1. 原理:免疫效果很好的伪狂犬疫苗很多都是gE基因缺失疫苗。免疫gE基因缺失疫苗的猪可以产生抗伪狂犬病毒的抗体,猪伪狂犬gE基因抗体诊断试剂盒可以直接诊断猪血清中的gE基因抗体。如果没有感染野毒,检测结果为阴性。如果感染野毒,检测就会是阳性。此试剂盒可以检测用gE基因缺失疫苗免疫的猪是否感染伪狂犬病毒。

2. 试剂盒的组成:

包被伪狂犬病毒的96孔板,阳性样品(黄色),阴性样品(蓝色),酶标抗体(红色),10倍浓缩的洗液,样品稀释液,TMB底物终止液。

3. 试剂的准备:

(1)试剂使用前必须使其达到室温。

(2)清洗液和稀释液由于盐分高可能结晶,使用前必须摇匀溶解。在37℃水浴条件下很快溶解,在未完全溶解前勿使用。为了避免形成结晶在重悬前先使溶液达到室温。

(3)清洗液(10×)。取1份清洗液加入9份的灭菌水或去离子水中,稀释好的清洗液可在4℃条件下保存3天或-20℃条件下保存30天。

4. 操作步骤:

(1)将试剂放在室温,并轻摇混匀。

(2)将阴、阳性血清和被检样品分别进行稀释一倍,各加入100 微升稀释好的阳性、阴性对照及样品,并做好记录。盖上膜,在 37℃条件下作用 60 分钟。

(3)去膜,用 300 微升的洗液洗 3 遍,并在吸水纸上将平板弄干(颠倒,在纸上轻敲)。

(4)各孔中加入 100 微升酶标抗体,盖上膜在 37℃条件下反应 30 分钟。

(5)去膜,用洗液(300 微升)洗 3 次,弄干。加入 100 微升的底物,轻摇板 2 秒,将平板放在黑暗中 18 ~ 25℃条件下作用 15 分钟。

(6)加入 100 微升的终止液,轻敲平板混匀。用柔软的东西轻拭平板上的脏物,在 450 纳米下读数并记录结果。

5. 结果的计算:

用 INH% 来说明检测的结果,以下是它的计算方式:

INH% = [(阴性对照值 - 样品的 OD 值)/(阳性对照)] ×100

6. 结果判定:可行的结果的条件:

阴性对照值 - 阳性对照值 >0.6　　INH% 对照值 >60%

INH%	样品
<40	阴性
>45	阳性
40≤INH% ≤45	可疑

说明:本试剂盒可以用来检测新鲜的、冷藏或冷冻的血样,血样和对照在用前要稀释一倍(即加入 50 微升的稀释液和 50 微升的样品或对照)。

四、猪蓝耳病抗体检测

用 ELISA 的方法检测猪血清中的蓝耳病抗体

1. 原理：利用间接 ELISA 的原理制成。蓝耳病病毒被包被在 96 孔板上。样品被加在孔中，PRRSV 抗体与包被的病毒结合，没结合的物质可被洗掉，再加上酶标的抗体，洗去没结合的二抗，加上底物反应，包含 PRRSV 抗体的样品会显色。

2. 试剂盒的组成：

包被 PRRSV 的 96 孔板 5 块，20 倍浓缩的洗液 120 毫升，3 倍浓缩的样品稀释液 100 毫升，酶标抗体（红色）30 毫升，阳性样品（黄色）2.2 毫升，阴性样品（蓝色）2.2 毫升，THB 底物 30 毫升，终止液 30 毫升，封盖膜 5 块。

3. 用前准备：

（1）样品的准备：样品要用稀释液稀释 200 倍，阳性和阴性样品已经准备好了，不需要稀释。

（2）试剂的准备：试剂必须在使用前使其达到室温。

清洗液（20×）：将浓缩清洗液用灭菌水或去离子水作 20 倍稀释，配好的液体要在 7 天内用完。

样品稀释液（3×）：将浓缩样品稀释液用灭菌水或去离子水作 3 倍稀释，本液体是不能保存的，必须现配，剩余液要倒掉。

4. 操作程序：

（1）将试剂放在室温，并轻摇混匀，记录好所测样品和对照在平板的位置，阴阳性对照要双份。

（2）去膜，加入 50 微升阴阳对照样品和稀释了 200 倍的所测样品，盖上膜，在 37℃条件下作用 60 分钟。

（3）去膜，用 300 微升的洗液洗 3 遍，并在吸水纸上将平板弄干（颠倒，在纸上轻敲），在每个孔中加入 50 微升酶标抗体，盖上膜在37℃条件下反应60分钟。

(4)去膜,用洗液(300微升)洗3次,弄干。加入50微升的底物,轻摇2秒。将平板放在黑暗中18～25℃条件下作用10分钟。

(5)加入50毫升的终止液,轻敲平板混匀。

(6)用柔软的东西轻拭平板上的脏物,在450纳米下读数并记录结果。

5.结果的分析:本实验要在450纳米下读数,阳性对照要大于0.8,即阳性样品的读数是阴性的4倍,阳性值和阴性值之差不小于0.5。

用IRPC来说明检测的结果。IRPC = {[样品的OD值 - 阴性对照值(OD值)]/[阳性对照值(OD值) - 阴性对照值)]} ×100

6.结果说明:

IRPC	样品
≤20	阴性
>20	阳性

五、猪细小病毒抗体检测

乳胶凝集试验(LAT)是用猪细小病毒培养液致敏乳胶抗原来检测动物血清中的抗体。其具有简便、快速、特异、敏感的优点。

1.试验材料:猪细小病毒病乳胶凝集试验抗体检测试剂盒:包括猪细小病毒致敏乳胶抗原、阳性血清、阴性血清和稀释液、玻片、吸头及使用说明书。

2.操作方法:

(1)定性试验:取检测样品(血清)、阳性血清、阴性血清、稀释液各1滴,分置于玻片上,各加乳胶抗原1滴,用牙签混匀,搅拌并摇动1～2分钟,3～5分钟内观察结果。

(2)定量试验:先将血清作连续稀释,各取1滴依次滴加于乳胶凝集反应板上,另设对照同上,随后再加乳胶抗原 1 滴,如上搅拌并摇动,判定。

3. 结果判定:

判定标准:

“＋＋＋＋”全部乳胶凝集,颗粒聚于液滴边缘,液体完全透明。

“＋＋＋”大部分乳胶凝集,颗粒明显,液体稍浑浊。

“＋＋”约 50% 乳胶凝集,但颗粒较细,液体较浑浊。

“＋”有少许凝集,液体呈浑浊。

“－”液滴呈原有的均匀乳状。

对照试验出现如下结果试验方可成立,否则应重试:阳性血清加抗原呈“＋＋＋＋”,阴性血清加抗原呈“－”,抗原加稀释液呈“－”。以出现“＋＋”以上凝集者判为阳性凝集。

4. 注意事项:

(1)试剂在 2～8℃冷暗处保存,暂定 1 年。

(2)乳胶抗原在使用前应轻轻摇匀。

(3)被检样品采集及处理按常规方法分离血清,要求无腐败。

六、猪乙型脑炎抗体检测

乳胶凝集试验(LAT)是用乙脑弱毒疫苗毒株经纯化、浓缩等程序后致敏乳胶,制成乳胶凝集试验用抗原,用于检测动物血清中的乙脑病毒抗体,可在现场进行,具有安全、简便、快速、特异、敏感的优点。

1. 试剂盒的内容:本品包括猪乙型脑炎致敏乳胶抗原、阳性血清、阴性血清。其他同猪细小病毒病。

2. 制品用途:用于猪乙脑血清学诊断。

3. 使用方法及结果判定:同猪细小病毒病。

七、衣原体病

间接血凝试验(IHA)

衣原体属的三个种都存在共同的属特异性抗原。衣原体病间接血凝试验,则是用已知的属抗原检测畜、禽血清或分泌物中的抗体。具有特异、敏感、简便、快速的优点。

1. 试剂盒内容:包括衣原体属抗原致敏红细胞、阳性和阴性对照血清。

2. 试验方法:

(1)将生理盐水滴于V型反应板各孔中,每孔75微升,共做3孔。

(2)取被检样品(血清或分泌物)25微升于第1孔中,与生理盐水混匀后吸25微升加于第2孔,依次作对倍稀释至第3孔。

(3)每孔加抗原25微升,作定性检查时只需加前两孔。哺乳动物血清只加1∶32和1∶64两孔。如作定量试验则可根据实际需要自行决定。

试验:设阳性血清+抗原、阴性血清+抗原、生理盐水+抗原各一孔。

3. 结果判定:

(1)判定标准:

“++++”红细胞全部凝集,形成一层均匀的膜,布满整个孔底。

“+++”红细胞在孔底形成一层薄膜、面积比前者稍小。

“++”红细胞在孔底形成薄层凝集,边缘松散或呈锯齿状。

“+”红细胞在孔底呈稀薄、散在、少量凝集,孔底有小圆点。

“+/-”红细胞沉于孔底,但周围不光滑或中心有空斑。

“-”红细胞完全沉于孔底,呈光滑的圆点。

"++"以上的凝集判为阳性凝集。

(2)对照试验出现如下结果试验方可成立,否则应重试,阳性血清+抗原呈"++++";阴性血清+抗原呈"-",抗原+生理盐水呈"-"。

(3)被检样品判定标准:以"++"为判定终点,哺乳动物血清效价≥1∶64者判为阳性,效价≤1∶16者判为阴性,介于二者之间判为可疑。

第十七章 猪常见病及防治方法

第一节 猪的常见传染病

一、猪瘟

猪瘟早年又称猪霍乱，是由猪瘟病毒引起的一种高度传染性和致死性的传染病。

猪瘟病毒属于黄病毒科瘟病毒属，本病毒只有一个血清型，但病毒株的毒力有强、中、弱之分。猪瘟病毒对外界环境有一定抵抗力，在自然干燥情况下，病毒易于死亡，污染的环境如保持充分干燥和较高的温度，经1～3周，病毒即失去传染性。病毒加热60～70℃ 1小时才可以被杀死，病毒在冻肉中可生存数月。病尸体腐败2～3天，病毒即被灭活。2%氢氧化钠、5%～10%漂白粉、3%来苏儿能很快将其灭活。

(一)诊断要点

1.流行特点：本病仅发生于猪，病猪是本病的主要传染源，由尿、粪便和各种分泌物排出病毒。部分健康猪感染猪瘟病毒后1～2天，在未出现症状前就能排毒，部分病猪康复后5～6周仍带毒和排毒，健康猪群可因潜伏期或康复期带毒猪散毒而发生猪瘟。病猪的全身组织和体液内均存在病毒，以淋巴结、脾和血液中含量最高。

易感猪采食污染病毒的食物和饮水，主要经扁桃体、口腔黏膜及呼吸道黏膜感染。患病或弱毒感染的母猪，病毒可以经胎盘感染胎儿，产生弱胎、死胎、木乃伊胎，有的胎儿产出后发生先天性震颤、共济失调，存活猪可发生病毒的持续感染。

各品种、年龄和性别的猪均易感。经免疫的母猪所产仔猪，1月龄以内很少感染发病，1月龄以后易感性逐渐增加。病程至1～3周后本病在猪群中达到流行高峰。病猪一般呈亚急性型，少数慢性病猪经1月以上死亡或恢复，流行终止。在本病常发地区，猪群有一定免疫性，其发病率和病死率均较低；在新疫区发病率和死亡率在90%以上。

2. 主要症状：潜伏期一般为5～7天，短的2天，长的可达21天。根据病程长短和临床症状可分为最急性型、急性型、亚急性型、慢性型和温和型。

(1)最急性型：多见于流行初期，突然发病，症状急剧，表现全身痉挛，四肢抽搐，高热稽留，皮肤和黏膜发绀，有出血斑点，经1～8天死亡。病程稍长的，可见有急性型症状。

(2)急性型：此型最为常见。病猪在出现症状前，体温即已升高在41℃左右，持续不退，表现为行动缓慢、头尾下垂、拱背、寒颤、口渴、常卧一处或闭目嗜睡，眼结膜发炎，眼睑浮肿、分泌物增加，在下腹部、耳根、四蹄、嘴唇、外阴等处可见到紫红色斑点。病初排粪困难，不久出现腹泻，粪便呈灰黄色。公猪包皮内积有尿液，用手挤压后流出浑浊灰白色恶臭液体。哺乳仔猪也可发生急性猪瘟，主要表现神经症状，如磨牙、痉挛、角弓反张或倒地抽搐，最终死亡。

(3)亚急性型：此型常见于老疫区或流行中后期的病猪。症状较急性型缓和，病程20～30天。

(4)慢性型：主要表现消瘦，贫血，全身衰弱，常伏卧，步态缓慢无力，食欲不振，便秘和腹泻交替。有的病猪在耳端、尾尖及四肢皮肤上有紫斑或坏死痂。病程1个月以上。不死亡者长期发育不良成为僵猪。妊娠母猪感染后，将病毒通过胎盘传给胎儿，造成流产，产死胎或产出弱小的仔猪或断奶后出现腹泻。

(5)温和型：病情发展缓慢，病猪体温一般为40～41℃，皮肤常无出血小点，但在腹下部多见瘀血和坏死。有时可见耳部及尾巴皮肤坏死，俗称干耳朵、干尾巴。病程长达2～3个月。

3. 主要病理变化：肉眼可见病变为小血管变性引起的广泛性出血、水肿、变性和坏死。最急性型常无显著的特征性变化，一般仅见浆膜、黏膜和内脏有少数出血斑点。急性型呈全身淋巴结特别是耳下、支气管、颈部、肠系膜以及腹股沟等淋巴结肿胀、多汁、充血及出血，外表呈紫黑色，切面如大理石状；肾脏色泽变淡，皮质上有针尖至小米状数量不等的出血点，少者数个，多者密布如麻雀蛋，肾盂处也可见到；脾脏边缘有时可见黑红色的坏死斑块，突出于被膜表面，此称出血性梗死。肝脏变化不大。多数病猪两侧扁桃体坏死。消化道出现的病变表现在口腔、牙龈有出血点和溃疡灶，喉头、咽部黏膜及会厌软骨上有程度不同的出血；胃和小肠黏膜出血呈卡他性炎症。大肠的回盲瓣处黏膜上形成特征性的纽扣状溃疡。

亚急性型全身出血病变较急性型轻，但坏死性肠炎和肺炎的变化较明显。

慢性型主要表现为坏死性肠炎，全身出血变化不明显。由于磷钙代谢紊乱，断乳病猪肋骨末端与软骨交界处的骨化障碍，见有黄色骨化线，该病变在慢性猪瘟诊断上有一定意义。

温和型猪瘟的病理变化一般轻于典型猪瘟的变化，如淋巴结呈现水肿状态，轻度出血或不出血，肾出血点不一致，膀胱黏膜只有少数出血点，脾稍肿，有1～2处小梗死灶，回盲瓣很少有纽扣状溃疡，但有时可见溃疡、坏死病变。

4. 实验室诊断：目前猪瘟的实验室诊断方法较多，常用的方法有以下几种：

(1)酶联免疫吸附试验(ELISA)：该方法的特点是敏感性高，可检测抗原与抗体，但在猪瘟主要是检测抗体。

(2)正向间接血凝：本方法操作简单，要求条件不高，便于基层推广应用，敏感性和特异性都较好，一般认为间接血凝价的抗体水平在1∶16以上者能抵抗强毒攻击。

(二)综合防治措施

1. 治疗：尚无有效疗法。对贵重种猪，在病初可用抗猪瘟血清、排疫肽或干扰素等进行治疗，对慢性型、温和型猪瘟可采用降温药和抗生素防止继发感染。

2. 预防措施：采取以预防为主的综合性防疫措施，防止引入病猪，切断传播途径，广泛持久地开展猪瘟疫苗预防注射，是预防猪瘟发生的重要环节。

猪瘟的免疫程序可根据本猪场具体情况制订，一般公猪每半年免疫一次猪瘟疫苗，母猪于每次配种前免疫一次猪瘟疫苗。对仔猪可采用两种免疫程序：①一般情况下，于3～4周龄第1次免疫，9～10周龄第2次免疫。②发生过猪瘟的猪场，新生仔猪应增加超前免疫，即在吃乳前1小时进行猪瘟免疫。目前我国生产有猪瘟耐热保护剂活疫苗(兔源)，抗原含量更高，耐贮存，免疫效果更好，可选择使用，参见本书免疫程序一节。

3. 免疫监测：对猪群定期检测抗体水平，建立科学合理的免疫程序以提高免疫力。

4. 加强以净化种公母猪及后备种猪为主的净化措施，铲除持续感染的总根源，建立健康种群。

5. 做好经常性的全场消毒工作，控制病菌的孳生。

6. 采用全进全出生产方式，防止交叉感染。

7. 加强对其他疫病的协同防治。

这7项猪瘟综合防治技术措施中，以净化种猪群、消除病原、降低垂直传播和水平传播的危险为主。

二、猪肺疫

猪肺疫又名猪巴氏杆菌病，是由多杀性巴氏杆菌所引起的猪的一种急性传染病。急性病例以败血症和炎性出血过程为主要特征；慢性病例常表现为皮下结缔组织、关节及各脏器的化脓性病灶，并多与其他疾病混合感染或继发感染为主要特征。猪巴氏杆菌为革兰染色阴性的短小杆菌，两端钝圆，中央稍凸，形似球状。病原菌存在于病猪全身组织和体液、分泌物及排泄物里。只有少数慢性病猪巴氏杆菌仅存在于肺脏的小病灶里，部分健康猪的上呼吸道中也有巴氏杆菌，其形态及生化特性完全合乎多杀性巴氏杆菌所有特点，仅是毒力较弱。猪多杀性巴氏杆菌对外界环境的抵抗力较低，100℃立即死亡。常用的消毒药，都可以在数分钟杀死本菌。

（一）诊断要点

1. 流行特点：本病一年四季都可发生，但以秋末和春初气候骤变时发病较多，在南方多发生在潮湿闷热多雨季节，中小猪发生的多，成年猪患病较少。圈舍寒冷潮湿、卫生条件差、饲喂不当、猪只比较消瘦等都是发生本病的诱因。多呈散发性，有时可呈地方流行性。多发生于3～10周龄的仔猪。发病率为40%以上，死亡率为5%左右。

2. 临床症状：本病的潜伏期为1～14天，临床上一般分为最急性型、急性型和慢性型。

(1)最急性型：俗称“锁喉风”，常突然发病，无明显症状死亡。病程稍长的可表现为体温明显升高(40.5～42.2℃)，食欲废绝，全身衰弱，横卧或呈犬坐式；或伸颈呼吸，有时有喘鸣声，呼吸极度困难，黏膜发红，心跳加快。喉头肿胀、发热、红肿，严重的向上可至耳根，向后可达胸前。耳根、腹侧、四肢内侧出现红斑。口鼻流沫,迅速恶化、死亡。病程为数小时至4天。

(2)急性型:是猪肺疫主要的常见的病型。除具败血症的症状外,还表现为胸膜肺炎。体温升高(40.5~41.6℃)。最初发生痉挛性干咳,呼吸困难,流黏稠鼻液,有时混有血液;后为湿咳,胸部疼痛。病势加重,呼吸困难,张口呼吸,呈犬坐式,可视黏膜发绀,脓性结膜炎,初便秘后腹泻。最后心脏衰竭,多因窒息、休克而死。病程为5~8天,不死的则转为慢性。

(3)慢性型:多见于流行后期,主要表现为慢性肺炎和慢性胃肠炎症状,病猪精神沉郁,食欲不佳,下痢,消瘦,持续性咳嗽和呼吸困难,鼻有脓性分泌物,慢性关节炎,如不及时治疗,往往衰竭死亡。

3. 病理变化:最急性型为全身黏膜、浆膜、皮下组织大量出血点,以咽喉部及其周围结缔组织的出血性浆液浸润和喉头气管内充满白色或淡黄色胶冻样分泌物为特征性病变。可见到大量胶冻样淡黄色纤维素浆液。水肿自颈部延至前肢。全身淋巴结出血,切面红色。心包膜有小出血点,肺急性水肿。脾有出血,但不肿大。

(1)急性型:除有出血性病变外,以胸腔内的病变为主。表现为化脓性支气管肺炎、纤维素性胸膜炎、心包炎及化脓性关节炎。肺水肿,有不同程度的肝变,肺胸膜表面可见到红褐色到灰红色斑点状病变区,胸腔积液,大多数病例在膈叶有小指头到乒乓球大小的局灶性化脓灶、出血灶;严重的胸膜常有纤维素性附着物,甚至与肺粘连。一般情况下,淋巴结只是轻度肿胀,但在胸腔内充满脓样液体时淋巴结肿大。气管、支气管内有大量泡沫样黏液,黏膜发炎。

(2)慢性型:肺内有较大的坏死灶,形成肺空洞,心包与胸腔有积液,心外膜充血或出血。

4. 实验室诊断:

(1)镜检:无菌采取肺、肝、脾、淋巴结等涂片,亚甲蓝或革兰染色后镜下观察。

(2)分离培养:病料接种血清培养基,观察培养物特性并鉴定。

(二)综合防治

1. 预防:搞好卫生消毒,加强饲养管理,增强猪的抵抗力。活疫苗在断奶后15天以上注射1次,种猪每年注射2次。但由于每种疫苗都只有一个血清型。因此在有其他血清型的多杀性巴氏杆菌侵入时,在以后的猪群中用自家苗来预防。

2. 治疗:猪多杀性巴氏杆菌的有些菌株,对许多常用的抗生素具有耐药性,因此在作病原分离后或同时可作多种药物的体外敏感试验。对猪肺疫的治疗可用土霉素、磺胺、四环素、链霉素、泰乐菌素、硫黏菌素、氨苄青霉素、喹诺酮类药物。注射用药剂量为:氨苄青霉素6.6毫克/千克体重,泰乐菌素17.6毫克/千克体重,氟哌酸0.15毫克/千克体重;治疗药物拌饲料剂量:磺胺药500~1 000克/吨,金霉素或土霉素440克/吨;饮水给药,土霉素、氟哌酸按说明书使用。作为治疗用药物至少应连续使用5~7天,直至临床症状消失。

根据药敏结果可调整治疗用药物,从而达到合理用药。一般而言,多杀性巴氏杆菌对氨苄青霉素、红霉素、庆大霉素、喹诺酮类、增效磺胺、氯霉素等敏感。

三、猪丹毒

猪丹毒是由猪丹毒杆菌引起的一种急性热性人兽共患传染病。临床特征是:急性型呈败血症状,发高热;亚急性型在皮肤出现紫红色疹块;慢性型表现非化脓性关节炎和疣状心内膜炎。

猪丹毒杆菌为细小的革兰阳性小杆菌,不形成芽孢和荚膜,不能运动。本菌分许多血清型,各型的毒力差别很大。

(一)诊断要点

1.流行特点:不同年龄猪均有易感性,以3个月左右的架子猪发病率最高,3个月以下和3年以上的猪很少发病。牛、羊、马、鼠类、家禽及鸟类等也可发病,但非常少见。人类可因创伤感染发病。病猪、临床康复猪及健康带菌猪都是传染源。病原体随粪、尿、唾液和鼻分泌物等排出体外,污染土壤、饲料、饮水等,经消化道和皮肤而感染。带菌猪在不良条件下抵抗力降低时,细菌也可侵入血液,引起内源性传染而发病。该病的流行无明显的季节性,但夏季发生较多,冬、春季只有散发。猪丹毒经常在一定的地方发生,呈地方性流行或散发。人工感染的潜伏期为3~5天,短的1天,长的可达7天。

2.临床症状:

(1)急性型(败血型):见于流行初期。个别病例可能不表现任何症状而突然死亡。大多数病例体温突然升至42℃以上,寒颤,减食,或有呕吐,常躺卧地上,不愿走动。一旦唤起,仍有意想不到的活动力,行走时步态僵硬或跛行,似有疼痛。站立时背腰拱起,结膜充血,眼睛清亮有神,很少有分泌物。大便干硬,有的后期发生腹泻。发病1~2天后,皮肤上出现红斑,其大小和形状不一,以耳、颈、背、腿外侧较多见,开始指压时褪色,指去复原。病程2~4日,病死率80%~90%。

(2)亚急性型(疹块型):通常呈良性经过。败血症症状轻微,其特征是在皮肤上出现疹块。病初食欲减退,精神不振,不愿走动,体温升高。1~2天后,在胸、腹、肩及四肢外侧出现大小不等的疹块,先呈淡红色,后变为紫红色,以至黑紫色,形状为方形、菱形或圆形,坚实,稍凸起,少则几个,多则数十个,以后中央坏死,形成痂皮。经1~2周恢复。

(3)慢性型:一般由急性或亚急性型转来。常见的有浆液性纤维素性关节炎,疣状心内膜炎和皮肤坏死三种。

1)关节炎型:浆液性纤维素性关节炎常发生于腕关节和跗关节,呈多发性。受害猪关节肿胀,疼痛,僵硬,步态强拘,甚至发生跛行。

2)心内膜炎型:病猪主要表现呼吸困难,心跳增加,听诊有心内杂音。强迫快速行走时,可突然倒地死亡。

3)皮肤坏死型:常发生于背、耳、肩、蹄、尾等处。病部皮肤变黑色,干硬,似皮革状。坏死的皮肤逐渐与其下层新生组织分离,犹如一层甲壳。有时可在部分耳壳、尾巴末梢和蹄发生坏死。经2~3个月坏死皮肤脱落,遗留一片无毛的瘢痕。

3. 病理变化:急性型皮肤上有大小不一和形状不同的红斑或呈弥漫性红色;脾肿大,呈樱桃红色。肾淤血肿大呈暗红色;皮质部有出血点。淋巴结充血肿大,有小出血点;肺淤血、水肿;胃、十二指肠发炎充血、出血。

亚急性型在皮肤上有特征性的方形和菱形的红色疹块。内脏的变化急性型轻。慢性型的特征是房室瓣常有疣状心内膜炎,瓣膜上有灰白色增生物,呈菜花状;关节肿大,在关节腔内有纤维素性渗出物。在进行鉴别诊断时,应与猪瘟、猪链球菌病、最急性猪肺疫、急性猪副伤寒相鉴别。

4. 实验室诊断:

(1)镜检:急性和亚急性病例高热期可采耳静脉血,死猪可采肾、肝、脾和淋巴结或疹块渗出液,慢性关节炎可采关节液。用病料涂片或触片,吉姆萨或革兰染色后镜检。

(2)细菌分离培养:可将病料接种于血琼脂培养基,置37℃条件下培养24~48小时,观察培养结果,并可在涂片镜检。

(3)血清学试验:本病还可用血清平板凝集试验、血清试管凝集试验、荧光抗体试验等方法诊断。

(二)综合防治　在发病后24~36小时内治疗,有显著疗效。首选药物为青霉素、阿莫西林,对急性型最好首先按每千克体重

1万国际单位青霉素静脉注射,同时肌内注射常规剂量的青霉素,每天肌内注射2次,直至体温和食欲恢复正常后24小时,不宜停药过早,以防复发或转为慢性。

四环素、土霉素、洁霉素、泰乐菌素也有良好的疗效。用量:四环素、土霉素,每日每千克体重为7~15毫克,肌内注射。洁霉素每次每千克体重11毫克,1日1次。泰乐菌素每千克体重2~10毫克,1日2次,肌内注射。血清治疗有良好疗效。

平时要加强饲养管理,保持清洁,定期消毒,同时按免疫程序使用猪丹毒疫苗。一般于猪出生后3个月开始免疫接种,未断奶仔猪(20日龄后)使用本菌苗后,应在断奶后2个月左右再免疫1次,以后每隔6个月免疫1次。

发现病猪后,应立即对全群猪测体温,及早检出病猪并对其隔离治疗,死猪应深埋或烧毁。与病猪同群而未发病的猪,注射青霉素进行药物预防。待疫情扑灭后,进行一次大消毒,并注射疫苗,巩固防疫效果。

四、仔猪副伤寒

仔猪副伤寒是由沙门杆菌引起的2~4月龄仔猪发生的传染病,其以急性败血症或慢性坏死性肠炎、顽固性下痢为特征,常引起断奶仔猪大批发病。如伴发或继发感染其他疾病或治疗不及时,死亡率较高,造成较大的损失。沙门杆菌属于革兰阴性杆菌,在普通琼脂培养基上生长良好。本菌对外界环境抵抗力强,一般化学消毒剂都有很好的消毒作用。

(一)诊断要点

1. 流行特点:本病常发生于6月龄以下的仔猪,以1~4月龄者发生较多,20日龄以内及6月龄以上的猪极少发生。多呈散发形式,在密集饲养、环境污秽、潮湿、各种应激、营养不良、寄生虫和病毒感染等条件下,可导致流行,本病无季节性。

2. 临床症状：

(1)急性败血型：断奶至4月龄猪发病，以发热、食欲不振、呼吸迫促和耳、四肢、腹下部等皮肤紫斑为主要特征；有时后躯麻痹，排黏液血性下痢便或便秘，经过1~4日而死亡。

(2)下痢型(亚急性型和慢性型)：是临床多见的类型，主要发生于3月龄左右猪，一般出现水样黄色恶臭下痢，发热，呕吐，精神沉郁，食欲不振，被毛失去光泽；有时也出现呼吸器官病状。眼结膜潮红、肿胀，分泌脓性黏液性液体。中后期皮肤出现弥漫性湿疹。

3. 病理变化：急性败血型表现为全身主要淋巴结出现浆液性和充血、出血性肿胀；肠系膜淋巴结索状肿大，有黄疸变化；脾脏肿大，呈橡皮样的暗紫色；肺水肿、充血；肾出血；卡他性胃炎及肠黏膜充血和出血。下痢型主要病变见于大肠，盲肠、结肠黏膜肥厚、溃疡，呈现局灶性、弥散性、纤维素性坏死性肠炎，并形成糠麸样溃疡。有时也见有肺病变。

(二)综合防治

1. 预防：应从加强饲养管理，消除发病诱因，保持饲料和饮水的清洁卫生等方面着手。

在本病常发地区和猪场，对仔猪应坚持疫苗接种。用猪副伤寒弱毒冻干苗，免疫1月龄以上哺乳或断奶仔猪，口服或注射接种，能有效地预防本病的发生和流行。但使用该疫苗时应注意，抗生素对本菌苗的免疫力有影响，在用苗的前3天和用苗后7天应停止使用抗菌药物。

2. 治疗：对发病猪只应尽早地给予治疗，治疗时可选择一些敏感抗菌药物，如氟苯尼考、氟哌酸、恩诺沙星、卡那霉素等。与发病猪同圈、同舍的猪群采用饲料中饲喂抗生素预防，对于慢性病猪应及时给予淘汰。

五、猪链球菌病

链球菌病是由链球菌引起的一种人兽共患传染病。链球菌病的病原菌为链球菌,是革兰阳性球菌,多呈链状排列。链球菌病猪常发生化脓性淋巴结炎、败血症、脑膜脑炎及关节炎。其病原体多为溶血性链球菌。以 E 群引起淋巴结脓肿最常见,流行最广。以 C 群引起败血性链球菌病危害最大,发病率及病死率均很高,对养猪业的发展威胁较大。

(一)诊断要点

1. 流行特点:链球菌在自然界分布广泛,猪的易感性较高。各种年龄的猪都可感染发病,仔猪和成年猪均有易感性,以新生仔猪、哺乳仔猪的发病率和病死率高,多为败血症型和脑膜炎型,其次为中猪和怀孕母猪,以化脓性淋巴结炎型多见。病猪、临床康复猪和健康猪均可带菌,当它们互相接触,可通过口、鼻、皮肤伤口而传染。一般呈地方流行性,本病传入之后,往往在猪群中陆续出现。

2. 临床症状:

(1)败血症型:在流行初期常有最急性病例,往往头晚未见任何症状,次晨已死亡;或者停食 1～2 次,体温 41.5～42℃,精神委顿,腹下有紫红色斑,也往往死亡。急性型病例,常见精神沉郁,体温 41℃左右,呈稽留热,减食或不食;眼结膜潮红、流泪,有浆液性鼻汁,呼吸浅表而快。少数病猪在病的后期,于耳、四肢下端、腹下有紫红色或出血性红斑,有跛行,病程 2～4 天。死后剖检,呈现败血症变化,各器官充血、出血明显,血液增量,脾肿大,各浆膜有浆液性炎症变化等。

(2)脑膜脑炎型:病初体温升高、不食、便秘,有浆液性或黏液性鼻汁。继而出现神经症状、运动失调、转圈、空嚼、磨牙,仰卧于地,四肢游泳状划动,甚至昏迷不醒。病程 1～2 天。死后剖检,脑膜充血、出血，脑脊髓液浑浊、增量，有多量的白细胞，脑实质有化脓性脑炎变化。

(3)关节炎型：由前两型转来，或者从发病起即呈关节炎症状，表现一肢或几肢关节肿胀、疼痛、跛行，甚至不能站立，病程2~3周。死后剖检，见关节周围肿胀、充血，润滑液浑浊，重者关节软骨坏死。关节周围组织有多发性化脓灶。

(4)化脓性淋巴结炎型：多见于颌下淋巴结。受害淋巴结肿胀、坚硬，有热有痛，可影响采食、咀嚼、吞咽和呼吸。有的咳嗽，流鼻汁。至化脓成熟，肿胀中央变软，皮肤坏死，自行破溃流脓；脓带绿色、稠黏，无臭，不引起死亡。患子宫炎时可发生流产与死胎。

3. 病理变化：最急性型主要表现口鼻流出泡沫性液体，气管和肺内也有泡沫性液体，血液凝固不良。急性病例的胸、腹下和四肢有紫斑或出血斑。气管内有淡红色泡沫性液体，肺水肿出血，肺胸膜粗糙与胸壁粘连。全身淋巴结肿大出血，脾肿大出血，呈暗红色或黑紫色，可见出血性梗死灶。心内膜有出血点，肾肿大出血，消化道黏膜和膀胱有出血点，关节囊有渗出液。慢性可见浅表淋巴结化脓或皮肤化脓。

4. 实验室诊断：本病临诊症状和剖检较复杂，而且与急性猪丹毒、猪瘟相混淆，确诊必须进行实验室诊断。

(1)镜检：取血液，肝、脾、胸积水，脑关节液和脓汁等直接涂片，染色镜检，见革兰阳性(紫色)球菌。

(2)动物接种：采取上述病料磨碎，以1：10生理盐水稀释，取上清液给家兔皮下或腹腔注射1~2毫升或小鼠皮下注射0.5毫升，家兔和小鼠在12~48小时死亡。死后剖检取心、血、肝、脾等病料涂片镜检或进一步分离鉴定。

(二)综合防治

1. 治疗：将病猪隔离按不同病型进行相应治疗。对淋巴结脓肿，待脓肿成熟(变软后，及时切开，排除脓汁)，用3%过氧化氢或

0.1% 高锰酸钾冲洗后，涂以碘酊。

对败血症型及脑膜炎型，应早期大剂量使用抗生素或磺胺类药物。青霉素每头每次 80 万～160 万国际单位，每天肌内注射 2～4次。庆大霉素 1～2 毫克/千克体重，每天肌内注射 2 次。增庆安注射液0.1 毫升/千克体重，肌内注射，每日 2 次，应连续用 5 日以上。也可用 10% 强力霉素注射液，0.1 毫升/千克体重，每隔 24 小时注射 1 次，连用 3 日，能迅速改善症状，疗效明显优于青霉素。

2. 预防：

(1) 隔离病猪，清除传染源：带菌母猪尽可能淘汰，污染的用具用 3% 来苏儿或 1/300 的菌毒灭等彻底消毒。急宰或宰后发现可疑病猪的猪胴体，经高温处理后方可食用。除去猪舍中的尖锐物体。

(2) 免疫预防：疫区（场）在 60 日龄首次免疫接种猪链球菌病氢氧化铝疫苗，以后每年春秋各免疫 1 次，不论大小猪一律肌内或皮下注射 5 毫升，浓缩菌苗注射 3 毫升，注射后 21 日产生免疫力，免疫期约 6 个月。猪链球菌弱毒菌苗，每头猪肌内或皮下注射 1 毫升，14 日产生免疫力，免疫期 6 个月。

(3) 药物预防：猪场发生本病后，如果暂时买不到疫苗，可用药物预防，以控制本病的发生。每吨饲料中加入 10% 氟苯尼考 500 克，连喂 7～10 日，或四环素 250 克，连喂 2～3 周。

六、猪气喘病

猪气喘病又叫猪喘气病，是由肺炎支原体引起的一种高度接触性呼吸道传染病，临床表现为咳嗽气喘。肺炎支原体具有多形性，呈球状、球杆状和环状，在固体培养基上菌落很小，通常突起，表面为颗粒状。病原对外界抵抗力低，对高温阳光和消毒剂敏感。

(一)诊断要点

1.流行特点:本病广泛存在于世界各地,发病率一般在50%左右。不同年龄、性别、品种和用途的猪均能感染。纯种猪易感性强。不同年龄的猪,其易感性无明显差别。在新疫区暴发的初期,母猪特别是怀孕后期母猪往往呈急性经过,症状较重和致死率较高;公猪和成年猪多呈慢性和隐性感染。本病一年四季均可发生,没有明显的季节性。但在寒冷、多雨、潮湿或气候骤变时,发病率上升。

猪肺炎霉形体对青霉素及磺胺类药物不敏感。但对放线菌素、土霉素和卡那霉素、林可霉素、泰乐菌素、泰妙灵、北里霉素等在临床上应用有明显的效果。

2.临床症状:本病的主要临床症状为咳嗽与气喘。根据病的经过大致可分为急性、慢性和隐性三个类型,而以慢性和隐性为最多。本病的潜伏期为数日至1个月以上不等。

(1)急性型:常见于新发生本病的猪群,以怀孕母猪及小猪多见。病猪常见无前驱症状,突然精神不振,头下垂,站立一隅或趴伏在地,呼吸次数剧增,每分钟达60~120次。病猪呼吸困难,严重者张口伸舌,口鼻流沫,发出哮鸣声,似拉风箱,数米之外可闻。病程一般1~2周,致死率较高。

(2)慢性型:急性型可转变成慢性型,亦有部分病猪开始时就呈慢性经过。本型常见于老疫区的架子猪、育肥猪和后备母猪。慢性病猪常于清晨、晚间、运动后及进食后发生咳嗽,由轻而重,严重时呈连续的痉挛性咳嗽。咳嗽时站立不动,颈伸直、头下垂,直至将呼吸道分泌物咳出咽下为止,甚或咳至呕吐。随着病程的发展,常出现不同程度的呼吸困难,表现呼吸次数增加和腹式呼吸(气喘)。这些症状时而明显,时而缓和。病猪的眼、鼻常有分泌物,可视黏膜发绀。发病初期食欲变化不大,病势严重时大减或完全不食。病期较长的小猪,身体消瘦而衰弱,被毛粗乱无光,生长发育停滞。如无继发病,体温一般不高。慢性型病程很长,可拖延2~3个月,甚至长达半年以上。条件差则猪体抵抗力弱,出现并发症多,致死率增高。

(3)隐性型:感染后不表现症状,但猪体内存在着不同程度的肺炎病灶,偶有喘气和轻微咳嗽。

3. 病理变化:其主要病变在肺、肺门淋巴结和纵隔淋巴结。全肺两侧均显著膨大,有不同程度的水肿。在心叶、尖叶、中间叶及部分病例也在膈叶出现融合性支气管肺炎变化。其中病变以心叶、尖叶、中间叶最为显著,而膈叶的病变多集中于其前下部。早期病变多在心叶上发生,如粟粒大至绿豆大,逐渐扩展融合成多叶病变(融合性支气管肺炎)。病变的颜色多为淡灰红色或灰红色,半透明状。病变部界限明显,像鲜嫩的肌肉样,俗称"肉变"。病变部切面湿润而致密,常从小支气管流出微浑浊灰白色带泡沫的浆性或黏性液体。随着病程延长或病情加重,病变部的颜色变深,呈淡紫红色或灰白色带泡沫的浆性或黏性液体,半透明的程度减轻,坚韧度增加,俗称"胰变"或"虾肉样变"。肺门淋巴结和纵隔淋巴结显著肿大,呈灰白色,切面外翻湿润,有时边缘轻度充血。

(二)综合防制 建立免疫健康种猪群是切断传染源,减少和控制新生仔猪发病的有力措施。

可采用药物与疫苗注射进行预防,仔猪在产后1周注射猪气喘病疫苗每头1毫升,20日龄时再肌内注射1毫升疫苗。

河南省农业科学院畜牧兽医研究所诊断室采取各场病猪组织制成组织灭活疫苗,再应用到本场,母猪分娩前20~15日肌内注射4毫升/头,仔猪20~25日龄时肌内注射3毫升/头。针对性强,效果也比较好,同时也经济安全。

(1)分娩前后药物预防,在每吨母猪饲料内添加15%金霉素2 500克,泰乐菌素磷酸盐100克,安乃近粉200克。混匀,分娩前后各饲喂7天。

(2)仔猪断奶后转入保育舍时,应在每吨全价饲料内添加强力霉素200克,泰妙菌素(支原净)120克,阿莫西林200克,安乃近粉200克。混匀,饲喂14天,可控制保育猪呼吸道疾病综合征发生。

(3)仔猪由保育舍转入育成舍时,可在每吨全价饲料内添加10%氟苯尼考500克,安乃近粉200克。拌匀,连续喂猪10日。

七、猪传染性胸膜肺炎

猪传染性胸膜肺炎是由胸膜肺炎放线杆菌所引起的猪的一种呼吸系统传染病。本病以急性出血性纤维素性胸膜肺炎、慢性纤维素性坏死性胸膜肺炎为特征。病原菌为革兰阴性菌,呈杆状或球状,染色是表现两极浓染。本菌为兼性厌氧菌,最适在巧克力琼脂培养基上生长。菌体抵抗力不强,不耐干燥和热,一般消毒剂可在短时间内将其杀死。

(一)诊断要点

1. 流行特点:各种年龄、性别的猪都有易感性,但以3月龄仔猪最为易感。其发病率和死亡率在50%以上,多呈最急性或急性病程而迅速致死,最急性型的死亡率高达80%~100%。病猪和带菌猪是本病的传染源,通过飞沫和直接接触传染。

2. 临床症状:最急性病猪突然死亡,死前往往见不到症状表现。病死猪的体躯末端部发绀,口鼻流出带血红色的泡沫。急性病猪常突然发病,体温升高到41~42℃,主要表现为高度的呼吸困难、咳嗽、减食或废食、精神沉郁、被毛粗乱、嗜睡、呼吸急促,并有腹式呼吸,常呆立或呈犬坐势,张口伸舌。鼻盘和耳朵发绀,如不及时治疗,可于1~2天内窒息死亡。慢性型发病轻,病程15~20天,体温常滞留在39.5~40℃,间歇性咳嗽,食欲不振,日增重缓慢,饲料利用率低,有时出现跛行,关节肿大,症状逐步消退,常能自行恢复。

3. 病理变化:主要病理变化在肺部及呼吸道内。急性死亡的病例,肺炎多为两侧性,肺呈紫红色,切面似肝,间质充满血色胶样液体。病程在24小时前死者,胸腔只见淡血色渗出液,纤维素性胸膜炎不明显,肺充血和水肿,不见硬实的肝变。在24小时以上者,在肺炎区出现纤维素性物质附于表面,并有黄色渗出液,肺出血、间质增宽、有实变。气管黏膜水肿、出血,有的气管和支气管内常充满泡沫状血样黏性渗出物,肺门淋巴结显著肿胀、出血。除胸腔外,常伴发心包炎,肝、脾肿大,色变暗,肠系膜淋巴结有时肿胀、充血,紫红色。病程较长的慢性病例,可见硬实的肺炎区,表面有结缔组织化的粘连附着物,肺炎病灶成硬化或坏死性病灶,稍凸出于表面与胸膜、膈膜、心外膜粘连。

4. 实验室诊断:

(1)镜检:采取鼻、支气管分泌物,肺部病变组织,流产胎儿等,涂片染色镜检,确认该菌。病料接种培养,观察菌落和溶血情况。

(2)血清学检查:补体结合试验、凝集试验、酶联免疫吸附试验都可用于本病的诊断。

(二)综合防治 改善饲养环境,加强卫生管理。猪舍要定期消毒。净化猪群,应用血清学检查,清除带菌猪只,结合饲料添加药物进行防治。

药物治疗:可用土霉素等四环素族抗生素、氯霉素、青霉素及磺胺嘧啶等药物治疗,均有明显的治疗效果。与病猪同群或同舍的猪只用土霉素混饲料0.6克/千克,连用3日,可防止新病例出现。

在人工免疫方面,由于各血清型间交叉免疫力不强,目前主要靠从当地分离的菌株制备自家苗进行免疫。国内外已研制出疫苗并应用于生产。

八、猪传染性胃肠炎

传染性胃肠炎是猪的一种急性传染病，以各种年龄的猪消化道感染为特征，其中以仔猪的症状最为严重。主要症状是发烧、精神沉郁、排腥臭水样粪便、呕吐和高度脱水。猪传染性胃肠炎病毒属于典型的冠状病毒。病毒存在于发病猪各器官体液和排泄物中，但以空肠十二指肠和肠系膜淋巴结中含毒量最高。

(一)诊断要点

1. 流行特点：各种年龄的猪均有易感性，但10日龄以内仔猪的发病率和死亡率较高。断奶猪、育肥猪和成年猪发病的症状轻微，大多数能自然康复。多发生在冬春寒冷季节，即12月至翌年4月。一旦发生，在猪群里迅速传播，数日内可使猪群大部分猪受感染。常呈地方流行性；在老疫区，发病率降低，症状较轻。新疫区发病率非常高，仔猪死亡率也非常高，育肥猪和成年猪呈良性经过。

2. 临床症状：潜伏期随感染猪的年龄而有差异，仔猪12～24小时，大猪2～4日。仔猪先突然发生呕吐，接着发生急剧的水样腹泻，粪便为黄绿色或灰色，有时呈白色，并含凝乳块。部分病猪体温先短期升高，发生腹泻后体温下降。病猪迅速脱水，很快消瘦，严重口渴，食饮减退或废绝。一般经2～7日死亡，10日龄以内的仔猪有较高的致死率；随着日龄的增长而致死率降低，病愈仔猪生长发育较缓慢。

架子猪、育肥猪和成年猪的症状较轻，发生一至数日的减食、腹泻、体重迅速减轻，有时出现呕吐；带奶母猪泌乳减少或停止。一般3～7日恢复，极少发生死亡。

3. 病理变化：主要病变在胃和小肠。仔猪胃内充满凝乳块，胃底部黏膜轻度充血，有时在黏膜下有出血斑。小肠内充满黄绿色或灰白色液状物，含有泡沫和未消化的小乳块，小肠壁变薄，弹性降低，以致肠管扩张，呈半透明状。肠系膜血管扩张，淋巴结肿胀，肠系膜淋巴管内见不到乳糜。

4. 鉴别诊断：本病应注意与猪流行性腹泻和猪轮状病毒感染相区别。鉴别要点：猪流行性腹泻病死率较低，在猪群中传播速度较慢。猪轮状病毒感染较轻缓，发病多为 8 周龄以内的仔猪，发病率高而病死率低。

（二）防治措施 对本病尚无特效治疗方法，在患病期间大量补等渗葡萄糖氯化钠溶液，供给大量清洁饮水和易消化的饲料，可使较大的病猪加速恢复，减少仔猪死亡。口服四环素、磺胺、黄连素，高锰酸钾等可防止继发感染，减轻症状。

发现病猪立即隔离到清洁、消毒、干燥和温暖的猪舍中，加强护理，清除病猪粪便及其污染的垫料，消毒被污染的环境和器物。用葡萄糖甘氨酸溶液（葡萄糖 22.5 克，氯化钠 4.74 克，甘氨酸 3.44克，柠檬酸 0.27 克，枸橼酸钾 0.04 克，无水磷酸钾 2.27 克等溶于 1 升水中即成），或葡萄糖盐水给病猪自由饮用。停止喂乳，同时对病猪进行对症治疗，如投服收敛止泻剂，使用抗生素等抗菌药物以防止继发性细菌感染，静脉注射 5% 或 10% 的葡萄糖盐水和 3% ~10% 的碳酸氢钠溶液，以防治脱水和酸中毒，一般可收到良好效果。

免疫可在冬季来临之前，使用传染性胃肠炎疫苗对种猪群进行预防，并在 3 周后重复进行免疫 1 次。

九、猪伪狂犬病

伪狂犬病（PRV）是由伪狂犬病毒引起的一种急性传染病。临床表现为发热和脑脊髓炎症状，仔猪死亡率较高。母猪表现返情、屡配不孕，妊娠母猪流产和产死胎，公猪发生睾丸肿大萎缩，丧失种用价值。该病毒属于疱疹病毒科，为双股 DNA 病毒，对消毒剂敏感。

(一)诊断要点

1. 流行特点:伪狂犬病病毒在全世界广泛分布。猪是伪狂犬病病毒的贮存宿主和传染源,人对 PRV 无易感性。其他家畜如牛、羊、犬等也可自然感染,许多野生动物也易感。病猪、带毒猪以及鼠类、猫、狗是本病的主要传染源,主要通过呼吸道传染,也可通过消化道或破损的皮肤感染,还可通过配种和胎盘感染。伪狂犬病的发生没有一定的季节性,多发生在寒冷的冬季及产仔高峰季节,主要发生于15 日龄以前仔猪,随年龄增长发病率下降。伪狂犬病毒具有终身带毒的特性,因此感染耐过猪终生带毒,呈现隐形感染,当受到外界因素刺激时,可激活病毒大量繁殖,同时向外界散毒导致此病的发生。

2. 临床症状:猪伪狂犬病表现有四大症状:

(1)妊娠母猪发生流产、产死胎、木乃伊胎,其中以产死胎为主,没有胎次的差异。

(2)伪狂犬病引起新生仔猪大量死亡,主要表现在刚生下的仔猪第 1 日还很好,从第 2 日开始发病,3 ~ 5 日内是死亡高峰期,有的整窝死亡。发病仔猪表现出高热、食欲废绝、明显的神经症状、昏睡、鸣叫、流涎、呕吐、拉稀、抑郁震颤,继而出现运动失调、间歇性抽搐、昏迷以至衰竭死亡,一旦发病,1 ~ 2 日内死亡。15 日龄以内仔猪死亡率可高达 100%。死亡初生仔猪的日龄已观察到 19 日龄。剖检主要是肾脏布满针尖样出血点,有时见到肺水肿,脑膜表面充血、出血。

(3)伪狂犬病病毒引起断奶仔猪发病死亡,发病率在 20% ~ 40%,死亡率 10% ~ 20%,主要表现为神经症状、拉稀、呕吐等。

(4)种猪不育症:母猪不发情、配不上种,返情率高达 90%,有反复配种数次都屡配不上,耽误了整个配种期。此外公猪感染伪狂犬病病毒后,表现不育、睾丸肿胀、萎缩,丧失种用能力。成年猪仅表现增重减慢等轻微温和症状。

3.病理变化:剖检一般无特征性肉眼病变,神经症状明显的病猪剖检可见脑膜充血水肿,脑灰质点状出血,脑脊髓液显著增多。鼻腔卡他性或出血性炎症,扁桃体水肿并伴以咽炎和喉头水肿,肺充血水肿,呼吸道内有大量泡沫状水肿液,淋巴结水肿充血,间质出血,肝、脾、肾有坏死灶,胃底部和大肠有呈斑块出血性炎症。

(二)综合防治 目前尚无治疗办法,但高免血清被动免疫适用于最初感染猪群中的哺乳仔猪,母猪的抗体通过初乳传给仔猪,母源抗体可持续4~6周。母体被动免疫可以保护仔猪的致命感染。已发病或检查出伪狂犬病病毒感染阳性的猪场,建议所有的猪都应进行免疫。

(1)灭活疫苗:种猪(包括公猪)第1次注射后,间隔4~6周后加强免疫1次,以后每6个月注射1次,产前1个月左右加强免疫1次,可获得非常好的免疫效果,能将哺乳仔猪保护到断奶。留作种用的断奶仔猪在断奶时注射1次,间隔4~6周后,加强免疫1次,以后按种猪免疫程序进行。育肥用的断奶仔猪在断奶时注射1次,直到出栏。

(2)弱毒疫苗:种猪第1次注射后,间隔4~6周加强免疫1次,以后每隔4个月注射1次。育肥猪6周龄时注射1次,直到出栏。

十、猪口蹄疫

口蹄疫(FMD)是由口蹄疫病毒感染引起的偶蹄动物共患的急性、热性、接触性传染病。临床以蹄部和唇边发生水疱为主,严重时蹄壳脱落,跛行,不能站立。口蹄疫病毒有O型、A型、C型、亚洲1型、南非1型、南非2型、南非3型等7个血清主型,每个主型内又有若干个亚型。不同血清型的病毒感染动物所表现的临床症状基本一致,但无交互免疫性。

(一)诊断要点

1. 流行特点:口蹄疫能感染多种偶蹄动物,不同年龄、性别的猪均易感。猪口蹄疫是由于口蹄疫病毒长期在猪群中反复流行,对猪的毒力增强,而对牛、羊的致病力降低;在猪、牛、羊同栏饲养的条件下,猪先发病,牛、羊后发病或根本不发病。幼畜(新生仔猪、犊牛、羔羊)对口蹄疫病毒最易感,发病率100%,并引起80%以上幼畜死亡。

主要传染源为患病动物和带毒动物。通过水疱液、排泄物、分泌物、呼出的气体等途径向外排散感染力极强的病毒,污染饲料、水、空气、用具和环境。屠宰后通过未经消毒处理的肉品、内脏、血、皮毛和废水而广泛传播。尤其是病猪和潜伏期猪的淋巴结、骨髓内含毒量最高(10^{-6} ~ 10^{-8}),可成为猪口蹄疫的重要传染因素。

本病通常经呼吸道和消化道感染,亦能经伤口甚至完整的黏膜和皮肤感染。精液、奶汁亦含有大量病毒并能传染。其流行表现有一定的季节性,一般冬春低温季节多发,夏秋高温季节少发。

2. 临床症状:猪口蹄疫症状主要表现为在蹄冠、蹄踵、蹄叉、副蹄和吻突皮肤、口腔腭部、颊部以及舌面黏膜等部位出现大小不等的水疱和溃疡,水疱也会出现于母猪的乳头、乳房等部位。

病猪表现精神不振、体温升高、厌食等症状。当病毒侵害蹄部时,蹄温增高,跛行明显,常导致蹄壳变形或脱落,病猪卧地不能站立。水疱充满清朗或微浊的浆液性液体,水疱很快破溃,露出边缘整齐的暗红色糜烂面;如无细菌继发感染,经1~2周病损部位结痂愈合。若蹄部严重病损则需3周以上才能痊愈。口蹄疫对成年猪的致死率一般不超过3%。

仔猪受感染时,水疱症状不明显,主要表现为胃肠炎和心肌炎,致死率高达80%以上。病毒侵入仔猪心肌组织内,致使心肌变性或坏死而出现灰白色或淡黄色的斑点或条纹,俗称"虎斑心”。妊娠母猪可发生流产。

3. 病理变化：口腔、蹄部或鼻端（吻突）、乳房等处出现水疱及烂斑外，咽喉、气管、支气管和胃黏膜也有烂斑或溃疡，小肠、大肠黏膜可见出血性炎症。仔猪心包膜有弥散性出血点，心肌切面有灰白色或淡黄色斑点或条纹，心肌松软似煮熟状。

4. 实验室诊断：猪口蹄疫免疫抗体的检测可应用正向间接血球凝集试验，口蹄疫抗体水平达到 $1:2^7$ 即 1：128 以上为免疫合格。检验方法参照疫病的实验室诊断部分。

猪口蹄疫的临床特征与猪水疱病、猪水疱性口炎、猪水疱疹极为相似，故仅根据临床症状常不能作出鉴别，发现可疑病例应进行封锁、消毒，请专业技术人员采集病料送到国家指定的实验室进行实验室确切诊断。

（二）防制措施

1. 疫苗预防：在疫苗与免疫方面，疫苗注射后 7 天即可在血清中检出抗体，21 日抗体效价达到高峰。目前国内生产的猪口蹄疫 O 型油佐剂 BEI 灭活疫苗安全可靠，但抗病力不强，常规苗仅能耐受 10～20 个最小发病量的人工感染。

母源抗体能保护 99% 的 1 月龄仔猪不感染口蹄疫病毒，以后迅速下降，对 2 月龄和 3 月龄仔猪的保护率分别为 50% 和 8%。没有母源抗体的仔猪在 1 周龄内能对口蹄疫灭活苗免疫产生应答，但免疫效果不佳。

种猪每隔 3 个月免疫一次，每次肌内注射 O 型、亚一 I 型双价高效疫苗 2～3 毫升/头。仔猪 20～25 日龄首免，可在仔猪交巢穴注射 0.3 毫升猪 O 型口蹄疫高效疫苗。80～85 日龄时，猪 O 型口蹄疫高效疫苗，肌内注射 2～3 毫升/头。肉猪出栏前 15～20 日进行三免，肌内注射高效苗 2～3 毫升/头。

2. 疫情扑灭：经确诊为本病的猪场，并迅速向当地动物防疫机构报告，划定疫点疫区，迅速采取隔离封锁，采取捕杀病畜、消毒、紧急免疫注射等措施，尽快扑灭疫情。对发病猪群和本场猪只应立即进行销毁、深埋，疫区周围未发病的猪群紧急接种疫苗（常规苗5毫升/头或高效苗3毫升/头），15天后加强免疫1次。

十一、日本乙型脑炎

日本乙型脑炎简称乙脑，是一种严重危害人畜健康的虫媒传播（自然疫源性）的急性病毒性传染病。临床主要表现为母猪流产和产死胎、公猪发生睾丸炎等。本病由乙型脑炎病毒引起，病毒属于黄病毒科黄病毒属，病毒粒子呈球形，有囊膜，是一种RAN病毒，对外界抵抗力不强。

（一）诊断要点

1. 流行特点：该病最早发现于日本。主要在夏秋季节流行，曾称为“夏秋脑炎”。蚊虫是重要的传播媒介。据我国多年统计资料，约有90%的病例发生在7～9月，而在12月至翌年4月几乎无病例发生。流行高峰华中地区多在7～8月，华南和华北地区由于气候特点，流行较华中提早或推迟1个月。家畜中以猪的乙脑病例为最多，在疫区常有散发或流行。

2. 临床症状：猪常突然发病，体温高达40～41℃，持续数天，呈稽留热。病猪精神沉郁，嗜眠喜卧，食欲减少或不食，口渴增加；粪便干燥呈球形，表面附着有白色黏液，尿成深黄色。个别猪兴奋、乱撞及后肢轻度麻痹，也有后肢关节肿胀而跛行的。

妊娠母猪感染时主要症状是突发性流产或早产，流产的胎儿有死胎、木乃伊胎或弱胎，但多为死胎。胎儿大小不等，小的如人的拇指，大的与正常胎儿无多大差别。流产后母猪症状很快减轻，体温和食欲逐渐恢复正常。

患病公猪于发热后常常发生睾丸肿胀，肿胀常呈一侧性；有时也有两侧睾丸同时肿胀的，但肿胀的程度不等，一般大于正常0.5～1倍。大多数患病公猪2～3日后肿胀消失，逐渐恢复正常。

偶尔个别公猪的睾丸缩小、变硬，丧失生产精子的能力。

3. 病理变化：病猪的肉眼病变主要在脑、脊髓、睾丸和子宫。脑和脊髓可见充血、出血、水肿。睾丸有充血、出血和坏死。子宫内膜充血、水肿，黏膜上覆有黏稠的分泌物。胎盘呈炎性浸润，流产或早产的胎儿常见脑水肿、皮下水肿，有血性浸润，胸腔积液、腹水增多。

4. 诊断：猪乙型脑炎的诊断可以根据流行病学和临床症状进行初步诊断，但要进一步确诊，需进行病毒分离培养、血清学检查和组织学检查。

（二）综合防制 主要防制措施是防蚊、灭蚊和免疫接种。灭蚊是控制乙脑流行的一项重要措施，免疫接种是一项有效的措施。目前猪用乙脑疫苗主要有灭活疫苗和弱毒活疫苗。

灭活疫苗：目前，我国和世界上猪用乙脑疫苗主要是灭活疫苗，其接种后易发生严重的变态反应性脑脊髓炎；同时有注射剂量大、需多次注射、效果不稳定及免疫力不持久等灭活苗所共有的缺点。

弱毒活苗：在该病流行地区，在蚊子开始活动的前 1 个月对 4 月龄至 2 岁的公、母猪注射疫苗，半月后加强注射 1 次，以后每年注射 1 次。

对已发病的公猪要及时淘汰，进行高温处理。

十二、猪细小病毒病

猪细小病毒病是由猪细小病毒引起的猪的繁殖障碍，其特征是受感染母猪，特别是初产母猪产死胎、畸形胎、木乃伊胎及病弱仔猪，偶有流产。而母猪本身通常不表现临床症状。有时也可导致公猪的不育。猪细小病毒（PPV）属于细小病毒科细小病毒属。在世界各地的猪群中广泛存在，不同年龄、性别、品种的猪都可感染，造成相当数量的头胎母猪流产、产死胎等繁殖障碍。

(一)诊断要点

1. 流行特点:猪是唯一的易感动物,不分年龄性别均可感染。病猪和隐形感染猪是本病的主要传染源,感染猪排毒可达数月。病毒可通过粪便和流产胎儿排出,急性期可通过尿液、精液和呼吸道排毒。通过消化道传染,妊娠母猪可垂直传播。常呈地方性流行,多发于产仔旺季,以头胎妊娠母猪发生流产和产死胎的较多。

2. 临床症状:PPV 感染主要的症状是母猪的繁殖障碍。母猪在不同孕期感染,临床表现有一定的差异。在怀孕早期感染时,胚胎、胎儿死亡,死亡胚胎被母体迅速吸收,母猪有可能再度发情;在怀孕 30 ~ 50 日感染,主要是产木乃伊胎,如早期死亡,产出小的黑色枯萎样木乃伊胎;怀孕 50 ~ 60 日感染时主要产死胎;怀孕 70 日感染时常出现流产;怀孕 70 日之后感染,母猪多能正常生产,但产出的仔猪带毒,有的甚至终身带毒而成为重要的传染源。母猪可见的唯一症状是在怀孕中期或后期胎儿死亡,胎水重被吸收,母猪腹围减小。

本病还可引起母猪发情不正常、久配不育、新生仔猪死亡和产弱仔等症状。本病对公猪的受精率和性欲没有明显影响。

3. 病理变化:眼观病变可见母猪子宫内膜有轻度的炎症反应,胎盘部分钙化,胎儿在子宫内有被溶解吸收的现象。

受感染胎儿,表现不同程度的发育障碍和生长不良,有时胎重减轻,出现木乃伊胎、畸形、骨质溶解的腐败黑化胎儿等。胎儿可见充血、水肿、出血、体腔积液、脱水(木乃伊胎)及死亡等病变。

(二)综合防制　对本病尚无有效的治疗方法,主要是实行综合性防制措施。防制原则应是:防止将带毒猪引入无本病的猪场,初产母猪获得主动免疫后再配种。目前常用的疫苗主要有灭活疫苗和弱毒活苗。

灭活疫苗:油乳剂疫苗,注射一次即可产生较高滴度的抗体,并持续达 7 个月以上,具有良好的保护效果,但该疫苗生产成本相对较高。

注射疫苗可使母猪怀孕前获得主动免疫,从而保护母猪不感染细小病毒。疫苗接种对象主要是初产母猪。经产母猪和公猪,若血清学检查为阴性,也应进行免疫接种。疫苗接种应在怀孕前2个月进行,以便在怀孕的整个敏感期产生免疫力。

十三、猪弓形体病

弓形体(虫)病是由龚地弓形体(虫)寄生于各种动物的细胞内引起的一种人畜共患的原虫病,以患病动物的高热、呼吸及神经系统症状、动物死亡和妊娠动物的流产、死胎、胎儿畸形为特征。

(一)诊断要点

1. 流行特点:弓形虫是一种多宿主原虫,对中间宿主的选择不严,已知有200余种动物,包括哺乳类、鸟类和人都可作为它的中间宿主。猫属动物也可作为中间宿主。病畜和带虫动物的脏器和分泌物、粪、尿、乳汁、血液及渗出液,尤其是猫随粪排出的卵囊污染的饲料和饮水都是主要的传染源。猪主要是经消化道吃入被卵囊或带虫动物的肉、内脏、分泌物等污染的饲料而感染。通过胎盘感染的现象比较普遍。本病在温暖的5~10月多发。3~5月龄的猪发病最严重。

2. 临床症状:

(1)暴发型:在一个短的时间内,猪场内大部分猪或某一栋内的大部分猪同时发病,死亡率可高达60%。

(2)急性型:猪场内同时有若干头猪同时发病,一般以一个猪圈内的十几头或二十几头猪几乎同时患病的形式更为多见。

(3)零星散发:一般是在一个圈或几个圈内同时或相继出现1~2头病猪。有的先发生1例之后逐渐向四周扩散,使邻位的猪圈中在2~3周内陆续发病。这个过程可持续1个多月,然后慢慢平息。

(4)隐性感染:这是目前弓形体病在我国流行的主要形式。感染猪一般见不到临床症状,但血清学检测阳性率较高,尤其是妊娠母猪的隐性感染常导致流产。

一般猪急性感染后,经3~7日的潜伏期,呈现和猪瘟极相似的症状。体温升高至40~42℃,稽留7~10日,病猪精神沉郁,食欲减少至废绝,但常饮水,伴有便秘或下痢,后肢无力,行走摇晃、喜卧。鼻镜干燥,被毛逆立,结膜潮红。随着病程发展,耳、鼻、后肢股内侧和下腹部皮肤出现紫红色斑或间有出血点。严重时呼吸困难,并常因呼吸窒息而死亡。

急性发作耐过的病猪一般于2周后恢复,但往往遗留有咳嗽、呼吸困难及后躯麻痹、斜颈、癫痫样痉挛等神经症状。

怀孕母猪若发生急性弓形体病,表现为高热、废食、精神委顿和昏睡。此种症状持续数天后可产出死胎或流产,即使产出活仔也会发生急性死亡或发育不全,不会吃奶或畸形怪胎。母猪常在分娩后迅速自愈。

3. 病理变化:在病的后期,病猪体表尤其是耳、下腹部、后肢和尾部等因淤血及皮下渗出性出血而呈紫红色斑。肺呈大叶性肺炎,暗红色,间质增宽,含多量浆液而膨胀成为无气肺;切面流出多量带泡沫的浆液。全身淋巴结有大小不等的出血点和灰白色的坏死点。肝肿胀并有针尖至黄豆大的灰白色或灰黄色的坏死灶。脾脏在病的早期显著肿胀,有少量出血点;后期萎缩。肾脏的表面和切面有针尖大出血点。

(二)综合防治

1. 治疗:猪弓形体病的有效治疗主要是磺胺类药物。抗生素类药物如青霉素、四环素、土霉素、卡那霉素、链霉素均证实对弓形体病无治疗效果,但有预防继发感染的作用。

(1)磺胺嘧啶(SD)+三甲氧苄氨嘧啶(TMP)。前者70毫克/千克体重,后者14毫克/千克体重,每天2次,连用3~5日。

(2)磺胺嘧啶+乙胺嘧啶。前者70毫克/千克体重,后者60毫克/千克体重,每日2次,连用3~5日。

(3)磺胺嘧啶+二甲氧苄氨嘧啶。前者70毫克/千克体重,后者14毫克/千克体重,每天2次,连用3~5日。

(4)长效磺胺:60毫克/千克体重配成10%溶液肌内注射,连用7天。

2. 预防:畜舍应经常保持清洁,定期消毒,一般消毒药剂如1%来苏儿溶液、3%烧碱液、5%热草木灰液和1%~3%石灰水等都可用。猪场内禁止养猫,并经常灭鼠,防止猫、鼠及其排泄物对畜舍、饲料和饮水的污染。

在该病的易发季节,可用药物预防,尤其是刚流行过该病的猪场更为必要。常用的药物为磺胺间甲氧嘧啶钠600克,甲氧苄氨嘧啶(TMP)150克,小苏打500克,混全价1吨饲料,连续饲喂2~3周,用于预防该病的发生。

十四、猪传染性萎缩性鼻炎

猪传染性萎缩性鼻炎主要是由支气管败血波氏杆菌引起的猪的一种慢性呼吸道传染病。其特征是鼻梁变形,鼻甲骨萎缩。临床主要表现为喷嚏、鼻塞等鼻炎症状和颜面部变形或歪斜。支气管败血波氏杆菌为革兰阴性球杆菌,呈两极染色,需氧或兼性厌氧,在普通琼脂培养基上生长良好,形成圆形光滑闪光的小菌落。本菌对外界抵抗力不强,常用消毒剂可杀死。

(一)诊断要点

1. 流行特点:任何年龄的猪都可感染此病,但以幼猪的易感性最大。4周龄内小猪感染发生鼻炎后,多引起鼻甲骨较严重的萎缩;1月龄以后感染猪,多为较轻的病例;较大的猪感染后可能看不到症状而成为带菌者。病猪和带菌猪是主要传染源,痊愈母猪可带菌3~4胎。传播途径主要是呼吸道飞沫传播。

2. 临床症状：病猪打喷嚏，剧烈地将鼻端向周围的东西上摩蹭，鼻腔分泌黏液性或脓性鼻汁，有眼眵（眼屎）和附着于眼下半月状部的黄黑色斑点（泪斑），鼻面部皮肤形成皱纹，上颌部异常发达和门齿咬合不正等症状。如病状发展，出现头盖颜面部变形，鼻侧隆起，鼻变曲，“哈巴狗面”等。

3. 病理变化：本病最典型的病变是鼻甲骨的萎缩，在两侧第一、二对前臼齿间的连线上将鼻腔横断锯开，观察鼻甲骨的形状和变化。

4. 实验室诊断：

（1）细菌学检验：无菌操作取病猪鼻腔深部黏液涂片镜检，观察病原菌；也可将病料接种培养基，观察菌落和溶血情况。

（2）血清凝集试验：感染本病后 2 ~ 4 周，血清中可出现本菌的凝集抗体，可用乳胶凝集抗原做快速玻片凝集试验进行诊断。

（二）综合防治

1. 免疫接种：可用当地分离的菌株（波氏杆菌和多杀性巴氏杆菌 D 型）制成油佐剂灭活菌苗，具有很好的免疫预防效果。免疫程序为：每剂量 1 ~ 3 毫升，肌内或皮下注射。初产母猪，分娩前 4 周及 2 周各接种 1 次；经产母猪，分娩前 2 ~ 4 周，注射 1 次；仔猪，7 ~ 10 日龄注射 1 次，2 ~ 3 周后补注 1 次；种公猪每年注射 1 次。

2. 药物预防：支气管败血波氏杆菌对磺胺类药物和抗生素敏感，但由于到达鼻黏膜的药量有限，以及黏液的保护，很难彻底清除呼吸道内的细菌，因此要求用药剂量要足，持续时间要长些。

母猪（产前 15 日）、断奶仔猪及架子猪：在每吨母猪饲料内添加盐酸四环素粉 400 克，安乃近粉 200 克，混匀，连喂 15 日。

育肥猪、后备猪在每吨饲料内添加磺胺对甲氧嘧啶钠 1 000 克，三甲氧苄氨嘧啶 200 克，小苏打 500 克，安乃近 200 克。拌匀后连续饲喂 7 ~ 10 日。

3. 治疗：磺胺药及抗生素可减轻临床症状，提高猪群的饲料利用率和增重率。对于感染猪群要及早使用疫苗，结合药物防治，可以加快从鼻腔内清除病原菌，并能促进鼻甲骨的恢复。但对于鼻部严重变形的猪只，最好将其淘汰，减少传染源，结合血清学监测最终净化该病。

十五、猪大肠杆菌病

猪大肠杆菌病是由致病性大肠杆菌引起的仔猪一系列疾病的总称，其病型复杂多样，但其主要侵袭幼畜、幼禽和幼儿，导致严重的腹泻和败血症。成年动物除发生乳房炎及子宫内膜炎等局灶性感染外，一般对本菌有抵抗力，很少引起原发性疾病；但可长期带菌，成为传染源。

猪的大肠杆菌病，按其发病日龄分为三种，即生后数日发生的仔猪黄痢；2～3 周龄发生的仔猪白痢；6～15 周龄发生的猪水肿病。成年猪感染大肠杆菌后主要表现乳房炎和子宫内膜炎。

大肠杆菌是一种革兰阴性的短杆菌，大肠杆菌 O 抗原有 171 种，H 抗原有 64 种，K 抗原有 103 种。其互相组合可形成许多血清型。致病性大肠杆菌的许多血清型均可引起猪发病。

（一）诊断要点

1. 临床症状：

（1）仔猪黄痢：出生后 1 周以内的仔猪多发，1～3 日龄最常见。随日龄增加而减少，7 日龄以上很少发生。同窝仔猪的发病率 90% 以上，死亡率很高，甚至全窝死亡。一窝小猪出生时体况正常，12 小时后突然 1～2 头全身衰弱死亡，1～3 天内其他猪相继腹泻，粪便呈黄色浆糊状，在捕捉挣扎和鸣叫中，肛门冒出稀粪，并迅速消瘦、脱水、昏迷而死亡。

最急性剖检常无明显病变，有的表现为败血症。一般可见尸体脱水严重，肠道膨胀，有多量黄色液状内容物和气体，肠黏膜呈急性卡他性炎症变化，以十二指肠最严重；空肠、回肠次之，肝、肾有时有小的坏死灶。

（2）仔猪白痢：发生于10～30日龄仔猪，以2～3周龄较多见，1月龄以上的猪很少发生，其发病率约50%，而病死率低。一窝仔猪中发病常有先后，此愈彼发，拖延时间较长；有的仔猪窝发病多，有的仔猪窝发病少，或不发病，症状也轻重不一。仔猪突然发生腹泻，开始排糨糊样粪便，继而变成水样；随后出现乳白色、灰白色或黄白色下痢、气味腥臭。病猪体温和食欲无明显变化，病猪逐渐消瘦、拱背，皮毛粗糙不洁，发育迟缓。病程一般3～7日，绝大部分猪可康复。

剖检尸体外表苍白消瘦，肠黏膜有卡他性炎症变化，有多量黏液性分泌液，胃见有食滞。

（3）猪水肿病：常见于断奶不久的仔猪，肥胖的猪最易发病，育肥猪和10日以下的猪很少见。发病率一般在10%～30%，但病死率很高，约90%。断奶猪突然发病，表现精神沉郁、食欲下降至废绝，心跳加快，呼吸浅表，病猪四肢无力，共济失调；静卧时，肌肉震颤，不时抽搐，四肢划动如游泳状，触摸敏感，发出呻吟或鸣叫，后期转为麻痹死亡。整个病期体温不出现升高，同时在部分猪表现出特殊症状，眼睑和脸部水肿，有时波及颈部、腹部皮下，而有些猪体表没有水肿变化。该病病程为1～2日，个别可达7日以上，病死率约为90%。

最明显的是胃大弯部黏膜下组织高度水肿，其他部位如眼睑、脸部、肠系膜及肠系膜淋巴结、胆、喉头、脑及其他组织也可见水肿。水肿范围大小不一，有时还可见全身性淤血。

2. 鉴别诊断：

（1）仔猪黄痢：主要是与猪传染性胃肠炎（TGE）鉴别。TGE呈流行性，本病呈地方流行性，TGE侵害从母猪到各种年龄猪，病猪伴有严重的水样下痢，且常伴有呕吐症状。而本病母猪无异常，仅初生仔猪发病呈急性经过，很少有呕吐症状。

另外，还应注意与仔猪红痢（魏氏梭菌性肠炎）区别。仔猪红痢常出现血痢，在小肠有特殊的界限分明的出血性坏死性肠炎表现，而仔猪黄痢无此种病变。

（2）仔猪白痢：应注意与仔猪红痢、弧菌性仔猪痢疾、仔猪黄痢、猪传染性胃肠炎、轮状病毒腹泻、仔猪副伤寒、仔猪猪瘟和仔猪伪狂犬病相区别。仔猪红痢往往在仔猪生后72小时内发病死亡，治愈率低，其在母猪群中发病窝数不如仔猪白痢普遍。死于红痢病猪肠壁出血变化明显、病程稍长的病例，肠管以坏死性炎症为主，而出血病变不严重。弧菌性仔猪痢疾也发生血性下痢，治愈率也低，并可以从病猪的肠道排泄物、盲肠和大肠黏膜中分离到弧菌，易与本病区别。仔猪黄痢则发生于生后12小时至5日龄以内的初生仔猪，排黄痢；而本病则发生于10～30日龄仔猪。传染性胃肠炎，多发生于冬季，大小猪只均可感染，蔓延迅速，呈水泄样下痢。轮状病毒腹泻常见于1～4周龄仔猪，临床症状除腹泻外，食欲缺乏、呕吐和脱水为主要症状。仔猪副伤寒，多发生于断奶后的小猪，1个月以内的仔猪很少发生，临床上可见体温上升，病初便秘，后下痢，排淡黄色液状粪便，死于急性经过的病猪剖检见败血症变化，脾肿大，胃肠黏膜肿胀、溃疡，出血和坏死，慢性可见孤立的淋巴滤泡及大肠黏膜坏死，呈糠麸状，细菌学检查可分离到猪霍乱沙门杆菌。仔猪猪瘟和伪狂犬病多发生于20日龄以后，有显著传染性，排黄绿色稀薄液状粪便，与白痢排灰白色糊状腥臭的粪便有所区别，体温升高，剖检可见肾脏、心冠等处有针尖大的出血点。

（3）猪水肿病：应注意与伪狂犬病、李氏杆菌病、巴氏杆菌病、链球菌病和砷中毒等区别。伪狂犬病主要发生于未断奶的仔猪，有神经症状出现，表现为稽留热、胃及肠系膜没有水肿病变。李氏杆菌病也有共济失调、后肢不完全麻痹等症状，各年龄猪均可感染，病猪有体温升高，没有水肿现象，对外界刺激异常敏感，病死猪脑组织可分离出李氏杆菌。急性巴氏杆菌病在病猪的颈部也有水肿出现,但无神经症状,无结肠系膜的水肿,体温升高,死猪心血及肺组织可分离到巴氏杆菌。脑膜炎型链球菌呈脑炎症状,卧地不起,四肢呈游泳状,但没有眼睑与结肠系膜的水肿病变,有的病猪表现为败血性链球菌病及链球菌性关节炎等病型。砷中毒有叫声嘶哑症状,但没有眼睑与结肠系膜的水肿。

(二)综合防治

1. 仔猪黄痢:本病病程很急,而初生仔猪抵抗力又很弱,死亡率很高,因此对该病应以预防为主,搞好综合性防疫措施。

(1)严格控制引种,应坚持自繁自养。

(2)抓好母猪产前产后的饲养管理,有乳房炎母猪应及早治疗。产房应保持清洁干燥和严格消毒,哺乳前要进行乳房清洗。

(3)加强新生仔猪的护理,要注意新生仔猪的保暖防寒措施,及早哺喂初乳。

(4)对存在黄痢的猪场,猪出生后12小时内进行预防性投药。药物可根据当地药物使用种类,适当选用以避免产生抗药性菌株,使防治失效。

(5)免疫预防:血清预防,对本场5岁以上的老母猪的血清,往往可以防止本场致病性大肠杆菌的感染,口饲血清比注射血清的方法更为有效。疫苗预防,大肠杆菌五价苗,于母猪产前40日和15日各注射1次。另一种是自家疫苗免疫,即从本场分离出致病性大肠杆菌,研制成疫苗用于本场的母猪免疫,其针对性较好,是目前国内外用疫苗防制该病较为理想的方法。

(6)药物预防:给新生仔猪在未吃奶前或产后12小时口服一定抗生素,或对发病猪早期应用抗生素,可有效减少发病和死亡。但大肠杆菌很容易形成耐药性,最好在鉴定出病原菌株后进行药敏试验,选择使用敏感药物。目前较敏感药物有氟喹诺酮类新药(诺氟沙星、恩诺沙星等)、利高霉素、痢菌净、呋喃唑酮、某些磺胺类药物等。

河南省农业科学院畜牧兽医研究所研制出纯中草药制剂(哺乳康),无毒性,不会产生耐药性。用于哺乳期母猪饲料添加,可有效地预防仔猪黄白痢,增加仔猪断奶体重。

(7)在吃奶前投服某些微生态制剂,如促菌生、调菌生、乳康生等,也可起到一定的预防作用。

2. 仔猪白痢:除参照仔猪黄痢的有关措施外,还应注意:加强母猪饲养管理,根据情况增减精饲料或青饲料,避免母猪乳汁过稀、不足或过浓;仔猪提早开食,促进消化机能发育;给母猪和仔猪补充微量元素和注射抗贫血药等方法。

3. 猪水肿病:应加强断奶仔猪饲养管理,不突然改变饲料和饲养方法,喂量逐渐增加,防止饲料单一,增加富含维生素饲料,适当调整饲料中蛋白质含量,防止仔猪便秘等。对于有病猪群,在断奶期间,适当添加一定的抗菌药物进行预防,效果较好。可选用土霉素、新霉素、磺胺类药物、大蒜等。许多猪场反映一定量大蒜对预防该病有较好的效果。

十六、猪繁殖与呼吸综合征

猪繁殖与呼吸综合征又称为蓝耳病。临床主要表现为母猪厌食发热,孕猪流产、死胎、木乃伊胎,仔猪出现呼吸道症状和高死亡率等。本病由猪繁殖与呼吸综合征病毒引起,该病毒属于动脉炎病毒科成员,呈球形,有囊膜,病毒不耐酸碱,对一般消毒药敏感。

(一)诊断要点

1. 流行特点:猪是唯一的易感动物,不同年龄、不同品种的猪均可感染,而以怀孕母猪和 1 月龄内仔猪最易感。呼吸道感染是本病的主要感染途径,空气传播是本病的主要传播方式。还可通过公猪精液传播。猪群一旦感染了本病,将长期带毒。猪舍卫生条件差、饲养密度大或恶劣的气候条件可以促进本病的流行。感染本病的猪群对其他病的易感性增加。

2.临床症状：在临床上将本病可分为急性型、慢性型和亚临床型。

(1)急性型：母猪发烧，表现精神沉郁，食欲减退或废绝，嗜睡，咳嗽，不同程度的呼吸困难，间情期延长或不孕。怀孕母猪发生流产(多为怀孕后期流产)，产死胎、木乃伊胎、弱仔，有的出现产后无乳。部分新生仔猪表现呼吸迫促，或运动失调等神经症状，产后1周内仔猪的死亡率明显上升。有的病猪在耳、腹侧及外阴部皮肤呈现一过性青紫色或蓝色斑块。仔猪表现体温升高(39.5～41℃)，呼吸困难，有的呈腹式呼吸，食欲减退或废绝，腹泻，明显消瘦，死亡率高，可达80%以上。

(2)慢性型：大多数患慢性型PRRS的母猪，其繁殖性能可恢复到正常水平。但每窝活仔猪数会减少，同时受胎率会下降10%～15%。育肥猪对本病易感性较差，临床仅出现轻度厌食和呼吸道症状。公猪的发病率较低，感染后一般体温不升高，精液质量下降。

(3)亚临床型：血清学调查阳性率达40%以上，但表现临床症状的只占10%左右，所以大多数被感染的育成猪呈亚临床型。这类病猪不表现症状但排毒，成为主要的传染源。

3.病理变化：对PRRS母猪的流产胎儿及弱产仔猪剖检，可见胸腔内积有多量清亮液体，偶见有肺实变。剖检母猪、公猪和育肥猪病例，一般无肉眼可见病理变化，显微镜检查可见间质性肺炎变化。

此外，还应注意PRRS与猪瘟、猪细小病毒病、伪狂犬病、猪流感、猪脑心肌炎、猪衣原体性流产等症状相似的猪病的鉴别诊断。

(二)综合防制

1.加强饲养管理，严格消毒制度，切实搞好环境卫生。商品猪场要严格执行“全进全出”制。

2. 在本病流行期，可给仔猪注射抗生素并配合支持疗法，用以防止继发性细菌感染和提高仔猪的成活率。

3. 免疫：据 Plana（1994）报道，用西班牙分离毒株研制油佐剂灭活苗免疫初产和经产母猪，首免后 3 周再注射第 2 次，保护效果显著。美国已研制出一种弱毒疫苗（Resp PRRS），对育肥猪注射后，7 日内产生保护性免疫抗体，可持续 16 周以上；在流行期注射本苗，对仔猪产生较明显的保护作用。

国内已生产出预防本病的灭活疫苗和弱毒活疫苗。母猪可用超滤浓缩灭活疫苗在母猪配种前进行免疫，产前 1 个月再加强免疫 1 次，每次 1 头份（2 毫升），公猪每半年免疫 1 次。育肥猪在 30 日龄用弱毒活疫苗免疫 1 次，1 头份；或用伪狂犬 HB — 98 弱毒活疫苗在 6 周龄左右肌内注射免疫 1 头份。

十七、猪圆环病毒病

猪圆环病毒病是由猪圆环病毒 2 型（PCV_2）引起的一种新的病毒性传染病，该病主要感染 6 ~ 18 周龄的猪，以体质下降消瘦贫血腹泻和呼吸困难为特征。猪圆环病毒属于圆环病毒科圆环病毒属，无囊膜，病毒粒子呈对称的二十面体。圆环病毒对外界环境的抵抗力较强，常用消毒药有效。

（一）诊断要点

1. 流行特点：该病在规模化猪场普遍存在，本病对各个阶段的猪都有致病性，可引起新生仔猪颤抖、断奶仔猪衰竭综合征、生长猪和保育猪皮炎肾病综合征等，本病主要经消化道和呼吸道传播，怀孕母猪感染后，可经胎盘传染给仔猪。饲养管理不良、环境条件差、气候突变、强烈刺激等均可诱发本病。

2. 临床症状：

（1）新生仔猪颤抖：主要见于新生仔猪全身骨骼肌痉挛性收缩，表现头部和四肢震颤，站立不稳，行走困难，吮吸不住乳头，在卧地和睡眠时震颤消失。大多数病仔猪震颤随日龄增加逐渐减弱或消失,一般于20~30日龄痊愈,愈后无复发。

(2)断奶仔猪衰竭综合征:主要见于6~12周龄的仔猪,首先精神不振,被毛逆立粗乱,食欲减退,继之拱背吊腰,皮肤黏膜苍白,有时黄染,发生进行性消瘦。部分猪出现鼻塞、打喷嚏、咳嗽、流鼻涕和喘气等症状。

(3)皮炎肾病综合征:主要见于生长猪和保育猪,体温微高或正常,突出的症状是腹部背部和四肢皮肤上出现圆形或不规则形状的隆起,初期呈红色或紫红色,中后期变为黑色,形成斑块状的黑色痂皮,病猪痒感不明显,如无继发感染,一般可自行恢复,病死率在15%以下。

3. 病理变化:新生仔猪颤抖,病猪病理变化不明显,皮炎肾病综合征病猪除皮肤病变之外,还可见双侧肾脏肿大,颜色苍白,切面多汁,肾乳头出血淤血等病变;断奶仔猪衰竭综合征最明显的病变是全身淋巴结肿大,尤其是腹股沟淋巴结高度肿大,与同龄仔猪的睾丸相似,切面外翻,呈黄色或黄白色,湿润多汁;肺门、支气管、纵隔、胃、肠系膜等部位淋巴结和下颌淋巴结均出现类似病变,如有继发感染,则出现出血性病变。肺脏肿胀,间质多数增宽,质地坚实似橡皮状,心叶尖叶常有大小不等的肉样实变区,膈叶有灰色或红褐色实变区。气管和支气管粗糙,并有泡沫状黏脓性分泌物。肾脏肿大或萎缩变小,前者颜色苍白,切面多汁,肾乳头出血,后者体积小,颜色变淡。脾脏萎缩变小,如有继发感染往往肿大。胰腺和肾上腺萎缩变小。空肠肠壁增厚,回肠和结肠腔内有液体充盈,肠壁变薄,颜色淡白。

4. 实验室诊断:本病的实验室诊断方法有很多,常用的有细胞分离培养,免疫荧光与原位核酸杂交法,PCR法和酶联免疫吸附试验等。

(二)防治措施

1. 预防:

(1)加强饲养管理:科学引种,避免引进带毒猪,改善环境,降低饲养密度,减少应激因素。产房,保育舍,夏季能防暑,冬季能保温,舍内无臭味,空气新鲜。

(2)建立和完善以消毒卫生工作为核心的猪场生物安全体系。猪舍必须按全进全出的模式建筑,切实做到单元式,全进全出,在进猪前必须进行薰蒸消毒,尤其产房、保育舍。切断病原体交叉传播。

(3)切实作好其他疫病的免疫:制定合理的免疫程序,作好猪瘟、蓝耳病、伪狂犬病、喘气病等疫病的疫苗注射。

(4)合理地进行药物预防:母猪在产前和产后各 7 日,饲喂每吨饲料添加支原净 100 克、15% 的金霉素 2 500 克、阿莫西林 200 克、安乃近粉 200 克。

仔猪在断奶前后各 7 日饲喂添加 10% 氟苯尼考 500 克、安乃近粉 200 克的饲料 15 日。

(5)自家组织灭活疫苗免疫:采用发病猪只的肺脏、淋巴结等制成灭活疫苗进行本病的预防能取得满意的效果。

2. 治疗:对于本病没有特效的治疗方法,只能采取对症治疗。

十八、仔猪红痢

猪梭菌性肠炎亦称仔猪红痢,是由 C 型产气荚膜梭菌引起的仔猪的肠毒血症。病原体为 C 型产气荚膜梭菌,亦称 C 型魏氏梭菌。为革兰阳性有荚膜不运动的厌氧大肠杆菌。在葡萄糖血琼脂平板上培养,生成中央隆起圆盘状湿润淡灰色的大菌落,菌落周围有溶血区。一般消毒药可杀死本菌繁殖体,一旦生成芽孢,对外界环境和消毒药的抵抗力增强。

(一)诊断要点

1. 流行特点:C 型产气荚膜梭菌在自然界分布很广,土壤中大多存在。本病主要侵害 1 ~ 3 日龄仔猪,1 周龄以上仔猪很少发病,同一猪群的各窝仔猪发病率不同,最高可达 100%,病死率 20% ~ 70%。近年来发病年龄有增大趋势,甚至可见于断奶后的猪。在发病猪群,本菌存在于部分成年猪肠道中,随粪便排出体外,主要经消化道感染。

本菌在成年猪尤其是种猪亦会引起梭菌性肠炎,尤其是夏季,种猪发病率更高,母猪症状为排血性粪便,胃肠臌气。往往导致种猪的急性死亡。

2. 临床症状:仔猪红痢主要侵害出生后 3 日以内仔猪。病程短促,有些在生后 3 日内全窝死亡,大于 3 日龄发病较少。最急性的临床症状多不明显,一发现打蔫拒食等症状即迅速死亡。病仔猪主要症状是排出红褐色血性稀粪,含有少量灰色坏死组织的碎片和气泡,腥臭味,后肢沾染血样便。有的病猪呕吐、尖叫而死亡,发病率 40% ~ 50%,致死率可达 100%。

3. 病理变化:染病仔猪死亡甚急,剖检主要表现为小肠,尤其是空肠有长短不一的出血性坏死,外观肠壁呈深红色,两端界限分明。肠内充满气体,肠内容物呈不同程度的灰黄色、红黄色或暗红色。腹水增多呈血性,有的病例呈现血痢。

4. 实验室诊断:

(1)镜检:无菌采取胸水肝脾或病变明显的肠内容物涂片或抹片,革兰染色后镜检。

(2)分离鉴定:取上述病料接种培养基分离细菌。

(二)综合防治

1. 预防:采取严格的生物安全措施,从阴性场引种,平时做好卫生消毒,严防此病传入。尽量采用全进全出的饲养方式,以减少本病的传播。给怀孕母猪注射疫苗,是预防仔猪红痢的最有效方法。目前有采用C型魏氏梭菌C59－2制成C型魏氏梭菌福尔马林氢氧化铝菌苗，于临产前1个月进行免疫，2周后重复免疫1次。仔猪出生后也可注射高效价的抗毒素3～5毫升，可以有效地预防本病的发生，但注射要早，否则效果不佳。

成年猪的防制以预防为主，夏季作好防暑降温，加强饲养管理，必要时使用益力素（主要成分为杆菌肽锌），每吨饲料添加1～2千克拌料进行预防。

2. 治疗：本病发病迅速，病程短，发病后用药物治疗往往疗效不佳，必要时可用抗生素对刚出生的仔猪口服，每日2～3次，作为紧急药物预防。

十九、猪痢疾

猪痢疾俗称猪血痢，是由猪痢疾密螺旋体引起的一种以黏液出血性腹泻为主要临床表现的猪肠道传染病。猪痢疾密螺旋体属于螺旋体科密螺旋体属，呈螺旋状，革兰染色阴性，严格厌氧，对热和干燥敏感，一般消毒药均可杀死本菌。

（一）诊断要点

1. 流行特点：不同年龄、不同品种的猪均有易感性，以7～12周龄的幼猪发生最多。其他动物无感染发病的报道。本病发生无季节性，流行过程缓慢。常由一栋猪舍先发病几头，以后逐渐蔓延，并在猪群中长年不断发生，流行期长。多种应激因素均可促进本病的发生，加重病情。经短期治疗的猪，停药3～4周后，又可复发。潜伏期长短不一，可短至2日，长达3个月，一般为7～14日。人工感染为3～21日。

2. 临床症状：

（1）最急性型：往往见不到腹泻症状于数小时内死亡，该病例不常见。

（2）急性型：病例开始排黄色至灰色的软便，减食，体温升高至 40～40.5℃。数小时或数天之后，排出的粪便含有大量的黏液或血丝。以后粪中含有鲜血、黏液和白色黏膜纤维素性渗出物碎片。有的病猪出现水泻，或排出红白相间胶冻物或血便。弓背、吊腹、脱水、饮欲增加，消瘦、虚弱和共济失调，最后因极度衰弱而死。该病例为多见。

(3)亚急性或慢性型：症状较轻，表现反复下痢，不时排出灰白色带黏液的稀粪，混有黑色血液。消瘦、贫血，生长发育受阻，成为僵猪。对生产影响较大。

3. 病理变化：主要病变局限于大肠(结肠、盲肠和直肠)，回盲口为其明显分界，最急性型和急性型病例为卡他性出血性大肠炎，病变肠肿胀，黏膜充血出血，肠腔充满黏液和血液。病程稍长的病例，出现坏死性炎症，黏膜表面见点状坏死和黄色或灰色伪膜，坏死常限于黏膜表面。大肠系膜充血、水肿，淋巴结增大。小肠和小肠系膜淋巴结常不受侵害。其他脏器无明显变化。

亚急性型和慢性型病死猪表现为纤维素性、坏死性大肠炎，在肠黏膜表面形成假膜，外观似麸皮豆腐渣样，剥去假膜露出浅表的糜烂面。

4. 鉴别诊断：本病应与猪副伤寒、仔猪白痢、仔猪黄痢、仔猪红痢、猪传染性胃肠炎、猪流行性腹泻、猪轮状病毒感染相区别。

(二)综合防治

(1)治疗：药物治疗有一定疗效，但容易复发。最常用的抗菌药物为痢菌净、二甲硝基咪唑等。

痢菌净，5 毫克/千克体重，口服每天 2 次，连用 5 天，预防量减半。二甲硝基咪唑，250 克/吨水饮用，连用 5 天，预防量为 200 克/吨饲料。杆菌肽，500 克/吨饲料，连用 21 天，预防量减半。土霉素碱，30～50 毫克/千克，内服每天 2 次，5～7 天为 1 个疗程，连用 3～5 个疗程，预防量减半。新霉素 140 克/吨饲料，连用 3～5 天，预防量 100 克/吨饲料。林可霉素 100 克/吨饲料，连用 21 天，预防量 40 克/吨饲料。

(2)免疫预防:康复猪经证实对再感染有抵抗力,并发现其血清内有抗体。灭活后的本菌加各种佐剂作其他途径注射,也能使其获得部分抵抗力。

(3)防治措施:至今国内外尚未研制成功预防本病的有效菌苗。在饲料中添加上述药物虽可控制发病,但停药后又复发,难以根除。必须采取综合性预防措施,并配合药物防制,才能有效地控制或消灭本病。

有本病的猪场采用药物净化办法来控制,利用痢菌净拌料喂或内服,即每吨全价饲料加 200 ~ 400 克痢菌净混匀,连服 3 天。结合消毒达到控制和净化本病的目的。

二十、猪李氏杆菌病

李氏杆菌病是由李氏杆菌引起的一种人畜共患传染病。猪发病后主要表现脑膜炎、败血症和流产,还能引起单核细胞增多。该菌为革兰阳性小杆菌,在琼脂平板上培养 24 ~ 48 小时,长出表面光滑,边缘整齐,乳白色半透明的扁平菌落,在血琼脂上有明显的溶血现象。本菌对外界抵抗力较强,在土壤或粪便中可存活 10 个月,对热敏感,对酸碱和盐都有一定的耐受性,一般消毒剂如2.5%石炭酸、70%乙醇、2.5%火碱等都有效。

(一)诊断要点

1. 流行特点:本菌的易感动物很多,家畜中以绵羊、家兔和猪较敏感,仔猪和怀孕母猪更易感。患病动物和带菌动物是本菌的传染源。可通过消化道、呼吸道黏膜和损伤的皮肤感染。吸血昆虫在本病的传播中也起着重要的作用。

2. 主要症状:

败血症型:多发生于仔猪,无特殊症状突然死亡。

混合型:仔猪多见,常突然发病,病初体温升高至 41 ~ 42℃。

吃奶减少或不食，粪便干燥，后期体温下降，多数猪表现兴奋、共济失调，对外来刺激敏感，重者抽搐死亡，病程1～3日。

脑膜炎型：多见于断奶仔猪，病情较缓和，病猪体温、食欲、粪便一般正常，病程较长。阵发性兴奋，转圈，倒地，四肢泳动，最终死亡。妊娠母猪感染后多引起流产。

3. 病理变化：败血症死亡的病猪体表有弥漫性出血，淋巴结肿大出血，切面多汁，肺充血、水肿，气管和支气管有出血性炎症，心内、外膜出血，胃和小肠黏膜充血，肠系膜淋巴结肿大，肝、脾肿大，肝表面有灰白色坏死灶。有神经症状的病猪，脑及脑膜充血、水肿，脑脊液增加，稍显浑浊，内含多量的细胞成分。脑干，特别是脑桥、延髓和脊髓变软，有小的化脓灶。

4. 实验室诊断：

(1)镜检：采取病猪的血液、肝、脾、肾、脑脊液及脑组织等涂片，革兰染色镜检，观察细菌，必要时进行细菌分离培养或动物接种试验。

(2)动物接种：用24小时的肉汤培养物，点眼接种幼兔或小鼠，一般在接种24～36小时发生化脓性结膜炎；经3～5日幼兔血液内的单核白细胞数上升；小鼠腹腔接种，在5天内剖杀可见肝、脾有坏死灶，并能分离到本菌。

(二)防治措施

1. 预防：目前尚无可靠的疫苗用于本病的预防，因此应从检疫隔离和兽医卫生角度努力，控制本病的传入。

2. 治疗：早期治疗可使用大剂量的磺胺类药物，或青霉素类、氯霉素类合并使用。病猪过于兴奋时可使用神经抑制药物对症治疗。

二十一、副猪嗜血杆菌病

副猪嗜血杆菌病是由副猪嗜血杆菌引起猪的多发性浆膜炎和

关节炎的细菌性传染病,主要引起肺的浆膜和心包以及腹腔浆膜和四肢关节浆膜的纤维素性炎为特征的呼吸道综合征。本病日趋流行,危害日渐严重,应引起各方重视。副猪嗜血杆菌目前暂定为巴氏杆菌科嗜血杆菌属,革兰染色阴性,亚甲蓝染色呈两极浓染,在显微镜下本菌有多种不同形态,从单个的球杆菌到长的、细长的以及丝状菌体。无鞭毛,无芽孢,新分离的致病菌株有荚膜。

本菌需氧或兼性厌氧,本菌生长时需要 X 因子和 V 因子。血液培养基上该菌落不出现溶血现象。可从健康猪鼻腔分泌物中分离到副猪嗜血杆菌,还可从患肺炎猪的肺脏中分离出来,但从正常猪肺中分离不到该菌。本菌已在猪群中存在时或侵入猪群中,可能导致猪群高发病率和死亡率的全身性疾病。本菌对外界的抵抗力不强。干燥环境中易死亡,常用消毒药可将其杀死。

(一)诊断要点

1. 流行特点:

易感性:仔猪敏感,尤其断乳后 10 天左右多易发病。

传染源:患猪或带菌猪,该细菌寄生在鼻腔等上呼吸道内。

传播途径:主要通过空气直接接触感染,其他传染途径如消化道等亦可感染。

流行特点:在一个猪群中,副猪嗜血杆菌的致病作用是影响其他许多全身性疾病严重程度和发生发展的因素,这与霉形体肺炎日趋流行有关,也与病毒型呼吸道病原体有关,其中有繁殖与呼吸综合征(PRRS)病毒、猪流感病毒和呼吸道冠状病毒。副猪嗜血杆菌与霉形体结合在一起患 PRRS 猪肺的检出率为 51.2%,应引起注意。

2. 临床症状:本病多因被 PRRS 等病毒类和霉形体感染后猪场的仔猪发生和流行,多呈继发和混合感染,其临床症状缺乏特征性。人工接种试验潜伏期 2 ~ 5 日,出现体温升高 40℃以上,食欲不佳,精神沉郁,有的四肢关节出现炎症,可见关节肿胀、疼痛、起立困难，一侧性跛行。驱赶时患猪发出尖叫声，侧卧或颤抖，共济失调，患猪逐渐消瘦，被毛粗糙，起立采食或饮水时频频咳嗽，咳出气管内的分泌物吞入胃内，鼻孔周围附有脓性分泌物，同时并有呼吸困难症状，出现腹式呼吸，而且呼吸频率加快，心律加快，节律不齐，可视黏膜发绀，耳朵发紫。最后因窒息和心衰死亡。如出现急性败血病时，不出现典型浆膜炎。

3. 病理变化：全身淋巴结肿大，切面为灰白色，胸膜、腹膜、心包膜以及关节的浆膜出现纤维素性炎。表现为单个或多个浆膜的浆液性或化脓性的纤维蛋白渗出，外观淡黄色蛋皮样的薄膜状的伪膜附着在肺胸膜、肋胸膜、心包膜，脾、肝与腹膜、肠以及关节等器官表面，亦有条索状纤维素性膜。一般情况下肺和心包的纤维素性炎同时存在。

4. 诊断：本病根据流行病学和临床症状以及病理变化为基础，以细菌培养做诊断是必要的。但细菌培养往往不易成功。

(二)防治措施

1. 预防：

(1)加强饲养管理：平时搞好猪舍和运动场的清洁卫生，加强饲养管理，在温度、湿度、通风和密度等方面创造良好的环境。特别是在断奶和运输时，更应加强护理，以免因猪的抵抗力降低而诱发本病。

(2)药物预防：抗生素预防或口服药物治疗对严重的副猪嗜血杆菌病暴发可能有效。一旦临床症状出现，应立即采用口服以外的方式，应用大剂量的抗生素进行治疗，并且应当对全群进行药物预防。而不是仅仅出症状的猪用药，可以选用阿莫西林、喹诺酮类、头孢菌素类、四环素类、庆大霉素和增效磺胺类药物治疗。最好做药敏试验。

(3)疫苗注射：是预防本病的最有效方法之一。使用副猪嗜血杆菌多价油乳剂灭活苗(华中农业大学动物病毒室研制)可以有效地控制该病的发生。

2. 治疗:可应用抗菌药物或中草药制剂进行治疗。

(1)青霉素100万~200万国际单位。链霉素50万~100万国际单位联合肌内注射,每日2次,直至体温正常后24小时停药。

(2)10%磺胺嘧啶钠10~30毫升加蒸馏水5~15毫升(使浓度为7%)肌内注射,每日2次;或参照本书药物预防方案联合用药,配合中草药效果更好。

二十二、猪衣原体病

猪衣原体病是由鹦鹉热衣原体感染猪群引起不同症候群的接触性传染病,临床上以妊娠母猪发生流产、死胎、木乃伊胎,产弱仔;各年龄段猪发生肺炎、肠炎、多发性关节炎、心包炎、结膜炎、脑炎、脑脊髓炎,公猪还发生睾丸炎和尿道炎为特征。病原体属于衣原体科衣原体属,是一种小的细胞内寄生菌,革兰染色阴性。衣原体在自然界的分布极广,对外界环境抵抗力不强,紫外线可杀灭衣原体,常用消毒药都有效。

(一)诊断要点

1. 流行特点:近些年来,猪衣原体病在我国流行比较普遍,不同年龄、不同品种的猪群均可感染本病,尤其怀孕母猪和新生仔猪更为敏感,育肥猪在本地的平均感染率在10%~50%。猪群一旦感染本病,康复猪群可长期带菌,猪场内活动的野鼠和禽鸟是本病的自然散毒者;带菌的种公猪、母猪则成为幼龄猪群的主要传染源,种公猪可通过精液传播本病。病猪可通过粪便、尿、唾液(飞沫)、乳汁排出病原体。流产母猪的流产胎儿、胎膜、羊水更具传染性。

2. 临床症状:主要通过消化道及呼吸道被感染,不同患病器官表现症状各异。

(1)母猪流产:本病多发生在初产母猪。妊娠母猪感染衣原体后一般不表现出其他异常变化，只是在怀孕后期突然发生流产、早产、产死胎或产弱仔。感染母猪有的整窝产出死胎，有的间隔地产出活仔和死胎；弱产仔多在产后数日内死亡。

(2)种公猪衣原体感染：种公猪患本病多表现为尿道炎、睾丸炎、附睾炎；配种时，排出带血的分泌物，精液品质差，精子活力明显下降；母猪受胎率下降，即使受孕，流产死胎率明显升高。

(3)肺炎：多见于断奶前后的仔猪。患猪表现体温上升，无精神，颤抖，干咳，呼吸迫促，听诊肺部有啰音。从鼻孔流出浆液性分泌物，进食较差，生长发育不良。

(4)多发性关节炎：多见于架子猪。病猪表现关节肿大、跛行，患关节触诊敏感。有的体温升高。

(5)肠炎：多见于断奶前后的新生仔猪。临床表现腹泻、脱水、吮乳无力，死亡率高。

(6)脑炎：患猪出现神经症状，表现兴奋、尖叫，盲目冲撞或转圈运动；倒地后四肢呈游泳状划动，不久死亡。

(7)结膜炎：多见于饲养密度大的仔猪和架子猪。临床表现畏光、流泪，视诊结膜充血严重，眼角分泌物增多，有的角膜浑浊。

3. 病理变化：剖检可见流产母猪的子宫内膜水肿充血，分布有大小不一的坏死灶(斑)，流产胎儿身体水肿，头颈和四肢出血，肝充血、出血和肿大。患病种公猪睾丸变硬，有的腹股沟淋巴结肿大。输精管出血，阴茎水肿、出血或坏死。

对衣原体性肺炎猪剖检可见：肺肿大，肺表面布有许多出血点和出血斑；有的肺充血或淤血，质地变硬，在气管、支气管内有多量分泌物。

4. 实验室诊断：

(1)镜检：无菌采取肝、脾、脊髓液、关节液或流产胎儿和胎盘等病料，涂片，革兰染色镜检。

(2)分离培养：病料接种兔血琼脂平板培养，观察菌落并鉴定。

(3)本病可用凝集试验,补体结合试验,免疫荧光试验等诊断。

(二)综合防治

(1)种猪场:对血清学检查为阴性的种猪场,要给适繁母猪在配种前注射猪衣原体流产灭活苗,每年免疫1次,以确保向商品猪场或市场提供无衣原体感染的健康种猪。在阳性猪场,对确诊感染了衣原体的种公猪和母猪予以淘汰,其所产仔猪不能作为种猪。

(2)商品猪场:每年对种公猪和繁殖母猪群用猪衣原体流产灭活苗免疫1次,连续2~3年;应淘汰发病种公猪;对出现临床症状的母猪和仔猪应及时用四环素族抗生素类等敏感药物治疗。

用猪衣原体流产灭活苗对猪群进行免疫,其程序如下:

种公猪:皮下注射2毫升/只,每年免疫1次。

繁殖母猪:在配种前后1个月皮下注射2毫升/头,每年1次,连续2~3年。

(3)药物预防和治疗:鹦鹉热衣原体对链霉素、制霉菌素、卡那霉素、庆大霉素、新霉素、万古霉素及磺胺类药物不敏感,对青霉素、四环素、强力霉素、土霉素、红霉素、泰乐霉素、螺旋霉素、麦迪霉素、金霉素、竹桃霉素、北里霉素敏感。

可选用敏感药物进行猪衣原体的预防和治疗。对出现临床症状的新生仔猪,可肌内注射1%土霉素,1毫升/千克,连续5~7日;对怀孕母猪在产前2~3周,可注射四环素族抗生素,以预防新生仔猪感染本病。为了防止出现抗药性,要合理交替用药。

二十三、猪附红细胞体病

附红细胞体病是由附红细胞体寄生于人、猪等多种动物的红细胞或血浆中引起的一种人畜共患寄生虫病。猪附红细胞体病主要以急性、黄疸性贫血和发热为特征,严重时导致死亡。

猪附红细胞体属于立克次体目,无浆体科。虫体呈圆球形,常单个或数个寄生于红细胞的中央或边缘,在血浆中的虫体常单个存在,可做伸展、收缩转体等运动。病原体对干燥和化学药剂抵抗力弱,常用消毒药均有效。

(一)诊断要点

1. 流行特点:主要发生于温暖季节,夏季发病较多,冬季较少。附红细胞体对宿主的选择并不严格,人、牛、猪、羊等多种动物的附红细胞体病在我国均有报道;小鼠、家兔均能感染附红细胞体。

本病可通过直接传播,亦可通过间接传播。直接传播如猪通过摄食血液,如舔食断尾的伤口、互相斗殴等,交配传播,胎盘传播。间接传播可通过活的媒介如疥螨、虱子、吸血昆虫传播,污染的注射器及用来断尾、打耳号、阉割的外科手术器械等。

2. 临床症状:特征性的病变是贫血及黄疸。可视黏膜苍白,全身性黄疸,血液稀薄,血凝不良。肝肿大变性,呈黄棕色,胆汁充盈。血红蛋白尿。全身性淋巴结肿大,切面有灰白色坏死灶或出血斑点。肾脏有时有出血点。脾肿大变软。初期全身发红,眼睑发紫,结膜潮红,后期苍白。

母猪:首先表现为厌食,皮肤发红,发热高达42℃,产奶量下降,妊娠后期和产后母猪易发生乳房炎,缺乏母性或不正常。出现繁殖障碍,产出的仔猪贫血,不足标准体重,而且易于发病。新生仔猪贫血、轻度黄疸和衰弱,后期背部出血汗,呈铜锈色。

哺乳仔猪:前期贫血、苍白,体温升高42℃,呼吸困难,死亡率高。

断奶仔猪:断奶应激、疫苗注射、互相殴斗、过度拥挤、圈舍环境差以及营养不良、长途运输均可诱发急性临床型附红细胞体病。小猪死亡率较高,症状明显。

育肥猪:应激引起突然食欲下降、厌食,体温升高,稽留数日(6~10日),死亡率不高。猪消瘦、苍白,有时出现麻疹型皮肤变态反应。育肥猪生长缓慢。

3. 病理变化:特征性病变为贫血和黄疸。可视黏膜和皮肤苍白、黄染、血液稀薄、水样。肝脏肿大呈黄褐色,胆囊内含浓稠的胶冻样胆汁,脾脏肿大变软,全身淋巴结肿大,切面有灰白色坏死灶或出血斑点。肾脏苍白肿大,有时有出血点,胸水腹水增多。

4. 实验室诊断:取病猪耳尖血1滴,加等量生理盐水后用盖玻片压置高倍镜下观察。可见虫体呈球形、逗点形、杆状或颗粒状。虫体附着在红细胞表面或游离在血浆中,血浆中虫体可以做伸展、收缩、转体等运动。由于虫体附着在红细胞表面有张力作用,红细胞在视野内上下震颤或左右运动,红细胞形态也发生了变化,呈菠萝状、锯齿状、星状等不规则形状。

(二)综合防治

1. 治疗:育肥猪及空怀母猪用贝尼尔疗效较好,按5~7毫克/千克体重深部肌内注射,间隔48小时重复用药1次。极限量10毫克/千克。对病程较长和症状严重的猪无效。

妊娠母猪用土霉素或四环素进行治疗。3毫克/千克体重肌内注射,24小时即见临床改善,连用1周。也可连续应用。

在每吨饲料混入磺胺六甲氧嘧啶500~600克,连用1周。

也可使用其他药物,如黄色素、咪唑苯脲、氯喹、喹宁、青蒿素、青蒿素酯等。

在防制时应注意:贝尼尔等药物有毒副作用,应限量使用。饲料中添加小苏打以维持猪体内的酸碱平衡。应用葡萄糖饮水防制仔猪低血糖症,仔猪和慢性感染的猪应进行补铁。同时还应注意继发疾病的治疗。

2. 预防:首先必须进行内、外寄生虫的防制,节肢动物的驱避。当涉及与血液传递有关的操作时应加强卫生管理;当怀疑母猪带虫时,则相应的疫苗注射和药物治疗时均需要换注射器或严格消毒。加强饲养管理,给予全价饲料保证营养,增加机体的抗病能力，减少不良应激都是防止本病发生的关键。

在发病期间，可用土霉素或四环素添加饲料中，剂量为 400 克/吨饲料，连用 2～3 周。

第二节　猪的一般性疾病

一、猪蛔虫病

猪蛔虫病是由猪蛔虫寄生于猪小肠内引起的一种寄生虫病。主要侵害 3～6 月龄仔猪，临床上以生长发育不良为特征，严重者发育迟滞，形成僵猪，甚至死亡，对养猪业危害很大。我国猪的感染率为 17%～80%，平均感染强度 20～30 条。

（一）诊断要点

1. 流行特点：猪蛔虫发育史中不需中间宿主，猪因吃入污染饲料和饮水中的感染性虫卵而感染，因此本病分布十分广泛，饲养管理差的猪群常发生本病。成年猪多为带虫者，仔猪发病率高，危害大。一年四季都可感染，3～6 月龄的猪可终生带虫。1 条雌虫 1 天可产 10 万～20 万个虫卵，一生可产 3 千万个虫卵，散布极广。虫卵抵抗能力很强。

2. 主要症状：幼虫移行至肺常致蛔虫性肺炎，病猪咳嗽、气喘、呼吸困难、体温升高等。成虫寄生时表现营养不良、消瘦、贫血、被毛粗乱、磨牙、发育滞缓。大量成虫可致肠阻塞、穿孔、破裂，表现腹痛甚至死亡。胆道蛔虫症表现黄疸和腹痛等症状，多经 6～8 天死亡。

3. 病理变化：肝组织出血、变性、坏死，肝表现有不定型的灰白色云雾状斑块。肺脏有大量出血点和暗红色斑点。小肠黏膜卡他性炎症、出血或有溃疡。肠破裂时可见腹膜炎和腹腔内出血。小肠内可见有长 15～40 厘米的蛔虫。

4. 实验室诊断:

(1)虫卵检查:用饱和盐水漂浮法检查粪中虫卵,或贝乐曼幼虫分离法查肝、肺中幼虫。虫卵呈黄褐色,短椭圆形或近圆形,卵壳厚,最外层为凸凹不平的蛋白质膜,卵内含1个胚细胞。

(2)死后剖检:可在小肠内发现虫体及相应的病变。猪蛔虫是一种大型线虫,虫体淡黄色,圆柱形,中间稍粗,两端较细,体表光滑有横纹。

(二)防治措施

1. 预防:加强饲养管理,保持饲料和饮水清洁。及时清除猪粪并堆积发酵,杀灭虫卵。做好定期预防性驱虫工作,3~6月龄期间一般应驱虫2~3次。

2. 治疗:驱虫用左咪唑,每千克体重7.5毫克,肌内注射,或喂服。丙氧咪唑,每千克体重10毫克,拌饲料1次口服。精制敌百虫,每千克体重100毫克,溶解后均匀拌入饲料喂服,必要时2周再喂1次。伊维菌素,每千克体重0.3毫克皮下注射,必要时隔周重复注射1次。

二、猪疥螨病

猪疥螨病俗称猪癞子或疥癣,是由猪疥螨寄生于猪的真皮内引起的一种接触性传染性寄生虫病。该病呈世界性分布,尤其随着集约化养猪业的发展,疥螨病的流行日益严重。病猪以剧烈痒觉为特征,精神不安,食欲降低,生长缓慢,体表常被覆一层痂皮,严重时形成僵猪和导致死亡。

(一)诊断要点

1. 流行特点:仔猪易发疥螨病,而且发病也较严重。随着年龄的增长,症状逐渐减轻而成为带螨者。有的猪可带螨一年至多年而成为该病的主要传染源。成年公猪多为带螨者。由于对公猪的治疗较母猪少,所以公猪常为繁育猪群的感染源。带虫母猪产仔后，通过直接接触传给仔猪。

2. 临床症状：猪疥螨通常先在头部发现，眼圈、颊及耳部是经常侵袭的部位，以后逐渐蔓延至背部、躯干两侧及后肢内侧，尤以仔猪的发病最为严重。患畜局部发痒，常在圈舍、栏柱摩擦或相互摩擦，并常摩擦出血，之后可见渗出液结成的痂皮。后期患畜皮肤出现皱褶或龟裂，患部被毛脱落。长期患病的仔猪明显发育不良，生长缓慢，严重时可导致死亡。

3. 鉴别诊断：

(1)湿疹：有痒觉，但不及螨病严重，在温暖厩舍中痒觉不加剧，且有的湿疹不痒，病原检查无虫体。

(2)渗出性皮炎：病猪死亡率高，用抗生素治疗有效，且病屑检查无虫体。

(3)虱：发痒、脱毛和营养障碍等与疥螨病相似，但无皮肤增厚、起皱褶和变硬等病变，在患部可以发现虱。

(二)综合防治

(1)治疗：猪疥螨病的治疗方法较多，目前较为理想的药物是伊维菌素及其类似物。市场上进口的伊维菌素有注射剂和粉剂两种，注射剂按 300 微克/千克体重皮下注射 1 次，口服剂量按 100 微克/千克体重的剂量连续饲喂 1 周，效果可靠，但价格较高。国产的阿维菌素也有注射剂和粉剂，注射按 1 毫升/33 千克体重，粉剂按 15 ~ 20 克/千克体重口服也有较好的治疗效果，且价格适宜。另外，常用的药物还有以下几种：

0.5% ~ 1.0% 敌百虫水溶液，喷洒或淋洗猪体。50 毫克/升双甲脒溶液药浴或喷雾，10 天后重复进行一次。佳灵三特，柳胺类化合物，口服 10 毫克/千克体重。

(2)预防：疥螨之所以得不到很好控制，在某种程度上是由于对其流行病学缺乏了解和猪场管理人员缺乏应有的重视。

疥螨的控制首先应从种猪群开始，全场猪群应同时用药，并做到定期用药。用药的同时要对猪场的粪便、垫料进行生物学发酵作无害化处理。在对病畜进行治疗的同时，搞好畜舍的环境卫生，经常保持清洁、干燥、通风的条件，应用喷洒的杀螨药处理猪舍和用具也很重要。

三、亚硝酸盐中毒

本病是过量食入或饮入含有硝酸盐的饲料和饮水，造成高铁血红蛋白血症，导致动物机体组织缺氧而引起。临床表现为起病突然，黏膜发绀，血液褐变，呼吸困难，神经紊乱和病程短促。白菜、甜菜、菠菜等均含有多量的硝酸盐，在存放不当（大堆堆放，内部发热）或调制不当（叶菜切碎，慢火焖煮，煮熟后久焖锅中）时，硝酸盐可经硝酸盐还原菌还原为亚硝酸盐，饲喂后可引起猪的中毒。当猪的胃肠道机能紊乱，如患肠道寄生虫病或胃酸浓度降低时，可使胃肠道内的硝酸盐还原菌大量繁殖，此时若动物大量采食硝酸盐饲料，可使亚硝酸盐在肠道内大量产生并被吸收而引起中毒。

（一）诊断要点

1. 主要症状：发病突然，一般在采食后十几分钟到半小时，最迟 2 小时出现症状，最急性型表现不安，站立不稳，很快倒地死亡。急性型除表现不安外，有腹痛症状，呼吸困难，精神萎靡，有些呕吐、流涕、行走摇晃、全身震颤，嘴唇及鼻盘等部开始苍白，以后呈青紫色，皮肤及可视黏膜发绀，衰竭倒地而死。轻者呕吐后可慢慢好转。

2. 病理变化：腹部多胀满，口鼻青紫，并流出淡红色泡沫状液。眼结膜呈棕褐色，血液变成咖啡色如酱油状，凝固不良，胃肠道呈不同程度的充血、出血，黏膜易脱落，肠系膜淋巴结轻度出血。肝、肾呈暗红色。肺充血，气管和支气管黏膜充血、出血，充满带红色的泡沫。

3. 诊断:根据临床表现和发病诱因,可作出初步诊断。必要时作亚硝酸盐检验和变性血红蛋白检查。

(二)防治措施

1. 预防:青绿饲料应新鲜生喂,存放时应摊开敞放。接近收割的青绿饲料不施用硝酸盐化肥。

2. 治疗:安静休息,投服适量的糖水或牛奶、蛋清水即可。症状严重者,静脉或肌内注射1%亚甲蓝溶液,每千克体重注射0.1~0.2毫升;或注射甲苯胺蓝,每千克体重5毫克。内服或注射适量维生素C,以及静脉注射10%~25%葡萄糖液300~500毫升。

对症治疗:对呼吸困难的猪可注射尼克刹米等呼吸兴奋剂,对心脏衰弱者可注射安钠咖等。

四、氢氰酸中毒

氢氰酸中毒是由于猪采食富含氰苷配糖体的青饲料而发生的中毒。氢氰酸中毒的主要特征为伴有呼吸困难、震颤惊厥综合征的组织中毒性缺氧症。

(一)诊断要点

1. 临床症状:氢氰酸中毒,发病很快,当猪采食含有氰苷的饲料后15~20分钟,表现腹痛不安,呼吸困难,可视黏膜鲜红,流出白色泡沫状唾液,首先兴奋,很快转为抑制,呼出气体有苦杏仁味,随之全身极度衰弱无力,行走不稳,很快倒地。体温下降,后肢麻痹,瞳孔散大,反射减少或消失,心搏徐缓,呼吸浅表,最后昏迷死亡。

2. 病理变化:在体腔和心包腔内有浆液性渗出物。胃肠黏膜和浆膜有出血,肺水肿,在气管和支气管内有大量泡沫状液体、不易凝固的红色血液。胃内容物有苦杏仁味。

3. 诊断:饲料中毒时吃得越多死得越快,了解其病史及发病原因,可初步判断为本病。另外,根据其血液颜色为鲜红色可与亚硝酸盐中毒相区别。最后确诊可进行毒物分析。

(二)防治措施

1. 预防:禁食含有氰苷配糖体的青饲料,如高粱苗,亚麻叶,木薯、杏、桃、枇杷等的叶,含氰苷配糖体的青饲料,最好放于流水中浸泡 24 小时,或漂洗后加工利用。

2. 治疗:发病后立即用亚硝酸钠 0.1 ~ 0.2 克配成 5% 的溶液,静脉注射,随后再注射 5% ~10% 硫代硫酸钠 20 ~ 60 毫升;或亚硝酸钠 1 克,硫代硫酸钠 2.5 克,蒸馏水 50 毫升混合,静脉注射。

五、霉饲料中毒

指猪采食了发霉的饲料引起的中毒性疾病。临床上以神经症状为特征,各种猪都可发病,仔猪及妊娠母猪较敏感。当温度和湿度适宜,寄生于玉米、大麦、小麦、豆类等饲料中的霉菌大量繁殖,产生有毒物质。最常见的霉菌毒素有黄曲霉毒素、镰刀菌毒素和赤霉菌毒素。

(一)诊断要点

1. 主要症状:仔猪常呈急性发作,出现中枢神经症状,头弯向一侧,头顶墙壁,数日内死亡。大猪病程较长,一般体温正常,初期食欲减退。仔猪的嘴、耳、四肢内侧和腹侧皮肤出现红斑,后期停食、腹痛、下痢,被毛粗乱,迅速消瘦,生长迟缓等。妊娠母猪流产。

2. 病理变化:肝脏肿大、坏死,全身黏膜、皮下、肌肉可见有出血点和出血斑,淋巴结水肿,肾弥漫性出血,胸、腹腔积液,胃肠道可见游离血块,有时可见脾脏被膜毛细血管扩张和出血性梗死。

3. 诊断:根据病史、临床症状及病理组织学变化,进行综合分析,可作出诊断。

(二)防治措施

1. 预防:加强饲料管理,防止饲料霉变,禁止饲喂发霉饲料。

2. 治疗:无特效解毒药,应立即停止饲喂致病性可疑饲料。根据临床症状对症处理,用0.1%高锰酸钾洗胃。内服泻剂和防腐剂,促进毒物的排除和制止异常发酵,可用安溴合剂静脉注射(即10%溴化钠液10~20毫升,10%安钠咖2~5毫升),5%葡萄糖生理盐水静脉注射。

六、有机磷农药中毒

猪由于接触吸入或误食某种有机磷农药或超量使用某种有机磷驱虫剂,体内胆碱酯酶活性被抑制,乙酰胆碱蓄积而中毒。临床以胆碱能神经兴奋为特征。

(一)诊断要点

1. 主要症状:于吸入、吃进或皮肤沾染后数小时内突然发病,流涎、流泪、流涕、瞳孔缩小、结膜暗红、磨牙、肠音增强、肌肉颤抖、全身出汗、不断腹泻;重者口吐清水、呼吸促迫,四肢、颈部和臀部肌肉痉挛,站立不稳,常发生肺水肿而窒息死亡。

2. 病理变化:肝充血,小灶性肝细胞坏死,肾肿大淤血呈土黄色,脑水肿充血,胃肠黏膜出血,胃内容物有蒜臭味,肺水肿。

3. 诊断:根据接触有机磷农药的病史以及胆碱能神经兴奋效应为基础的病理表现及病理变化进行诊断。确诊可做血液胆碱酯酶活性测定。饲料饮水或胃内容物进行毒物检验。

(二)防治措施

1. 预防:严格保管和使用农药制度,防止污染饲料饮水及周围环境。严格控制驱虫用药剂量。

2. 治疗:实施特效解毒,尽快洗出尚未吸收的毒物,同时配合必要的对症疗法。胆碱酯酶复活剂常用的有解磷定、氯磷定、双解磷。乙酰胆碱对抗剂常用的有硫酸阿托品。解磷定0.02~0.05

克/千克体重，溶于5%葡萄糖生理盐水100毫升中做静脉注射或腹腔注射。硫酸阿托品1毫升(5毫克)，一次皮下注射。灌服1%硫酸铜催吐，用2%～3%碳酸氢钠液或食盐水洗胃。

七、鼠药(磷化锌)中毒

磷化锌是经常使用的灭鼠药和熏蒸杀虫剂，猪多半是由于误食灭鼠毒饵，或被磷化锌污染的饲料，造成中毒。磷化锌在胃酸的作用下，释放出剧毒的磷化氢气体，并被消化道吸收，进而分布在肝、心、肾以及横纹肌等组织，引起所在组织细胞发生变性坏死等病变，并在肝脏和血管遭受病损的基础上，发展至全身泛发性出血，直至陷于昏迷或休克。

(一)诊断要点

1. 临床症状：由采食引起者，病初精神委顿，食欲消失，寒颤，呕吐，腹泻腹痛。呕吐物和粪便有大蒜味，于黑暗处可见有磷光。心动徐缓。较重者可出现意识障碍、抽搐、呼吸困难；严重者可出现昏迷、惊厥、肺水肿、黄疸、血尿、呼吸衰竭及明显心肌损伤等症状。

2. 病理变化：切开胃时，有带蒜味的特异臭气，胃内容物在暗处，可见磷光。尸体静脉扩张，泛发微血管损伤。胃肠道充血、出血，肠黏膜脱落，肝肾淤血，浑浊肿胀。肺间质水肿，气管内充满泡沫状液体。

3. 诊断：仅从症状和病理剖检方面较难与其他毒物中毒正确区分，必要时可做毒物分析。

(二)防治措施

1. 预防：猪场用毒饵灭鼠时，应指定专人负责，防止被猪误食，同时做好饲料的保管和调制工作，防止将鼠药混掺入饲料中。

2. 治疗：磷化锌中毒，无特效治疗方法，多数是对症治疗。

(1)如早期排出毒物，可灌服1%～2%硫酸铜溶液20～50毫升，或0.1%高锰酸钾20毫升，隔4～5小时服1次。同时应用硫酸镁、芒硝等缓泻剂，忌用油类泻剂。

（2）静脉注射葡萄糖盐水300～500毫升，同时注射10%安钠咖5～10毫升强心和注射维生素B。为防止血液中碱储量降低，可静脉注射5%碳酸氢钠溶液30～50毫升。

八、仔猪低血糖症

新生仔猪低血糖症是仔猪出生后，最初几天因饥饿致体内储备的糖原耗竭，而引起血糖显著降低的一种营养代谢病。本病常发生于1周龄以内的仔猪，且多于生后最初3日发病，死亡率比较高。临床上以明显的神经症状为特征。主要原因是仔猪吮乳不足所致。饲养管理水平低下，母猪产后发生子宫炎、乳房炎造成母猪少乳或无乳。

（一）诊断要点

1. 主要症状：精神沉郁，吮乳停止，四肢无力，肌肉松弛，步态不稳，运动失调，皮肤温度降低，心跳慢而弱，后期卧地不起，呈角弓反张状或做游泳运动，甚至昏迷死亡。

2. 病理变化：消化道空虚、脱水，肝脏变小质硬，呈橘黄色，胆囊肿大，肾呈淡土黄色，有散在的红色出血点。肾盂和输尿管有白色沉淀物。

3. 诊断：根据妊娠母猪管理不良，产后少乳或无乳，仔猪特殊的临床表现，以及对葡萄糖治疗的效果观察，可作出诊断。必要时做血糖含量的测定。

（二）防治措施

1. 预防：加强怀孕后期母猪饲养管理，保证在怀孕期内供给胎儿充足的营养，保证产后充足的乳汁供应。

2. 治疗：注意保暖，减少应激，及时解除母猪少乳或无乳的原因。5%或10%葡萄糖20～40毫升，腹腔或皮下分点注射，每隔

3～4小时1次。直至症状缓解并能自行吮乳为止。亦可灌服20%糖水，每次10～20毫升，每2～3小时1次。

九、仔猪营养性贫血

仔猪营养性贫血是指15～30日龄哺乳仔猪因缺铁而发生的贫血病。以血红蛋白含量降低，红细胞数量减少，皮肤黏膜苍白以及生长受阻为特征。本病一年四季均可发生，主要是因为：一方面新生仔猪对铁的需要量大，体内铁的贮存量低，不能满足仔猪正常生长的需要；另一方面母乳中铁的含量低微，仔猪不能从母乳中获得所需的铁质，造成仔猪体内铁质不足，红细胞合成受阻而发生贫血。

（一）诊断要点

1. 诊断要点：仔猪多在出生后8～10天发病。病猪精神沉郁，食欲减退，被毛粗乱无光泽，生长缓慢。可视黏膜苍白黄染，呼吸加快，脉搏加快，有时发生腹泻。病猪可突然发生死亡，有的虽能存活，但也多消瘦，健康状况低下。

2. 病理变化：皮肤黏膜苍白，血液稀薄，全身轻度或中度水肿。肝脏肿大，呈淡黄色，肝实质少量淤血。肌肉苍白，心肌尤为明显，心脏扩张，心肌松弛，脾肿大，肺水肿。

（二）防治措施

1. 预防：加强哺乳母猪的饲养管理，给予富含蛋白质矿物质和维生素的全价饲料，保证充分的运动。仔猪应随同到舍外活动或放牧，或在猪舍内放置土盘，装红土或深层干燥泥土，让猪自由采食。在水泥地面饲养的仔猪，必须从生后3～5日龄开始补充铁剂，可于生后3日龄肌内注射右旋糖酐铁2毫升。

2. 治疗：主要是补充铁剂。仔猪可用硫酸亚铁2.5克，硫酸铜1克，温开水100毫升，按0.25毫升/千克体重口服，每日1次，连用7～14日；或焦硫酸铁，每日灌服30毫克，连用1～2周。也可肌内注射铁制剂，仔猪可用右旋糖酐铁2毫升（每毫升含铁50毫克），深部肌内注射，一般一次即可，必要时隔一周再注射1次；或葡聚糖铁钴注射液，2日龄内深部肌内注射2毫升，重症者隔两天重复注射1次，并配合应用叶酸、维生素B_{12}等；或后肢深部肌内注射血多素（含铁200毫克）1毫升。

十、猪佝偻病及软骨病

佝偻病是由于维生素D缺乏和钙磷代谢障碍而引起的仔猪骨组织发育不良的一种非炎性病，又称软骨病。本病的主要原因是妊娠母猪体内矿物质或维生素D缺乏，影响胎儿骨组织的正常发育，或在小猪断乳后，饲料调配不当，日粮钙磷含量不足或比例失调，维生素D缺乏。此外，断乳过早或患胃肠疾病时，影响钙磷和维生素D的吸收利用等，都可继发佝偻病。

（一）诊断要点

1. 临床症状：病初食欲稍减或无变化，喜啃咬饲槽、墙壁、泥土、煤渣、垫草、破布等异物。继而喜卧厌动，发生跛行，步样强拘，行走困难，卧多立少。强行运动时，步态蹒跚，随病情发展，关节部位肿胀肥厚，骨骼变形，肋骨与类软骨结合处肿大，采食咀嚼困难。神经肌肉兴奋性增强，出现低血钙性抽搐。伴有呼吸困难、咳嗽、腹泻、消瘦等。成年猪的软骨病多见于母猪，临床上以消化紊乱、异嗜癖、跛行、腰腿僵硬、关节肿大变粗、骨骼弯曲变形为特征。

2. 病理变化：骨质密度降低，骨皮质变薄，长骨端凹陷，骨小梁结构紊乱，骨关节变形，骨骺界限增宽，形状不规则，边缘模糊不清。

3. 诊断：根据动物的年龄、饲料条件、临床症状及治疗效果等特征，可作出诊断，必要时进行血液学检查。

（二）防治措施

1. 预防：保证日粮中钙磷和维生素D的含量和合理的比例，

妊娠后期的母猪注意钙、磷和维生素 D 的补给。

2. 治疗：改善妊娠母猪、哺乳母猪和仔猪的饲养管理，给予矿物质和维生素 D 源充足的饲料。发病仔猪可用维丁胶性钙 0.2 毫克/千克体重，隔日 1 次肌内注射。成年猪，可用 10% 葡萄糖酸钙 50～100 毫升静脉注射，1 日 1 次，连用 3 日。

十一、硒缺乏症

硒缺乏症是由于日粮单调，缺乏硒和维生素 E 而引起的一种营养代谢障碍性疾病，俗称白肌病。发病死亡的猪以骨骼肌心肌肝脏的变性坏死以及渗出性素质为特征。

（一）诊断要点

1. 主要症状：肌营养不良症初期表现精神不振，迅速衰弱，起立困难。继续发展，则四肢麻痹、呼吸不均、快而弱、心跳加快，体温无异常变化。肝营养不良多发生于 3 周龄至 4 月龄的小猪，体况良好，生长迅速的仔猪发病较多，没有症状而突然发病死亡。存活仔猪严重呼吸困难，黏膜发绀。轻者常表现食欲不振，不愿活动等症状，病程长者常表现迟钝和食欲不振、呕吐、腹泻、腹胀和发育不良、粪便带血等消化道症状。

2. 病理变化：肌营养不良常见骨骼肌有连片或局灶性大小不同的坏死灶，肌肉松弛，颜色呈灰红色，如煮熟的鸡肉。心内膜有淡灰色或淡白色斑点，心肌坏死松软，心内外膜有斑点状出血。肝淤血充血，脂肪变性。

3. 诊断：根据临床症状，地方缺硒史，饲料中硒和维生素 E 缺乏等，可作出诊断。

（二）防治措施

1. 预防：加强饲养管理，饲料合理搭配，缺硒地区在饲料中配合使用亚硒酸钠和维生素 E。

2. 治疗：主要以肌内或皮下注射硒制剂为主。0.1% 亚硒酸钠肌内注射，仔猪1～2毫升，2～6月龄3～5毫升，6～12月龄8～10毫升，成年猪10～15毫升，隔20日再注射1次。

亚硒酸钠维生素E注射液：每毫升含硒1毫克，维生素E 50国际单位。肌内注射，仔猪1～2毫升，成年猪10～20毫升，隔20天再注射1次。

十二、锌缺乏症

锌缺乏症是由于饲料中锌缺乏而引起的一种皮肤表皮层的亚急性、慢性、非炎性疾病。临床上以生长缓慢、皮肤角化不全、表皮增生和龟裂、繁殖机能障碍及骨骼发育异常为特征，又称为皮肤角化不全症。土壤与饲料中锌含量不足是发生本病的主要原因。

（一）诊断要点

1. 临床症状：病猪表现为食欲减退、营养不良、生长缓慢、膘情下降、被毛粗糙无光，在猪腹下、背部、股内侧和肢关节等部位的皮肤发生对称性红斑，继而发展为直径3～5毫米的丘疹，很快皮肤增厚至5～7毫米，有裂隙，增厚表皮上覆以容易剥离的鳞屑，不痒，常继发脓肿，全身一片片脱毛。脱毛多在颈部、脊背两侧和腰臀部。严重病例在头部和眼睑四周亦发生脱毛，个别猪则成了“无毛猪”，像用剃刀刮的那样干净。脱毛区皮肤上覆盖石棉状物，皮肤干燥变厚而失去正常弹性。病母猪产后少尿、尿闭和缺乳。有的母猪长期假发情、屡配不孕和产仔数减少，初生仔猪虚弱和死胎。

2. 鉴别诊断：临床上应注意与疥癣和渗出性皮炎相区别。疥癣病伴有明显的瘙痒症状，皮肤刮取物中发现疥癣；渗出性皮炎主要见于未断乳仔猪，病变具有滑腻性，完全不同于锌缺乏症的干燥易裂的病变，而且死亡率高。

（二）防治措施

1. 预防：保证日粮中含有足够的锌，消除影响锌吸收利用的各种因素。饲料中钙要适量，不宜过高，以防因钙过高引起锌缺乏症。在日粮中添加硫酸锌50克/吨，有很好的预防效果。亦可按标准补锌量每吨饲料加180克。

2. 治疗：对于发病猪，可采用碳酸锌肌内注射2～4毫克/千克体重，每日1次，10日为1个疗程；硫酸锌内服0.2～0.5克/头，每日1次，10日为1个疗程；日粮中加0.02%的硫酸锌或碳酸锌对本病兼有治疗和预防作用，但含量不能超过0.1%，否则会引起锌中毒。对皮肤病变可涂擦10%氧化锌软膏。

十三、异嗜癖

异嗜癖是由于饲料中缺乏矿物质、微量元素、维生素、蛋白质和氨基酸等，导致机体代谢机能紊乱、味觉异常的一种非常复杂的多种疾病的综合征。临床上以到处舔食、啃咬通常认为无营养价值而不应该采食的东西为特征，它不只是一种疾病，而且是许多疾病（如骨软症、慢性消化不良等）的一种临床症状。多发生在冬季和早春舍饲的猪群。

（一）诊断要点

1. 临床症状：异嗜癖一般多以消化不良开始，接着出现味觉异常和异嗜症状。临床上表现患猪舔食墙壁、啃食槽、砖头瓦块、玻璃小瓶、破皮、尿碱、沙石、毛发、鸡屎或有咸味的异物，啃咬或吞咽被粪便污染的垫草、杂物。接着食欲下降、生长不良，病猪渐渐消瘦，对外界刺激的敏感性增高；以后则迟钝、皮肤干燥、弹力减退、被毛松乱无光泽，口腔干燥，开始多便秘；其后下痢或便秘下痢交替出现。母猪常引起流产、吞食胎衣；仔猪则互相啃咬尾巴、耳朵等；当断奶仔猪、架子猪相互啃咬对方耳朵、尾巴和鬃毛时，常可引起互相攻击和外伤。个别患猪贫血、衰弱、食欲进一步恶化甚至发生衰竭而死亡。

2. 诊断：将异嗜作为症状诊断并不困难，但欲作出病因学诊断即究竟由什么原因引起，并不容易。通常情况下要根据病史、临床症状、治疗性诊断、病理学诊断、实验室检查、饲料成分分析，多方面资料结合起来进行分析，才能确诊，只有查明原因，才能进行有效的防治。

（二）防治措施

1. 预防：根据饲料成分分析和当地土壤情况，补充所缺物质，保证全价日粮，适当添加青绿饲料和定期驱虫。

2. 治疗：在病因学诊断的基础上，视病因而定，缺什么补什么，如钙缺乏时，可补充钙盐（见佝偻病和骨软症）；碱盐缺乏时可供给食盐、小苏打、人工盐等；有人曾报道，氯化钴对异嗜癖有良好的治疗作用，而且硫酸铜和氯化钴配合使用效果更好。治疗用量每头1次为氯化钴10～20毫克和硫酸铜75～150毫克。此外，兽用生长素含铁、铜、钴盐等多种微量元素，可根据说明书试用。

十四、阴道脱出

阴道的部分或全部脱出于阴门之外，称阴道脱出。有阴道上壁脱出和下壁脱出，以下壁脱出为多见。日粮中缺乏常量元素及微量元素，运动不足，阴道损伤及老、弱猪等，使固定阴道的结缔组织松弛，是本病的主要原因。便秘、腹泻、阴道炎，以及分娩及难产时的阵缩、努责等，致使腹内压增加，是本病的诱因。

（一）诊断要点　一般无全身症状，多见病猪不安、弓背、回顾腹部和做排尿姿势。当继发感染时，出现全身症状。局部症状如下。

1. 部分脱出：常在卧下时，见到形如鹅卵到拳头大的红色或暗红色的半球状阴道襞突出于阴门外，站立时缓慢缩回。但当反复脱出后，则难以自行缩回。

2. 完全脱出：多由部分脱出发展而成。可见形似网球大的球状物突出于阴门外，其末端有子宫颈外口，尿道外口常被压在脱出阴道部分的底部,故虽能排尿但不流畅。脱出的阴道,初呈粉红色,后因空气刺激和摩擦而淤血水肿,渐成紫红色肉冻状,表面常有污染的粪水,进而出血、干裂、结痂、糜烂等。个别伴有膀胱脱出。

(二)防治措施

1. 治疗:因脱出的程度不同而异。

(1)部分脱出的治疗:站立时能自行缩回的,一般不需整复和固定。在加强运动、增强营养、减少卧地,并使其保持后位高的基础上,灌服具有"补虚益气"的中药方剂,多能治愈。当站立时不能自行缩回者,则应进行整复固定,并配以药物治疗。

(2)完全脱出的治疗:应行整复固定,并配以药物治疗。整复时,将病猪保定在前低后高的地方,裹扎尾巴并拉向体侧,先用2%明矾水、1%食盐水、0.1%雷夫诺尔或淡花椒水,清洗局部及其周围。水肿严重时,热敷挤揉或划刺以使水肿液流出。然后用消毒的湿纱布或涂有抗菌药物的细纱布把脱出的阴道包盖,趁猪不甚努责的时候用手掌将脱出的阴道托送还纳后,取出纱布,取治脱穴(阴唇中点旁开1毫米)及后海穴电针,或在两侧阴唇黏膜下蜂窝组织内注入70%乙醇30~40毫升,或以栅状阴门托或绳网结予以固定;亦可用消毒的粗缝线将阴门上2/3做减张缝合或纽孔状缝合。当病猪剧烈努责而影响整复时,可做硬膜外腔麻醉或骶封闭。脱出的阴道有严重感染时,应施以全身疗法。必要时,可行阴道部分切除术。

2. 预防:加强饲养管理,给以营养全面而足够的日粮和适量的运动,预防和及时治疗增加腹压的各种疾病。

十五、直肠脱

直肠脱是直肠的一部分或大部分经肛门向外翻转脱出而不能自行缩回的一种疾病。主要病因是直肠发育不全,肛门括约肌松弛所致。猪只长时间泻痢、慢性便秘、难产、刺激性药物灌肠后引起强烈努责、长途运输等,都可引起直肠脱。

(一)诊断要点　病猪卧地或排便后直肠黏膜脱出,排粪后或站立时可缓慢回复,多次或反复发作后形成习惯性直肠脱;在肛门外可见暗红色球形物或呈圆筒状的直肠下垂于肛门下方,脱出部位血液循环障碍,致使黏膜淤血水肿发炎,被粪便泥土污染,黏膜干裂坏死。发生损伤感染,可出现明显的全身症状,如体温升高、精神沉郁、食欲减退。

(二)防治措施

1. 预防:加强饲养管理,消除各种发病诱因。

2. 治疗:治疗原则是清洗还纳防止再脱。整复是治疗直肠脱的首要任务,应早发现早整复。先用0.1%～0.2%的高锰酸钾水或1%的明矾溶液清洗患部,除去污物及坏死黏膜,将猪保定于后高前低的状态,用手依次将肠管还回原位。整复后仍继续脱出者,考虑将肛门做荷包缝合,中间留小排粪孔,1周后拆线。整复后可用2%的普鲁卡因后海穴注射,减轻努责。给予易消化的饲料,以流质饲料为主,防止出现便秘。配合应用抗生素,防止全身感染。

十六、胎衣不下

胎衣不下又称胎膜停滞,是指分娩后不能在正常时间内将胎膜完全排出。一般正常排出胎衣的时间,猪为1小时。

(一)诊断要点　有全部不下和部分不下两种。

1. 全部胎衣不下:停滞的胎衣悬垂于阴门之外,呈红色—灰红色—灰褐色的绳索状,且常被粪土污染。如悬垂于阴门外的是尿羊膜部分,则呈灰白色膜状,其上无血管。但当子宫高度弛缓及脐带断裂过短时,也可见到胎衣全部存留于子宫或阴道内。

2. 部分胎衣不下:残存在母体胎盘上的胎儿胎盘仍存留于子宫内。母猪表现不安,不断努责,食欲减少或废绝,但喜喝水。阴门内流出红褐色带臭味的液体，体温可升高。如果引起脓毒败血症时常可导致母猪的死亡。胎衣不下的诊断方法是检查已排出的胎衣上脐带断端的数目是否与胎儿数目相同。

(二)防治措施

1. 预防：加强饲养管理，供给妊娠母猪全价饲料，适当增喂维生素或青绿饲料，适当运动。

2. 发现胎衣不下时，可用以下方法治疗：

(1)注射脑垂体后叶素 20~40 国际单位，也可静脉注射 10% 氯化钙 20 毫升，或 10% 葡萄糖酸钙 50~100 国际单位。

(2)由于猪子宫的特点，企图剥离胎衣是很困难的。如经以上处理无效而子宫颈尚开放时，可用手伸入子宫剥离与拉出胎衣，随即用 0.1% 高锰酸钾冲洗，导出洗涤液。隔 1~2 小时后，再将 1 克四环素或土霉素加 100 毫升蒸馏水中注入子宫。在处理过程中，应注意严格消毒。

十七、子宫脱出

子宫脱出是指子宫角的一部分或全部翻转于阴道内(子宫内翻)，或子宫翻转并垂脱于阴门之外(完全脱出)。体质虚弱、运动不足、胎水过多、胎儿过大和母猪使用年限过长，致使子宫肌收缩力减退和子宫过度伸张所引起的子宫弛缓，是其主要原因。

分娩过度延滞时，子宫黏膜紧裹胎儿，随胎儿被迅速拉出而造成的宫腔负压；难产和胎衣不下的强烈努责以及便秘、腹泻、疝痛等引起的腹压增大，是其诱因。

(一)诊断要点 一般开始无全身症状。可发生子宫出血、坏死，甚至感染而引起败血症。

(1)子宫内翻：即子宫部分脱出。病畜表现不安、努责、举尾等类似疝痛的症状。阴道检查，则见翻入阴道的子宫角尖端。

(2)完全脱出：脱出的子宫，似两条肠管，黏膜呈绒状，且上有横的皱襞，垂脱于阴门之外，有时可达跗关节。脱出的子宫黏膜表面常附着尚未脱离的胎膜，剥去胎膜或自行脱落后呈粉红色或红色，后因淤血而变为紫红色或深灰色，随着水肿呈肉冻状，且多被粪土污染和摩擦而出血，进而结痂、干裂、糜烂等。有的伴有阴道脱出。

（二）防治措施

1. 预防：加强饲养管理，供给妊娠母猪全价饲料，适当增喂维生素或青绿饲料，适当运动。

2. 治疗：以整复为主，配以药物治疗。但当子宫严重损伤坏死及穿孔而不宜整复时，应实施子宫截除术。整复时，方法同阴道脱出。为使脱出子宫缩小，可用垂体后叶素行子宫壁内注射；猪子宫完全脱出，由于子宫角很长，从外部还纳常很困难，采用“剖腹内拉外托手术”常可取得较好效果。手术取横卧保定，术部剃毛消毒，以普鲁卡因做腰旁传导麻醉和局部浸润麻醉，从髋结节下 5 厘米做 12 厘米长的垂直切口，依次分离各层肌肉，剪开腹膜，然后由助手从阴门外自子宫基部内翻托送的同时，术者从腹腔内牵拉子宫，即可迅速地将脱出的子宫还纳；最后腹腔内注入青霉素 100 万国际单位，按常规闭合创口。术后每天在饲料中混入枳壳末 15 克，能促进子宫收缩而加速复原。也可在脱出的阴道上做一纵切口，在助手的配合下，术者通过切口牵拉子宫还纳整复。整复后，为防止感染，可注入抗生素类药物。为使复位后的子宫不再脱出，可灌入冷消毒药液，或将阴门稀疏缝合等。

十八、子宫内膜炎

子宫内膜炎是子宫黏膜的黏液性或化脓性炎症，是常见的一种母猪生殖器官疾病，也是导致母猪不孕的重要原因之一。由于配种、人工授精及阴道检查时消毒不严、难产、胎衣不下、子宫脱出及产道损伤之后，细菌（双球菌、葡萄球菌、链球菌、大肠杆菌等）

侵入而引起。阴道内存在的某些条件性病原菌，在机体抗病力降低时，亦可发生本病。此外，布氏杆菌病、副伤寒等传染病时，也常并发子宫内膜炎。

（一）诊断要点

1. 急性子宫内膜炎：多见于产后母猪。病猪体温升高，废食，常卧地，从阴门流出灰红色或黄白色脓性腥臭的分泌物，附着在尾根及阴门外，病猪常做排尿动作。严重者可引起败血症或脓毒败血症。

2. 慢性子宫内膜炎：多由急性炎症转变而来，常无明显的全身症状，有时体温略微升高，食欲及泌乳稍减，阴道检查，子宫颈略开张，从子宫流出透明、浑浊或杂有脓性絮状渗出物。有的在临诊症状、直肠及阴道检查，均无任何变化，仅屡配不孕，发情时从阴道流出多量不透明的黏液，子宫冲洗物静置后有沉淀物（隐性子宫内膜炎）。当脓液蓄积于子宫时（子宫蓄脓），子宫增大，宫壁增厚；当浆液蓄积于子宫（子宫积液）时，子宫增大，宫壁变薄，均可能出现腹围增大。

（二）防治措施

1. 预防：应使猪舍保持干燥，临产时地面上可铺清洁干草，发生难产后助产时应小心谨慎。取完胎儿、胎衣，应用消毒溶液洗涤产道，并注入抗菌药物。人工授精要严格遵守消毒规则。

2. 治疗：在产后急性期，首先应清除积留在子宫内的炎性分泌物，选择1%盐水、0.02%新洁而灭溶液、0.1%高锰酸钾溶液冲洗子宫，冲洗后务必将残存的溶液排出，最后可向子宫内注入160万～320万国际单位青霉素或1克金霉素（金霉素1克溶于20～40毫升注射用水中）。

对慢性子宫内膜炎的病猪，可用青霉素160万～320万国际单位、链霉素100万国际单位，混于高压消毒的植物油20毫升中，向子宫内注入。为了促使子宫蠕动加强，有利于子宫腔内炎性分泌物的排出，亦可使用子宫收缩剂，如皮下注射垂体后叶素 20 万～40 万国际单位。

全身疗法可用抗生素或磺胺类药物。青霉素，每次肌内注射 160 万～320 万国际单位，链霉素，每次肌内注射 100 万国际单位，每日 2 次。头孢噻呋 0.5 克肌内注射，每日 1 次。用金霉素或土霉素盐酸盐时，按母猪 40 毫克/千克体重，肌内注射，每日 2 次；磺胺嘧啶钠，0.05～0.1 克/千克体重，肌内或静脉注射，每日 2 次。

十九、生产瘫痪

生产瘫痪是以产前不久或产后 2～5 日内，母猪所发生的四肢运动能力丧失或减弱为特征的一种疾病。母猪瘫痪的主要原因是怀孕后期饲料中缺乏钙、磷或钙磷比例失调，导致母猪后肢或全身无力，甚至骨质发生变化而发生瘫痪。此外，饲养条件差，缺乏蛋白质饲料时，产后护理不好、冬季圈舍寒冷潮湿等，都可引起发病。

（一）诊断要点　怀孕母猪长期卧地，后肢起立困难，强行起立后步态不稳，检查局部无任何病理变化，知觉反射、食欲、呼吸、体温等均正常。产后瘫痪见于产后 2～5 日，病初轻度不安食欲减退，行走谨慎，肌肉疼痛敏感、跛行。随病程的发展，出现精神沉郁、食欲废绝、卧地不起、后躯麻痹、长期卧地不能站立。

（二）防治措施

1. 预防：供给全价日粮，保持钙、磷充足，营养平衡，适当运动。冬季注意母猪圈的保温干燥。

2. 治疗：静脉注射 10% 葡萄糖酸钙溶液 200 毫升，注射后如不见好转，6 小时后可重复注射，但最多不得超过 3 次。肌内注射维丁胶性钙 2～4 毫升，隔日 1 次，连用 10～15 日。

二十、产前产后不食

母猪产后发烧不食症在养猪生产中是一种比较多见的常发性

疾病。无论是散养猪还是集约化养猪场均可发生，但以外来纯种猪及其杂交猪多见。其主要病因是由于分娩导致内分泌紊乱，从而引起食欲变化。

（一）诊断要点 症状是母猪在产后或产前出现体温增高，精神沉郁，喜卧懒动，食欲减少或不食，粪便干燥，呈球状，尿少而黄。分娩后母猪体温升高者，泌乳减少或停止。有时体温、精神、粪便等均正常，产后两天内泌乳正常，但以后泌乳量减少或无乳，仔猪饥饿嚎叫，待哺无乳，常引起整窝发育不良甚至发病死亡，给生产造成较大的经济损失。

（二）防治措施

1. 预防：

（1）加强母猪的饲养管理：夏季气候炎热，母猪过肥，容易发生母猪高烧不食症，母猪舍内应经常保持环境卫生，安装降温设备（淋浴、排风机），通风流畅。

（2）禁止饲喂发霉饲料，夏季饲料要做到当天加工当天喂。

（3）怀孕母猪饲料添加药物，从每年的 6 月初到 8 月，在饲料中按 1% 比例添加防暑中草药（热天加）或 1% 生石膏。

（4）分娩母猪在分娩前 3 日产后 3 日，要进行减食，只饲喂正常量的一半，分娩当天不喂食，保证饮水供应。

（5）怀孕母猪经常保证饮水供应，禁止饮变质水。

2. 治疗：母猪高烧时，要及时进行洗肠与补液降温措施。

（1）洗肠：5 000 毫升温水（25～30℃），加入 10 克洗衣粉，溶解后，直接用导管灌入直肠内。

（2）补液：补液盐半包（氯化钠 17.5 克，氯化钾 7.5 克，碳酸氢钠 12.5 克，葡萄糖 100 克），加入 10 克安乃近粉，温水（25～30℃）5 000 毫升，溶解后灌入直肠。

（3）消炎：青霉素 160 万国际单位 ×（3～4）支、链毒素 100 万国际单位 ×2 支、安乃近 30% 10 毫升 ×（3～4）支，母猪颈部肌内注射,1 日 2 次,连用 3 日。

(4)调理:母猪体温降至正常仍不食者可按下方治疗:

1)25% ~50% 葡萄糖注射液 100 毫升,安钠咖注射液 20 毫升,维生素 B_1 注射液 100 微克/毫升 20 毫升,混合后静脉缓慢注射,一般 1 ~2 次即可。

2)如果注射困难或不便也可用食醋 500 毫升,加胃蛋白酶片 50 片、酵母片 100 片、麸皮少量,混合后用胃管 1 次灌服。一般 1 ~2次即可。

3)顽固性体温不降者可灌服中草药方剂:连翘 25 克、银花 25 克、党参 40 克、淡竹叶 20 克、桔梗 15 克、牛蒡子 15 克、柴胡 15 克、黄岑 15 克、薄荷 10 克、荆芥 10 克、芦根 30 克煎汤灌服,每日 1 剂,连服 3 剂。

二十一、乳房炎

猪的乳房炎是哺乳母猪较为常见的一种疾病。由于母猪多数腹部下垂,尤其经产母猪的乳头几乎接近地面,因此,经常与地面摩擦受压而受到损伤,或因仔猪吸奶而咬伤乳头,或因猪舍潮湿、天气过冷、乳房冻疮等原因,为微生物的侵入创造了条件。它们通常是通过淋巴管或经血管而侵入乳房的组织中。也有经乳头管感染的。常见的细菌为链球菌、葡萄球菌、大肠杆菌和绿脓杆菌等。

母猪在产仔后无仔猪吸乳或仔猪断奶后数日内,喂给大量的发酵饲料和多汁饲料,乳汁分泌旺盛,乳房内乳汁积滞,也常能引起乳房炎。当母猪患有子宫炎等疾病时,也常可并发乳房炎。

(一)诊断要点

临床症状:

(1)急性乳房炎:乳腺患部有不同程度的充血(发红)、肿胀(增大、变硬)、温热和疼痛,乳房上淋巴结肿大,乳汁排出不畅或困难,泌乳减少或停止;乳汁稀薄,内含乳凝块或絮状物,有的混有血液或脓汁。严重时,除局部症状外,尚伴有食欲减退、精神不振和体温升高等全身症状。

(2)慢性乳房炎:乳腺患部组织弹性降低,硬结、泌乳量减少,挤出的乳汁变稠并带黄色,有时内含乳凝块。多无全身症状,少数病猪体温略高,食欲降低。有时由于结缔组织增生而变硬,致使泌乳能力丧失。

乳房炎有的发生于整个乳房,有的仅见一个乳腺,有时数个乳腺同时患病。

(二)防治措施

1. 预防:加强饲养管理,改善产房环境卫生,提高母猪的抵抗能力,初生仔猪应断齿,防止咬伤乳头。

2. 治疗:

(1)局部疗法:

1)急性乳房炎的治疗:乳房基部周围封闭:青霉素100万国际单位,溶于0.25%普鲁卡因溶液200~400毫升中,做乳房基部环行封闭,每日1~2次。

2)慢性乳房炎的治疗:局部刺激疗法,选用樟脑软膏、鱼石脂软膏(或鱼石脂鱼肝油)、5%~10%碘酊或碘甘油,待乳房洗净擦干后,将药涂擦于乳房患叶皮肤。其中以鱼石脂鱼肝油疗效明显,亦可温敷。

(2)全身疗法:以青霉素与链霉素,或青霉素与新霉素的联合疗法或四环素疗法效果为优。四环素用于慢性乳房炎比急性乳房炎的疗效为高。也可用青霉素与磺胺噻唑,或四环素与磺胺噻唑的联合应用;或应用头孢噻呋肌内注射进行治疗。

浅表脓肿,可行切开排脓、冲洗、撒布消炎药等一般外科处理。当乳腺发生坏疽时,应行切除,以免引起脓毒血症,然后如同上法加以治疗。出血性乳房炎可用抗生素配合强的松龙治疗。

二十二、生产母猪便秘

便秘主要是由于肠的蠕动和分泌功能紊乱，使肠内容物停滞，造成肠管的完全和不完全阻塞，即粪便干结、排粪减少或停滞。原发性肠便秘主要是由于饲养管理不善，饲料品质不良所致。饮水不足，缺乏运动，妊娠后期或分娩不久的母猪伴有直肠麻痹时也有发生。继发性肠便秘主要见于某些发热性传染病和寄生虫病。

（一）诊断要点

1. 主要症状：采食减少或废绝，饮水增加，腹围增大，呻吟腹痛努责。初期排少量干粪，严重时停止排粪。腹部触诊可摸到串珠样粪球。肠音减弱，一般无体温变化。

2. 病理变化：病程稍长的可引起直肠黏膜破损水肿，粪中混有血液。

（二）防治措施 可参考本书母猪产前产后不食。

1. 预防：要从饲养管理入手，合理搭配饲料，增加青绿多汁饲料，保证清洁饮水，适当运动。

2. 治疗：病初灌服泻剂，配合腹壁按摩和灌肠。

（1）疏通导泻用硫酸钠或硫酸镁 30～50 克，加水 300～1 000 毫升，或石蜡油 100～150 毫升，用胃管 1 次投服。

（2）石蜡油或温肥皂水 1 000～2 000 毫升深部灌肠，可取得较好的效果。病程较长，病猪虚弱，应强心补液，缓解自体中毒。10% 安钠咖 2～10 毫升皮下或肌内注射，10% 葡萄糖 250～500 毫升静脉或腹腔注射。

二十三、猪胃肠炎

胃肠炎是胃肠表面黏膜及其深层（黏膜下层、肌层及浆膜层）的炎症。饲养管理不当，如饲喂霉败饲料、冰冻的块根类及发霉变质的玉米、豆饼等是引起胃肠炎的主要原因。继发性胃肠炎见于某些传染病，如猪瘟、猪传染性胃肠炎、猪大肠杆菌病。

（一）诊断要点 主要症状：精神沉郁、食欲减退、呕吐，眼结膜先充血后黄染，口腔干臭，腹部有压痛反应。如仅胃受害时，肠音减弱，否则肠音多活泼。腹泻是胃肠炎的主要症状。病的后期，肠音减弱，肛门松弛，排便失禁。

（二）防治措施 预防主要是加强饲养管理，饲料中合理添加中草药制剂，或定期添加有益菌制剂，为动物创造好的消化道微生物环境。避免长期在饲料中添加抗生素。

治疗原则是清理胃肠，保护胃肠黏膜，制止腐败发酵，维护心脏功能，预防脱水。

1. 杀菌消炎：口服硫酸新霉素，仔猪为 0.5 ~1 克，每日 2 ~3 次；痢特灵或黄连素每日 5 ~10 毫克/千克体重，分 2 ~3 次内服；也可肌内注射庆大霉素 10 万 ~30 万国际单位，每日 2 次。

2. 清理胃肠：病初尚未脱水时，应清理胃肠，排除不良的肠内容物，免除对肠道的刺激，灌服硫酸钠、人工盐或石蜡油。如下泻已很严重时则禁用导泻药物。止泻用于肠内积粪已基本排尽，并且下泻不止的患畜，用鞣酸蛋白、次硝酸铋 5 ~6 克，每日 2 次。

3. 强心补液：先用复方氯化钠、5% 葡萄糖生理盐水。在补液的基础上，适当选用强心药物，可用 10% 安钠咖 2 ~5 毫升，或 10% 樟脑磺酸钠 2 ~5 毫升静脉注射。

4. 解毒：可用 25% 葡萄糖 200 ~300 毫升，5% 碳酸氢钠 100 ~200 毫升，40% 乌洛托品 30 ~40 毫升，混合静脉注射，每日 1 ~2 次。

二十四、脓肿

在猪的任何组织或器官中形成的局限性蓄脓腔洞称脓肿。各种化脓菌通过损伤的皮肤或黏膜进入体内而发病。常见的病因是肌内或皮下注射时消毒不严，尖锐物体的刺伤或手术时局部污染所致。

(一)诊断要点　猪的浅部脓肿常发于皮下结缔组织、筋膜下层及表层肌肉组织内。初期局部肿胀,稍高出皮肤表面,局部温度增高,坚硬,触之有痛感,以后逐渐在致病菌白细胞和局部组织崩解的部位形成界限清楚的软化灶,触之有波动感。脓肿成熟后,自溃排脓,但因溃口太小,溃口常会闭合再形成脓肿,或遗留为化脓性溃道。浅部脓肿一般发展缓慢,有明显的肿胀和波动感,但没有或仅有轻微的热感或痛感。深部脓肿常发于深层肌肉肌间及实质器官,局部肿胀升温现象常觉察不到,但常见皮肤及皮下结缔组织炎性水肿,触压有痛感和压痕。脓肿严重时还可引起败血症。

(二)防治措施

1.预防:加强饲养管理,消除能引起皮肤和黏膜受伤的因素,再注射疫苗和药物时,注意注射用具的消毒,进行手术时,严格按无菌操作进行。

2.治疗:浅部脓肿初期可用醋调制的复方醋酸铅散、鱼石脂酒精等进行消炎止痛,并促进炎症产物的消散吸收;或用20%鱼石脂软膏等促进脓肿的成熟。当脓肿成熟后,可用手术疗法进行治疗。深部脓肿也可采用手术疗法进行治疗。手术疗法主要包括脓汁抽出法和手术切开法两种。

附　录

附录一　养猪场工作守则

1. 猪场兽医的任务和职责

第一，根据本场的实际情况，认真研究制订出合理的免疫程序，切实遵照执行，避免免疫接种工作的随意性和多变性。

第二，猪群的免疫接种、去势、采血（用于血清学检查）等项工作，应由兽医人员承担，并要按规程进行操作，饲养人员协助做好捉猪、保定等辅助工作。

第三，检疫是兽医日常的重要任务，应对其所辖管猪群的健康状况了如指掌。每天上午、下午要深入猪舍对逐个猪只进行观察检疫，可采取一问、二看、三测、四处理的办法，以免遗漏。一问：向饲养员询问猪群的健康状况。二看：看猪只的精神、食欲、粪便、呼吸、被毛状态和运动、站立和卧倒的姿势等。三测：对可疑病猪测量体温。四处理：根据检疫结果，对病猪的性质作出果断的决定，治疗或淘汰。

第四，兽医应掌握判断疾病的能力，对下列病猪需作淘汰处理：无法治愈的病猪，治疗费用较高的病猪，治疗费时费工的病猪，愈后经济价值不高的病猪，传染性强、危害大的病猪。

第五，需治疗的病猪，由兽医拟定出治疗方案，开出处方，领出药品，写好病案记录，请饲养员配合治疗和护理。

第六,兽医不仅要了解本场的疫情,还要掌握市场行情,根据场方的要求,制订出季度或年度的疫苗、消毒剂、药械等防疫用品的需求计划,并对产品质量和品牌提出具体的建议,既要经济实用,又要避免伪劣假冒和三无产品。

第七,监督猪场内外各项消毒措施的执行,指导正确使用消毒剂的方法,检查消毒的效果,介绍消毒剂的新产品;重视消毒的同时,也要防止消毒剂对人畜带来的副作用和对环境造成的二次污染。

第八,兽医应定期抽检本场猪群的抗体水平,检测抗体虽不能确诊疾病,但可了解猪群对某些疾病的免疫状态和免疫效果,为制订合理的免疫程序提供参考;有条件的猪场,应自行检测,条件不具备时可请有关单位检测。

第九,兽医在临床检疫过程中,同时对猪舍的温度、湿度、通风、空气洁净度以及猪群的密度等管理措施若存在失误之处,及时提出纠正措施和改进的方法。注意饲料有无霉变、异味,是否添加违禁的药物或添加剂,应随时进行监督。

第十,猪场的环境卫生,粪便和污水的处理,空闲地的绿化等环保工作,兽医应为猪场出谋划策,提出合理的建议和措施。

2. 产房工作守则

第一,产房的猪只实行全进全出,当一批母猪和仔猪转出后,即对产房床位、食槽、栏杆、保育箱、垫板、门窗、地面及产房内外的环境进行全面、彻底的清扫、冲洗和擦拭,按全进全出大消毒程序进行消毒,并闲置净化 2 天后才能进猪。

第二,妊娠母猪于临产前 5 ~ 7 天转入产房待产,进产房前对母猪的体表进行喷洒消毒,并要检查母猪的档案卡,了解其品系、胎次、健康状况和预产期。

第三,对母猪饲喂湿料,要求拌和均匀,现拌现喂,若上一餐饲料没有吃完,必须清除剩料,清洗食槽后才能加下一餐的饲料,防止饲喂霉变饲料。对体况膘情较好的母猪,可适当减少精料,补充一些青绿饲料,对膘情较瘦的母猪可酌情增加精料。

第四,当待产母猪出现乳房膨胀、潮红,用手挤之,有乳汁流出时,这是临产的预兆;如果母猪出现频频排尿、站立不安、食欲下降等,说明即将分娩,这时要派专人值班观察。一旦羊水膜破裂,流出黏性的羊水时,则仔猪就要出世,此时应做好一切接产的准备工作,如消毒药液、毛巾、碘酊棉球及剪刀等,并用消毒药液擦洗和消毒母猪的乳房。在寒冷的季节要注意调节产房和保育箱的温度,夜间分娩时要有照明。

第五,仔猪出生后,接产员要及时清除新生仔猪口腔、鼻腔内的黏液,用抹布擦去体表的胎衣及黏膜,并将脐带内的血液挤入仔猪体内后,在离脐孔 5 厘米处剪断脐带,同时用碘酊等消毒药液消毒断面。对弱小的仔猪应人为地将其固定在母猪胸部乳头吮乳,若需寄养的仔猪,应吮足初乳,至少经 6 小时后才能转给保姆猪寄养,为避免排异,寄养时应涂上寄养母猪的乳汁,并安排在夜间进行。

第六,当分娩结束后,饲养员要检查胎衣数和胎儿是否一致。并如实填表上报产仔数,包括健活数、弱仔数和死胎数,要给产后的母猪喂含食盐的温水,并给予少量麸皮等易消化的饲料,在产后 3 天内每天添加 50 克益母草干粉,混于饲料中内服,以利于排出子宫内的分泌物。

第七,仔猪出生后,在哺乳期间,饲养员要配合技术人员做好以下几件工作:1 ~3 日龄剪犬牙(弱仔可不剪);断尾:离尾根 3 ~4 厘米处剪断;剪耳号;补铁:肌内注射牲血素每只 1 毫升。10 日龄小公猪去势。15 日龄补铁、肌内注射牲血素每只 1 毫升。25 日龄接种猪瘟疫苗。

第八,随时注意母猪的起卧、食欲和奶汁,精心护理仔猪,当听到仔猪被压的呼声,要迅速将母猪赶起,救出仔猪,避免或减少意外死亡。仔猪1周龄即可开食,喂以仔猪用的全价颗粒饲料,做到少给勤添保持饲料的色香味;至20日龄时,基本能主动吃料,通常于25日龄前后断奶,即能独立生活。断奶时应先将母猪迁出,让仔猪在原栏内逗留数天后再转入保育猪舍。

第九,产房环境。产房的室温应保持在20~25℃,湿度60%~70%,风速0.2米/秒。仔猪保育箱内的温度要求:0~7日龄32~34℃,8~20日龄20~28℃。

为防止仔猪黄、白痢病的发生,在不同的季节应注意以下事项:寒冷冬季要注意产房的增温和保温,夜间防止贼风吹入,同时要注意通风换气。

炎热季节要避免湿度过高,保持仔猪栏内清洁干燥,忌用水冲洗仔猪圈。母仔栏的除湿措施是在栏圈四周放置生石灰吸水分,加大通风力度。春秋季节的昼夜温差较大,要注意并重视仔猪在夜间的防寒保暖。

第十,产房工作的技术性较强,饲养员要相对固定,发现母猪或仔猪发生疾病,应及时报告兽医,并配合兽医搞好一般疾病的治疗和免疫接种工作。

3. 保育猪舍工作守则

第一,保育舍实行全进全出,舍内的猪群按计划饲养到期后,全部转出,一头不留。然后对猪舍内外进行大消毒,消毒后的猪舍至少闲置净化2天才能进猪。对破损的圈舍、门窗要抓紧修复,猪舍内外的明沟、暗渠要进行疏通,迎接下一批仔猪进舍。

第二,从产房进入本舍的仔猪,需经兽医技术人员的检疫,确认发育正常、健康无病的仔猪才能进舍。仔猪在本舍的饲养期为35天左右,寒冬季节可适当延长,炎热季节酌情缩短。

第三,仔猪进出猪舍都要称重,以便了解其生长速度和料肉之比。仔猪进舍后按个体大、小分圈饲养,同时也要尽可能做到同窝仔猪不分开。饲养密度遵循冬密夏稀的原则,按每平方米面积2

头计算,每个猪圈不宜超过15头。

第四,根据季节、气候的变化,随时调节舍内的小气候,如适时开、关门窗,定时启动通风装置,当舍温低于16℃的寒冷季节时,要设法增温、保温。当舍内空气污浊、有害气体超标时,除了加强通风换气外,应喷雾空气洁净消毒剂。

第五,每天早、中、晚三次观察每头猪的健康状况(包括精神、食欲、粪便、呼吸等变化),若发现病弱仔猪,及时隔离分群饲养,以便特别护理,同时报告兽医做进一步处理。

第六,当发现个别较为严重的病猪或死亡病例时,除及时报告兽医采取措施外,还应立即清除传染源,对可疑受污染的场所、物品、同圈的猪进行临时性的消毒。

第七,进入本舍一周的仔猪,要限量饲喂,做到"少量多次";待一周后逐渐放开限量,自由采食。同时根据不同的生长阶段,给予不同的优质配合料。

4. 后备猪舍工作守则

第一,后备猪舍实行全进全出。从保育舍进入本舍的后备种猪,需经兽医检疫,合格后方能入舍,待到初配日龄离开本舍。

第二,后备种猪适合平地圈养,每个猪圈不宜超过10头;当猪群进入本舍时,应按个体大小、强弱以及公、母分开饲养。

第三,后备种猪舍要求清洁、干燥,当猪群进入本舍时就要进行调教,使吃、拉、睡三点定位。为了保持猪圈的干燥,平时禁用水冲圈,每天打扫猪圈2次,及时清除粪便。

第四,后备猪较耐寒,即使在冬季可利用猪体散发的热量,不必另行增温。但要注意适时关闭门窗,防止贼风吹入。夏季气温超过30℃以上时,要加大通风,搭凉棚,减少猪圈容猪头数等。

第五,后备种猪正处于生长发育的阶段,需要提供优质的全价饲料,实行干喂,自由采食。为了避免养得太肥,日粮中的能量应低于育肥猪10%。

为了预防繁殖障碍的传染病，在这期间的种猪要接种多种疫苗，如乙脑、细小病毒、伪狂犬病、蓝耳病等；还要驱除体内外寄生虫，应配合兽医人员完成以上工作。

第六，每天早、中、晚三次细心观察，检查每头猪的健康状况（包括精神、食欲、粪便、呼吸等变化），发现病弱者及时分群隔离饲养，同时报告兽医以便做进一步处理。

第七，当发现个别较为严重的病猪或死亡病例时，除及时报告兽医外，应立即清除传染源。对被污染的场地、物品、用具和同圈的猪只都要进行临时性消毒。

5. 配种猪舍工作守则

第一，配种猪舍包括配种公猪和待配母猪，而待配母猪又可分为初配的新母猪和断奶后的经产母猪；进入本舍前都要经过畜牧兽医技术人员选育和检疫，合格后方能进舍。

第二，在配种舍内，公猪实行圈养，母猪定位栏养。种猪进舍前要按排好公猪的猪圈和母猪的床位，并要彻底清扫、冲洗和消毒，待干燥后方可引猪进舍。

第三，要了解每头待配母猪的档案卡，预测发情和配种日期，确定配种的公猪和配种的方式（人工授精或自然交配）及次数。

第四，细心观察，及时发现母猪发情的征象，掌握配种的适宜时机。配种后将母猪由待配栏移至观察栏内，观察 20 天左右，若不再出现发情征候，且母猪呈现食欲增加，性情温顺、贪睡等受孕特征，即可初步确定。若有疑问可用妊娠诊断仪测定。确定妊娠后，填写档案卡，推算预产期，并迁到妊娠舍中饲养。

第五，配种舍实行湿拌料饲喂，现拌现喂，拌和均匀。饲槽内若有剩料，必须清除后才能添加，不喂霉变饲料。妊娠前期，胎儿的发育很慢，这期间不必加料。

第六，若母猪不发情或反复发情屡配不上，或阴道流出恶露、脓液以至出现全身症状等疾病表现，应及时报告兽医，配合诊治。

第七，妊娠初期，胚胎着床不牢固，容易引起流产或死胎；特别是初产母猪，要避免激烈运动或鞭打、追赶，应细心护理。

第八，猪圈、床位要保持清洁、干燥，见有粪便随时清扫。不用水冲圈。成年猪夏季怕热，当气温超过30℃时，要注意通风降温。特别是种公猪更不耐热，采取先进的降温防暑措施。

第九，种公猪实行一猪一圈，避免两猪相遇发生咬架或其他意外。公猪圈要勤打扫，保持清洁干燥，场地宽畅，有运动的余地。另外，要定期检查种公猪精液的品质，以便及时发现问题，采取相应的措施。

6. 妊娠猪舍工作守则

第一，妊娠猪舍实行一猪一栏定位饲养，进猪前对栏位进行清扫、消毒，转入本舍的妊娠母猪必须确认受孕方可接收。

第二，保持栏内清洁、干燥，随时清除粪便，不要用水冲圈，切不可对猪鞭打脚踢等粗暴行为，做好保胎工作。

第三，饲喂湿拌料，要求现拌现喂，拌和均匀。根据胚胎的发育规律，对妊娠母猪分为前、中、后三个时间，饲喂不同营养成分的饲料。严禁饲喂发霉、变质、冰冻的饲料，若发现料槽内存有上一餐未吃完的剩料，则必须及时清除，冲洗干净后才能加料。

第四，每天早、中、晚三次细心观察母猪是否返情，阴道有无分泌物流出，粪便是否正常，饲料是否吃净，睡姿、呼吸、皮肤有无变化，站立是否稳健。发现问题及时报告兽医，配合处理。

第五，配合兽医人员，完成免疫接种等工作。在这期间要接种若干疫苗，如伪狂犬病、蓝耳病、口蹄疫、大肠杆菌病等疫苗；同时还要驱除疥螨等寄生虫。

第六，注意母猪的临产期，要求临产前5~7天，将临产母猪转到产房待产，离舍时对猪体外表进行喷洒消毒。

第七，怀孕母猪怕热，当夏季来临之前，在猪舍内要安装（或维修）防暑降温的设备；当气温超过30℃，要注意加大通风降温的力度。在冬季夜间要注意关闭门窗，防止贼风吹入。

7. 育肥猪舍工作守则

第一，实行全进全出，当一批肥猪育成出售后，立即对猪舍内外开展打扫卫生，清除积粪，疏通沟渠，并进行大消毒，消毒后需闲置净化2天以上才能进猪。

第二，当猪群进入本舍时，应按个体大小、体质强弱，分圈饲养。猪圈地面平整，通风良好，密度适中，每头猪需2平方米面积，每圈不超过20头。

第三，猪群入圈后，不断调教吃、喝、拉、睡四点定位，要保持猪圈清洁、干燥，每天清扫猪圈2次，及时清除粪便，平时不要求用水冲圈。

第四，肥猪怕热，当气温超过30℃时，应加大通风，启用排风扇，或搭凉棚，减少猪圈容猪头数等措施。

第五，每天早、中、晚三次观察，检查每头猪的健康状况（包括精神、食欲、粪便、呼吸等变化），发现病猪及时隔离，同时报告兽医做进一步处理。

第六，育肥猪采用干料饲喂，任其自由采食，提供足够的饮水，至150日龄以后，生长速度达到高峰，以后逐渐缓慢。为节省饲料，这期间可适当限饲。

第七，当育肥猪出售时，不准让购猪者进入猪圈内挑选，已赶出猪圈的出售肥猪，不能再返回原圈，另设隔离舍暂存。饲养人员不准赶猪上车。购猪车不能进猪场，出猪台应延伸到猪场以外，把好后门的消毒关。

第八，服从猪场的统一领导，遵守猪场的各项规章制度，听从管理人员的指挥，配合技术人员的工作，不随意到其他猪舍串门，及时准确填写各项数据、报表。

附录二　集约化养猪场兽医防疫规程

中华人民共和国国家标准　GB/T 17823—1999
中、小型集约化养猪场兽医防疫工作规程
(1999－08－11 发布 2000－02－01 实施)

1. 范围

本标准规定了集约化猪场兽医防疫工作的基本原则和方法。

本标准运用于中、小型集约化猪场使用，也可供其他类型猪场参考。

2. 总则

2.1　猪场建设的防疫要求

2.1.1　猪场场址应选择地势高燥、背风、向阳、水源充足、水质良好、排水方便、无污染、排废方便、供电和交通方便的地方。远离铁路、公路、城镇、居民区和公共场所500米以上。离开屠宰场、畜产品加工厂、垃圾及污水处理场所、风景旅游区2 000米以上。周围筑有围墙或防疫沟，并建立绿化带。

2.1.2　猪场要做到生产区与生活区、行政区严格分开，并保持一定距离。

2.1.3　猪场大门入口处要设置宽同大门相同、长等于进场大型机动车轮一周半长的水泥结构的消毒池。

生产区门口设有更衣换鞋、消毒室或淋浴室。猪场入口处要设置长1米的消毒地，或设置消毒盆以供进入人员消毒。外来车辆不得进入猪场。

2.1.4　根据防疫需求可建有消毒室、兽医室、隔离舍、病死猪无害处理间等，应设在猪场的下风50米处。场内道路布局合理，进料和出粪道严格分开，防止交叉感染。

2.1.5　猪场要有专门的堆粪场，粪尿及污水处理设施要符合

环境保护要求，防止污染环境。

2.2 管理要求和卫生制度

2.2.1 场长的职责为：

——兽医防疫卫生计划、规划和各部门的防疫卫生岗位责任制；

——淘汰病猪、疑似传染性病猪和隐性感染猪及无饲养价值的猪只。

2.2.2 猪场要建立有一定诊断和治疗条件的兽医室，建立健全免疫接种、诊断和病理剖检记录。

2.2.3 兽医技术人员的职责为：

——防疫、消毒、检疫、驱虫工作计划；

——配合畜牧技术人员加强猪群的饲养管理、生产性能及生理健康监测；

——有条件的场应开展主要传染病的免疫监测工作；

——定期检查饮水卫生及饲料的加工、贮运是否符合卫生防疫要求；

——定期检查猪舍、用具、隔离舍、粪尿处理和猪场环境卫生和消毒情况；

——负责防疫、病猪诊治、淘汰、死猪剖检及其无害处理；

——建立疫苗领用、保管、免疫注射、消毒、检疫、抗体监测、疾病治疗、淘汰、剖检等各种业务档案。

2.2.4 坚持自繁自养的原则，必须引进种猪时，在引进猪只前必须调查产地是否为非疫区，并有产地检疫证明。引入后隔离饲养至少30天，在此期间进行观察、检疫，确认为健康者方可并群饲养。及时注射猪瘟疫苗。

2.2.5 猪场严禁饲养禽、犬、猫及其他动物。猪场食堂不得外购猪肉。

2.2.6 外来参观者洗澡后，更换场区工作服和工作鞋，并遵守场内一切防疫制度。

2.2.7　场内不准带入可能染疫的畜产品或其他物品。场内兽医人员不准对外诊疗猪及其他动物的疾病。猪场配种人员不准对外开展猪的配种工作。

2.2.8　猪场的每个消毒池要经常更换消毒药液，并保持其有效浓度。

2.2.9　生产人员进入生产区时应洗手，穿工作服和胶靴，戴工作帽；或淋浴后更换衣鞋。工作服应保持清洁，定期消毒。饲养员严禁相互串栋。

2.2.10　禁止饲喂不清洁、发霉或变质的饲料。不得使用未经无害处理的泔水以及其他畜禽副产品。

2.2.11　每天坚持打扫猪舍卫生，保待料槽、水槽、用具干净，地面清洁，舍内要定期进行消毒，每月 1 ~2 次。猪舍转群时要进行消毒。

2.2.12　猪场内的道路和环境要保持清洁卫生，因地制宜地选用高效低毒、广谱的消毒药品，定期进行消毒。

2.2.13　每批猪只调出后，猪舍要严格进行清扫、冲洗和消毒，并空圈 5 ~7 日。猪群周转执行“全进全出”制。

2.2.14　产房要严格消毒，有条件的可进行消毒效果检测，母猪进入产房前进行体表清洗和消毒，母猪用 0.1% 高锰酸钾溶液对外阴和乳房清洗消毒。仔猪断脐带要严格消毒。

2.2.15　定期驱除猪的体内、外寄生虫。搞好灭鼠、灭蚊蝇和吸血昆虫等工作。

2.2.16　饲养员认真执行饲养管理制度，细致观察饲料有无变质，注意观察猪采食和健康状态，排粪有无异常等，发现不正常现象，及时向兽医报告。

2.2.17　猪只及其产品出场，应由猪场提供疾病监测和免疫证明。

2.2.18　根据本地区疫病发生的种类，确定免疫接种的内容、方法和适宜的免疫程序，制定综合防治方案和常用驱虫药物。

2.3　扑灭疫情

猪场发生传染病时，或疑似传染病时，应采取以下措施：

——兽医应及时进行诊断，调查疫源，向当地防疫机构报告疫情，根据疫病种类做好封锁、隔离、消毒、紧急防疫、治疗和淘汰等工作，做到早发现、早确诊、早处理，把疫情控制在最小范围内；

——发生人畜共患病时，须同时报告卫生部门，共同采取扑灭措施；

——在最后一头病猪死亡淘汰或痊愈后，须经该传染病最长潜伏期的观察，不再出现新病例时，并经严格消毒后，方可撤消或申请解除封锁。封锁期间严禁出售、加工染疫病死和检疫不合格的猪只及产品，染疫病死的猪只按国家防疫规定的办法处理。

3. 主要传染病免疫程序

各地养猪场应根据当地传染病发生病种及规律选用以下免疫种类及程序。

3.1　猪瘟

3.1.1　种猪：每年春、秋季用猪瘟兔化弱毒疫苗各免疫接种一次。

3.1.2　仔猪：20～30 日龄、65～70 日龄各免疫接种 1 次；或仔猪出生后未吃初乳前立即用猪瘟兔化弱毒疫苗免疫接种 1 次。

3.1.3　后备种猪：配种前 1 个月免疫接种 1 次，选留作种用时立即免疫接种 1 次。

3.2　猪丹毒、猪肺疫

3.2.1　种猪：春、秋两季分别用猪丹毒和猪肺疫菌苗各免疫接种 1 次。

3.2.2　仔猪

——断奶后合群（或上网）时分别用猪丹毒和猪肺疫菌苗免

疫接种1次；

——70日龄分别用猪丹毒和猪肺疫菌苗免疫接种1次。

3.3 仔猪副伤寒

仔猪断奶后合群时(33～35日龄)口服或注射一头份仔猪副伤寒菌苗。

3.4 仔猪大肠杆菌病(黄痢)

妊娠母猪于产前的40～42日和15～20日分别用大肠杆菌腹泻三价灭活菌苗(K88、K99、987P)免疫接种1次。

3.5 仔猪红痢病

妊娠母猪于产前30天和产前15日，分别用红痢灭活菌苗免疫接种1次。

3.6 猪细小病毒病

3.6.1 种公猪、种母猪：每年用猪细小病毒疫苗免疫接种1次。

3.6.2 后备公猪、母猪：配种前1个月免疫接种1次。

3.7 猪喘气病

3.7.1 种猪：成年猪每年用猪喘气病弱毒菌苗免疫接种1次(右侧胸腔内)。

3.7.2 仔猪：7～15日龄免疫接种1次。

3.7.3 后备种猪：配种前再免疫接种1次。

3.8 猪乙型脑炎

种猪、后备母猪在蚊蝇季节到来前(4～5月)用乙型脑炎弱毒疫苗免疫接种1次。

3.9 猪传染性萎缩性鼻炎

3.9.1 妊娠母猪在产仔前1个月于颈部皮下注射1次传染性萎缩性鼻炎灭活苗。

3.9.2 仔猪：70日龄注射1次。

3.10 猪伪狂犬病

猪伪狂犬病弱毒疫苗用PBS（磷酸缓冲盐溶液）稀释成每头1毫升。

3.10.1　乳猪肌内注射0.5毫升，断奶后再注射1毫升。

3.10.2　3月龄以上猪只肌内注射1毫升。

3.10.3　妊娠母猪及成年猪肌内注射2毫升。

4. 寄生虫控制程序

4.1　药物选择

应选择高效、安全、广谱的抗寄生虫药。

4.2　常见蠕虫和外寄生虫的控制程序。

4.2.1　首次执行寄生虫控制程序的猪场，应首先对全场猪进行彻底的驱虫。

4.2.2　对怀孕母猪于产前1～4周内用1次抗寄生虫药。

4.2.3　对公猪每年至少用药2次，但对外寄生虫感染严重的猪场，每年应用药4～6次。

4.2.4　所有仔猪在转群时用药1次。

4.2.5　后备母猪在配种前用药1次。

4.2.6　新进的猪驱虫2次（每次间隔10～14天）后，并隔离饲养至少30日才能和其他猪并群。首选药物有阿维菌素、伊维菌素、道拉菌素。

附录三　无公害生猪饲养允许用药规定

无公害食品生猪饲养允许使用的抗寄生虫药和抗菌药及使用规定

类别	名称	制剂	用法与用量	休药期(天)
抗寄生虫药	阿苯达唑	片剂	内服,1次量,5~10毫克	
	双甲脒	溶液	药浴、喷洒、涂擦,配成0.025%~0.05%的溶液	7
	硫双二氯酚	片剂	内服,1次量,75~100毫克/千克体重	
	非班太尔	片剂	内服,1次量,5毫克/千克体重	14
	芬苯达唑	粉片剂	内服,1次量,5~7.5毫克/千克体重	0
	氰戊菊酯	溶液	喷雾,加水以1∶1 000~1∶2 000倍稀释	
	氟苯咪唑	预混剂	混饲,每1 000千克饲料,30克,连用5~10日	14
	伊维菌素	注射液	皮下注射,1次量,0.3毫克/千克体重	18
		预混剂	混饲,每1 000千克饲料,330克,连用7日	5
	盐酸左旋咪唑	片剂	内服,1次量,7.5毫克/千克体重	3
		注射液	皮下、肌内注射,1次量,7.5毫克/千克体重	28
	奥芬达唑	片剂	内服,1次量,4毫克/千克体重	
	丙氧苯咪唑	片剂	内服,1次量,10毫克/千克体重	14
	枸橼酸哌嗪	片剂	内服,1次量,0.25~0.3克/千克体重	21
	磷酸哌嗪	片剂	内服,1次量,0.2~0.25克/千克体重	21
	吡喹酮	片剂	内服,1次量,10~35毫克/千克体重	
	盐酸噻咪唑	片剂	内服,1次量,10~15毫克/千克体重	3

续表

类别	名称	制剂	用法与用量	休药期(天)
抗菌药	氨苄西林钠	注射用粉剂	肌内、静脉注射,1 次量,10 ~ 20 毫克/千克体重,一日 2 ~ 3 次,连用 2 ~ 3 日	
		注射液	皮下或肌内注射,1 次量,5 ~ 7 毫克/千克体重	15
	硫酸安普(阿普拉)霉素	预混剂	混饲,每 1 000 千克饲料,80 ~ 100 克,连用 7 日	21
		注射液	肌内注射,20 毫克/千克体重,2 次/日,连用 3 日	21
	阿美拉霉素	预混剂	混饲,每 1 000 千克饲料,0 ~ 4 月龄,20 ~ 40 克;4 ~ 6 月龄,10 ~ 20 克	0
	杆菌肽锌	预混剂	混饲,每 1 000 千克饲料,4 月龄以下,4 ~ 40 克	0
	杆菌肽锌、硫酸黏杆菌素	预混剂	混饲,每 1 000 千克饲料,4 月龄以下,2 ~ 20 克;2 月龄以下,2 ~ 40 克	7
	苄星青霉素	注射用粉剂	肌内注射,1 次量。每 1 千克体重,3 万 ~ 4 万国际单位	
	青霉素钠(钾)	注射用	肌内注射,1 次量。每 1 千克体重,2 万 ~ 3 万国际单位	
	硫酸小檗碱	注射液	肌内注射,1 次量。50 ~ 100 毫克	
	头孢噻呋钠	注射用粉剂	肌内注射,1 次量,3 ~ 5 毫克/千克体重,每日 1 次,连用 3 日	
	硫酸黏杆菌素	预混剂	混饲,每 1 000 千克饲料,仔猪 2 ~ 20 克	7
		可溶性粉剂	混饮,每 1 升水 40 ~ 200 毫克	7
	甲磺酸达氟沙星	注射液	肌内注射,1 次量 1.25 ~ 2.5 毫克/千克体重,1 日 1 次,连用 3 日	25
	越霉素 A	预混剂	混饲,每 1 000 千克饲料,5 ~ 10 克	15
	盐酸二氟沙星	注射液	肌内注射,1 次量,5 毫克/千克体重,1 日 2 次,连用 3 日	45

续表

类别	名称	制剂	用法与用量	休药期(天)
抗菌药	盐酸多西环素	片剂	内服,1次量,3~5毫克,1日1次,连用3~5日	
	恩诺沙星	注射液	肌内注射,1次量,2.5毫克/千克体重,1日1~2次,连用2~3日	10
	恩拉霉素	预混剂	混饲,每1 000千克饲料,2.5~20克	7
	乳糖酸红霉素	注射用粉剂	静脉注射,1次量,3~5毫克,1日2次,连用2~3日	
	黄霉素	预混剂	混饲,每1 000千克饲料,生长、育肥猪5克,仔猪10~25克	0
	氟苯尼考	注射液	肌内注射,1次量,20毫克/千克体重,每隔48小时1次,连用2次	30
		粉剂	内服20~30毫克/千克体重,1日2次,连用3~5日	30
	氟甲喹	可溶性粉剂	内服,1次量,5~10毫克/千克体重,首次量加倍,1日2次,连用3~4日	
	硫酸庆大霉素	注射液	肌内注射,1次量,2~4毫克/千克体重	40
	硫酸庆大-小诺霉素	注射液	肌内注射,1次量,1~2毫克/千克体重,1日2次	
	潮霉素B	预混剂	混饲,每1 000千克饲料,10~13克,连用8周	15
	硫酸卡那霉素	注射用粉剂	肌内注射,1次量,10~15毫克体重,1日2次,连用2~3日	
	北里霉素	片剂	内服,1次量,20~30毫克/千克体重,1日1~2次	
		预混剂	混饲,每1 000千克饲料,防治,80~330克,促生长5~55克	7
	酒石酸北里霉素	可溶性粉剂	混饮,每1升水,100~200毫克,连用1~5日	7

续表

类别	名称	制剂	用法与用量	休药期(天)
抗菌药	盐酸林可霉素	片剂	内服,1 次量,10 ~ 15 毫克/千克体重,1 日 1 ~ 2 次,连用 3 ~ 5 日	1
		注射液	肌内注射,1 次量,10 毫克/千克体重,1 日 2 次,连用 3 ~ 5 日	2
		预混剂	混饲,每 1 000 千克饲料,44 ~ 77 克,连用 7 ~ 21 日	5
	盐酸林可霉素、硫酸壮观霉素	可溶性粉剂	混饮,每 1 升水,10 毫克/千克体重	5
		预混剂	混饲,每 1 000 千克饲料,44 克,连用 7 ~ 21 日	5
	博落回	注射液	肌内注射,1 次量,体重 10 千克以下,10 ~ 25 毫克;体重 10 ~ 50 千克,25 ~ 50 毫克,1 日 2 ~ 3 次	·
	乙酰甲喹	片剂	内服,1 次量,5 ~ 10 毫克/千克体重	
	硫酸新霉素	预混剂	混饲,每 1 000 千克饲料,77 ~ 154 克,连用 3 ~ 5 日	3
	硫酸新菌素、甲溴东莨菪碱	溶液剂	内服,1 次量,体重 7 千克以下,1 毫升(按泵 1 次);体重 7 ~ 10 千克,2 毫升(按泵 2 次)	3
	呋喃妥因	片剂	内服,1 天量,12 ~ 15 毫克/千克体重,分 2 ~ 3 次	
	喹乙醇	预混剂	混饲,每 1 000 千克饲料,1 000 ~ 2 000克,体重超过 35 千克的禁用	35
	牛至油	溶液剂	内服,预防,2 ~ 3 日龄,每头 50 毫克,8 小时后重复给药 1 次;治疗,10 千克以下每头 50 毫克,10 千克以上每头 100 毫克,用药后 7 ~ 8 小时腹泻仍未停止时,重复给药 1 次	
		预混剂	混饲,1 000 千克饲料,预防 1. 25 ~ 1. 75克,治疗 2. 5 ~ 3. 25 克	

续表

类别	名称	制剂	用法与用量	休药期(天)
抗菌药	苯唑西林钠	注射用粉针	肌内注射,1次量,10~15毫克/千克体重,1日2~3次,连用2~3日	
	土霉素	片剂	口服,1次量,10~25毫克/千克体重,1日2~3次,连用3~5日	5
		注射液(长效)	肌内注射,1次量,10~20毫克/千克体重	28
	盐酸土霉素	注射用粉针	静脉注射,1次量,5~10毫克/千克体重,1日2~3次,连用2~3日	26
	普鲁卡因青霉素	注射用粉针	肌内注射,1次量,2万~3万国际单位,1日1次,连用2~3日	6
		注射液	肌内注射,1次量,2万~3万国际单位,1日1次,连用2~3日	6
	盐霉素钠	预混剂	混饲,每1 000千克饲料,25~75克	5
	盐酸沙拉沙星	注射液	肌内注射,1次量,2.5~5毫克/千克体重,1日2次,连用3~5日	
	赛地卡霉素	预混剂	混饲,每1 000千克饲料,75克,连用15日	1
	硫酸链霉素	注射用粉针	肌内注射,1次量,10~15毫克/千克体重,1日2次,连用2~3日	
	磺胺二甲嘧啶钠	注射液	静脉注射,1次量,50~100毫克/千克体重,1日1~2次,连用2~3日	7
	复方磺胺甲噁唑片	片剂	内服,1次量,首次量20~25毫克/千克体重(以磺胺甲噁唑计),1日2次,连用3~5日	
	磺胺对甲氧嘧啶	片剂	内服,1次量,50~100毫克,维持,25~50毫克,1日1~2次,连用3~5日	
	磺胺对甲氧嘧啶、二甲氧苄氨嘧啶片	片剂	内服,1次量,20~25毫克/千克体重(以磺胺对甲氧嘧啶计),每12小时1次	
	复方磺胺对甲氧嘧啶片	片剂	内服,1次量,20~25毫克(以磺胺对甲氧嘧啶计),1日1~2次,连用3~5日	

续表

类别	名称	制剂	用法与用量	休药期(天)
抗菌药	复方磺胺对甲氧嘧啶钠注射液	注射液	肌内注射,1 次量,15 ~20 毫克/千克体重(以磺胺对甲氧嘧啶钠计),1 日 1 ~2次,连用 2 ~3 日	
	磺胺间甲氧嘧啶	片剂	内服,1 次量,首次量 50 ~100 毫克,维持量 25 ~50 毫克,1 日 1 ~2 次,连用 3 ~5 日	
	磺胺间甲氧嘧啶钠	注射液	静脉注射,1 次量,50 毫克/千克体重,1 日 1 ~2 次,连用 2 ~3 日	
	磺胺脒	片剂	内服,1 次量,0.1 ~0.2 克/千克体重,1 日 2 次,连用 3 ~5 日	
	磺胺嘧啶	片剂	内服,1 次量,首次量 0.14 ~0.2 克/千克体重,维持量 0.07 ~0.1 克/千克体重,1 日 2 次,连用 3 ~5 日	
		注射液	静脉注射,1 次量,0.05 ~0.1 克/千克体重,1 日 1 ~2 次,连用 2 ~3 日	
	复方磺胺嘧啶钠注射液	注射液	肌内注射,1 次量,20 ~30 毫克/千克体重(以磺胺嘧啶计),1 日 1 ~2 次,连用 2 ~3 日	
	复方磺胺嘧啶预混剂	预混剂	混饲,1 次量,15 ~30 毫克/千克体重,连用 5 日	5
	磺胺噻唑	片剂	内服,1 次量,首次量 0.14 ~0.2 克/千克体重,维持量 0.07 ~0.1 克/千克体重,1 日 2 次,连用 3 ~5 日	
	磺胺噻唑钠	注射液	静脉注射,1 次量,0.05 ~0.1 克/千克体重,1 日 2 次,连用 2 ~3 日	
	复方磺胺氯哒嗪钠粉	粉剂	内服,1 次量,20 毫克/千克体重(以磺胺氯哒嗪钠计)连用 5 ~10 日	3
	盐酸四环素	注射用粉针	静脉注射,1 次量,5 ~10 毫克/千克体重,1 日 2 次,连用 2 ~3 日	

续表

类别	名称	制剂	用法与用量	休药期(天)
抗菌药	甲砜霉素	片剂	内服,1次量,5~10毫克/千克体重,1日2次,连用2~3日	
	延胡索酸泰妙菌素	可溶性粉剂	混饮,每1升水,45~60毫克,连用5日	7
		预混剂	混饲,每1 000千克饲料,40~100克,连用5~10日	5
	磷酸替米考星	预混剂	混饲,每1 000千克饲料,400克,连用15日	14
	泰乐菌素	注射液	肌内注射,1次量,5~13毫克/千克体重,1日2次,连用7日	14
	磷酸泰乐菌素	预混剂	混饲,每1 000千克饲料,10~100克,连用5~7日	5
	磷酸泰乐菌素、磺胺二甲嘧啶预混剂	预混剂	混饲,每1 000千克饲料,200克(100克泰乐菌素+100克磺胺二甲嘧啶),连用5~7日	15
	维吉尼亚霉素	预混剂	混饲,每1 000千克饲料,10~25克	1